体系物理

第7版

Systematic Learning
Physics

下妻 清 著

岡田 拓史 補訂

教学社

初版はしがき

　自然科学はいろいろな分野に分けられているが，物理学は自然における物質現象および物質自身について，諸種の客観的事実を実証的に見出してこれらを論理的に秩序立てる学問である。物理学で得られた成果は必ず他の自然科学の基礎となるし，また逆にどのような自然科学の部門でも最後までおしつめていくと物理学の手をかりなければならなくなるであろう。

　高等学校で物理学を学ぶ諸君は，いままでの豊かな経験と種々の実験観察を通じて現象を正しく把握し，論理的に十分思考していくことが大切であるが，諸君の中にはややもすれば現象の把握や法則の理解に徹底を欠き，十分に自分のものにしていないため，理論の発展段階において種々の困難を感じ，いたずらに苦労するのみで，ついには物理学をただ難解な厄介物と誤解しているむきも多かろうと思う。高校物理は順序を追って理論を進めていけば決してむずかしいものではない。むしろ他教科では味わえない独特のおもしろみのある分野なのである。

　本問題集により演習問題を通じて現象を正しく把握し，法則のもつ本来の意義を十分理解し，基本から応用へと途中の断層なしに勉強を進めるならば，知らず知らずのうちに興味深く高校物理を完全にマスターできるものと思う。

　以上の趣旨で本問題集の編集に当たったが，なお本書の特長として，
- 問題は標準問題，発展問題ともにすべて創作問題としたこと。これによりいままでの問題集には見られない物理体系の流れをよどみなく説明し得たこと。
- 問題にはなるべく文字を使用して思考を一般化し，内容の理解を助けたこと。
- 公式のうち，その証明自身が後の発展のために必要なものは，すべて導入形式で反復練習できるようにしたこと。
- どの公式がその問題に適用できるか，それはなぜかを絶えず考えさせるような問題を豊富に取り入れたこと。

　以上編者一同最善の努力をしたつもりである。本問題集の使用により多数の諸君が高校物理を完全にマスターされ，大学の入試に自信をもって当たられるようになられることを確信している。

　　1966 年 3 月

　　　　　　　　　　　　　下妻 清

第7版はしがき

　今般，学習指導要領が改訂されるのに伴い，物理学習のベスト問題集として50年以上にわたって活用されてきた『体系物理』を改訂することになった。故下妻清先生の方針を踏襲し，以下の点に重点をおいて改訂を行った。

- 本書は，物理の本質的理解を深めるための創作問題が中心となっている。本書の特長である，物理法則を自分で導く「原理導出問題」はできるだけ生かしつつ，類似の問題を統合し，易しすぎる問題や難解な問題を削除した。
- 「物理基礎」「物理」を合わせて体系的に学習できる配列としている。なお，「物理基礎」の範囲（「発展」項目を除く）で解ける問題にはマークを付けた。
- 別冊解答編の解説をよりわかりやすく，さらに充実させることにより，自学自習用問題集として活用しやすくした。
- 別冊解答編では，必要に応じて (別解) を示した。また，問題の要点や補足事項については (Point) で示した。

　受験生諸君は本書を学習することで，大学受験に必要な応用力・実戦力はもちろんのこと，物理的思考やセンスがいつの間にか身についていることを実感するはずである。本書の有効活用とともに，諸君の健闘を願ってやまない。

2023年3月

岡田拓史

目 次

第1章

力　学

SECTION 1 運動の表し方

標準問題

1 平均・瞬間の速度と加速度

直線 x 軸上の物体の運動を考える。図1のように，時刻 $t=0$s に原点 $x=0$m を出発した物体の位置 x [m] が変化した。時刻 t_0 [s] に位置 x_0 [m] の点Pに達したとすると，この間の平均の速度は $\boxed{}$ [m/s] である。

また，時刻 t_1 [s] に位置 x_1 [m] の点Qに達したとする。Qにおける接線と t 軸との交点を t_2 [s] とすると，Qにおける瞬間の速度は $\boxed{}$ [m/s] である。

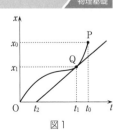

図1

図2のように，時刻 $t=0$s に速さ 0m/s で動き出した物体の速度 v [m/s] が変化した。点Pで時刻 t_0 [s] での速度を v_0 [m/s] とすると，この間の平均の加速度は $\boxed{}$ [m/s²] である。

また，点Qで時刻 t_1 [s] での速度が v_1 [m/s] であったとする。Qにおける接線と t 軸との交点を t_2 [s] とすると，Qにおける瞬間の加速度は $\boxed{}$ [m/s²] である。

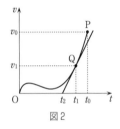

図2

2 相対速度

図1のように，直線 x 軸上を物体Aが速度 v_A，物体Bが速度 v_B で動いている。このとき，Aから見たBの速度をAに対するBの $\boxed{}$ といい，$\boxed{}$ と表される。また，Bに対するAの $\boxed{}$ は $\boxed{}$ と表される。

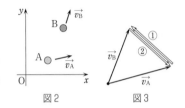

図1

図2のように，x-y 平面内で物体Aが速度 $\vec{v_A}$，物体Bが速度 $\vec{v_B}$ で動いている。図3のように，$\vec{v_A}$，$\vec{v_B}$ の始点を一致させて描くと，Aに対するBの $\boxed{}$ は図3の①，②のうち $\boxed{}$ である。

図2

図3

3 　川を横切る舟の速度

　川幅が30mで，流速が0.30m/sの一様な流れの川がある。静
水に対して速さ0.40m/sで漕ぐことのできる舟で，川岸の点A
から対岸の点Bまでこの川を渡るとき，次の問に答えよ。

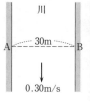

(1)　舟の向きを川岸に直角に保って漕ぐ場合，舟がABから角α
　だけ川下の方向に進むものとすると，$\tan\alpha =$ ［ ア ］ となり，
　川岸に対する舟の速度の大きさは ［ イ ］ m/sとなる。

(2)　舟を直線ABに沿って進めるためには，舟の向きをABより角βだけ川上に向
　けて漕げばよいが，このとき $\sin\beta =$ ［ ウ ］ である。また，この場合，AからBま
　で渡るのに要する時間は ［ エ ］ sである。

4 　川を上り下りする舟と川を横切る舟の往復時間の差

　速さv〔m/s〕で図の向きに流れている川の上を静
水に対してV〔m/s〕の速さで進む舟の運動につい
て，次の問に答えよ。ただし，$V>v$とし，舟の向
きを変えるための時間は無視する。

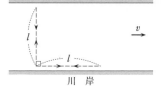

(1)　川岸に沿って舟がl〔m〕だけ往復する時間t_1
　〔s〕を求めよ。

(2)　川岸に垂直にl〔m〕だけ往復する時間t_2〔s〕を求めよ。

(3)　t_1とt_2はどちらが大きいか。

5 　自転車に乗っている人に対する風速

　一定の速さの風が北西から吹いている。自転車に乗った人が10m/sの速さで東向
きに走ると，風が真北から吹いてくるように感じた。

　自転車に乗っている人に対する風速はいくらか。また，地面に対する風速はいくら
か。

6 　等加速度運動の3公式　　　物理基礎

　図1のように，x軸上を$t=0$sに原点Oを速度v_0〔m/s〕で
出発した物体が，一定の大きさの加速度で加速し，t〔s〕後
に速度がv〔m/s〕になった。この間の加速度は$a=$ ［ ア ］
〔m/s^2〕である。これより，$v=$ ［ イ ］ 〔m/s〕が得られる。

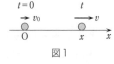

図1

　$a>0$のときのv-tグラフは，図2のように傾きがaの直線となる。t〔s〕後の位置
x〔m〕は図2の網かけ部分の面積で表され，$x=$ ［ ウ ］ 〔m〕となる。vとxの式から
時刻tを消去すると，$v^2-v_0^2=$ ［ エ ］ の式が得られる。

力学

熱力学

波動

電磁気

原子

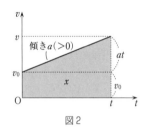

図2

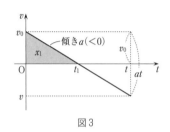

図3

$a<0$ のときの v-t グラフは図3のようになる。このとき，$v=0$ となる時刻は $t_1=$ オ 〔s〕となり，このときの位置は $x_1=$ カ 〔m〕となる。物体は時刻 t_1 に原点Oから最も離れた位置 x_1 に達し，その後引き返す（図4）。

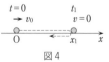

図4

7 一直線上を折り返す等加速度運動 物理基礎

一点Oを右向きに $10\,\mathrm{m/s}$ の速さで動き出した小物体が，一直線上を等加速度運動をしてある点で折り返し，5秒後に左向きに $15\,\mathrm{m/s}$ の速さになった。

(1) 加速度の向きと大きさを求めよ。

(2) 折り返すまでの時間を求めよ。

(3) 折り返す位置を求めよ。

(4) O点を出発してから5秒後の位置を求めよ。

(5) この5秒間に移動した全体の道のり（全通過距離）を求めよ。

8 一直線上を等加速度運動する電車の運動 物理基礎

電車が一定の加速度 $a\,\mathrm{[m/s^2]}$ で走っている。A地点を，電車の前端は速度 $u\,\mathrm{[m/s]}$ で通過した。一方，後端が通過したときの速度は $v\,\mathrm{[m/s]}$ であった。

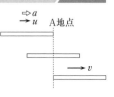

(1) この電車がA地点を通過するのに要した時間 $t\,\mathrm{[s]}$ を求めよ。

(2) この電車の長さ $L\,\mathrm{[m]}$ を求めよ。

(3) この電車の中点がA地点を通過したときの速度 $v'\,\mathrm{[m/s]}$ を求めよ。

9 一直線上を追いかける2物体の等加速度運動 物理基礎

x 軸上に距離 l を隔てて2物体AおよびBが静止している。これらが図のように同時に出発し，Aは加速度 a_A

で進み，Bは加速度 a_B で進み，AがBを追いかけた。ただし，右向きを正として $0<a_\mathrm{B}<a_\mathrm{A}$ とする。AがBに追いつくのに要する時間 t を求めよ。

10 一直線上を等加速度運動する2台の自動車の運動　物理基礎

x軸上を正の向きに15m/sの速さで走っている自動車Aが，前方を走っている自動車Bに追突しそうになってブレーキをかけたため，Aは加速度4m/s²で減速した。また，Aがブレーキをかけはじめたのと同時に，正の向きに5m/sの速さで走っていたBは加速度1m/s²で加速したため，あやうく衝突を免れた。衝突寸前のAとBの間隔を0，相対速度も0として，次の問に答えよ。

(1) Aがブレーキをかけてから，AとBが最も接近するまでの時間を求めよ。

(2) Aがブレーキをかけはじめた瞬間のAとBの距離はいくらであったか。

11 がけの上から鉛直に投げ上げた物体の運動　物理基礎

地上24.5mのがけの上から，初速度19.6m/sで鉛直上方に小物体を投げ上げた。重力加速度の大きさを9.8m/s²として，次の問に答えよ。

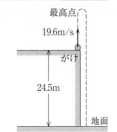

(1) 小物体は何秒後に最高点に達するか。

(2) 最高点の高さは地上からいくらか。

(3) 小物体は何秒後に地面に落下するか。

(4) 地面に落下する直前の速さはいくらか。

12 落下運動

図のように，水平方向にx軸，鉛直上向きにy軸をとり，原点Oから時刻$t=0$sに物体を速さv_0〔m/s〕で水平角θをなす向きに投げた。重力加速度の大きさをg〔m/s²〕とする。

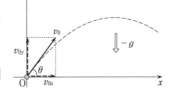

x方向へは初速度 ⎣ア⎦〔m/s〕，加速度 ⎣イ⎦〔m/s²〕の ⎣ウ⎦ 運動であるから，時刻tにおけるx方向の速度と位置は，$v_x=$⎣エ⎦〔m/s〕，$x=$⎣オ⎦〔m〕となる。

y方向へは初速度 ⎣カ⎦〔m/s〕，加速度 ⎣キ⎦〔m/s²〕の ⎣ク⎦ 運動であるから，時刻tにおけるy方向の速度と位置は，$v_y=$⎣ケ⎦〔m/s〕，$y=$⎣コ⎦〔m〕となる。

これらの式を，v_0とθの値で次のように5つの運動に分類することができる。

$$\begin{cases} v_0=0 & \cdots\cdots自由落下 \\ v_0>0 \begin{cases} \theta=-90° & \cdots\cdots鉛直投げ下ろし \\ \theta=90° & \cdots\cdots鉛直投げ上げ \\ \theta=0° & \cdots\cdots水平投射 \\ 0°<\theta<90° & \cdots\cdots斜方投射 \end{cases} \end{cases}$$

13　水平投射

地上の一点 P の真上 h〔m〕の点から，初速 v_0〔m/s〕で水平方向に小物体を投げた。重力加速度の大きさを g〔m/s²〕として，次の問に答えよ。

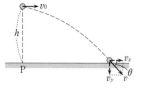

(1)　物体が地上に落ちるまでの時間を求めよ。

(2)　落下点は P 点からいくらのところか。

(3)　地上に落下する直前の速度の水平・鉛直両成分の大きさ v_x〔m/s〕，v_y〔m/s〕を求め，また，これよりその速さ v〔m/s〕を求めよ。

(4)　このときの，物体の落下方向の地面に対する角を θ として，$\tan\theta$ の値を求めよ。

14　斜方投射

地上の一点 O から，水平より角 θ 上方に初速 v_0 で小物体を投げた。水平右向きに x 軸，鉛直上向きに y 軸，点 O を原点にとる。重力加速度の大きさを g として，次の問に答えよ。

(1)　物体が最高点に達するまでの時間 t を求めよ。

(2)　最高点の高さ H を求めよ。

(3)　投げてから地上に落下するまでの時間 T を求めよ。

(4)　物体の水平到達距離 S を求めよ。必要なら公式 $2\sin\theta\cos\theta = \sin 2\theta$ を用いよ。

(5)　v_0 が一定のとき，S が最大になる角 θ_m を求めよ。

15　等速度で上昇する気球内での投げ上げ　　物理基礎

一定の速さ 10.0m/s で鉛直に上昇する気球に乗っている人が，気球に対して9.8 m/s の速さで小石を真上に投げた。重力加速度の大きさを9.8m/s² とするとき，次の問に答えよ。

(1)　小石が再びこの人の目の前を通過するのは，投げてから何秒後か。

(2)　この人の目の前を通過するときの小石の速度は，この人から見ればどの向きにいくらに見えるか。

(3)　また，このときの小石の運動を地上にいる人から見ると，どちら向きにいくらの速さで動いているか。

💡 発展問題

16 　川を最小速度で横切る方法

　川幅が d〔m〕で，流速が v〔m/s〕の一様な流れの川がある。川岸の一点 A から l〔m〕川下の対岸 B 点に向かって一直線に舟を進めたい。このとき，静水に対する舟の速さを最小にするためには

(1)　舟をどの方向に向けて漕げばよいか。

(2)　この場合，舟を静水に対していくらの速さで漕げばよいか。

17 　2 物体の空中衝突

　天井につるされた球 A に向けて，球 B を初速 v_0 で原点 O から打ち出す。これと同時に A をつるしていた糸を切る。その後の A，B の運動について答えよ。

　O を原点とし，水平右向きに x 軸を，鉛直上向きに y 軸をとる。また，はじめの A と B の距離を l，v_0 が水平となす角を α，重力加速度の大きさを g とする。

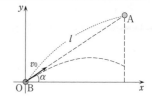

(1)　打ち出された球 B が，球 A の落ちる軌道を横切るまでの時間 t は 　ア　 である。

(2)　この時刻の球 A の y 座標は 　イ　 である。

(3)　この時刻の球 B の y 座標は 　ウ　 である。

　(イ)，(ウ)が等しくなることから，初速 v_0 にかかわらず両球は，はじめに球 A の置かれた点の鉛直下方線上のどこかで必ず衝突することがわかる。

(4)　この衝突が球 B を打ち出した点 O より上方で起こるための v_0 の満たすべき条件を求めよ。

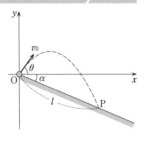

図のように，鉛直面内で傾斜角が α の斜面上の一点 O からある物体を，投射角（水平とのなす角）θ，初速 v_0 で投げ上げた。水平方向，鉛直方向に x 軸，y 軸を図のように定める。ただし，$0° < \alpha < 90°$，$0° < \theta < 90°$，重力加速度の大きさを g とする。

(1) 投げ上げた時刻を $t=0$ とし，投げ上げ後の時刻 t における物体の位置 x，y を求めよ。

(2) 斜面上の点の位置を (x, y) とするとき，x と y の関係を表す式を求めよ。

(3) 物体が斜面に到達した時刻を求めよ。必要なら公式 $\sin\theta\cos\alpha + \cos\theta\sin\alpha = \sin(\theta+\alpha)$ を用いよ。

(4) O から衝突点 P までの距離 l を求めよ。必要なら公式 $2\sin(\theta+\alpha)\cos\theta = \sin(2\theta+\alpha) + \sin\alpha$ を用いよ。

(5) 投げ上げ角 θ を変えて，斜面への到達距離 OP を最大にするときの投げ上げ角を θ_m として，角 θ_m と傾斜角 α の関係式を求めよ。また，このときの OP の最大値 l_m を求めよ。

SECTION 2 運動の法則

標準問題

19 3力のつりあい

物理基礎

質量 m〔kg〕の物体を軽くて伸びない糸でつるす。重力加速度の大きさを g〔m/s^2〕とする。

図1のように，水平方向に力を加えると糸は鉛直と角 θ をなし静止した。このとき，加えた力の大きさは ⑦ 〔N〕，糸の張力の大きさは ④ 〔N〕である。

図2のように，糸と直角方向に力を加えると糸は鉛直と角 θ をなし静止した。このとき，加えた力の大きさは ⑦ 〔N〕，糸の張力の大きさは ㊉ 〔N〕である。

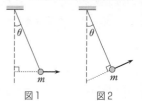

図1   図2

20 ばねの接続

物理基礎

(1) ばね定数 k_1 と k_2 の2つの軽いばねを一続きにつなぎ，一端を壁に固定し，他端に大きさ F の力を加える（図1）。

(a) ばね全体の伸び x を求めよ。

(b) このときの合成ばね定数 K を求めよ。

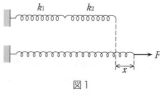

図1

(2) ばね定数 k_1 と k_2 の自然長の等しい2つの軽いばねを束ねて一端を壁に固定し，他端に大きさ F の力を加える（図2）。

(a) ばねの伸び x を求めよ。

(b) このときの合成ばね定数 K を求めよ。

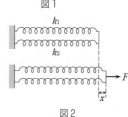

図2

力学

熱力学

波動

電磁気

原子

21　ばねにとりつけたおもりを定滑車に掛けたときの力のつりあい 　物理基礎

ばね定数 k〔N/m〕の軽いばねの下端に質量 M〔kg〕のおもり A
をとりつけ，上端に軽くて伸びない糸をつけて軽い定滑車に掛け，
糸の端に質量 m〔kg〕（$M>m$）のおもり B をつないだところ，A
は床から離れずに図のようにつりあった。重力加速度の大きさを
g〔m/s²〕とする。

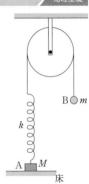

(1)　ばねの伸びはいくらか。

(2)　A が床から受ける垂直抗力の大きさはいくらか。

22　なめらかな斜面上の物体の運動　物理基礎

傾角 θ のなめらかな斜面上に，質量 m の小物体を静かに置
き，手を放す。重力加速度の大きさを g として，次の問に答え
よ。

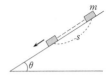

(1)　物体の斜面方向下向きの加速度の大きさはいくらか。

(2)　物体が斜面を距離 s だけすべり下りたときの速さはいくらか。

(3)　物体に，斜面に沿って上向きに初速 v_0 を与えると，いくらの距離まで上がるか。

23　糸でつながれた2物体を引く運動　物理基礎

なめらかな水平面上に，質量それぞれ m_1〔kg〕，m_2〔kg〕の2
物体 A，B を置き，これらを軽くて伸びない糸でつないでおく。

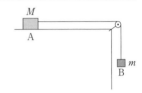

いま，B に水平方向の力 F〔N〕を加えて2物体と一直線をなす方向に引き続ける
とき，両物体の加速度の大きさを a〔m/s²〕，糸の張力の大きさを T〔N〕として，A，
B それぞれについて運動方程式を示し，これより a および T を求めよ。

24　糸でつながれた2物体の1つが水平面上にあるときの運動　物理基礎

なめらかな広い水平台上に質量 M の物体 A を置き，
これに軽くて伸びない糸をつけて台の端のなめらかな滑
車をへて質量 m のおもり B をつるす。重力加速度の大
きさを g とする。

(1)　A を止めていた手を放すとき，A，B の加速度の大
　　きさ a，および糸の張力の大きさ T を求めよ。

(2)　手を放したとき A が動き出すための m の条件を求めよ。

25　糸でつながれた2物体の1つが斜面上を動くときの運動 物理基礎

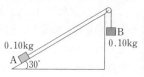

傾角 30° のなめらかな斜面上に質量 0.10kg の物体 A を置き，これに軽くて伸びない糸をつけて斜面上端のなめらかな滑車をへて，糸の他端に質量 0.10kg のおもり B をつるし手を放すとき，物体 A の加速度の大きさ a [m/s²] とその向き，および糸の張力の大きさ T [N] を求めよ。ただし，重力加速度の大きさを 9.8m/s² とする。

26　定滑車に掛けられた2物体の運動 物理基礎

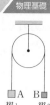

質量 m_1 および m_2 ($m_1 > m_2$) の2物体A，Bを軽くて伸びない糸でつなぎ，これを軽い定滑車に掛けて手を放したとき，両物体の加速度の大きさ a，および糸の張力の大きさ T を求めよ。ただし，重力加速度の大きさを g とする。

27　一様な棒の加速度と断面にはたらく張力

単位長さあたりの質量が d [kg/m] で，長さ l [m] の一様な棒をなめらかな水平面上に置き，その右端に F [N] の力を加えた。次の問に答えよ。

⑴　棒の加速度 a [m/s²] はいくらになるか。

⑵　左端から x [m] の P 点で棒に垂直な断面にはたらく張力の大きさ T [N]（断面を境にして互いに引きあう力）はいくらになるか。

なめらかな水平面上で、ばね定数 k〔N/m〕の軽いば
ねの一端を壁に固定し、他端に質量 M〔kg〕の小物体 A
をとりつける。A の直前に質量 m〔kg〕の小球 B を置き、
B を押してばねを r〔m〕だけ縮めてから手を放す。B が
A から離れる位置を求めてみよう。ただし、ばねは弾
性の限界内にあるものとし、また、手を放した位置を原
点として水平方向右向きに x 軸を定める。ばねが伸びて

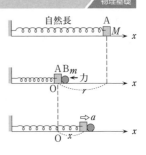

A、B が位置 x〔m〕$(x < r)$ の点を通るとき、A、B 間の
抗力の大きさを F〔N〕、A、B の加速度の大きさを a〔m/s²〕とする。

(1) 小物体 A と小球 B のそれぞれについて運動方程式を示せ。

(2) (1)の2式より a を消去して抗力の大きさ F〔N〕を求めよ。

(3) F の値は、x が 0 からしだいに大きくなるとしだいに小さくなる。B が A から離
れる位置 x'〔m〕を求めよ。

あらい水平面上に質量 m の物体を置き、水平方向に外力
を加える。外力をしだいに大きくしていくとき、外力がある
大きさ F_0 をこえると物体は動き出す。動き出すまでは、物
体にはたらく摩擦力の大きさは外力と等しい。動き出す直前
の摩擦力の大きさは最大で、これを最大摩擦力という。最大
摩擦力 f_0 は垂直抗力 N に比例し、$f_0 = \mu_0 N$ と表される。こ
の μ_0 を静止摩擦係数という。

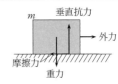

物体にはたらく外力

動き出した後は物体には動摩擦力がはたらく。このとき
の動摩擦力の大きさ f も垂直抗力 N に比例し $f = \mu N$ と表
され、この μ を動摩擦係数という。一般に $\mu < \mu_0$ である。

重力加速度の大きさを g として、外力と摩擦力の関係を
右のグラフにかけ。

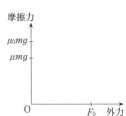

30 あらい斜面上を往復する物体の運動 物理基礎

傾角 θ のあらい斜面の最下点から，質量 m の小物体を斜面の上方に初速 v_0 で打ち出したところ，ある距離 l だけ上昇して折り返した。斜面と小物体の間の動摩擦係数を μ，重力加速度の大きさを g として答えよ。

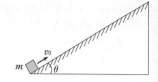

(1) 最高点まで上がる時間はいくらか。

(2) その距離 l はいくらか。

(3) 最高点で折り返すための静止摩擦係数 μ_0 の満たすべき条件を求めよ。

(4) もとの位置まですべり下りたときの速さ v' はいくらか。l, μ, g, θ を用いて答えよ。

31 物体を斜め上方へ引くときの最大摩擦力 物理基礎

あらい水平面上に質量 m の小物体を置き，これに軽くて伸びない糸をつけて水平から θ $(\theta < 90°)$ 上方に静かに引く。引く力をしだいに増すとき，ある値 F_0 をこえると物体がすべり出した。静止摩擦係数を μ_0，重力加速度の大きさを g として，F_0 を求めよ。

32 加速度運動をする板上の小物体の運動 物理基礎

なめらかな水平面上に，上面のあらい板 A を置き，その上に質量 m の小物体 P をのせてある。板 A に右向きの力を加え一定の加速度 $6\,\mathrm{m/s^2}$ で 2 秒間直線運動をさせたら P は板 A の上で板に対して左へ 4m すべった。このとき，次の問に答えよ。ただし，はじめ板は静止しているものとし，重力加速度の大きさを $9.8\,\mathrm{m/s^2}$ とする。

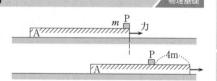

(1) P は水平面に対して何 m 動いたか。

(2) P と A との間の動摩擦係数 μ を求めよ。

§2 運動の法則 **19**

33 空気の抵抗力を受ける箱の中の分銅の運動

右図のように，質量 M の箱の底に質量 m の分銅をのせる。これらがそのままの姿勢を保って落下しているとき，次の各場合について分銅の底面にはたらく抗力の大きさを求めよ。ただし，重力加速度の大きさを g とする。

箱 M

分銅 m

↓ 落下の方向

(1) 空気の抵抗力 F が箱にはたらく場合

(2) 空気の抵抗力がない場合

(3) 箱の落下の速度が増して空気の抵抗力が大きくなり，やがて落下の速度が一定になった場合

34 浮力と流体の抵抗力を受ける運動

半径 r〔m〕，密度 d〔kg/m³〕の球が密度 ρ〔kg/m³〕（$d>\rho$ とする）の静止流体中をゆっくり落下するときの終速度を求めよ。ただし，物体が流体から受ける抵抗力は kv〔N〕（k〔N·s/m〕は比例定数，v〔m/s〕は速さ）で表されるものとし，重力加速度の大きさを g〔m/s²〕とする。

35 浮力
物理基礎

図1のように，密度 ρ〔kg/m³〕の液体を入れた容器を秤にのせると目盛は W_0〔N〕を示した。質量 m〔kg〕，体積 V〔m³〕の物体を軽くて伸びない糸でつるし，図2のように液体に全部沈めた。重力加速度の大きさを g〔m/s²〕とする。

物体が受ける浮力の大きさは ア 〔N〕，糸の張力の大きさは イ 〔N〕である。このとき，秤の目盛は ウ 〔N〕になる。

図3のように，物体を容器の底につけると糸がたるんだ。このとき，秤の目盛は エ 〔N〕になる。

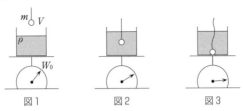

図1　　　　　図2　　　　　図3

発展問題

36 弾性力で鉛直方向に動く2物体が離れる位置 物理基礎

ばね定数 k〔N/m〕の軽いばね（図1）の上端に，質量 M〔kg〕の皿 B を水平にとりつける。皿 B の上に質量 m〔kg〕の物体 A をのせる。つりあいの位置を原点として，上向きに x 座標をとる（図2）。さらに，下向きの力を加えて A，B を十分押し下げてから（図3）手を放すとき，どこで A が B から離れるかを考えたい。ただし，ばねはつねに弾性限界内にあって鉛直を保っているものとし，重力加速度の大きさを g〔m/s²〕とする。ばねが伸びて，図4のように位置 x〔m〕の点を通る瞬間に，A，B の間にはたらく抗力の大きさを F〔N〕とし，そのときの加速度を上向きを正として a〔m/s²〕とする。

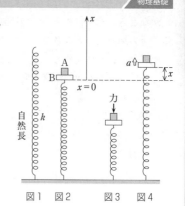

図1　図2　　図3　図4

(1) A についての運動方程式を示せ。

(2) B についての運動方程式を示せ。

(3) 上の2式より a を消去して抗力の大きさ F〔N〕を求めよ。

(4) これより，x がしだいに増加すると F はしだいに小さくなることがわかるが，A が B から離れる x の値 x'〔m〕を求めよ。

37 定滑車につるした2つのおもりを一定の力で引き上げる運動

図のように，質量 m と $3m$ の小さなおもり A と B を伸びない糸でむすび，なめらかな滑車 P に掛ける。重力加速度の大きさを g とする。P の中心 O に伸びない糸 OQ をつけ，Q を鉛直上方に $\dfrac{24}{7}mg$ の力で引き上げる。滑車 P と糸の質量は無視できるものとし，A，B，P の加速度をそれぞれ鉛直上方を正として a_A，a_B，α，糸の張力の大きさを T とする。

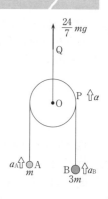

(1) A，B，P それぞれについて運動方程式を示せ。

(2) a_A，a_B，α の関係式を求めよ。

(3) a_A，a_B，α，T の値をそれぞれ求めよ。

なめらかで水平な床上に質量 M, 傾角 θ の斜面台 Q を置き, 台の斜面の上端に質量 m の小さいおもり P をのせる。おもりと台との間もなめらかなとき, その後の P, Q の運動について考える。重力加速度の大きさを g とする。

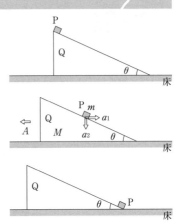

P が台上をすべり落ちるとき, Q は床の上をすべる。P の水平方向, 鉛直方向の加速度を図の向きに a_1, a_2 ($a_1>0$, $a_2>0$), また, Q の加速度を図の向きに A ($A>0$) とし, P と Q の間の抗力の大きさを N, Q と床との間の抗力の大きさを R とする。

(1) P の水平方向の運動方程式を記せ。

(2) P の鉛直方向の運動方程式を記せ。

(3) Q の水平方向の運動方程式を記せ。

(4) Q の鉛直方向の運動方程式を記せ。

(5) a_1, a_2, A, θ の関係式を求めよ。

39 動滑車につるしたおもりによる斜面上の小物体の運動 　　　　　物理基礎

傾角 θ のなめらかな斜面上に質量 m の小物体 P をのせ, これに軽くて伸びない糸をつけて, なめらかな定滑車 A と軽い動滑車 B をへて, 他端を天井に固定する。動滑車の両端の糸はともに鉛直とし, また動滑車の中心に軽くて伸びない糸をつけ, 下端に質量 M のおもり Q をつるす。重力加速度の大きさを g として, 次の問に答えよ。

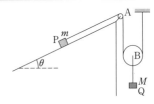

(1) はじめ静止していた P が斜面の上方に動くためには, M, m, θ の間にはどのような関係がなければならないか。

(2) この条件を満たしているとき, P の加速度を斜面上向きを正として a_1, Q の加速度を鉛直下向きを正として a_2, 糸の張力の大きさを T として

  (a) P についての運動方程式を示せ。

  (b) Q についての運動方程式を示せ。

  (c) a_1 と a_2 との関係式を示せ。

  (d) T, a_1, a_2 をそれぞれ求めよ。

40 摩擦のある板と物体の相互運動 物理基礎

水平な固定面 A の上に質量 $2M$ の板 B がのっており,この板の上面に質量 M の物体 C がのっている。面 A と板 B,および板 B と物体 C との間の動摩擦係数はそれぞれ 0.10 および 1.0 で,これらの値は運動の速さによ

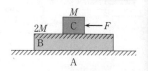

らない。いま図のように,物体 C に水平な力を加え,この力の大きさ F をしだいに大きくしていくと,$F = 0.90Mg$(g は重力加速度の大きさ)で,B,C は互いにすべることなく一体となって面 A の上をすべりはじめた。さらに F を大きくしていくと,$F = 1.5Mg$ で B,C はそれぞれ別の速度ですべる運動をするようになった。

(1) 面 A と板 B との間の静止摩擦係数はいくらか。

(2) 板 B と物体 C との間の静止摩擦係数はいくらか。

(3) $F = 2.0Mg$ の力を受けて物体 C が板 B の上をすべるとき,板 B の加速度の大きさはいくらか。

41 一定の速さで動くベルト上をすべる物体の運動 物理基礎

右図のような長いベルトコンベアがあり,ベルトを一定の速さ v で水平に動かし続ける。小物体を A 点でベルトの上

に初速度なしに置いた。小物体とベルトとの間の動摩擦係数を μ,重力加速度の大きさを g とする。

(1) A 点でベルトの上に置いた物体が,ベルトと同じ速さになるまでの時間はいくらか。

(2) この間に物体は,地上から見て A 点からいくらの距離の点まで進んでいるか。

(3) この間に物体はベルトの上をどれほどすべったか。

SECTION 3 仕事と力学的エネルギー

🖊 標準問題

42 仕事の定義　　　　　　　　　　　物理基礎

x-y 座標の原点 O にある小物体に，x 軸に平行な一定の大きさの力 $\vec{F}$〔N〕が加わったために，物体が破線の経路に沿って O から P まで移動した。この間に力 $\vec{F}$ がした仕事を求めよ。ただし，$\overrightarrow{\mathrm{OP}}=\vec{s}$〔m〕とし，$\vec{F}$ と $\vec{s}$ とのなす角を θ，$|\vec{s}|=s$，$|\vec{F}|=F$ とする。

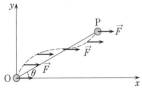

43 重力にさからって加えた外力のする仕事　　　物理基礎

(1) 質量 m〔kg〕の物体に重力にさからって外力を加え，図の実線の経路に沿ってゆっくりと P 点から Q 点まで運ぶときに，外力のした仕事を求めよ。ただし，Q 点は P 点より h〔m〕高いものとし，また，重力加速度の大きさを g〔m/s²〕とする。

(2) 逆に Q 点から P 点まで物体をゆっくり運ぶときに外力のした仕事はいくらか。

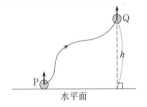

水平面

44 斜面に沿って物体を引き上げる力のする仕事　　物理基礎

(1) 傾角 θ のなめらかな斜面上にある質量 m の物体に外力を加えて，斜面に沿って静かに距離 s だけ引き上げるのに要する仕事を，次の 2 つの場合について求めよ。重力加速度の大きさを g とする。
　(a) 斜面に沿って力を加えて静かに引き上げるとき
　(b) 水平方向に力を加えて静かに引き上げるとき

(2) なめらかな水平面上にある質量 m の物体を静かに水平方向に距離 s だけ動かすのに要する仕事を求めよ。

45 動摩擦力にさからう外力がする仕事　　　　物理基礎

重力加速度の大きさを g とする。

(1) 動摩擦係数 μ の水平面上で，質量 m の物体に水平方向に外力を加えて一定の速さで距離 s だけ動かすとき，外力がする仕事を求めよ。

(2) 傾角 θ，動摩擦係数 μ の斜面に沿って外力を加え，この物体を一定の速さで距離 s だけ引き上げるとき，外力がする仕事を求めよ。

---

46 ばねを伸ばす外力がする仕事　〔物理基礎〕

(1) ばね定数 k〔N/m〕の軽いばねの一端を固定し，他端に外力を加えて自然長からゆっくり x_1〔m〕伸ばすとき，外力がする仕事はいくらか。

(2) 同じく，自然長から x_2〔m〕$(x_2>0)$ 縮めるとき，外力がする仕事はいくらか。

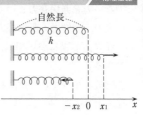

---

47 伸びたばねをさらに伸ばすために必要な仕事　〔物理基礎〕

ばね定数 k〔N/m〕の軽いばねがある。自然長より x_1〔m〕だけ伸びた状態のばねを，さらに自然長より x_2〔m〕だけ伸びた状態にしたい $(x_1<x_2)$。

(1) このとき，外力がした仕事を求めよ。

(2) このとき，ばねの弾性力がした仕事を求めよ。

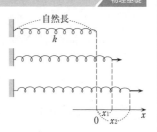

---

48 水平面上を動く物体の仕事と運動エネルギーの関係　〔物理基礎〕

なめらかな水平面上で速さ v_0 で動いている質量 m の小物体に，一定の大きさの力 F を進行方向に加え続けたところ，物体は s だけ動いて速さが v になった。

(1) 物体の加速度を a として，運動方程式を示せ。

(2) v, v_0, a, s の間の関係式を示せ。

(3) (1), (2)より a を消去して $\dfrac{1}{2}mv^2 - \dfrac{1}{2}mv_0^2$ の値を求めよ。

---

49 斜面上をすべり下りる物体の仕事と運動エネルギーの関係　〔物理基礎〕

傾角 θ，物体との間の動摩擦係数 μ の斜面上の A 点を速さ v_0 で下向きにすべっている質量 m の小物体が，s だけすべって B 点に達したときの速さが v になった。重力加速度の大きさを g として v を求めよ。

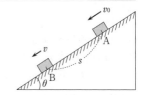

50　保存力，位置エネルギー

次の文の □ には適した語句または式を記し，{ } 内は正しい方を選べ。

(1) 力のする仕事が物体を動かす道すじによらないで決まる力を保存力といい，そうでない力を非保存力という。

重力，弾性力，動摩擦力のうち保存力は □ ア □，非保存力は □ イ □ である。

(2) 保存力の場においては，その力の特性から位置エネルギー U を定義することができる。

位置エネルギーとは，物体を基準点からある点まで保存力にさからってゆっくり運ぶとき {(ウ) 外力がする仕事／保存力がする仕事} で表す。例えば，質量 m〔kg〕の物体が基準面から h〔m〕高いところにあるときは，重力による位置エネルギーは $U=$ □ エ □〔J〕となり，基準面より h〔m〕低いところにあるときは $U=$ □ オ □〔J〕となる。ただし，重力加速度の大きさを g とする。

また，ばね定数 k〔N/m〕のばねでは，自然長の状態を基準として x〔m〕だけ伸びているときの弾性力による位置エネルギーは $U=$ □ カ □〔J〕，x〔m〕$(x>0)$ だけ縮んでいるときの位置エネルギーは $U=$ □ キ □〔J〕である。

51　斜方投射した物体の力学的エネルギー保存則

右図のように，地上の一点Oから物体を，仰角 θ，速さ v_0 で投げ上げた。最高点の高さ H を力学的エネルギー保存則を用いて求めよ。重力加速度の大きさを g とする。

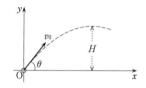

52　あらい水平面上のばね振り子の運動

あらい水平面上に，一端を固定したばね定数 k の軽いばねがある。ばねの他端には質量 m のおもりがつけてある。いま，ばねを自然長から r だけ押し縮めて放すと，ばねは自然長よりさらに伸びてから止まった。おもりと水平面の間の動摩擦係数を μ，重力加速度の大きさを g として答えよ。ただし，ばねと水平面との摩擦は無視できるものとする。

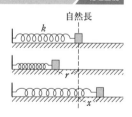

(1) ばねが伸びて自然長をこえるための条件を求めよ。

(2) ばねが自然長になった瞬間のおもりの速さを求めよ。

(3) ばねが自然長よりさらに x 伸びて止まったものとして，仕事と運動エネルギーの関係式を記せ。

53 弾性エネルギーと運動エネルギーの変換 物理基礎

ばね定数 k の軽いばねが，なめらかな水平面上に一端を固定して横たえてあり，他端には質量 M の板がとりつけてある。いま，板の直前に質量 m の小物体を置き，これらを自然長から $r\,(>0)$ だけ押し縮めて手を放した。

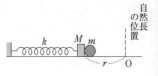

(1) 小物体が板から離れるのは，ばねが自然長になる位置である。離れる直前の小物体の速さを求めよ。

(2) その後，ばねはどこまで伸びるか。

54 振動する物体がつりあいの位置を通過する速さ 物理基礎

軽いばねの一端を固定し，他端におもりをつるしたところ，ばねが $x\,[\mathrm{m}]$ だけ伸びてつりあった。この位置からおもりを $x\,[\mathrm{m}]$ だけ押し上げて自然長の位置で手を放すとき，おもりがつりあいの位置を通過する瞬間の速さはいくらか。

また，手を放してから後，おもりが折り返す点までの距離はいくらか。ただし，重力加速度の大きさを g $[\mathrm{m/s^2}]$ とする。

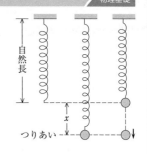

55 合力がした仕事と分力がした仕事

静止している物体に一定の力 $\vec{F}$ を加え続けたところ，物体は力の向きに A から B まで $\vec{s}$ だけ変位した。$\vec{F}$ を 2 力に分解し分力を $\vec{F_1}$，$\vec{F_2}$ とし，それらが直線 AB となす角を θ_1，θ_2 とする。また，$\vec{F}$，$\vec{F_1}$，$\vec{F_2}$，$\vec{s}$ の大きさを F，F_1，F_2，s とする。

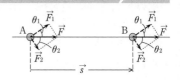

(1) 合力 $\vec{F}$ が物体にした仕事 W はいくらか。

(2) 分力 $\vec{F_1}$ と $\vec{F_2}$ がそれぞれ物体にした仕事 W_1，W_2 の和はいくらか。

(3) 合力がした仕事と，分力がした仕事の和との関係を述べよ。

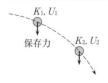

保存力のみから力を受ける物体の運動を考える。物体の
はじめの運動エネルギーを K_1，保存力の位置エネルギー
を U_1 とし，保存力から W の仕事をされた後の運動エネ
ルギーを K_2，位置エネルギーを U_2 とする。

物体の運動エネルギーの変化と保存力からされた仕事の
関係から

$$K_2 - K_1 = \boxed{} \quad \cdots\cdots ①$$

ところが，物体の保存力の位置エネルギーは，保存力がした仕事だけ減少するので

$$U_2 - U_1 = \boxed{} \quad \cdots\cdots ②$$

①，②式より，K_1，K_2，U_1，U_2 の間には

$$K_2 - K_1 = \boxed{}$$

の関係式が成り立つ。つまり

$$K_1 + U_1 = \boxed{}$$

これは，保存力のみがはたらくとき，物体の運動エネルギーと保存力の位置エネル
ギーの和が変化しないという，力学的エネルギー保存則が成り立つことを示している。

💡 **発展問題**

図のように，板を角度 θ だけ傾けて斜面をつくり，
その上端の支点に結んだ軽いばねの下端に，質量 m
の物体をとりつける。はじめ，物体を支点から見て，
斜面に沿ってまっすぐ下方の点 O に置き，すべり出
さないように止めておく。このとき，ばねは自然長に

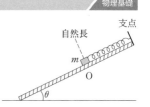

保たれ，伸び縮みはないものとして，以下の問に答えよ。ただし，板と物体との間の
静止摩擦係数を μ，動摩擦係数を μ' とし，ばね定数を k，重力加速度の大きさを g と
する。

(1) 物体を放したとき，物体は斜面に沿ってすべり出した。

　(a) 静止摩擦係数 μ は，どのような条件を満たさなければならないか。

　(b) 到達する最下点では，ばねはどれだけ伸びているか。

(2) 物体が最下点に到達した後に，引き返す方向に動き出すためには，$\tan\theta$ はどの
ような値よりも大きくなければならないか。

58 鉛直方向のばねの振動と力学的エネルギー保存則　　物理基礎

ばね定数 k の軽いばねの先に質量 m のおもりをつるしたところ，ばねは伸びて O 点でつりあった。これをさらに r だけ伸ばして手を放したところ，O を中心として振動をはじめた。図で OA＝r，OB＝x とし，重力加速度の大きさを g とする。また，O 点，B 点でのおもりの速さをそれぞれ V，v とする。

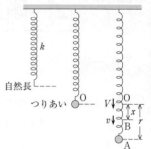

(1) おもりは，重力とばねの弾性力とによって仕事をされるので，両者による位置エネルギーと運動エネルギーとの総和が保存される。重力による位置エネルギーの基準点として O をとるとき，次の空欄をうめよ。

	運動エネルギー	ばねの弾性力による位置エネルギー	重力による位置エネルギー
O	(ア)	(イ)	(ウ)
B	(エ)	(オ)	(カ)
A	(キ)	(ク)	(ケ)

(2) 同じばね振り子において，振動の中心 O より x だけ下をおもりが通過しているとき，おもりにはたらく力は，下向きに重力 mg と上向きにばねの弾性力 □コ□ との2力である。この合力は上向きに □サ□ である。

よって，合力による位置エネルギーの基準を合力0のつりあいの位置にとると，この合力による位置エネルギーと，運動エネルギーとを考えれば総和は保存される。次の空欄をうめよ（合力のする仕事は，重力とばねの弾性力のする仕事の和に等しい）。

	運動エネルギー	合力による位置エネルギー
O	(シ)	(ス)
B	(セ)	(ソ)
A	(タ)	(チ)

59 物体を斜めに引く張力がする仕事　　物理基礎

動摩擦係数 μ の水平面上に，質量 m の小物体が置いてある。これに軽くて伸びない糸をつけて，水平面から角 θ 上向きに力を加え続けて，物体を面に沿って一定の速度で s だけ動かした。重力加速度の大きさを g とする。

(1) このとき糸の張力の大きさはいくらか。

(2) この間に糸の張力がした仕事はいくらか。

SECTION 4 剛体の運動

60 剛体にかかる平行力の合力

x-y 平面上にある剛体に図のように y 軸に平行な３力がはたらくとき，その合力の向き，大きさ，作用点を図１，図２のそれぞれの場合について求めよ。

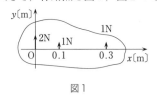

図1

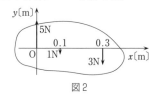

図2

61 剛体にかかる力を合成して偶力になるとき

１辺 a の正三角形 ABC の各頂点に，図のように各辺の延長方向に大きさの等しい力 F がはたらくとき，この３力を合成すると，{(ア) 時計まわり／反時計まわり}の ◻(イ) のモーメントをもつ偶力になる。

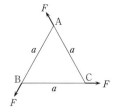

62 重心

質量が集中しているとみなせる点を重心（質量中心）という。図のように水平方向に x 軸，鉛直方向に y 軸をとり，重力加速度の大きさを g とする。質量 m_1 が座標 (x_1, y_1) に，質量 m_2 が座標 (x_2, y_2) に，…，質量 m_n が座標 (x_n, y_n) に分布しているとき，重心の座標を (x_G, y_G) とする。重心を支えると回転しないから，重心のまわりの力のモーメントの和は ◻(ア) である。重心と各点との x 座標の差は x_1-x_G，x_2-x_G，…，x_n-x_G であるから

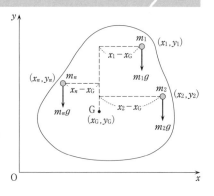

$$\boxed{(イ)} = 0$$

が成り立つ。これから

$$x_G = \boxed{}$$

が求まる。また，図を $90°$ 回転させて考えると，同様にして

$$y_G = \boxed{}$$

が求まる。

---

63 **2物体の重心の位置**

質量 m_1 の質点 P と質量 m_2 の質点 Q とを重さの無視できる棒でつないだ物体を考える。これらを x 軸上に置き，P，Q の x 軸上での位置座標を x_1, x_2 とし，重心 G の座標を x_G とする。x_G を求めよ。ただし，重力加速度の大きさを g とする。

---

64 **穴のあいた円板の重心の位置**

半径 r の一様な厚さの円板 O がある。その1つの半径 OA を直径とする小円板 O′ をくりぬいた。

(1) 残りの板の重心の位置を求めよ。
(2) くりぬいた円形の穴に，小円板と大きさも厚さも同じで，比重がもとの3倍であるような円板をはめ込むとき，全体の重心の位置はどこになるか。

---

65 **L字形の棒の重心**

一様な長さ 30cm の棒を曲げ，図1のように L 字形にした。座標 x–y を図のようにとると，重心の x 座標は $\boxed{}$ cm，y 座標は $\boxed{}$ cm になる。

同じ棒を図2のように曲げた。重心の x 座標は $\boxed{}$ cm，y 座標は $\boxed{}$ cm になる。

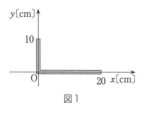

図1

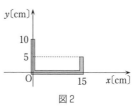

図2

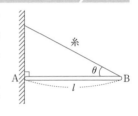

　長さ l〔m〕，重さ W〔N〕の一様な棒 AB の一端 A を十分摩擦のある鉛直な壁に接し，棒が水平になるように他端 B に軽くて伸びない糸をつけて水平から θ 上方に引き，糸の他端を壁にとりつける。

　糸の張力の大きさ T〔N〕，棒にはたらく壁からの垂直抗力の大きさ N〔N〕，摩擦力の大きさ f〔N〕を求めよ。

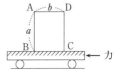

　図のような水平な台上に，断面が $AB = a$，$AD = b$ の均質な角柱を置く。台と角柱との間の静止摩擦係数を μ とする。台に水平方向左右に力を加えて加速度を与える。重力加速度の大きさを g として，次の問に答えよ。

(1) 台の加速度が α_1 をこえると，台上で角柱が倒れないですべった。このとき $\alpha_1 = \boxed{}$ である。

(2) 台の加速度が α_2 をこえると，台上で角柱がすべらないで倒れた。このとき $\alpha_2 = \boxed{}$ である。

(3) したがって，台の加速度をしだいに増していくとき，角柱がすべらないで倒れるためには $\mu > \boxed{}$ でなければならない。

　高さ a，直径 b，質量 m の均質な円柱が，回転軸をもつ水平な円板上に図のように置いてある。円柱の重心 G は回転軸から r の距離にあるものとし，円板との静止摩擦係数を μ，重力加速度の大きさを g とする。

　いま，円柱をのせたまま円板の角速度を徐々に増していくとき，円柱が倒れないですべるためには，μ の値にはどのような制限が必要か。

💡 **発展問題**

69　板上を動く人の相対速度・相対変位

図のような，なめらかな水平面上に質量 M の板を
置く。その板の中央にのった質量 m の人が，時刻
$t=0$ に右向きに動き出した。ただし，人は台の上を
すべらずに動くものとする。はじめの人と板の重心の
位置を原点 O とし，右向きを x 軸の正の向きとする。

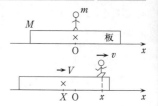

(1) 時刻 t における人の速度が v のとき，板の速度 V
を求めよ。また，板に対する人の相対速度を求めよ。

(2) 時刻 t における人の位置が x のとき，板（の重心）の位置 X を求めよ。また，板
（の重心）に対する人の相対位置を求めよ。

70　円柱面に立てかけた棒のつりあい

水平な床面上に半径 r〔m〕の半円柱が固定され
ており，これに長さ l〔m〕，重さ W〔N〕の一様な
棒が立てかけてある。棒と半円柱とは垂直に交わり，
棒は水平から 30° 傾いて静止している。半円柱の表
面には摩擦がないものとし，$\dfrac{3}{\sqrt{3}}r < l < \dfrac{8}{\sqrt{3}}r$ とする。

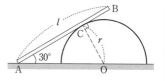

(1) 棒にはたらく力を図中に矢印で記入せよ。ただし，A 点における床からの垂直
抗力の大きさを N〔N〕，摩擦力の大きさを f〔N〕，半円柱との接点 C における垂
直抗力の大きさを N'〔N〕とせよ。

(2) (1)の力の水平方向，鉛直方向それぞれのつりあいの式を示せ。

(3) A のまわりの力のモーメントのつりあいの式を示せ。

(4) これらより，N', f, N を，l, r, W を用いて求めよ。

(5) 棒がこの状態ですべり出さないためには，棒と床面との間の静止摩擦係数 μ は
どのような値でなければならないか。l および r を用いて示せ。

力
学

熱力学

波動

電磁気

原子

71 ちょうつがいでつないだ2本の棒にはたらく力

長さ l, 重さ W の一様な2本の棒 AB, CD がある。その一端 A と鉛直な壁との間, および B と C の間をそれぞれ軽いちょうつがいでつなぎ, 棒が鉛直面内で自由に回転できるようにしておく。棒 CD の一点 P に鉛直上向きの力を加えて全体を水平に保ちたい。

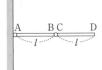

(1) この力の大きさはいくらか。
(2) P 点は D 端からいくらのところか。

72 斜面上の直方体が傾かないですべる条件

あらい斜面上に図のような高さ a, 幅 b, 質量 m の直方体を置き, 斜面の傾角 θ をしだいに大きくしていく。直方体と斜面の間の静止摩擦係数を μ, 重力加速度の大きさを g とする。

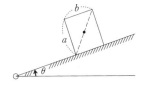

(1) 直方体が傾くより先に, すべり出したとすれば, すべり出すのは $\tan\theta$ がどのような値をこえたときか。このときの θ を θ_1 として $\tan\theta_1$ を求めよ。
(2) 直方体がすべり出すより先に, 傾いたとすれば, 傾くのは $\tan\theta$ がどのような値をこえたときか。このときの θ を θ_2 として $\tan\theta_2$ を求めよ。
(3) 直方体が傾くより先に, すべり出す条件を μ, a, b を用いて表せ。

73 円運動をする自動車のタイヤにはたらく摩擦力

質量 M の自動車が, 水平な道路上を速さ V で半径 R の等速円運動を行っている。重心 G から路面までの距離を h, 両車輪の間隔を l, 重力加速度の大きさを g とする。

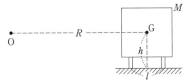

(1) 内外両車輪にはたらく垂直抗力の大きさ N_1, N_2 は前輪, 後輪含めてそれぞれいくらか。
(2) 速さを増していくとき, 倒れる直前の速さはいくらか。ただし, それまではすべらないものとする。
(3) 次に, 横すべりするまで倒れないものとすれば, すべる直前の速さはいくらか。ただし, タイヤと路面との静止摩擦係数を μ とし, すべる直前には両車輪の摩擦力がともに最大摩擦力となっているとする。

図のように，半径が r の円筒 A，B を接触させて
水平に並べ，この上に質量 m の一様な棒を円筒の
軸方向に直角に置いて，円筒を同時に等しい速さで
図の矢印の向きに回転させる。円筒と棒との間の動
摩擦係数を μ，重力加速度の大きさを g とする。

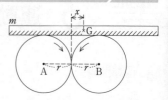

いま，棒の重心 G が両円筒の中央より x だけ右の点を通過するとき，次の問に答
えよ。

(1) 棒にはたらく A，B からの垂直抗力の大きさ R_1，R_2 はいくらか。

(2) また，棒が A，B から受ける動摩擦力の向きと大きさをそれぞれ求めよ。

(3) このとき棒にはたらく水平方向の力の合力と x との関係を調べ，この運動が単振
   動になることを証明せよ。

(4) その周期を求めよ。

SECTION 5 運動量

標準問題

75　運動量と力積の関係

質量 m〔kg〕の小物体に力 $\vec{F}$〔N〕を Δt〔s〕間加えたとき，小物体の速度が $\vec{v_0}$〔m/s〕から $\vec{v}$〔m/s〕になったとする。加速度を $\vec{a}$〔m/s²〕とすれば，運動方程式より

$$\vec{F} = m\vec{a} = m \cdot \boxed{\quad \text{(ア)} \quad}$$

両辺を Δt 倍して

$$\vec{F}\Delta t = \boxed{\quad \text{(イ)} \quad}$$

$\vec{F}\Delta t$〔N·s〕を力積といい，運動量の変化はその間に小物体が受けた力積に等しいという関係が得られる。

76　物体が動摩擦力から受ける力積と運動量の変化

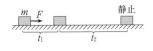

あらい水平面上に質量 m〔kg〕の小物体が静止している。これを右向きに F〔N〕の力を加え続けたところ小物体はすべり出したが，力を加えはじめてから t_1〔s〕後に力を加えるのを止めた。その後小物体はさらに t_2〔s〕間すべって静止した。面と小物体間の動摩擦係数を μ，重力加速度の大きさを g〔m/s²〕とし，力積は右向きを正として答えよ。

(1)　はじめの t_1〔s〕間に小物体が受けた力積 I_1〔N·s〕を求めよ。

(2)　あとの t_2〔s〕間に小物体が受けた力積 I_2〔N·s〕を求めよ。

(3)　小物体が動き出してから止まるまでの間に受けた全力積が小物体の運動量変化に等しいことから，$\dfrac{t_2}{t_1}$ の値を求めよ。

77　なめらかな水平面に斜めに衝突した小球のはねかえり

なめらかな水平面上の一点 O に，質量 m の小球が水平から θ 下方に向けて速さ v で衝突した。はねかえり係数を e として，次の問に答えよ。

(1)　衝突直後の速さを求めよ。

(2)　衝突により小球の運動量はどの向きにいくら変化したか。

78　ロケットからの燃料の噴射

　宇宙空間を速度 V〔m/s〕で飛んでいた全質量 (燃料を含む) M〔kg〕のロケットが, 質量 m〔kg〕の燃料を瞬間的に後方に噴射した。噴射直後のロケットに対する燃料の相対速度の大きさは v〔m/s〕であった。噴射直後のロケットと燃料の速度を求めよ。

79　壁ではねかえったボールが受ける平均の力

　質量 m〔kg〕のボールが速さ v_0〔m/s〕で壁にぶつかり, はねかえって, 速さが v〔m/s〕になった。壁にぶつかってから離れるまでの時間が Δt〔s〕のとき, ボールが壁から受けた平均の力の大きさ $\overline{F}$〔N〕はいくらか。

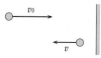

80　正三角形を描く質点にはたらく力積の向きと大きさ

　右図のような正三角形 ABC の辺に沿って, 質量 m の質点が図の向きに速さ v でまわっている。

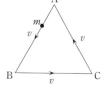

(1)　質点の運動量が変化するのは, どの部分を質点が通過するときか。

(2)　質点の運動量が変化するとき, 質点が受ける力積の向きは, どの向きか。図中に矢印を記入せよ。

(3)　その力積の大きさを求めよ。

81　2物体の衝突と運動量保存則

　質量 m_1 の物体 A が質量 m_2 の物体 B に衝突する。衝突前の A, B の速度を $\vec{v_1}$, $\vec{v_2}$, 衝突後のそれらを $\vec{v_1'}$, $\vec{v_2'}$ とし, 力を及ぼし合う時間を Δt とする。その間 B が A から $\vec{F}$ の力を受けるとすれば, 作用・反作用の法則により, A は B から $-\vec{F}$ の力を受ける。したがって, 両物体の運動量の変化と力積との関係は

$$\begin{cases} 物体 A : m_1\vec{v_1'} - m_1\vec{v_1} = \boxed{　(ア)　} \\ 物体 B : m_2\vec{v_2'} - m_2\vec{v_2} = \boxed{　(イ)　} \end{cases}$$

　両式から $\vec{F}\Delta t$ を消去して

$$m_1\vec{v_1} + m_2\vec{v_2} = \boxed{　(ウ)　}$$

　以上は, 一直線上での衝突 (図1), 平面内での衝突 (図2) について共通に成り立つ。

　一般に, 物体系に, 外力による力積が加わらないとき, 物体系全体の運動量の和は一定に保たれる。これを運動量保存則という。

図2の場合，運動量保存則を x 成分，y 成分に分けて表すと

$$\begin{cases} x \text{成分：} m_1v_1 + m_2v_2 = \boxed{\text{エ}} \\ y \text{成分：} 0 = \boxed{\text{オ}} \end{cases}$$

ただし，$|\vec{v_1}| = v_1$, $|\vec{v_2}| = v_2$, $|\vec{v_1'}| = v_1'$, $|\vec{v_2'}| = v_2'$ である。

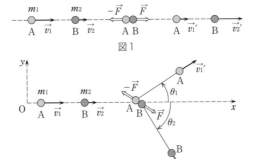

図1

図2

82 　平面内での衝突と運動量保存則

　なめらかな水平面上を速度 $\vec{v_1}$ ですべっている質量 m_1 の小物体に，同じ水平面を速度 $\vec{v_2}$ ですべってきた質量 m_2 の他の小物体が垂直に衝突し，一体となって運動した。衝突後の速度 $\vec{V}$ の大きさと向きを求めよ。ただし，$|\vec{v_1}| = v_1$, $|\vec{v_2}| = v_2$, $|\vec{V}| = V$ とし，向きについては $\vec{V}$ が $\vec{v_1}$ の方向となす角を θ として $\tan\theta$ の値で示せ。

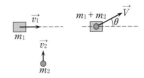

83 　一直線上の衝突のはねかえり係数

(1) なめらかな水平面上を，物体 A が右向きに速さ 10 m/s で進んできて，同一直線上を左向きに速さ 5 m/s で進んできた B と正面衝突した。衝突後 A は左向きに 2 m/s，B は右向きに 4 m/s の速さになった。はねかえり係数 e はいくらか。

(2) 一直線上で質量 2 kg の物体 A と質量 3 kg の物体 B が衝突した。衝突前，物体 A が右向きに 10 m/s，B が左向きに 6 m/s の速さであったとすると，衝突後の A，B はどの向きにいくらの速さになるか。ただし，A，B のはねかえり係数を 0.50 とする。

84 等しい質量の 2 物体の弾性衝突

　等しい質量 m の 2 物体 A, B が一直線上で弾性衝突を行う。衝突前の A, B の速度を v_1, v_2 とすれば, 衝突後のそれらの速度 v_1', v_2' はどうなるか。

85 板に垂直に衝突した球が衝突後はねかえる条件

　床の上に鉛直に立てたばねの上に, 質量 M の板を水平にとりつけておく。板の中央の真上から質量 m の球を落下させるとき, 球が板に衝突した後はねかえるためには, $\dfrac{m}{M}$ はどのような条件を満たさなければならないか。ただし, 球と板のはねかえり係数を e とする。

86 床に垂直に衝突した小球のはねかえり

　水平な床からの高さ h_1 の点から小球を落としたところ, 時間 t_1 = ［ ア ］ かかって床面と衝突した。衝突直前の小球の速さは v_1 = ［ イ ］ となり, はねかえり係数を e とすれば, 衝突直後の上向きの速さは v_2 = ［ ウ ］ となる。衝突後, 最高点に達するまでの時間 t_2 は t_2 = ［ エ ］ t_1 となるが, その最高点の高さ h_2 は h_2 = ［ オ ］ h_1 となる。ただし, 重力加速度の大きさを g とする (［エ］, ［オ］は e のみで表せ)。

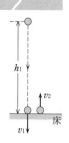

87 砂袋中へ弾丸が入って一体となる運動

　質量 M〔kg〕の小さい砂袋が, 長さ l〔m〕の軽くて丈夫な糸で天井からつるされて静止している。水平方向から質量 m〔kg〕の弾丸を v〔m/s〕の速さで砂袋に打ち込んだところ, 弾丸は砂袋と一体になり, 糸が鉛直方向と θ_0 の角をなすところまで上がって折り返した。$\cos\theta_0$ の値を求めよ。ただし, 重力加速度の大きさを g〔m/s²〕とする。

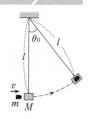

88 台上をすべる物体と台の運動

　なめらかな水平床面上に質量 M の台が静止している。台の左端に質量 m の物体をのせる。台の表面も水平で, 物体との間の動摩擦係数を μ, 重力加速度の大きさを g とする。

　いま, 物体に右向きに初速 v_0 を与えたところ, 物体は台上をある距離すべって台上で静止した。このときの物体と台の速度 V と, 台上をすべった距

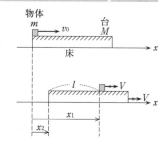

離 l を求めたい。次の ◻ に適する式を示せ。

(1) 動摩擦力によって物体が受けた力積は，その間の物体の運動量の変化に等しい。

力をおよぼし合う時間を t とすれば

$$\begin{cases} 物体について： -\mu mg \cdot t = \boxed{\ ア\ } \\ 台について： \ \ \mu mg \cdot t = \boxed{\ イ\ } \end{cases}$$

が成り立つ。両式から $\mu mg \cdot t$ を消去すれば

$$運動量保存則 \ \ mv_0 = \boxed{\ ウ\ }$$

が得られる。これより

$$V = \boxed{\ エ\ }$$

(2) また，動摩擦力によって物体がされた仕事は，物体の運動エネルギーの変化に等しい。力をおよぼし合っている間の物体と台の変位をそれぞれ x_1, x_2 とすれば

$$\begin{cases} 物体について： \boxed{\ オ\ } = \dfrac{1}{2}mV^2 - \dfrac{1}{2}mv_0^2 \\ 台について： \ \ \boxed{\ カ\ } = \dfrac{1}{2}MV^2 - 0 \end{cases}$$

が成り立つ。

上式を辺々加え，$x_1 - x_2 = l$ を用いると

$$\frac{1}{2}mv_0^2 - \frac{1}{2}(m+M)V^2 = \boxed{\ キ\ }$$

が得られる。これより

$$l = \boxed{\ ク\ }$$

💡 **発展問題**

89 平面内での2物体の弾性衝突

　質量がともに m の2球 A, B がある。静止している球 B に速さ v_0 の球 A が弾性衝突をしたところ，衝突後 A, B は，もとの A の進行方向に対して図のように角 θ_1, θ_2 の方向に速さ v_1, v_2 で進行した。

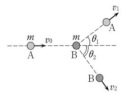

　このとき，$\theta_1 + \theta_2 = \dfrac{\pi}{2}$ になることを証明せよ。必要なら公式 $\cos\theta_1 \cos\theta_2 - \sin\theta_1 \sin\theta_2 = \cos(\theta_1 + \theta_2)$ を用いてよい。

90　ばねの両端にとりつけた2物体の運動

ばね定数 k の軽いばねの両端に質量 m_1，m_2 の小さいおもり A，B をとりつけ，ばねを自然長に保ったまま，なめらかな水平面上に置く。A にきわめて短時間だけ大きな力を右向きに加えて初速度 v を与えたところ（図1），2つのおもりは振動しながら右方へ進んだ。右方向を正方向とする。

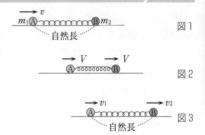

図1

図2

図3

自然長

(1)　ばねが最も縮んだとき（図2）の A，B の速度 V と，そのときの縮み r を求めよ。

(2)　次に，ばねが自然長に戻ったとき（図3）の A，B の速度 v_1，v_2 を求めよ。

91　ばねの先にとりつけた板と小球の衝突

ばね定数 k の軽いばねの下端を床の上に鉛直に固定し，上端に質量 M の板を図のようにとりつける。板の真上の高さ h の点から質量 m の小球を静かに手を放して落下させたところ，小球は板と瞬間的に衝突した。小球と板とのはねかえり係数を e，重力加速度の大きさを g とし，鉛直下向きを正とする。

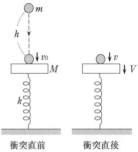

衝突直前　　衝突直後

(1)　衝突直前の小球の速度 v_0 を求めよ。

(2)　衝突直後の小球の速度 v と板の速度 V を求めよ。

(3)　$e=1$ の場合（弾性衝突），衝突直後の小球の速度 v_1 と板の速度 V_1 を求めよ。

(4)　$e=1$ の場合，その後のばねの最大の縮み x_1 を求めよ。ただし，小球は再び板と衝突しないものとする（図1）。

(5)　$e=0$ の場合（完全非弾性衝突），一体となった直後のそれらの速度 V_2 を求めよ。

(6)　$e=0$ の場合，その後のばねの最大の縮み x_2 を求めたい（図2）。力学的エネルギー保存則を表す式を記せ。

なお，(4)，(6)は，重力による位置エネルギーが必要なときは，衝突直後の高さを基準とせよ。

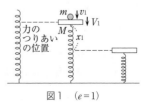

力のつりあいの位置

図1　$(e=1)$

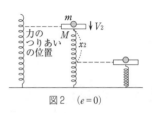

力のつりあいの位置

図2　$(e=0)$

図のように，水平でなめらかな床の上になめらか
な円弧状の斜面をもった質量 M の台が固定されて
いる。水平面 AB 上に質量 m の小球を置き（ただ
し，$m<M$），水平方向右向きに速さ v_0 を与えたと
ころ，小球は斜面上をのぼって C 点で折り返した。

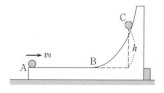

(1) C 点の AB からの高さ h を求めよ。ただし，重力加速度の大きさを g とする。

次に，台の固定をはずして同様に小球に速さ v_0 を与えたところ，小球は斜面上を
のぼって C′ 点で折り返した。

(2) C′ 点での小球の速さ v を求めよ。

(3) C′ 点の AB からの高さ h' を求めよ。

その後，小球は斜面を下りて平面 AB に達した。

(4) このときの小球の速さ v' と台の速さ V' を求めよ。

図のような形をした台がある。台の上面 A～B はなめら
かな曲面で，B では水平となり，鉛直にたつ壁と接続する。
左端 A は B より h だけ高くなっている。A から質量 m
の小球を曲面に沿って静かにすべらせる。小球は壁に垂直
に衝突する。重力加速度の大きさを g とする。

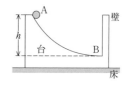

台が床に固定してある場合について，次の(1)・(2)に答えよ。

(1) 小球が壁と衝突する直前の小球の速さ v を，g，h を用いて表せ。

(2) はねかえり係数 e で小球がはねかえった。h の何倍の高さまで上がるか。

次に，台がなめらかな床の上を自由に動く場合について，次の(3)～(6)に答えよ。台
の質量は M とする。

(3) 小球が壁と衝突する直前の小球と台の速さ v，V を m，M，g，h を用いて表せ。

(4) はねかえり係数 e ではねかえった直後の小球と台の速さ v'，V' を e，v，V を用
いて表せ。

(5) 小球がはねかえった後，上がりうる最高の高さ h' はいくらか。

(6) 小球が B に達するまでに台が動いた距離を求めよ。ただし，AB の水平距離を l
とする。

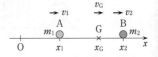

質量 m_1, m_2 の2個の質点 A, B が x 軸上を運動している。ある時刻における A, B の位置が x_1, x_2 のとき, それらの重心 G の位置 x_G は

$$x_G = \frac{m_1 x_1 + m_2 x_2}{m_1 + m_2} \quad \cdots\cdots①$$

である。

(1) 質点 A, B の速度を v_1, v_2 とすれば, それらの重心速度 v_G は①式より

$$v_G = \frac{\boxed{(\mathcal{P})}}{m_1 + m_2} \quad \cdots\cdots②$$

となる。

　②式から, 質点系の運動量が保存される場合は, 系の重心速度は $\boxed{(\mathcal{A})}$ になる。

(2) また, 重心に対する A, B の相対速度を u_1, u_2 とおけば

$$\begin{cases} u_1 = v_1 - v_G \\ u_2 = v_2 - v_G \end{cases}$$

となるので, それぞれの質点の重心に対する運動量の和は

$$m_1 u_1 + m_2 u_2 = \boxed{(\mathcal{P})}$$

となる。

(3) さらに

$$\begin{cases} v_1 = u_1 + v_G \\ v_2 = u_2 + v_G \end{cases}$$

を用いると, 質点の運動エネルギーの和は

$$\frac{1}{2} m_1 v_1{}^2 + \frac{1}{2} m_2 v_2{}^2 = \boxed{(\mathcal{I})} + \left(\frac{1}{2} m_1 u_1{}^2 + \frac{1}{2} m_2 u_2{}^2 \right) \quad \cdots\cdots③$$

となる。これは, 2物体の運動エネルギーの和が $\boxed{(\mathcal{I})}$ の運動エネルギーと重心に対する相対運動のエネルギーの和に等しいことを示している。

(4) ③式の右辺の第2項 $\frac{1}{2} m_1 u_1{}^2 + \frac{1}{2} m_2 u_2{}^2$ を m_1, m_2, v_1, v_2 を用いて表すと, $\boxed{(\mathcal{D})}$ となる。$\dfrac{m_1 m_2}{m_1 + m_2}$ を換算質量という。

SECTION 6 慣性力, 円運動, 単振動, 万有引力

🏠 **標準問題**

95 慣性力

図1のように，静止座標系 x-y に対して加速度 $\vec{a}$ で運動している座標系を x'-y' 座標系とする。質量 m の物体が力 $\vec{F}$ を受け，x-y 座標系から見て加速度 $\vec{\alpha}$ で運動しているとすると，運動方程式

$$m\vec{\alpha} = \boxed{}$$

が成り立つ。これを x'-y' 座標系から見ると，加速度 は $\vec{\alpha'} = \boxed{}$ であるから，運動方程式

$$m\vec{\alpha'} = \boxed{}$$

は成り立たない。そこで，図2のように物体に見かけの力 $\boxed{}$ がかかっているとすれば

$$m\vec{\alpha'} = \vec{F} + \boxed{}$$

となり，運動方程式が成り立つ。この見かけの力を $\boxed{}$ という。

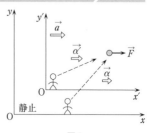

図1

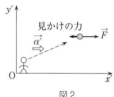

図2

96 加速度運動しているエレベーター内での滑車でつながれた2物体の運動

上向きに加速度 a $(a>0)$ の運動をしているエレベーターの天井に，軽くてなめらかな滑車を固定し，それに，右図のように質量 M, m $(M>m)$ の2つのおもり P, Q をつるして手を放すとき，P, Q のエレベーターに対する加速度の大きさ b および糸の張力の大きさ T はいくらか。ただし，重力加速度の大きさを g とする。

97 エレベーター内の台秤の目盛が示す値

屋上に止まっているエレベーター内に台秤を置き，この上にある物体をのせたところ目盛は $2.0\,\mathrm{kg}$ を示した。このエレベーターが次のような(1)〜(3)の運動をしているとき，この間の台秤の目盛はそれぞれいくらになるか。ただし，重力加速度の大きさを $9.8\,\mathrm{m/s^2}$ とする。

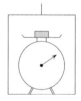

(1)　1.0m/s^2 の大きさの加速度で加速しながら下降しているとき

(2)　しばらくして等速運動になったとき

(3)　1.0m/s^2 の大きさの加速度で減速しながら下降しているとき

98　加速度運動している電車内での物体の水平投射

　水平な一直線上を，加速度 a ($a>0$) で左向きに
進行している電車がある。電車の床面から高さ h
の水平な机面 AB 上の一点 P を，机面に対して初
速0で出発した質量 m の小物体が，B で机面を離
れて床面上の Q に落下するものとする。ただし，
机面はなめらかで PB$=l$ とし，重力加速度の大き
さを g として，次の問に答えよ。

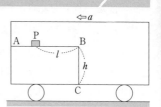

(1)　P を出発して B を通過するまでに要する時間 t_1 はいくらか。

(2)　Q は B の真下の点 C よりいくら離れたところになるか。

99　加速度運動する電車内での振り子の傾き

　水平な直線軌道上の電車内の天井から，軽くて伸びない糸で
質量 m のおもりがつるしてある。電車が加速度 a〔m/s^2〕
($a>0$) で右向きに進行しているとき，電車内で見ると糸が鉛
直方向から角 θ 傾いて静止した。このとき，糸の張力の大きさ
T〔N〕と $\tan\theta$ の値を求めよ。ただし，重力加速度の大きさを
g〔m/s^2〕とする。

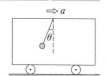

100　加速度運動している斜面台上での物体の静止

　なめらかな水平面上に質量 M，傾角 θ のくさび台
Q を置き，台のなめらかな斜面上に質量 m のおもり
P をのせる。台に大きさ F の力を水平方向左方に加
え続けたところ，台上で小物体を静止させることがで

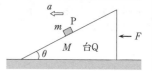

きた。このときの全体の加速度 a と加えた力の大きさ F を求めよ。ただし，重力加
速度の大きさを g とする。

半径 r の円周上を一定の速さ v，角速度 ω で等速円運動をする質点がある。A 点での速度を $\vec{v_1}$，Δt 後の B 点での速度を $\vec{v_2}$ とする（図1）。$|\vec{v_1}| = |\vec{v_2}| = v$ である。

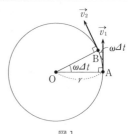

図1

$\vec{v_1}$，$\vec{v_2}$ を一点 P を始点とするように平行移動し，$\overrightarrow{PQ}$，$\overrightarrow{PR}$ とすれば，Δt 間の速度変化は

$$\Delta\vec{v} = \vec{v_2} - \vec{v_1} = \overrightarrow{QR} \quad （図2）$$

となるが，$\angle QPR$ はもとの円運動における $\vec{v_1}$ と $\vec{v_2}$ のなす角であるから，$\angle QPR = \omega\Delta t$ となる。

したがって，Δt 間の速度変化の大きさ Δv は，半径が v，中心角が $\omega\Delta t$ であるから

図2

$$\Delta v = \overrightarrow{QR} \fallingdotseq \overset{\frown}{QR} = \boxed{}_{(v,\ \omega,\ \Delta t \text{で})}$$

（$\Delta t \to 0$ のとき，$\overrightarrow{QR}$ と $\overset{\frown}{QR}$ は等しいとみなせる）

これより，加速度の大きさ a は，$v = r\omega$ を用いると

$$a = \lim_{\Delta t \to 0} \frac{\Delta v}{\Delta t} = \boxed{}_{(v,\ \omega \text{で})} = \boxed{}_{(r,\ v \text{で})} = \boxed{}_{(r,\ \omega \text{で})}$$

また，Δt 間の平均加速度の向きは図2の Q→R の向きであるが，$\Delta t \to 0$ のときはその向きが PQ に $\boxed{}$ な向きになるので，もとの円運動においては，加速度はつねに $\boxed{}$ に向くことになる。

点 O を中心として，半径 A の円周に沿って角速度 ω で等速円運動をしている質点がある。この質点の運動を y 軸上へ射影し，射影点 Q の運動を調べよう。

時刻0に x 軸上 P_0 にあった質点が時刻 t に P 点にきたものとし，この時刻における y 軸上への射影点 Q の変位を y，速度を v，加速度を a とすれば

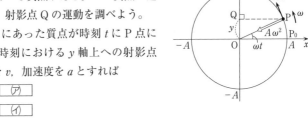

$$y = \boxed{}$$

$$v = \boxed{}$$

$$a = \boxed{} = -\omega^2 y$$

$a = -\omega^2 y$ の ω^2 は正の定数であるから，この式は，射影点 Q の加速度が変位 y に $\boxed{}$ し，いつも変位 y と $\boxed{}$ 向きであることを示している。このような Q 点の運動を単振動といい，A を $\boxed{}$，ω を $\boxed{}$ という。

また，ω〔rad/s〕と周期 T〔s〕と振動数 f〔Hz〕との間には

$$\omega = \boxed{}_{\substack{(ク)\\(T\text{で})}} = \boxed{}_{\substack{(ケ)\\(f\text{で})}}$$

の関係が成り立つ。

103 円すい振り子

天井の一点から長さ l の軽くて伸びない糸を垂らし，その先に質量 m の小さいおもりをつけ，おもりを水平面内で等速円運動させる。これを円すい振り子という。鉛直下方からの糸の傾きの角を θ，おもりの角速度を ω，糸の張力の大きさを S，重力加速度の大きさを g とする。

円運動の運動方程式は

$$\boxed{}_{(ア)} = S\sin\theta$$

鉛直方向の力のつりあいの式は

$$\boxed{}_{(イ)} = S\cos\theta - mg$$

これらより S を消去すると

$$\omega = \boxed{}_{(ウ)}$$

となるので

$$周期\ T = \boxed{}_{\substack{(エ)\\(\omega\text{で})}} = \boxed{}_{\substack{(オ)\\(l,\ \theta,\ g\text{で})}}$$

空気抵抗のため θ がしだいに小さくなると，周期はしだいに $\boxed{}_{(カ)}$ くなる。

104 2本の糸でつながれた円すい振り子

質量 m のおもり P に 2 本の軽くて伸びない糸 AP，BP をつなぎ，糸の他端を鉛直な棒上の $2l$ 離れた 2 点 A，B にとりつけ，P を棒のまわりに等速円運動させたところ，$\angle$PAB = 30°，$\angle$PBA = 60° になった。P の回転数を n とするとき，糸 AP，BP の張力の大きさを求めよ。ただし，重力加速度の大きさを g とする。

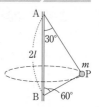

105 鉛直面内での振り子の運動

長さ l の軽くて丈夫な糸の一端を O 点に固定し，他端に質量 m のおもりをつけて垂らした振り子がある。おもりが O を中心として鉛直面内で円運動を続けるためには，最下点でおもりにいくら以上の水平速度を与えなければならないかを考える。ただし，重力加速度の大きさを g とする。

最下点でおもりに水平速度 v_0 を与えるとき，糸が鉛直下方から角 θ のときのおもりの速さを v とすると，力学的エネルギ

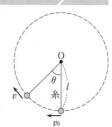

力学

熱力学

波動

電磁気

原子

一保存則より

$$v^2 = \boxed{\quad (\mathcal{P}) \quad}$$

また，このとき，糸の張力の大きさを T とすれば，円運動の運動方程式より

$$m\frac{v^2}{l} = \boxed{\quad (\mathcal{A}) \quad}$$

よって，T は m, l, v_0, g, θ を用いて

$$T = \boxed{\quad (\mathcal{P}) \quad}$$

と求まる。これより，T は θ が 0 からしだいに増加すると（$0 \leqq \theta \leqq \pi$），しだいに減少することがわかる。

糸がたるまないで円運動を続けるためには，$\theta = \pi$ のとき，$T \geqq 0$ であればよい。よって，v_0 の満たすべき条件は

$$v_0 \geqq \boxed{\quad (\mathcal{I}) \quad}$$

（このとき，おもりは最下点から $2l$ の高さまで上がりうる）

もし，糸の代わりに軽くて丈夫な長さ l のたわまない棒を用いた場合，v_0 の満たすべき条件は

$$v_0 > \boxed{\quad (\mathcal{A}) \quad}$$

となる。

---

106 円柱面に沿った物体の運動

図のように，半径 R のなめらかな円柱 O が水平な地面に固定してある。

いま，その頂点 A にきわめて近い点に質量 m の小物体を置いたところ，円柱面をすべり，C 点で円柱面から離れて，地上の D 点に落下した。重力加速度の大きさを g として答えよ。

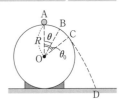

(1) 図の B 点（$\angle AOB = \theta$ とする）における円柱面からの抗力の大きさ N を求めよ。

(2) C 点（$\angle AOC = \theta_0$ とする）の $\cos\theta_0$ の値を求めよ。

(3) D 点に落下する瞬間の速さを求めよ。

---

107 ばねにとりつけたおもりの円板上での回転

軽いばねの先に質量 0.040 kg のおもりをつけ，他端をなめらかな水平面上に固定し，これを中心として等速円運動をさせるとき，回転数が毎秒 2 回のときはばねの長さは 0.24 m となり，3 回のときは 0.32 m となった。ばねの自然長を求めよ。ただし，ばねは弾性限界内にあるものとする。

108 円すい振り子のおもりが床から離れるとき

天井からつるした長さ l の軽くて伸びない糸の先に質量 m の小球をつけ，鉛直方向から θ の一定の角を保ちながら水平な床面に接しつつ円すい振り子の運動をしている装置がある。床と小球との間の摩擦はないものとし，重力加速度の大きさを g，回転数を n とする。

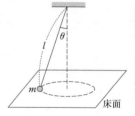

(1) 小球が床から受ける垂直抗力の大きさはいくらか。

(2) 回転数がいくらをこえると小球は床から離れるか。

109 円形軌道を走る電車内の天井からつるしたおもりの傾き

水平円形軌道上を速さ v で走る電車がある。車内の天井からおもりをつるした糸は，鉛直からいくら傾いて止まるか。傾きの角を θ として，$\tan\theta$ で表せ。ただし，円の中心からおもりまでの距離を r，重力加速度の大きさを g とする。

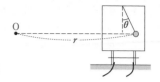

110 円形軌道の傾き

質量 50 トンの電車が，半径 200 m の円形軌道上を時速 72 km で走るとき，重力加速度の大きさを $9.8\,\text{m/s}^2$ として，次の問に答えよ。

(1) 円運動の加速度の大きさはいくらか。

(2) 向心力の大きさはいくらか。

(3) 軌道に対して横に押す力がはたらかないようにするためには，軌道を水平からいくら傾ければよいか。傾きの角を θ として，$\tan\theta$ の値で示せ。

111 単振動の加速度と周期

外力 $F = -kx$ （k は正の定数，x は O からの変位）のような力を受けながら X 軸上で単振動をしている質量 m の質点がある。その周期 T，振動数 f を求めよう。

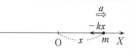

質点の加速度を a とすれば，運動方程式は $ma = \boxed{}$ となる。
$\underset{(k,\ x\text{で})}{}$

一方，単振動ではその角振動数を ω とすれば，$ma = -m\omega^2 x$ と表されるので，$\omega > 0$ として $\omega = \boxed{}$，よって，$T = \dfrac{2\pi}{\omega} = \boxed{}$ となる。

また，振動数 f は $f = \boxed{}$ と求められる。

質量1kgの物体が振幅10mの単振動を行っている。振動中心から5mずれたときに作用する力の大きさが20Nである。

(1) 物体に作用する力の最大値はいくらか。

(2) 加速度の最大値はいくらか。

(3) 周期はいくらか。

(4) 速度の最大値はいくらか。

ばね定数kの軽いばねの下端に質量mのおもりをとりつけ,上端を固定して,おもりを上下方向に振動させる。重力加速度の大きさをgとする。

おもりをつるしたときに,ばねがΔlだけ伸びてつりあったとする。このとき,力のつりあいの式 $\boxed{}$ が成り立つ。

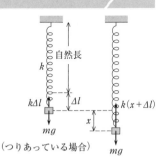

(つりあっている場合)

おもりがこのつりあいの位置からさらにxだけ下の点を通るときにおもりに加わる力は(下向きを正として)

$$F = \underset{(m,\ g,\ k,\ x,\ \Delta l\ で)}{\boxed{}} = \underset{(k,\ x\ で)}{\boxed{}}$$

となる。これは,おもりにはたらく力Fが,つりあいの位置から測った変位xに比例して,変位と反対向きであることを示している。

よって,単振動となり,周期 $T = \boxed{}$ となる。

傾角θのなめらかな斜面の上端に,ばね定数kの軽いばねの一端を固定し,他端に質量mの小球をとりつけておもりを振動させる。ばねの自然長の位置を原点Oとし,斜面下方をxの正方向とする。また,重力加速度の大きさをgとする。

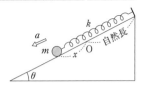

(1) 位置xの点を通るときの小球の加速度をaとする。このとき,小球にはたらく力は重力と垂直抗力とばねの弾性力の3力であるが,それらの斜面方向の分力を考えると,小球の運動方程式は

$$ma = \boxed{} = -k\left(x - \boxed{}\right)$$

よって

$$a = -\frac{k}{m}\left(x - \boxed{\text{（イ）}}\right) \quad \cdots\cdots ①$$

ここで，$a=0$ のとき x は $x_0 = \boxed{\text{（ウ）}}$ となるので，①式は $x = x_0$ の点を中心とする単振動であることがわかる。その角振動数を ω とすれば

$$a = -\omega^2\left(x - \boxed{\text{（イ）}}\right)$$

となり，$\omega = \boxed{\text{（エ）}}$ となる。

(2) また，周期 $T = \dfrac{2\pi}{\omega} = \boxed{\text{（オ）}}$ になるが，この値はなめらかな水平面上でのばね振り子の周期と同じである。

□
□ **115** 　単振り子

長さ l の軽い針金の先に質量 m の小さいおもりをとりつけ，他端を天井につるす。最下点の位置を O とする。おもりを O から少し横へ引いて手を放すと振動をはじめる。針金の長さに比べて振幅が十分小さいものとし，重力加速度の大きさを g とする。

おもりが O から x だけ変位した点を通っているとき，おもりの接線方向の加速度を a とし，針金が鉛直線となす角を θ とすれば，θ が小さいとき，$\sin\theta \fallingdotseq \dfrac{x}{l}$ と近似できるとして

$$ma = \underset{(m,\ g,\ \theta\text{で})}{\boxed{\text{（ア）}}} \fallingdotseq \underset{(m,\ g,\ l,\ x\text{で})}{\boxed{\text{（イ）}}} \qquad \therefore \quad a \fallingdotseq \boxed{\text{（ウ）}}$$

これはおもりの加速度が変位 x と {（エ）　同じ／反対} 向きで，大きさは {（オ）　比例／反比例} することを示すので，単振動とみなすことができる。

また，単振動の角振動数を ω とすれば，$a = \boxed{\text{（カ）}}\,x$ と表されるので，$\omega = \boxed{\text{（キ）}}$ となり，周期 $T = \boxed{\text{（ク）}}$ となる。

□
□ **116** 　単振り子とばね振り子

次の A，B の各値は，(1)～(6)のような変化によって何倍になるか。ただし，重力加速度の大きさを g とする。

A：長さ l の軽い糸の先に質量 m の小さなおもりをつるし，糸の長さに比べて十分小さい振幅で振らせた単振り子の周期

B：ばね定数 k の軽いばねに質量 m の小さなおもりをつるし，弾性の限界内で上下に振らせたばね振り子の周期

(1) l またはばねの長さを半分にする。

(2) m を 2 倍にする。

(3) 振幅を $\dfrac{1}{2}$ 倍にする。

(4) 上向きに g で上昇中のエレベーター内で振動させる。

(5) 水平直線上を g で進行している電車の天井からおもりをつるして振動させる。

(6) 30° 傾いたなめらかな斜面に沿っておもりをつるし，斜面上で小さく振動させる。

117 単振動の初期位相

変位 y が　$y = A \sin\left(\dfrac{2\pi}{T}t + \theta_0\right)$　（A：振幅，T：周期，t：時刻）　と表される振動を

単振動という。$\dfrac{2\pi}{T}t + \theta_0$ を位相，$t=0$ のときの位相 θ_0 を初期位相という。

図は，ある単振動の $\dfrac{2\pi}{T}t$ と変位 y との関係を表すグラフである。(1)，(2)それぞれ
の振動の式を求めよ。ただし，$-\pi \leq \theta_0 \leq \pi$ とする。

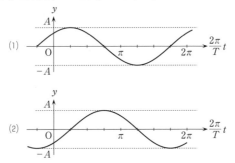

118 並列ばね振り子

ばね定数が k_1，k_2 の 2 本の軽いばねを自然長の
まま O 点でつなぎ，鉛直にして他端を天井と床に
固定する。O 点を原点にとり，鉛直下方に x 軸をと
る。ばねの接続点に質量 m の小さいおもりをとり
つけ，鉛直方向に振動させたときについて答えよ。
ただし，重力加速度の大きさを g とする。

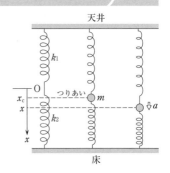

(1) おもりが位置 x の点を通るときの加速度 a を求
めよ。

(2) 振動の中心の位置 x_c と，周期 T を求めよ。

119 直列ばね振り子

ばね定数 k_1, k_2 の 2 本の軽いばね A, B を直列に連結し，A の一端を天井に固定しそれらを鉛直につるす。このときの B の下端の位置を O とし，O を原点として鉛直下方に x 軸をとる。B の下端に質量 m のおもりをとりつけ鉛直方向に振動させたとき，重力加速度の大きさを g として答えよ。

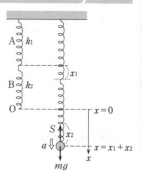

(1) 位置 x の点をおもりが通るときのおもりにかかるばねの弾性力の大きさ S を求めよ。

(2) 振動の中心の位置 x_c と，振動数 f を求めよ。

120 単振動のエネルギー

単振動の全エネルギーを考えてみよう。

x 軸上を振幅 A，角振動数 ω で原点 O を中心として単振動をする質量 m の質点がある。時刻 t における質点の変位が $x = A\cos\omega t$ と表されるとき，速度 $v = -A\omega\sin\omega t$ となるので，単振動の全エネルギーは

$$E = \frac{1}{2}mv^2 + \frac{1}{2}(m\omega^2)x^2$$
$$= \frac{1}{2}m(-A\omega\sin\omega t)^2 + \frac{1}{2}m\omega^2(A\cos\omega t)^2$$
$$= \boxed{\underset{(m,\ A,\ \omega\text{で})}{(ア)}}$$

となる。

速度の最大値を V とおけば

$$\frac{1}{2}mv^2 + \frac{1}{2}kx^2 = \boxed{\underset{(m,\ V\text{で})}{(イ)}} = \boxed{\underset{(k,\ A\text{で})}{(ウ)}} \quad (\because\ k = m\omega^2)$$

と表される。

下図は，この単振動における運動エネルギー（実線）と位置エネルギー（破線）の関係を 1 周期にわたってえがいたものである。

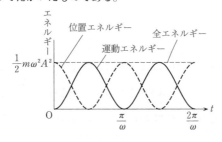

地上 h の高さにある人工衛星の速さ

地球の半径を R, 地球の質量を M, 万有引力定数を G とするとき

(1) 地上 h の高さで地球のまわりを等速円運動する人工衛星の速さ v はいくらか。

(2) 地表面の重力加速度の大きさを g とするとき, 地球の自転の影響が無視できるときは, $GM = gR^2$ の関係が成り立つことを示せ。

(3) v を R, h, g を用いて表せ。ただし, 地球の自転の影響を無視する。

赤道上の物体にはたらく重力

地球の半径を R, 地球の質量を M, 地球の自転の角速度を ω, 赤道上の重力加速度の大きさを g, 万有引力定数を G とする。

(1) 赤道上の質量 m の物体にはたらく重力が, 万有引力と遠心力との合力であるとして重力 mg を表す式を示せ。

(2) 地球の自転の角速度がいまの x 倍になったとき, 赤道上の物体にはたらく重力がちょうど 0 になったとして, そのとき地上の物体にはたらく力のつりあいの式を示せ。

万有引力の法則からケプラーの第 3 法則を導く

太陽の質量を M, 惑星の質量を m とし, 万有引力定数を G とする。M は m よりはるかに大きいので, 太陽を中心として惑星が等速円運動をしているとみてよい。円運動をしている惑星について, 万有引力の法則を用いてケプラーの第 3 法則を確かめよう。

太陽・惑星間の距離を r, 惑星の角速度を ω, 周期を T とすれば, 運動方程式は

$$G\frac{Mm}{r^2} = \boxed{\quad\text{(ア)}\quad}_{(m,\ r,\ \omega\text{で})} = \boxed{\quad\text{(イ)}\quad}_{(m,\ r,\ T\text{で})}$$

よって, $\dfrac{T^2}{r^3} = \boxed{\quad\text{(ウ)}\quad} = $ 一定 となる。

万有引力による位置エネルギー

点 O に固定された質量 M の物体 A から, 点 P(O から距離 r) にある質量 m の物体 B に万有引力がはたらく場合, 点 P における万有引力による位置エネルギーは $U = -G\dfrac{Mm}{r}$ (G：万有引力定数) となる。この意味

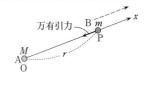

を考えてみよう。万有引力の位置エネルギーは, 地球から無限遠方を基準点 ($U=0$) とする。

A による万有引力の場の中で質量 m の物体を，決まったある点から別の決まった点まで運ぶために場がする仕事は {(ア) ①途中の経路によらず一定である／②途中の経路により異なる} ので，万有引力は {(イ) 保存力／非保存力} である。

{(ウ) 保存力／非保存力} の場においては位置エネルギーを定義することができる。

上記の場合は，質量 m の物体を点 P から基準点まで静かに運ぶときに万有引力のする仕事が位置エネルギーであるから

$$U = \int_r^\infty \left(-G\frac{Mm}{x^2} \right) dx = \left[\boxed{} \right]_r^\infty = -G\frac{Mm}{r}$$

125　地表面に対する位置エネルギー

地球を半径 R，質量 M の均質な球とみなす。地上 h の点 P に質量 m の小物体があるとき，以下の問に答えよ。ただし，万有引力定数を G とし，地球の自転を無視するものとする。

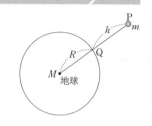

(1)　地表面上の Q 点を基準として P 点にある小物体の位置エネルギーを表す式を示せ。ただし，無限遠方を万有引力の位置エネルギーの基準点とする。

(2)　地表近くで $\dfrac{h}{R} \ll 1$ のとき，上記の値は mgh（g は地表面の重力加速度の大きさ）と近似できることを示せ。必要なら，$|x| \ll 1$ のときの近似式 $(1+x)^n \fallingdotseq 1+nx$ を用いよ。

126　万有引力の法則の導出

月が静止している地球のまわりを等速円運動しているものとして，ニュートンの万有引力の法則を導いてみよう。

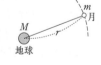

地球の質量を M，月の質量を m，地球と月との中心間の距離を r とする。

月の公転周期を T，地球が月を引く力の大きさを f とすると，運動方程式より

$$f = \boxed{}$$

また，惑星の運動に関するケプラーの第3法則より，$\dfrac{T^2}{r^3} = k$（k は地球に固有の量）となるので，両式より T^2 を消去すれば

$$f = \boxed{} \cdot \frac{m}{r^2}$$

となる。

ここで，同じ論理を月から見た地球の運動にあてはめてみると，月が地球を引く力の大きさ f' は，k' を月に固有な量として

$$f' = \frac{4\pi^2}{k'} \cdot \boxed{}$$

となるはずである。ところが，ニュートンの第3法則（作用・反作用の法則）より，f と f' とは相等しい。

以上より，$kM = k'm$ の関係式が得られるが，kM，$k'm$ は M，m によらない普遍定数だから，$\dfrac{4\pi^2}{kM}$ と $\dfrac{4\pi^2}{k'm}$ も普遍定数となり，これらを G とおくと

$$f = f' = G\frac{Mm}{r^2}$$

が得られる。

127 地上から高空への打ち上げ（第2宇宙速度）

質量 M，半径 R の地球の表面から鉛直に，初速 v_0 で質量 m の物体を打ち上げるとき，万有引力定数を G とし，地球の自転および空気の抵抗を考えないものとして，次の問に答えよ。

(1) この物体は地表からいくらの高さまで上がるか。ただし，v_0 は大きく，重力加速度が一定とはみなされないところまで上昇するものとする。

(2) 物体が地球から飛び去ってしまうために必要な初速度を求めよ。

128 太陽のまわりの惑星の運動

太陽を焦点として，そのまわりを惑星が楕円軌道をえがいてまわっている。太陽，惑星の質量を M，m とし，万有引力定数を G とする。

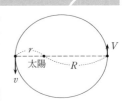

惑星の近日点での速さが v，近日点距離が r であった。

この惑星の遠日点での速さ V と遠日点距離 R を求める関係式は，次の2つである。

$\begin{cases} \text{ケプラーの第2法則を用いて} \quad \boxed{} \\ \text{力学的エネルギー保存則を用いて} \quad \boxed{} \end{cases}$

この2つの式より V と R が求まる。

発展問題

129 糸の先のおもりの鉛直面内の運動

右図のように，軽くて伸びない長さ r の糸に質量 m の小さいおもりをつけて点Oにつるし，水平方向に撃力を加えたところ，おもりは v_0 の速さで動き出し，P→Q→R→O→Sの軌道をえがいた。糸はおもりが点Rを通過した瞬間からゆるみ，そこでの速度は大きさが V で，水平と φ の角をなしていたとする。この運動について次の問に答えよ。ただし，重力加速度の大きさを g とする。

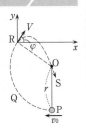

(1) Rで糸がゆるむという条件を用いて，V を r，φ および g で表せ。

(2) Rを通過した後のおもりはR→O→Sなる放物線をえがく。Rを原点として，水平および鉛直上方にそれぞれ x 軸，y 軸をとる。Rを通過した時刻を0，そのときの速さを V として，時刻 t におけるおもりの位置 x, y を t の関数で表せ。また，この2式から t を消去して軌道を表す式を示せ。

(3) おもりが点Oを通るので，上の軌道の式に点Oの x, y 座標の値，および(1)で求めた V を代入して，$\tan\varphi$ の値を求めよ。さらに，これを用いて V の値を求めよ。

130 回転円板上の物体のすべり

中心を通り板面に垂直な軸のまわりに回転できる半径 r の円板がある。いま，回転軸を鉛直方向から θ だけ傾けて，板の端に質量 m の小物体を置き，円板の角速度を徐々に増していくとき，角速度 ω がいくらをこえると小物体は板面上をすべるか。ω の最小値 ω_0 を求めよ。ただし，面と小物体との間の静止摩擦係数を μ，重力加速度の大きさを g とする。

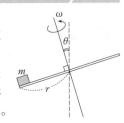

131 回転する棒に通した小球のすべり

鉛直軸に対して θ の傾きをもつ棒ABがある。この棒が鉛直軸のまわりに，傾角一定のままで一定の角速度 ω で回転している。穴のあいた質量 m の小球がABに通してあり，棒とともにまわっている。軸から球までの距離を r，棒と球との間の静止摩擦係数を μ とし，重力加速度の大きさを g として答えよ。

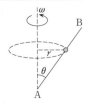

(1) ω をしだいに増していくとき，小球が上方にすべり出す直前の ω_1 の値を求めよ。

(2) ω をしだいに減らしていくとき，小球が下方にすべり出す直前の ω_2 の値を求めよ。

なめらかな水平面上に，質量 M の小球 A と質量 m の2つの
小球 B，C を軽くて伸び縮みしない長さ l の棒でつないだものが
置いてある。棒は，A との接合部で自由に回転できるものとす
る。図1の状態で A，B，C は一直線をなしている。図1のよう
に x-y 軸をとるとき，次の問に答えよ。

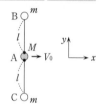

図1

(1) A に x 方向に初速度 V_0 を与えた。この直後の B にはたらく
棒からの力の大きさはいくらか。

しばらくして，図2のように B，C が衝突した。

(2) 衝突する直前の A の速さはいくらか。

(3) 衝突する直前の A から見た B，C の速さはいくらか。

(4) 衝突する直前の B にはたらく棒からの力の大きさはいくらか。

図2

さて，B と C は弾性衝突し，離れていった。図3のように，A，B，
C が再び一直線になったとき

(5) A の速さはいくらか。

(6) B，C の速さはいくらか。

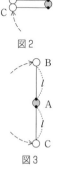

(7) B にはたらく棒からの力の大きさはいくらか。

図3

X 軸上で単振動をしている質点の位置 x におけ
る加速度 a が $a = -k(x - x_0)$（k は正の定数，x_0 は
定数）のとき，質点は $a = 0$ になる $x = x_0$ の点を中心
として単振動をする。

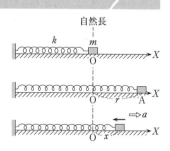

ばね定数 k〔N/m〕のばねの一端を壁に固定し，
他端に質量 m〔kg〕のおもりをとりつけて水平な床
上に置く。ばねが自然長のときのおもりの位置を座
標の原点 O とし，X の正を右向きにとる。おもり
を $X = r$ の位置 A まで引いた後，静かに手を放す。床とおもりとの間の動摩擦係数
を μ，重力加速度の大きさを g〔m/s^2〕として答えよ。

(1) 手を放した後，おもりが位置 x の点を左向きに通るとき，その加速度を a〔m/s^2〕
（右向きを正）として a を求めよ。

(2) おもりが左向きに運動するとき，振動の中心 O′ の X 座標 x_c〔m〕を求めよ。

(3) おもりの速さがはじめて0になる点 B の座標 x_1〔m〕を求めよ。

(4) おもりが A から B まで運動する時間 t_1〔s〕を求めよ。

(5) おもりが O′点をはじめて通るときの速さ V〔m/s〕を求めよ。

(6) おもりが B から右向きに運動するとき，振動の中心の X 座標 x'_c〔m〕と，速さが 0 になるまでの時間 t_2〔s〕を求めよ。

134 液体に浮かぶ円柱の単振動

密度 ρ の液体中に，底の部分に質量 m の小さいおもりをつけた一様な断面積 S の細長い中空で軽い円柱が鉛直に浮かんでいる。この円柱を頭部が沈まないように液中に押し込んで放した。円柱は鉛直方向のみに運動するものとし，また，液体による抵抗力は無視できるものとして，振動の周期を求めよ。ただし，重力加速度の大きさを g とする。

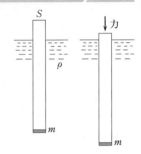

135 人工衛星の円軌道と楕円軌道

地球の中心 O を焦点とする楕円軌道を運動する人工衛星 S がある。S の近地点を A，遠地点を B とする。OA $= r_1$，OB $= r_2$，A 点における人工衛星の速さを v_1，地球の質量を M，その半径を R，人工衛星の質量を m，万有引力定数を G とし，地球の自転の影響を無視する。万有引力の位置エネルギーの基準点は無限遠方とする。

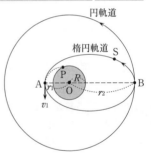

(1) 近地点 A で人工衛星の速さが v_1 になるためには，地表面 P から打ち出すときの運動エネルギーはいくらでなければならないか（PA 間の軌道修正のエネルギーは無視せよ）。

(2) 楕円軌道上の B 点を通るときの速さを v_2 として，A 点と B 点について

(a) 面積速度一定の関係式を記せ。

(b) 力学的エネルギー保存の関係式を記せ。

(3) これらの式から，人工衛星が B 点を通るときの運動エネルギーは，そのときの位置エネルギーの絶対値の何倍になるか。r_1，r_2 を用いて求めよ。

(4) B 点で人工衛星はロケットを噴出して円軌道に移った。円運動の速さ V は v_2 の何倍か。

(5) また，円軌道に移った後の周期 T_0 は，楕円軌道の周期 T の何倍か，惑星の運動に関するケプラーの第 3 法則を使って求めよ。

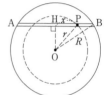

右図で，ABは地球に掘った直線状の細いトンネルを示している。いま，地球を半径 R，一様な密度 ρ の球として，トンネルに沿った質量 m の質点の直線運動を考える。ただし，地球の自転の影響，摩擦，および空気の抵抗は無視する。

(1) 地表面の重力加速度の大きさを g，万有引力定数を G として，質点が地表面B点にあるときの質点にはたらく重力 mg を，G，ρ，π，R，m を用いて表せ。

(2) トンネル内の任意の一点 P（OP＝r）で質点にはたらく重力は，Oを中心とした半径OPの球の質量が中心Oに集まったとして，それと質点との間の万有引力に等しく，この球の外側の部分は，この点での重力には無関係であることが知られている。トンネル内の任意の一点Pにおいて

(a) 質点にはたらく重力 f を，G，ρ，π，r，m を用いて表せ。

(b) (1)と(a)より f を，R，r，m，g を用いて表せ。

(3) トンネルの中心Hから P までの距離を x として，f のトンネル方向の成分 F を，m，g，R，x を用いて表せ（HからBの向きを正方向とせよ）。

(4) Bから出発してAに達するまでの時間 t を求めよ。

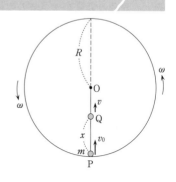

無重力の宇宙空間で，半径 R の宇宙ステーションが一定の角速度 ω で回転している。中心Oから内壁上の点Pまで棒が渡してあり，棒には質量 m のなめらかに動く小球が通してある。この棒上で点Pから高さ x の点をQとする。宇宙ステーション内で見ると，Qにある小球には重力 ［ ア ］ がはたらくように見える。PからQまで小球を運ぶのに必要な仕事は ［ イ ］ であるから，PからOに小球を届かせるには小球の初速度の大きさ v_0 を ［ ウ ］ 以上にしなければならない。

次に，棒を取り除き小球を ［ ウ ］ と同じ初速度でO向きに投げ上げた。このとき，小球は内壁から ［ エ ］ の高さまで上がる。また，小球が再び内壁に落ちるまでの時間は ［ オ ］ である。よって，小球は宇宙ステーション内から見ると，［ カ ］ だけ｛（キ）前方／後方｝に落ちるように見える。

第 2 章

熱力学

SECTION 1 熱と理想気体，分子運動論

標準問題

138 熱量保存則　　　　　　　　　　　　　　　　　　　　　　　　　物理基礎

(1) 物質1gの温度を1K上げるのに必要な熱量を ｜ ㋐ ｜ といい，物質全体の温度を1K上げるのに必要な熱量を ｜ ㋑ ｜ という。

　　いま，質量 m_1〔g〕，比熱 c_1〔J/(g·K)〕の物体Aの温度が t_1〔℃〕，質量 m_2〔g〕，比熱 c_2〔J/(g·K)〕の物体Bの温度が t_2〔℃〕$(t_1 > t_2)$ であったとする。熱量のやりとりはA，B間でのみ起こるとする。A，Bを接触させてから十分時間がたったとき温度が t〔℃〕になったとすると，Aが失った熱量は ｜ ㋒ ｜〔J〕，Bが得た熱量は ｜ ㋓ ｜〔J〕であるから，熱量保存則より，$t =$ ｜ ㋔ ｜〔℃〕となる。

(2) 質量 m〔g〕，温度が t_1〔℃〕の物体を，熱容量 C〔J/K〕，温度 t_2〔℃〕$(t_1 > t_2)$ の液体に入れる。熱量のやりとりは物体と液体間でのみ起こるとする。物体を入れてから十分時間がたったとき温度が t〔℃〕になったとすると，物体の比熱 c〔J/(g·K)〕は $c =$ ｜ ㋕ ｜〔J/(g·K)〕である。

　　いま，物体を入れるとき液体を少しこぼしてしまったが，そのまま測定を続けた。十分時間がたったとき温度が t'〔℃〕になったとすると，{㋖　$t' < t$／$t' = t$／$t' > t$}であるから，測定した比熱は c より {㋗　大きく／小さく} なる。

139 熱量計による比熱の測定　　　　　　　　　　　　　　　　　　　物理基礎

質量 m〔g〕の金属球を t_1〔℃〕に熱し，t_2〔℃〕の水 M〔g〕を入れた熱量計の中へ入れたところ，よくかくはんした後の温度が t_3〔℃〕になった。水の比熱を c_0〔J/(g·K)〕，熱量計（かくはん棒を含む）の熱容量を C〔J/K〕として，次の問に答えよ。

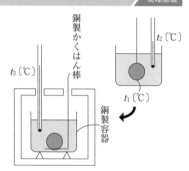

(1) 熱量計と外部との間に熱の出入りがなかったものとして，金属球の比熱 c〔J/(g·K)〕を求めよ。

(2) はじめの水温が室温に比べてやや高めであった。このため，実験中に熱量が熱量計から外部へ逃げていることがわかった。この測定値は，真の値より大きいか，小さいか。またその理由を述べよ。

140 氷の融解熱

温度 t〔℃〕，質量 m〔kg〕の弾丸が速さ v〔m/s〕で0℃の大きな氷塊に衝突して止まった。弾丸の比熱を c〔J/(g·K)〕，氷の融解熱を L〔J/g〕として，とけた氷の質量を求めよ。ただし，氷塊は静止したままとする。

141 理想気体の圧力，体積，温度の微小変化

1mol の理想気体があり，気体定数を R とする。この気体の圧力，体積，温度がそれぞれ p，V，T から $p+\Delta p$，$V+\Delta V$，$T+\Delta T$ へ微小量変化したとする。変化前の状態に対して $pV=RT$，変化後の状態に対して $(p+\Delta p)(V+\Delta V)=$ 〔ア〕 の関係式が成り立つ。

ここで，$|\Delta p|$，$|\Delta V|$，$|\Delta T|$ が p，V，T に比べて，それぞれ十分に小さな値であれば，左辺の展開式中の Δp と ΔV の積 $\Delta p\Delta V$ の項は無視できて，〔イ〕 $=R\Delta T$ の関係式が得られる。この式と $pV=RT$ とから R を消去すれば，〔ウ〕 $=\dfrac{\Delta T}{T}$ となる。

これは小さな状態変化を表すのに便利な式である。例えば，体積を1%増加させ，温度を0.5%上昇させれば，圧力は 〔エ〕 %減少することになる。

142 分子運動論による気体の圧力

一定量の理想気体を，一辺の長さ l の立方体の容器に入れる。容器は断熱材で包んであり，分子は容器の壁面と弾性衝突をする。気体の分子数はきわめて多く，あらゆる向きに一様に運動している。また分子の体積はきわめて小さいものとし，分子1個の質量を m とする。図のように x，y，z 座標を定める。

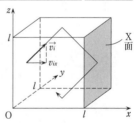

いま，i 番目の分子に着目し，その速度を $\vec{v_i}$，x 成分を v_{ix}（$v_{ix}>0$）とし，全分子数を N，容器の容積を $V(=l^3)$ とする。

(1) この分子がX面と1回衝突するとき，分子の運動量変化は 〔ア〕

(2) この分子が1回の衝突でX面に与える力積は 〔イ〕

(3) この分子が時間 t の間にX面に衝突する回数は 〔ウ〕

(4) この分子が時間 t の間にX面に与える力積は 〔エ〕

(5) 全分子が時間 t の間にX面に与える力積は 〔オ〕 （$\sum\limits_{i=1}^{N}$ を用いて表せ）

(6) $\dfrac{1}{N}\sum\limits_{i=1}^{N}v_{ix}^2=\overline{v_x^2}$ とすれば，上記の力積は 〔カ〕

(7) よって，全分子がX面に及ぼす力は $F=$ 〔キ〕

(8)　また，$\overline{v_x^2}=\dfrac{1}{3}\overline{v^2}$，$l^3=V$ を用いれば，気体の圧力は

$$p=\boxed{}\cdot\dfrac{1}{2}m\overline{v^2}$$

143　分子の 2 乗平均速度

平衡状態の理想気体について，分子 1 個の質量を m〔kg〕，その速度を $\vec{v}$〔m/s〕，x，y，z 成分を v_x〔m/s〕，v_y〔m/s〕，v_z〔m/s〕とすれば

$$\dfrac{1}{2}m\overline{v_x^2}=\dfrac{1}{2}m\overline{v_y^2}=\dfrac{1}{2}m\overline{v_z^2}$$

となる。ここで

$$\dfrac{1}{2}m\overline{v_x^2}=\dfrac{1}{2}m\overline{v_y^2}=\dfrac{1}{2}m\overline{v_z^2}=\dfrac{1}{2}kT$$

とおいて，T〔K〕をこのときの絶対温度と定義する。この式の k は，アボガドロ定数を N_A〔1/mol〕，気体定数を R〔J/(mol·K)〕とすれば，$k=\dfrac{R}{N_A}$〔J/K〕で，ボルツマン定数とよばれる（$k=1.38\times10^{-23}$J/K）。

(1)　$\dfrac{1}{2}m\overline{v_x^2}=\dfrac{1}{2}kT$〔J〕より

$$\dfrac{1}{2}m\overline{v^2}=\underset{(k,\ T\text{で})}{\boxed{}}\text{〔J〕}\quad(\overline{v^2}=\overline{v_x^2}+\overline{v_y^2}+\overline{v_z^2}\ \text{を用いよ})$$

となる。よって，分子の 2 乗平均速度は

$$\sqrt{\overline{v^2}}=\underset{(m,\ k,\ T\text{で})}{\boxed{}}=\underset{(m,\ N_A,\ R,\ T\text{で})}{\boxed{}}\text{〔m/s〕}$$

と表される。

ここで，気体 1 mol の質量を M〔kg〕とすれば

$$\sqrt{\overline{v^2}}=\underset{(M,\ R,\ T\text{で})}{\boxed{}}\text{〔m/s〕}$$

とも表される。

(2)　水素ガスの分子量を 2 とし，気体定数 $R=8.3$J/(mol·K) を用いて，27℃ のときの水素分子の 2 乗平均速度を求めると $\boxed{}$〔m/s〕となる。

(3)　水素と酸素の混合気体があり，その温度が 290 K のとき，酸素分子の 2 乗平均速度が 4.8×10^2m/s である。この気体に混入している水素分子の平均速度は，酸素分子の $\boxed{}$ 倍になるので，$\boxed{}$〔m/s〕である。ただし，水素分子の分子量を 2，酸素分子の分子量を 32 とする。

分子運動論によると，気体の圧力 p は，分子 1 個の質量 m，気体の体積 V，全分子数 N，分子の速度の 2 乗の平均値 $\overline{v^2}$ を用いて

$$p = \frac{Nm\overline{v^2}}{3V} = \boxed{(ア)} \cdot \frac{1}{2}m\overline{v^2} \quad \cdots\cdots ①$$

と表される。

また，$\dfrac{1}{2}m\overline{v^2}$ と絶対温度 T との間には，ボルツマン定数 k を用いて

$$\frac{1}{2}m\overline{v^2} = \boxed{(イ)} \cdot kT \quad \cdots\cdots ②$$

の関係式が成り立つ。これをエネルギー等分配則という。

①，②より，p は V，N，k，T を用いると

$$p = \boxed{(ウ)}$$

となるので

$$pV = NkT$$

ここで，気体の物質量を n とし，$k = \dfrac{R}{N_A}$（N_A：アボガドロ定数，R：気体定数）を用いると

$$pV = \boxed{(エ)}$$

が求まる。これは，理想気体の状態方程式にほかならない。

💡 **発展問題**

145　理想気体の密度，圧力，温度の関係

　山のふもとと頂上の空気の密度を比べよう。ともに空気の組成は同じであるとする。ふもとの空気の圧力が p_1，温度が T_1，密度が ρ_1 のとき，圧力が p_2，温度が T_2 である頂上の空気の密度 ρ_2 を求めよ。

146　大気の密度の高度分布

　大気の密度は上空ほど小さくなる。いま，断面積 S の円筒状の大気を考え，地面から高さ z の位置での大気の密度を $\rho(z)$，重力加速度の大きさを g とする。高さ z の位置での圧力を $P(z)$ とし，十分小さい Δz の厚さの大気の層を考えると，力のつりあいより

$$P(z+\Delta z)S - P(z)S = \boxed{}$$

となる。

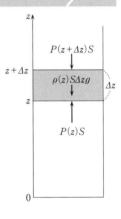

　ここで，高さ z の位置での気温を T，気体定数を R，空気の分子量を m とすると，Δz の厚さの大気の層の空気の物質量は $\dfrac{\rho(z)S\Delta z}{m}$ であるから，理想気体の状態方程式より

$$P(z)S\Delta z = \frac{\rho(z)S\Delta z}{m}RT \quad \therefore \quad P(z) = \boxed{}$$

よって，$\rho(z+\Delta z) - \rho(z) = \Delta\rho(z)$ とおくと，$\boxed{}$ と $\boxed{}$ より

$$\frac{\Delta\rho(z)}{\Delta z} = \boxed{}$$

が得られる。

断熱材でできたシリンダーとピストンからなる容器に温度 T, 1個の質量が m の単原子分子の理想気体が入っている。分子と容器の壁とは (完全) 弾性衝突をするものとし，最初，シリンダーの底とピストンとの距離を l, ピストン面に垂直な方向を x とする。

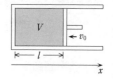

ピストンを一定の速さ v_0 で容器の容積を小さくする方向に移動させたとする。このピストンに x 方向の速さ v_x をもった分子が衝突すると，衝突後の x 方向の速さは ⌈ ㋐ ⌋ になる。v_0 は v_x に比べて十分小さいとして，v_0 の2乗の項を省略すると，x 方向の速さの2乗は1回の衝突によって ⌈ ㋑ ⌋ だけ増加する。

ピストンの移動は距離 Δl だけ行われるものとし，Δl は l に比べて十分小さいとすると，ピストンが移動している間にこの分子がピストンと衝突する回数は近似的に ⌈ ㋒ ⌋ 回であり，したがって，この間に x 方向の速さの2乗は ⌈ ㋓ ⌋ だけ増加する。

しかし，この増加は分子間の衝突によって，x, y および z 方向の速さの2乗の平均値が等しくなるようにそれらに移されるから，結局 x 方向の速さの2乗の平均値は ⌈ ㋔ ⌋ だけ増加することになる ($v_x{}^2$ の全分子についての平均値を $\overline{v_x{}^2}$ とする)。

ボルツマン定数を k とすれば，$\overline{v_x{}^2} = \dfrac{kT}{m}$ であるから，$\Delta\left(\overline{v_x{}^2}\right) = \dfrac{k}{m}\Delta T$ となり，温度は ⌈ ㋕ ⌋ だけ上昇することになる。
(l, Δl, T で)

🏠 **標準問題**

---
148 熱力学第1法則　　　　　　　　　　　　　　　　　　　　物理基礎

(1) 理想気体は，分子どうしが離れていて分子間力がきわめて小さいので，分子間力による位置エネルギーを無視することができる。したがって，理想気体の内部エネルギーは，熱運動による分子の運動エネルギーをすべての分子について加え合わせたものといえる。温度が高くなるほど理想気体の内部エネルギーは{(ア) 増加する／減少する}。

(2) 「気体の内部エネルギーは，気体が吸収した熱量と気体に加えた仕事の和だけ増加する」という関係を熱力学第1法則という。つまり

$$\Delta U = Q + W' \quad \cdots\cdots ①$$

　　（内部エネルギーの増加）=（気体が吸収した熱量）+（気体に加えた仕事）

　　①式を書き直すと，$Q = \Delta U - W'$ となるが

$$Q = \Delta U + W \quad \cdots\cdots ①'$$

とおくと，W は W' で表すと ┃(イ)┃ となるので，①′式は

　　（気体が吸収した熱量）=（内部エネルギーの増加）+ ┃(ウ)┃

---
149 定積・定圧変化からなる熱サイクル

　圧力 p〔Pa〕，体積 V〔m³〕の単原子分子理想気体の内部エネルギーは $U = \dfrac{3}{2}pV$ である。右図のように，状態 (p, V) が A$(p_0, V_0) \to$ B$(\alpha p_0, V_0) \to$ C$(\alpha p_0, \beta V_0) \to$ D$(p_0, \beta V_0) \to$ A(p_0, V_0) と変化する熱サイクルを考える。ただし，α, β は 1 より

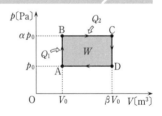

大きい定数で，A→BとC→Dは定積変化，B→CとD→Aは定圧変化である。

　A→Bは定積変化であるから，A→B間で気体が吸収する熱量 Q_1〔J〕は，A→B間の内部エネルギーの変化に等しく，$Q_1 = $ ┃(ア)┃〔J〕である。

　B→Cは定圧変化であるから，B→C間で気体が吸収する熱量 Q_2〔J〕は，B→C間の内部エネルギーの変化 ┃(イ)┃〔J〕と，B→C間で気体が外部にした仕事 ┃(ウ)┃〔J〕の和となり，$Q_2 = $ ┃(エ)┃〔J〕である。

　この1サイクル間に気体が外部にした正味の仕事 W〔J〕は，図の網かけ部分の面積であるから，$W = $ ┃(オ)┃〔J〕である。よって，この熱サイクルの熱効率 e は

$e = \boxed{\quad カ \quad}$ となる。

150 気体の状態変化と熱力学第1法則

一定量の理想気体の体積と圧力を右図のように
A→B→C→A と変化させる。ただし，B→C は等温
変化である。

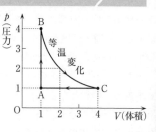

(1) A→B の過程（定積変化）では，気体の内部エ
ネルギーは $\boxed{\quad ア \quad}$ する。気体は仕事を $\boxed{\quad イ \quad}$ 。
よって，気体は熱量を $\boxed{\quad ウ \quad}$ する。

(2) B→C の過程（等温変化）では，気体の内部エネルギーは $\boxed{\quad エ \quad}$ しない。気体は
仕事を $\boxed{\quad オ \quad}$ 。よって，気体は熱量を $\boxed{\quad カ \quad}$ する。

(3) C→A の過程（定圧変化）では，気体の内部エネルギーは $\boxed{\quad キ \quad}$ する。気体は仕
事を $\boxed{\quad ク \quad}$ 。よって，気体は熱量を $\boxed{\quad ケ \quad}$ する。

(4) 右図のように，一定量の理想気体を

① 体積を一定にして A→B，次に温度を一定にして
B→C の状態にする。

② 圧力を一定にして A→C の状態にする。

①，②の両過程とも最初と最後の状態は同じであるが，
気体が吸収する熱量は異なる。どちらが多くの熱量を吸
収するか，理由をつけて答えよ。

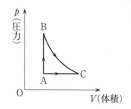

151 定圧・断熱変化からなる熱サイクルの熱効率

高熱源から熱をもらって，その一部を仕事に変え，余
った熱を低熱源に放出して繰り返しはたらく機関を熱機
関という。

高熱源からもらう熱量を Q_1〔J〕，低熱源に放出する
熱量を Q_2〔J〕，熱機関のする仕事を W〔J〕としたと
き，その熱機関の熱効率は $e = \dfrac{W}{Q_1}$ である。

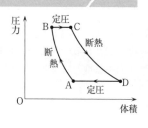

図は，ある熱機関の1サイクルの間の体積-圧力の関係を示す。A→B と C→D は
断熱変化，B→C と D→A は定圧変化である。

(1) 高熱源から Q_1〔J〕の熱量をもらうのはどの過程か。

(2) 低熱源へ Q_2〔J〕の熱を放出するのはどの過程か。

(3) A→B→C→D→A の1サイクルの間について熱力学第1法則を表す式を Q_1，Q_2，
W を用いて示せ。

(4) 熱効率 e を Q_1, Q_2 を用いて表せ。

152 単原子分子理想気体の内部エネルギー

　理想気体の内部エネルギーとは，全エネルギーからその気体全体としての運動エネルギー（例えば風が吹いているときの空気全体の運動エネルギー）を引いた残りのエネルギーをいう。したがって，理想気体の内部エネルギーは，分子の並進運動のエネルギーと多原子分子の中心のまわりの回転運動や原子間の距離の変化による振動のエネルギーの和となる（分子間力は 0 なので位置エネルギーは 0 とする）。

　特に単原子分子 (He，Ne，Ar) 理想気体では，内部エネルギー U は分子の運動エネルギーの和のみとなるので，分子 1 個の質量を m，速さを v，全分子数を N とすれば

$$U = \sum \frac{1}{2} mv^2 = N \cdot \frac{1}{2} m \overline{v^2}$$

ただし，$\overline{v^2} = \dfrac{1}{N} \sum v^2$ は v^2 の平均値である。

　ここで，ボルツマン定数を k，絶対温度を T とすれば

$$\frac{1}{2} m \overline{v^2} = \boxed{\quad (ア) \quad}_{(k, \ T で)}$$

であるから

$$U = \boxed{\quad (イ) \quad}_{(N, \ k, \ T で)}$$

となる。これは，気体の物質量を n とし，$k = \dfrac{R}{N_A}$　（N_A：アボガドロ定数，R：気体定数）を用いると

$$U = \boxed{\quad (ウ) \quad}_{(n, \ R, \ T で)}$$

とも表される。内部エネルギーは，気体の物質量と，絶対温度のみで定まり，気体の圧力や密度とは無関係である。

153 鉛直方向に動くピストンで閉じ込められた理想気体の定積変化と定圧変化

断面積 S〔m²〕の円筒形シリンダーに，質量 m〔kg〕の気密で
なめらかに動くピストンをはめ，水平な台上に置くと図のよう
な状態でつりあった。大気圧を p_0〔N/m²〕，内部の理想気体の温
度を T_0〔K〕とし，重力加速度の大きさを g〔m/s²〕とする。次
の問に答えよ。

(1) ピストンを固定したまま Q〔J〕の熱量を与えたところ，内部の気体の温度は T_1
〔K〕になった。このときの気体の内部エネルギーの増加は何 J か。

(2) 最初の状態に戻し，ピストンが自由に動くようにして，ある量の熱量を与えたと
ころ，ピストンは移動し，内部の気体の温度は T_2〔K〕になり，ピストンは l〔m〕
上昇した。

   (a) このとき，気体の内部エネルギーの増加は何 J か。

   (b) 気体がした仕事は何 J か。

   (c) このとき与えた熱量は何 J か。

154 圧力と体積が比例する状態変化のモル比熱

単原子分子理想気体 1 mol の内部エネルギー U〔J〕は，
気体定数を R〔J/(mol・K)〕，温度を T〔K〕とすれば，
$U = \dfrac{3}{2} RT$ で与えられる。図に示すように，状態 A にある
単原子分子理想気体 1 mol に熱量を加えてその状態を
A→B へとゆっくり変化させる。状態 A の体積は V〔m³〕，
圧力は p〔N/m²〕，状態 B の体積は $2V$〔m³〕，圧力は $2p$
〔N/m²〕である。

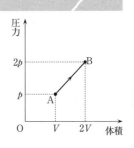

(1) 状態 A での絶対温度 T_A〔K〕は $\boxed{\ ア\ }$〔K〕，状態 B での絶対温度 T_B〔K〕は
$\boxed{\ イ\ }$〔K〕である。

(2) A→B の過程で，内部エネルギーの増加は $\boxed{\ ウ\ }$〔J〕，気体がした仕事は
$\boxed{\ エ\ }$〔J〕であるから，気体が吸収した熱量は $\boxed{\ オ\ }$〔J〕となる。

(3) この過程のモル比熱を C〔J/(mol・K)〕とすれば，$C = \boxed{\ カ\ }$〔J/(mol・K)〕とな
る。

§2　熱力学第 1 法則と比熱　　71

気体のモル比熱は、1 mol の気体の温度を 1K 高めるのに要する熱量である。n〔mol〕の気体の温度を ΔT〔K〕高めるのに要する熱量を Q〔J〕とすれば、モル比熱は $C = \dfrac{Q}{n\Delta T}$〔J/(mol·K)〕で定義される。特に体積 V〔m³〕を一定に保つ場合を定積モル比熱 C_V〔J/(mol·K)〕、圧力 p〔Pa〕を一定に保つ場合を定圧モル比熱 C_p〔J/(mol·K)〕という。定積モル比熱 C_V は、内部エネルギーの増加を ΔU〔J〕とすれば、熱力学第 1 法則より

$$C_V = \frac{Q\,(V\text{一定})}{n\Delta T} = \frac{\Delta U}{n\Delta T}$$

となるので

$$\Delta U = nC_V\Delta T$$

と表される。

図は、断熱容器に入れた n〔mol〕の理想気体に熱を加えたため圧力一定のまま気体が膨張して $(p,\ V,\ T)$ が $(p,\ V',\ T')$ と変化したことを示している。熱力学第 1 法則より

（吸収した熱量）

＝（内部エネルギーの増加）＋（気体がした仕事）

となるので

$$nC_p(T' - T) = \boxed{} + p(V' - V)$$

状態方程式より、気体定数を R〔J/(mol·K)〕とすれば

$$p(V' - V) = \boxed{}$$

となるので

$$C_p = \boxed{}$$

これをマイヤーの関係という。

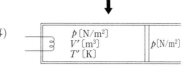

単原子分子理想気体について、アボガドロ定数を N_A〔1/mol〕、気体定数を R〔J/(mol·K)〕、絶対温度を T〔K〕として、次の問に答えよ。

(1) 分子 1 個の運動エネルギーの平均値はいくらか。

(2) 1 mol の内部エネルギーはいくらか。

(3) 定積モル比熱 C_V はいくらか。

(4) $C_p = C_V + R$ を使うと、定圧モル比熱 C_p はいくらになるか。

(5) $\gamma = \dfrac{C_p}{C_V}$ を比熱比という。単原子分子理想気体の比熱比 γ はいくらか。

発展問題

157 ばねのついたピストンで閉じ込められた気体の状態変化

断面積が S〔m^2〕の円筒形シリンダーに気密でなめらかなピストンをはめ，ピストンとシリンダーとの間に図のような軽いばねをとりつける。ばね定数を k〔N/m〕とする。ばねの長さがちょうど自然長のとき，シリンダー内部の気体の温度は T_0〔K〕，圧力は p_0〔N/m^2〕であった。

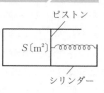

(1) ピストンをこの位置に固定して，外から Q〔J〕の熱量を与えたところ，内部の温度が T_0〔K〕から T〔K〕に上昇した。このとき内部の圧力は ⎡ ㋐ ⎤〔N/m^2〕，内部エネルギーの増加は ⎡ ㋑ ⎤〔J〕となる。

(2) はじめの状態に戻し，ピストンの固定を解いた後，ある量の熱量を与えたところ，ピストンは右へ l〔m〕動いて内部の温度が T_1〔K〕になった。この過程で内部エネルギーの増加は ⎡ ㋒ ⎤〔J〕，内部の気体がした仕事は ⎡ ㋓ ⎤〔J〕となり，気体に与えた熱量は ⎡ ㋔ ⎤〔J〕となる。

158 混合気体の圧力と内部エネルギー

等しい容積 V〔m^3〕をもつ2つのガラス容器 A，B を十分に細いガラス管で図のように連結し，中に単原子分子理想気体 n〔mol〕を封入した。気体定数を R〔J/(mol·K)〕とする。

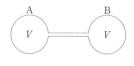

(1) 2つのガラス球の温度を T〔K〕に保った。

(a) 気体の圧力を求めよ。

(b) 気体の内部エネルギーを求めよ。

(2) 次に，一方のガラス球 A の温度を T〔K〕に，また他方のガラス球 B の温度を $2T$〔K〕に保った。

(c) 十分に時間が経過した後の気体の圧力を求めよ。

(d) ガラス球内部の気体が吸収した熱量を求めよ。

(3) 次に，2つのガラス球全体を断熱の状態で放置した。十分に時間が経過した後の気体の温度を求めよ。

□□ 159 ジュール・トムソンの細孔せんの実験

図1

図2

図のように，両側にピストン A，B がついている円筒 W を，細かい穴のあいている固定された壁 S で 2 つの部分に仕切る。最初，図 1 のように S の左側の体積 V_1 の部分に圧力，内部エネルギーがそれぞれ p_1，U_1 の単原子分子理想気体を入れておく。S の左側の圧力が p_1，右側の圧力が p_2 に保たれるように 2 つのピストン A，B を同時に静かに動かして，図 2 のように気体を全部 S の右側に移したとき，その体積が V_2，内部エネルギーが U_2 になったとする。ただし，この装置で A，B，W，S はすべて熱を通さない材料でできている。また A，B と W との間の摩擦も無視できる。

(1) 図 1 から図 2 までの過程で，左側の気体は外部から [㋐] の仕事をされ，右側の気体は外部に [㋑] の仕事をする。つまり，この過程で気体が外部になす仕事は全体として [㋒] である。

(2) したがって，熱力学第 1 法則から [㋓] の等式が成立する。

これより，$U_2 - U_1 =$ [㋔] となるが，この気体を n〔mol〕の理想気体とし，図 1，図 2 の気体の絶対温度を T_1，T_2，気体定数を R とすれば，状態方程式を用いると前式は $U_2 - U_1 =$ [㋕] と表すことができる。

(3) 一方，単原子分子理想気体では $U_2 - U_1 =$ [㋖]（n，R，T_1，T_2 で） とも表される。

(4) ㋕，㋖ の両式がいつでも同時に成り立つためには，T_1 [㋗] T_2 でなければならない。

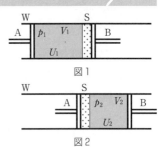

シリンダー内に 1 mol の単原子分子理想気体が，気密を保ちつつなめらかに動くピストンによって閉じ込められている。このシリンダーとは別に，温度 T_0，1 mol の単原子分子理想気体が入った体積一定の容器がある。定積モル比熱を C_V とする。

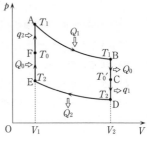

A→Bでは，シリンダーは容器と接触せず，シリンダー内の気体は温度 T_1 で体積 V_1 から V_2 まで等温で膨張する。このとき，気体が吸収した熱量 Q_1 と気体が外部にした仕事 W_1 との関係は $Q_1 = \boxed{\ (ア)\ }$ である。

B→Cでは，シリンダーが容器と接触し，定積で容器とのみ熱のやりとりをする。その結果，シリンダー内の気体と容器内の気体は同じ温度 T_0' になり

$$T_0' = \boxed{\ (イ)\ } \times T_0 + \boxed{\ (ウ)\ } \times T_1$$

となる。この過程でシリンダー内の気体が容器内の気体に与えた熱量を Q_0 とする。

C→Dでは，シリンダーは容器から離れ，定積で外部に熱量 q_1 を放出して温度が T_2 になる。

D→Eでは，シリンダーは容器と接触せず，シリンダー内の気体は温度 T_2 で体積 V_2 から V_1 まで等温で圧縮される。このとき，気体が放出した熱量 Q_2 と気体が外部からされた仕事 W_2 との関係は $Q_2 = \boxed{\ (エ)\ }$ である。

等温で気体がする仕事は温度に比例することがわかっているので，$\dfrac{W_2}{W_1} = \dfrac{T_2}{T_1}$ となる。

E→Fでシリンダーは再び温度 T_0' の容器と接触し，温度は T_0 に戻った。このとき，シリンダー内の気体が受け取った熱量は Q_0 に等しく，このことから

$$T_0 = \boxed{\ (オ)\ } \times T_1 + \boxed{\ (カ)\ } \times T_2$$

となる。

F→Aでシリンダーは容器から離れ，定積で外部から熱量 q_2 を吸収して温度が T_1 に戻った。

このサイクルの熱効率 e は $e = \dfrac{W_1 - W_2}{Q_1 + q_2}$ と表され，T_1，T_2，Q_1，Q_2，C_V を用いて表すと，$e = \boxed{\ (キ)\ }$ となる。

SECTION 3 気体の断熱変化と自由膨張

標準問題

161 理想気体の真空中への膨張

右図のように，断熱性の容器が隔壁 W で A，B 両室に
仕切られていて，A，B の容積を V_1，V_2 とする。A の中
には圧力 p_1，絶対温度 T_1 の理想気体が入れてあり，B の
中は真空になっている。隔壁 W にあけられた小孔を開い
た。

(1) 十分時間がたって，両室の温度と圧力が等しくなったときの温度は $T=$ ⎡ ⑦ ⎤，
圧力は $p=$ ⎡ ⑦ ⎤ である。

(2) 現実の気体では，わずかに分子間引力がはたらくので，その引力にさからって分
子間隔を広げるのに仕事を必要とし，その結果，わずかに温度が ⎡ ⑦ ⎤。これを
ジュール・トムソン効果という。

162 理想気体の定圧での真空中への膨張

右図のように，シリンダーとピストンからなる容
器 A と，一定容積の容器 B があり，その間がごく
細い管とそれを開閉できる弁で連結されている。す
べての部分は断熱材料でできており，細い管と弁の
容積は無視できるほど小さい。

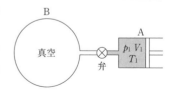

はじめに弁を閉じ，容器 A を圧力 p_1，温度 T_1，体積 V_1 の単原子分子理想気体で
満たし，容器 B は真空にしておく。次に弁を開くと気体はゆっくりと容器 B に移り
はじめるが，そのとき容器 A 内の圧力をつねに p_1 に保つようにピストンを移動させ
る。容器 B の容積は V_1 に比べて十分に大きく，全部の気体を容器 B に移すことがで
きたとする。

この気体の全分子数を N，ボルツマン定数を k とすれば，はじめ A 内にあった気
体の内部エネルギーは ⎡ ⑦ ⎤ と表される。この過程で，気体に対してなされた仕
$\underset{(N,\ k,\ T_1 で)}{}$
事は ⎡ ⑦ ⎤ であるから，移動後の内部エネルギーは ⎡ ⑦ ⎤ となり，移動後の温
$\underset{(p_1,\ V_1 で)}{}$ $\underset{(N,\ k,\ T_1 で)}{}$
度 T_2 は ⎡ ⑤ ⎤ となる。
$\underset{(T_1 で)}{}$

また，個々の気体分子の平均の運動エネルギーの増加は ⎡ ⑦ ⎤ である。
$\underset{(k,\ T_1 で)}{}$

気体を断熱的にゆっくり変化させたとき，体積 V，絶対温度 T，定積モル比熱 C_V，定圧モル比熱 C_p の間に，$TV^{\gamma-1} = $ 一定 $\left(\gamma = \dfrac{C_p}{C_V}\right)$ の関係式が得られる。これについて考えてみよう。

物質量 n の理想気体が圧力 p，体積 V，絶対温度 T の状態から断熱的に $p + \Delta p$，$V + \Delta V$，$T + \Delta T$ へと微小変化したとき，熱力学第1法則より

$$0 = \Delta U + W = nC_V \Delta T + p\Delta V$$

これより

$$p\Delta V = -nC_V \Delta T$$

一方，状態方程式より

$$pV = nRT$$

以上2式を辺々割り算すると

$$\frac{\Delta V}{V} = -\frac{C_V}{R}\cdot\frac{\Delta T}{T} \qquad \therefore \quad \frac{\Delta T}{T} = -\frac{R}{C_V}\cdot\frac{\Delta V}{V}$$

これを積分すると

$$\int \frac{dT}{T} = -\frac{R}{C_V}\int \frac{dV}{V}$$

すなわち

$$\log T = -\frac{R}{C_V}\log V + C \quad (C：積分定数) \quad \cdots\cdots ①$$

ここで，マイヤーの関係 $C_p = C_V + R$ を用いると

$$\gamma = \frac{C_p}{C_V} = \boxed{}$$

これより，$\dfrac{R}{C_V} = \boxed{\underset{(\gamma で)}{}}$ となるので，①式は

$$\log T + \boxed{} = 一定$$
$$\log \boxed{} = 一定$$
$$\therefore \quad \boxed{\underset{(T,\ V,\ \gamma で)}{}} = 一定$$

が得られる。これに状態方程式から得られる $T = \dfrac{pV}{nR}$ を代入すれば

$$pV^{\gamma} = 一定$$

も得られる。

単原子分子理想気体が，ある状態 A $(p_A,\ V_A)$ からはじまって 2 つの状態 B，C を経てふたたび A に戻る次のような過程

$$\text{A} \xrightarrow{\text{定積}} \text{B}\left(p_B\,(>p_A),\ V_A\right) \xrightarrow{\text{断熱}} \text{C}\left(p_A,\ V_C\,(>V_A)\right) \xrightarrow{\text{定圧}} \text{A}$$

をたどるとき，各過程で気体が吸収する熱量 Q を p_A，V_A，p_B，V_C を用いて表すと

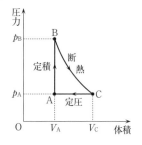

過程 A→B： $Q_{A \to B} =$ ［ ㋐ ］

過程 B→C： $Q_{B \to C} =$ ［ ㋑ ］

過程 C→A： $Q_{C \to A} =$ ［ ㋒ ］

となる。

　したがって，この過程全体は，気体が熱源から $Q_{A \to B}$ の熱をとり，仕事 W に変えてはたらく熱機関の 1 サイクルとみなすことができて，その熱効率 e は

$$e = \frac{W}{Q_{A \to B}} = 1 - \boxed{\ \text{㋓}\ }$$

で定められる。

発展問題

165　球形容器中の気体の断熱膨張

図のような，半径 r〔m〕の球形容器中に，単原子分子理想気体 1mol を入れる。容器は断熱材でできており，半径 r を変えて断熱膨張できるとする。容器の壁はなめらかで，気体分子は壁と弾性衝突するものとする。

いま，半径 r が気体分子の速さ v〔m/s〕(すべての分子で同じと仮定する)に比べて十分小さい速さ u〔m/s〕で増加しているとする。気体分子 1 個の質量を m〔kg〕とし，気体分子が壁と垂直方向と θ をなす角度で衝突してはねかえされる場合を考える。

(1) 分子の衝突する速さが v のとき，1 回の衝突で，分子の速度の壁に垂直な成分の大きさはいくらになるか。

(2) このとき，分子の運動エネルギーはどれだけ変化するか。ただし，u の 2 次の項は無視する。

(3) 半径が r から Δr〔m〕($\Delta r \ll r$) だけ増加する間に，速さ v，角度 θ で衝突した分子は壁と何回衝突するか。ただし，この間の半径 r と分子の速さ v は一定とみなしてよいものとする。

(4) この間の分子 1 個の運動エネルギーの変化 ΔK〔J〕を求めよ。

この間に，球の体積 V〔m³〕は $V=\dfrac{4}{3}\pi r^3$ から $V+\Delta V=\dfrac{4}{3}\pi(r+\Delta r)^3$ に変化する。

(5) 近似式 $(1+x)^3 ≒ 1+3x$ ($|x|\ll1$) を用いて，$\Delta V=4\pi r^2\Delta r$ となることを示せ。

(6) 断熱変化では，内部エネルギー U〔J〕の変化 ΔU〔J〕は運動エネルギーの変化 $\Delta K \times$(分子数) に等しい。このことから，$\dfrac{\Delta U}{U}=-\dfrac{2\Delta r}{r}$ となることを示せ。

(7) (5)，(6)の結果から，$\dfrac{\Delta U}{U}$ と $\dfrac{\Delta V}{V}$ の関係を求めよ。

ここで，気体の圧力を p〔Pa〕とする。$U=\dfrac{3}{2}pV$ であるから，U が ΔU だけ変化したとき圧力が Δp〔Pa〕，体積が ΔV〔m³〕変化したとすると，$U+\Delta U=\dfrac{3}{2}(p+\Delta p)(V+\Delta V)$ となる。ここで，$\Delta p\cdot\Delta V$ の 2 次の微小量を無視すると，$\Delta U=\dfrac{3}{2}(p\cdot\Delta V+\Delta p\cdot V)$ となる。

(8) このことと(7)の結果より，$\dfrac{\Delta p}{p} = -\dfrac{5}{3} \cdot \dfrac{\Delta V}{V}$ となることを示せ。

この式は，積分すると

$$\log p + \frac{5}{3} \log V = C \quad (\text{定数}) \qquad \therefore \quad \log p V^{\frac{5}{3}} = C$$

となる。したがって，$p V^{\frac{5}{3}} = e^C = $ 一定 となることがわかる。

この式はポアソンの式といい，断熱変化のときに成り立つことが知られている。ここで，$\gamma = \dfrac{5}{3}$ は定積モル比熱 $C_V = \dfrac{3}{2} R$ と定圧モル比熱 $C_p = \dfrac{5}{2} R$（R は気体定数）の比で，比熱比とよばれている。

166 比熱比 γ の測定

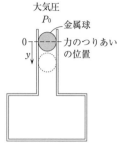

大気圧
P_0
金属球
0
力のつりあいの位置
y

右図のような容器が大気圧 P_0 の大気中に鉛直に置かれ，容器の中には理想気体が封入されている。質量 m の金属球が，断面積 S のガラス管の中を密着してなめらかに動くものとし，また，気体の体積と圧力の変化はすべて断熱的であるとする。理想気体の断熱変化では，圧力 p と体積 v の間に，$p v^\gamma = $ 一定 の関係が成り立つ。ここで，γ は比熱比である。

(1) 金属球が力のつりあいの位置にあるとき，容器内の気体はわずかに圧縮されている。重力加速度の大きさを g として，このときの気体の圧力 P を求めよ（以下この P の文字を用いて答えよ）。

(2) (1)の状態での気体の体積を V とする。金属球を力のつりあいの位置から少し押し下げて手を放すと単振動を行う。力のつりあいの位置を原点にとり，金属球の変位を下向きを正として y とする。ただし，$\left| \dfrac{Sy}{V} \right| \ll 1$ として，$|x| \ll 1$ のときの近似式 $(1+x)^n \doteqdot 1 + nx$ を用いよ。

   (a) 金属球の変位が y のとき容器内の気体の圧力 P' を $\gamma,\ V,\ S,\ y,\ P$ を用いて求めよ。

   (b) このときの金属球の加速度 a を $\gamma,\ V,\ S,\ y,\ P,\ m$ を用いて求めよ。

   (c) 単振動の周期 T を $\gamma,\ V,\ S,\ P,\ m$ を用いて求めよ。

   (d) (c)の結果から，γ を $T,\ V,\ S,\ P,\ m$ を用いて求めよ。

水平に固定された円筒形シリンダー内に, なめらかに動くピストンが挿入されている。シリンダーとピストンは熱を伝えない物質でできており, シリンダーの中に1molの単原子分子理想気体が封入されている。気体定数を R とする。はじめ, ピストンは静止していた。このとき, シリンダー内の気体の体積と絶対温度は V, T であった。

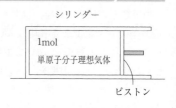

シリンダー

1mol
単原子分子理想気体

ピストン

(1) ピストンを手でもち, これを右へゆっくりとわずかに動かした。その結果, シリンダー内の気体の体積と温度が, それぞれ $V+\Delta V$, $T+\Delta T$ に変化した。このとき, シリンダー内の気体がなした仕事 ΔW を, V, T, ΔV, R を用いて表せ。ただし, 体積変化の割合 $\left|\dfrac{\Delta V}{V}\right|$ は1に比べて十分小さく, この間の圧力 p は一定としてよいとする。

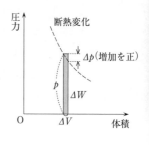

断熱変化

Δp（増加を正）

p

ΔW

ΔV

体積

圧力

O

(2) 熱力学第1法則を用いて, 温度変化の割合 $\dfrac{\Delta T}{T}$ を V, ΔV で表せ。

(3) このとき, シリンダー内の圧力 p がわずかに Δp だけ変化した。その変化の割合 $\dfrac{\Delta p}{p}$ を V, ΔV で表せ。ただし, 2次の微小量 $\Delta p \Delta V$ は無視してよい。

力学

熱力学

波動

電磁気

原子

物質量 n の理想気体を，はじめ体積を V_A から V_B まで断熱的に膨張させて温度を T_1 から $T_2 (< T_1)$ まで冷却し (A→B)，次に温度を T_2 に保ったまま体積が V_C になるまで圧縮し (B→C)，続いて温度が T_1 に戻るまで断熱的に圧縮して体積を V_D にし (C→D)，さらに温度を T_1 に保ったまま体積が V_A に戻るまで膨張させる (D→A)。これをカルノー・サイクルという。この熱効率を求めよう。それぞれの点の圧力と体積は図示の通りとし，気体定数を R とする。

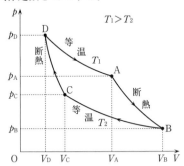

(1) 断熱可逆変化では $TV^{\gamma-1}$ は一定である（γ：比熱比）。

$$\text{A→B で} \quad T_1 V_A{}^{\gamma-1} = \boxed{\quad (ア) \quad}$$

$$\text{C→D で} \quad T_1 V_D{}^{\gamma-1} = \boxed{\quad (イ) \quad}$$

辺々を割って
$$\frac{V_A}{V_D} = \frac{V_B}{V_C}$$

(2) D→A は等温膨張であるから，内部エネルギーの変化はなく，その間に気体が吸収する熱量 $Q_{D→A}$ は，その間に気体がする仕事 $W_{D→A}$ に等しいので

$$Q_{D→A} = W_{D→A} = nRT_1 \log\frac{V_A}{V_D}$$

気体が熱を放出するのは B→C の過程である。この過程は等温圧縮であるから，この間に気体が放出する熱量 $Q_{B→C} (>0)$ は，気体になされた仕事の大きさに等しいので

$$Q_{B→C} = \boxed{\quad (ウ) \quad}$$

A→B，C→D は断熱過程であるから，カルノー・サイクルの熱効率は

$$e = \frac{Q_{D→A} - Q_{B→C}}{Q_{D→A}} = 1 - \boxed{\quad (エ) \quad}$$

となるが，(1)の $\dfrac{V_A}{V_D} = \dfrac{V_B}{V_C}$ を用いれば

$$e = 1 - \underset{(T_1,\ T_2 で)}{\boxed{\quad (オ) \quad}}$$

これが，T_1 と T_2 の間ではたらく熱機関の最大効率である。

第 3 章

波　動

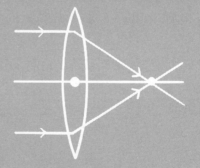

SECTION 1 波の性質

標準問題

169 ホイヘンスの原理による波動の屈折の説明

　空間を伝わる波で，ある瞬間に振動の状態が等しい点（位相が等しい点）を連ねた面を　ア　という。現在の　ア　上に無数の波源を考える。それらから前方に出る素元波（2次的に出る波）の時間 Δt 後の波面の包絡面（共通に接する面）が，Δt 後の新しい波面になる。これをホイヘンスの原理という。

　振動数一定の平行平面波が，媒質Ⅰから媒質Ⅱへ進む。図のXYは境界面で，$\overrightarrow{\mathrm{PA}}$，$\overrightarrow{\mathrm{QB}}$ は入射波の進行方向を示している。AからQBに垂線を下ろし，その交点をCとすると，ACは入射波の波面となる。媒質Ⅰ，Ⅱの中の波長を λ_1, λ_2, 伝わる速さを v_1, v_2 とする。ホイヘンスの原理を用いて考えると，$\overrightarrow{\mathrm{QB}}$ の方向へ

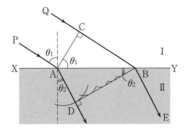

進んだ波がB点に到達した時刻には，それより前にA点に到達した波は媒質Ⅱの中へ進み，Aを中心として半径CB×　イ　　の円周上にまで素元波が広がっている。B
$\underset{(v_1, \ v_2 で)}{}$
点からこの円に接線を引き接点をDとすれば，その他の素元波もこの時刻にはすべてBDに接しているはずである。$\overrightarrow{\mathrm{AD}}$ およびこれに平行に引いた $\overrightarrow{\mathrm{BE}}$ が屈折後の波の進行方向である。

　A点で境界面に法線を立て，入射角を θ_1，屈折角を θ_2 とする。媒質Ⅰから媒質Ⅱへ波動が進むときの相対屈折率を n_{12} と表し，媒質Ⅰに対する媒質Ⅱの屈折率という。$\angle\mathrm{CAB}=\theta_1$, $\angle\mathrm{DBA}=\theta_2$ となるので

$$n_{12}=\frac{\sin\theta_1}{\sin\theta_2}=\frac{\dfrac{\mathrm{CB}}{\mathrm{AB}}}{\dfrac{\mathrm{AD}}{\mathrm{AB}}}=\frac{\mathrm{CB}}{\mathrm{AD}}=\underset{(v_1, \ v_2 で)}{\boxed{\quad ウ \quad}}=\underset{(\lambda_1, \ \lambda_2 で)}{\boxed{\quad エ \quad}}$$

となる（振動数は不変）。

170 斜めに波を受けるときの波の周期

AからBの向きに15m/sの速さで進んでいる波がある。
B点に静止してこの波を受けると、周期が5sと観測され
た。いま、右図のようにABと60°の方向に10m/sの速
さで舟を進めているとき、舟から見た波の周期はいくらか。

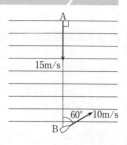

171 媒質の振動と横波の波形

x軸上に張った長いロープの右端を壁に固定
し、左端がy軸方向に振動する。左端が図のよ
うに1振動終了した瞬間の波形は図1、図2の
うちどちらが正しいか。またその理由を述べよ。

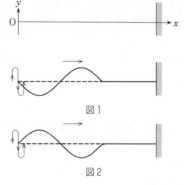

図1

図2

172 正弦波の移動

図は、y軸方向の変位がx軸方向に伝
わる正弦波の、時刻0sおよび時刻$\dfrac{1}{4}$s
における波形を示す。右上図のP点
（山）の位置がはじめて右下図のP′点に
きたものとする。

(1) 振幅A〔cm〕、波長λ〔cm〕、伝わる
速さv〔cm/s〕、振動数f〔Hz〕、周期
T〔s〕はいくらか。

(2) 時刻3sにおける波形を右下図に重
ねて記入せよ。

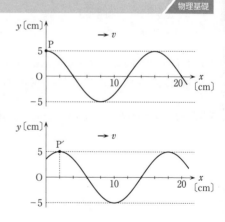

173 単振動から正弦波の式を作る方法

振幅 A, 周期 T の正弦波が x の正の向きに速さ v で伝わる。原点の媒質の変位 y が時刻 t に $y(0, t) = A\sin\dfrac{2\pi}{T}t$ で与えられるとき, 位置 x, 時刻 t における変位 $y(x, t)$ はどうなるかを考えよう。

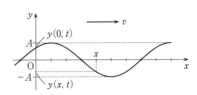

時刻 t の波形

波動が $x=0$ から x まで伝わるのに $\dfrac{x}{v}$ だけ時間がかかるので, 位置 x, 時刻 t における y 変位は, $y(0, t)$ より $\dfrac{x}{v}$ だけ前の原点の y 変位に等しい。これより

$$y(x, t) = A\sin\dfrac{2\pi}{T}\boxed{\begin{array}{c}(ア)\\[2pt]\scriptsize(t, v, x で)\end{array}}$$

$$= A\sin 2\pi \boxed{\begin{array}{c}(イ)\\[2pt]\scriptsize(T, t, \lambda, x で)\end{array}}$$

$$= A\sin 2\pi \boxed{\begin{array}{c}(ウ)\\[2pt]\scriptsize(t, v, \lambda, x で)\end{array}}$$

174 単振動と正弦波の波形との関係

$+x$ 方向に進む正弦波の振幅を A, 周期を T, 波長を λ とする。原点の媒質の振動が時間を t として

$$y(0, t) = A\sin\left(\dfrac{2\pi}{T}t + \dfrac{\pi}{4}\right)$$

と表されるとき

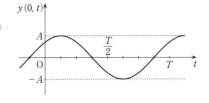

(1) 位置 x, 時刻 t における変位 $y(x, t)$ を表す式を示せ。

(2) 時刻 0 の波形 $y(x, 0)$ を表す式を示せ。また, その波形を描け。

175 正弦波の波形から単振動の式を作る方法

$+x$ 方向に速さ v で伝わる振幅 A, 波長 λ の正弦波がある。時刻 0 の波形が図 1 のように

$$y(x, 0) = A\sin\left(2\pi\dfrac{x}{\lambda} - \dfrac{\pi}{4}\right)$$

で表されるとき

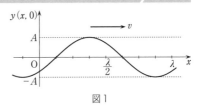

図1

(1) 時刻 t の波形 $y(x, t)$ を表す式を求めよ。

(2) 原点の媒質の振動を表す式 $y(0, t)$ を求めよ。また、そのグラフを図2に描け。周期を $T = \dfrac{\lambda}{v}$ とする。

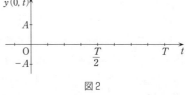

図2

力学

□□ **176** 正弦波の式と波の要素との関係

x 軸に沿って伝わる正弦波がある。位置 x〔m〕の時刻 t〔s〕における媒質の変位 y〔m〕は次の式で表される。

$$y = 3.0 \sin \pi (4.0x - 50t)$$

このとき、(1)振幅 A〔m〕、(2)周期 T〔s〕、(3)波長 λ〔m〕、(4)伝わる速さ v〔m/s〕を求めよ。

熱力学

□□ **177** 横波の媒質が振動する速度　　　　　　　　　　　物理基礎

右図は、x 軸の正の向きに進行する横波の正弦波のある瞬間における波形を示す。

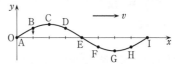

(1) この時刻における図の A, B, …, I にある媒質の振動速度を図に描け。速度の大きさも考慮すること（媒質 B についてその例を示す）。

(2) もし、波動が x の負の向きに進行するときは、それらの速度はすべて(1)と □□□□ 向きになる。

波動

□□ **178** 縦波の媒質が振動する速度　　　　　　　　　　　物理基礎

右図は、x 軸の正の向きに進行する縦波（疎密波）の正弦波のある瞬間における波形を、x 軸の正の向きの変位を y 軸の正の向きに、x 軸の負の向きの変位を y 軸の負の向きに移して描いたものである。

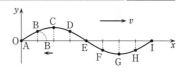

(1) A, B, …, I に対応する縦波の媒質の位置を図示し、最も密な部分と最も疎な部分を図中に示せ。また、縦波の媒質の振動速度を矢印で描き込め（B 点の媒質について例を示す）。

(2) 縦波が x 軸の負の向きに進行するとき、x 軸の正の向きの変位は y 軸の □ ⑦ □ の向きに、x 軸の負の向きの変位は y 軸の □ ⑦ □ の向きに移して描けばよい。

電磁気

原子

浅く水を張った大きな水そうで，水面の2点A，Bを T〔s〕ごとに同時にたたき，2つの波をつくる。図の円または円弧はある瞬間におけるそれぞれの山の位置を示したものである。ABの距離を l〔m〕として，次の各問に答えよ。

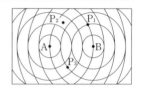

(1)　この波の波長 λ〔m〕はいくらか。また，波の伝わる速さ v〔m/s〕はいくらか。

(2)　図に示された瞬間の合成波について，図中の点 P_1，P_2，P_3 は，山（もとの山の高さが2倍になる点），谷（もとの谷の深さが2倍になる点），節（2つの波が互いに弱めあう点）のいずれであるか。

(3)　このように，A，Bが同位相で振動する2波源のとき，m を整数（$m=0$，1，2，…）として平面上の点Pから A，Bまでの距離の差が

|AP−BP|= [㋐] λ のとき，P点は強めあい，

|AP−BP|= [㋑] λ のとき，P点は弱めあう。

(4)　波の節を連ねる線（節線）を図に描き入れよ。

図の実線は，正弦波の横波が反射面に向かって進むときの時刻0および $\dfrac{1}{8}$ 周期（周期 T）における入射波の波形を示す。破線は反射面を抜けてそのまま進んでいくと想像した入射波の波形である（仮想波）。

自由端反射（図1），固定端反射（図2）の各場合について答えよ。

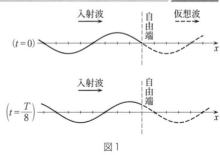

図1

(1)　時刻0および時刻 $\dfrac{T}{8}$ における反射波の波形を破線（－－－－）で描け。

(2)　また，それぞれ入射波と反射波を合成した波形を太い実線（━━━）で描け。

(3)　合成波は定在波（定常波）となるが，自由端と固定端のそれぞれで，端は腹となるか節となるか。

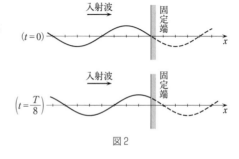

図2

181 横波・縦波の反射と山・谷，疎・密との関係　物理基礎

図１～図４の実線は固定端に向かって $+x$ 方向に進む横波または縦波の正弦波で，破線は同じ時刻の壁での反射波である（y は変位）。縦波の場合は，$+x$ 方向の変位を $+y$ 方向に，$-x$ 方向の変位を $-y$ 方向に示してある。

⑴　図において，山は山として反射するか，谷として反射するか。疎は疎として反射するか，密として反射するか。また，これらのことは，図１～図４のどの図によって示されるか。

⑵　入射波と反射波は干渉して定在波（定常波）になるが，節の位置，腹の位置は A，B，C，D，E のうちどこか。すべて答えよ。

図１

図２

図３

図４

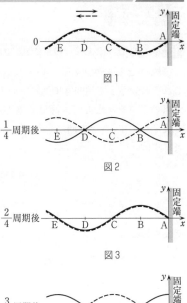

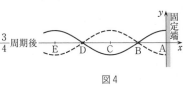

---

182 逆向きに進む2つの正弦波が重なってできる定在波の式

振幅 A と振動数 f の等しい2つの正弦波が

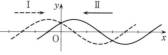

それぞれ速さ v で逆向きに進んでいる。位置 x
の点の変位を y として、図は時刻 $t=0$ におけ
る波形を示す。$+x$ 方向、$-x$ 方向に進む波を Ⅰ、Ⅱ とするとき、それぞれの変位を
表す式は

$$y_{\mathrm{I}} = A \sin\left\{2\pi f\left(t - \frac{x}{v}\right) + \frac{\pi}{4}\right\}$$

$$y_{\mathrm{II}} = A \sin\left\{2\pi f\left(t + \frac{x}{v}\right) + \frac{\pi}{4}\right\}$$

で表される。

これらを合成すると、合成波の変位 y は、公式 $\sin\alpha + \sin\beta = 2\sin\dfrac{\alpha+\beta}{2}\cos\dfrac{\alpha-\beta}{2}$ を
用いると

$$y = y_{\mathrm{I}} + y_{\mathrm{II}} = 2A\cos\left(2\pi f\frac{x}{v}\right)\cdot\sin\left(2\pi f t + \frac{\pi}{4}\right)$$

両波の波長は等しいので、これを λ とおき、$v = f\lambda$ を用いて v を消去すれば

$$y = 2A\cos\left(2\pi\frac{x}{\lambda}\right)\cdot\sin\left(2\pi f t + \frac{\pi}{4}\right)$$

この合成波の式は、x と t が分離しており、時間が経過しても右へも左へも進まな
い波を表している。このような波を定在波（定常波）という。

(1) 全く振動しない点を定在波の節という。節の位置を求めよ。
(2) 最も大きな振幅で振動する点を定在波の腹という。腹の位置を求めよ。

---

183 正弦波が固定端で反射したときの反射波の式

x 軸に沿って正の向きに伝わる振幅 A、周期 T の正弦波がある。伝わる速さが v
のとき、位置 x の媒質の時刻 t における変位 y は次の式で表される。

$$y = A\sin\frac{2\pi}{T}\left(t - \frac{x}{v}\right)$$

この波が、$x=l$ にある x 軸に垂直な壁（固定
端）で反射するとき、反射波の $x=x_1$ $(x_1 < l)$ の点
P における時刻 t の変位 y を表す式を示せ。

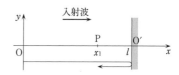

---

184 正弦波の位相と波長・周期との関係

$y = A \sin(kx + \omega t)$ で表される正弦波がある。k, ω は正の定数である。

(1) t が一定のとき、位相 $kx + \omega t$ が 2π 変化するときの x の変化の大きさが波長 λ であるから、k は $\boxed{ア}$ に等しい。

(2) x が一定のとき、位相 $kx + \omega t$ が 2π 変化するときの t の変化の大きさが周期 T であるから、ω は $\boxed{イ}$ に等しい。

(3) さらに、$t = t_0$, $x = x_0$ における波の位相が、$t = t_0 + \Delta t$, $x = x_0 + \Delta x$ における位相に等しいとすると、$\dfrac{\Delta x}{\Delta t} = \boxed{ウ}$ と求まるので、この波は x の $\boxed{エ}$ の向きに速さ $\boxed{オ}$ で伝わることがわかる。

185 波の位相速度と群速度

x 方向へ進む平面波の振幅を A、波長を λ、周期を T とすると、時刻 t、位置 x における変位 y は

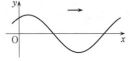

$$y = A \sin 2\pi \left(\frac{t}{T} - \frac{x}{\lambda} \right)$$

と書ける。ここで、角振動数 $\omega = \dfrac{2\pi}{T}$、波数 $k = \dfrac{2\pi}{\lambda}$ を用いると

$$y = A \sin(\omega t - kx)$$

となる。$\theta = \omega t - kx$ を波の位相といい、θ が一定の位置 x は一定の速さ v_p で進む。これを平面波の位相速度といい、ω, k を用いて $v_p = \boxed{ア}$ と表される。

いま、ω と k がわずかに異なる 2 つの平面波 y_1, y_2 を考える。角振動数をそれぞれ $\omega_1 = \omega + \Delta\omega$, $\omega_2 = \omega - \Delta\omega$、波数をそれぞれ $k_1 = k + \Delta k$, $k_2 = k - \Delta k$ とする。y_1, y_2 の振幅 A は等しく、$\Delta\omega$, Δk は ω, k に比べて十分小さいとする。

公式 $\sin(\alpha + \beta) + \sin(\alpha - \beta) = 2\cos\beta\sin\alpha$ を用いると、2 つの平面波を重ね合わせた変位 y は

$$y = y_1 + y_2 = 2A \cos\boxed{イ} \cdot \sin(\omega t - kx)$$

となる。この振幅 $2A\cos\boxed{イ}$ の部分の変動は速さ $v_g = \boxed{ウ}$ で伝わることがわかる。これを波の群速度という。

いま、2 つの平面波の位相速度が等しい場合、v_p と v_g の関係は {$\boxed{エ}$ $\ v_p < v_g$／$v_p = v_g$／$v_p > v_g$} となる。船が作る波の場合、重力加速度の大きさを g として $\omega = \sqrt{gk}$ が成り立つことが知られている。このとき、$\dfrac{v_g}{v_p} = \boxed{オ}$ となる。必要なら、近似式 $(1+x)^{\frac{1}{2}} \fallingdotseq 1 + \dfrac{x}{2}$ ($|x| \ll 1$) を用いよ。

SECTION 2 音 波

🖊 **標準問題**

---

186 音波のうなりの公式の求め方   物理基礎

振動数が少し異なる2つの音さ A, B を同時に鳴らす。A, B それぞれの振動数を f_1〔Hz〕,f_2〔Hz〕とすれば,$|f_1-f_2| \ll f_1$ のときにうなりが聞こえる。うなりの振動数は $f=|f_1-f_2|$ となるが,その理由を考えてみよう。

観測者の耳もとでは,A, B からきた音波が干渉して合成振動ができる。A, B からの音の振動が耳もとで同一位相になる前後で合成音は最も強めあうが,その後しだいに弱くなり,位相のずれが ☐ ㋐ ☐〔rad〕の前後で最も弱くなる。その後さらに位相がずれて ☐ ㋑ ☐〔rad〕のときふたたび最も強くなる。合成音の強さが,最大から最大までの時間がうなりの周期 $\dfrac{1}{f}$ であるが,その間に耳もとで振動した A, B の山の数は ☐ ㋒ ☐ 個だけずれるので

$$\left| f_1 \frac{1}{f} - f_2 \frac{1}{f} \right| = \boxed{\ ㋒\ }$$

が成り立ち

$$|f_1 - f_2| = f$$

となる。

---

187 次元解析による弦を伝わる横波の速さの求め方

弦を伝わる横波の速さを v〔m/s〕,弦の張力の大きさを S〔N〕,その線密度を ρ〔kg/m〕とするとき,無次元の比例定数を k として $v = kS^x \rho^y$ とおく。

この式の両辺に v, S, ρ の次元を入れると

$$[\ ㋐\ ] = [\ ㋑\ ]^x [\ ㋒\ ]^y$$

となる。これより

$$x = \boxed{\ ㋓\ }, \quad y = \boxed{\ ㋔\ }$$

となり,$v = \boxed{\ ㋕\ }$ が得られる。

---

188 音さと弦の振動によるうなり　物理基礎

一定の張力で張った弦がある。支柱 AB 間の距離を
40cm にして弦の中央部をはじいて基本音を出しておき，
1つの音さを鳴らしたら，毎秒3回のうなりを生じた。

そこで一方の支柱を静かに移動して，弦の長さをしだいに長くしていくと，うなり
の数はしだいに減ってからふたたび増えて，動かした距離がちょうど1cmになった
とき，うなりの数は毎秒2回になった。この音さの振動数を求めよ。

189 管内の空気の振動による定在波の圧力変化　物理基礎

図は閉管に生じた音波（正弦波）の3倍音の定在波（定常波）を横波のように示し
たものである。次の(1)，(2)に該当する点を図の A〜D から選べ。

(1)　最もよく振動する位置

(2)　圧力変化 (疎密の変化) の
　　(a)最も大きい点　　(b)最も小さい点

190 気柱の共鳴と開口端補正　物理基礎

右図のような一様な太さのガラス管 A に，自由に位置
の変えられる柄のついた底板 B をはめ込んだ装置がある。
A の管口 O の近くで音さを鳴らしておき，B を管口 O からしだいに遠ざけていった
ところ，O から l_1〔m〕の点ではじめて共鳴し，さらに遠ざけていくと，O から l_2
〔m〕の点で2回目の共鳴が起こった。室温を t〔℃〕とする。次の問に答えよ。

(1)　開口端の補正を考えて，このときの音波の波長 λ〔m〕を求めよ。

(2)　t〔℃〕の空気中を伝わる音速は $v = 331 + 0.6t$〔m/s〕である。この音さの振動数 f
〔Hz〕を l_1, l_2, t を用いて求めよ。

(3)　共鳴音の定在波 (定常波) の管口付近の腹の位置は，管口 O より少し外側にある。
この開口端補正値 Δx〔m〕を l_1, l_2 を用いて求めよ。

(4)　室温が t〔℃〕より高くなると，共鳴点の位置はどう変わるか。

振動数が未知の音さ A，B がある。気柱の共鳴の実験をするために，長いガラス管
OO′ を水平に置き，その中に自由に動かすことのできる底板 P を入れる。これらを
用いて次の実験を行った。

実験Ⅰ ガラス管口 O の前で音さ A を鳴ら
しておいて，底板 P を徐々に O より O′ に
向けて移動させると，底板が O より 48.4
cm の位置にきたとき，はじめて音が強く
なった。さらに底板を移動させると，O
より 148.6cm の位置にきたとき，ふたた
び強くなった。

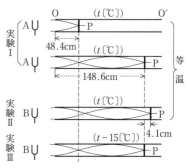

実験Ⅱ 音さ A の代わりに音さ B を鳴らす
と，音が 2 回目に強くなるときの底板の位
置が，4.1cm だけ O より遠いほうへずれた。

実験Ⅲ 上記の実験を行ったときの気温よりも 15℃ 低い気温中で音さ B を鳴らして
同じような実験を行うと共鳴点の位置は，実験Ⅰの場合と同じになった。

(1) 実験Ⅰで音さ A の発する音の波長 λ_A は何 cm か。

(2) 実験Ⅱで音さ B の発する音の波長 λ_B は何 cm か。

(3) 実験Ⅰ，Ⅱを行ったときの音速を v〔cm/s〕とするとき，音速の温度による変化
率 α〔cm/(s·K)〕を λ_A，λ_B，v で表せ。

---

192 音のエネルギーの求め方

音の強さとは，音波の進行方向と垂直な単位
面積を単位時間に通過する音のエネルギーをい
う。

面 P に垂直に入射する正弦波の平面音波に
ついて考える。

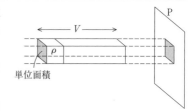

空気の平均密度を ρ とする。単位体積中の
質量 Δm の空気の微小部分が，それぞれ振幅 A，角振動数 ω で単振動をするとき，
1 つの微小部分がもつエネルギー（運動エネルギーと位置エネルギーの和）は ⌐ ⑦ ⌐
となるので，単位体積についての全エネルギーは ⌐ ④ ⌐ となる。

このような音波が音速 V で伝わるのであるから，P 上の単位面積には単位時間に
⌐ ⑦ ⌐ のエネルギーが入射する。これが音の強さである。

一般に，波動の強さは振幅の 2 乗に比例するが，このことは粒子性，波動性を考え
るときの大切な根拠になる。

193 ドップラー効果の公式の求め方

音源 S と観測者 O が一直線 x 軸上で相対的に運動するときのドップラー効果を考える。音源の振動数を f_0〔Hz〕，音の速さを V〔m/s〕とする。

(1) 音源 S が速さ v〔m/s〕で右向きに動きながら音を出している。ある時刻に S_0 にあった音源から出た音波は，t〔s〕後には Vt〔m〕だけ進み A に達する。この間に音源は vt〔m〕だけ進み S_1 に達する。t〔s〕間に音源から出た f_0t 個の波はすべて S_1A の中に入っている。これより，右方に出た音波の波長は $\lambda =$ 〔(ア)〕〔m〕となる。

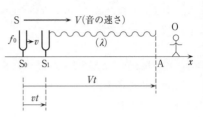

(2) この波長 λ の音波を観測者が右向きに速度 u〔m/s〕で動きながら聞く。ある時刻に O_0 を通過した音波は t〔s〕後には Vt〔m〕だけ進んで B に達する。その間に観測者は ut〔m〕だけ進み O_1 に達するので，時間 t〔s〕の間に観測者が

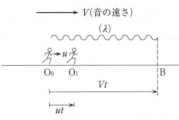

聞いた音はすべて O_1B の間に入っている。これより，観測者が聞く音の振動数は $f =$ 〔(イ)〕 〔Hz〕となる。さらに，(1)の λ を代入すれば $f =$ 〔(ウ)〕 〔Hz〕となる。
(λ, V, u で)

194 壁による反射とうなり

振動数 f_0 の音源が前方の壁に向かって速さ v で進み，音源の後方の観測者が速さ u で壁から遠ざかる向きに運動している。音速を V として，次の問に答えよ。

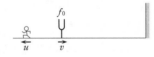

(1) 観測者の聞く直接音の振動数 f_1 を求めよ。

(2) 観測者の聞く壁からの反射音の振動数 f_2 を求めよ。

(3) 観測者の聞くうなりの振動数 f を求めよ。ただし，$\dfrac{v}{V} \ll 1,$ $\dfrac{u}{V} \ll 1$ とし，$\left(\dfrac{v}{V}\right)^2$ と $\dfrac{u}{V}$ を省略して答えよ。

195 音源，観測者ともに静止していて風が吹くときのドップラー効果

静止している振動数 f〔Hz〕の音源から出る音波が，風下にどのように伝わるかを考えよう。空気に対する音の速さを V〔m/s〕，風の速さを w〔m/s〕とする。

(1) 地面に対して，風下に伝わる音波の速さはいくらか。

(2) 地面から見た音波の波長はいくらか。

(3) 風下の一点で静止した観測者が聞く音の振動数はいくらか。

196 風が吹くときの直接音と壁による反射音

鉛直な壁の前方に人が静止しており，速さ w の風が壁から人に向かって吹いている。無風時の音速を V とする。この人と壁との間にある振動数 f_0 の音源が，壁に向かって速さ v で進むとき

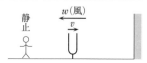

(1) この人の受ける直接音の振動数 f_1 はいくらか。

(2) 反射音の振動数 f_2 はいくらか。

197 反射板，観測者ともに動くときのドップラー効果

移動できる鉛直な壁の前方に，振動数 f_0 の音源が静止しており，そのさらに前方に人がいる。いま，壁が音源に向かって速さ u で近づくとき，音源から速さ v で遠ざかる人がその反射音を聞くと，いくらの振動数の音に聞こえるか。ただし，音速を V とする。

198 反射板が動くときの反射波の波長

x 軸に垂直な反射面が $+x$ 方向に速さ w〔m/s〕で運動している。左方から波長 λ〔m〕の入射波が速さ V〔m/s〕で入射するとき，反射波の波長を λ'〔m〕とすれば，ドップラー効果により次の関係式が成り立つ。

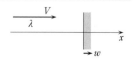

$$\frac{\lambda'}{\lambda} = \frac{V+w}{V-w}$$

これについて考えてみよう。

短い時間 t〔s〕の間に，反射面は $+x$ 方向に wt だけ進むので，この間に反射面上には距離 $\boxed{\quad \text{ア} \quad}$〔m〕の間に存在した n 個の波が到達する。一方，これと同じ n 個の波が，同じ時間 t の間に反射面から $-x$ 方向に送り出されるが，これは距離 $\boxed{\quad \text{イ} \quad}$〔m〕の間に存在するので

$$n\lambda = \boxed{\quad ア \quad} \quad \cdots\cdots①$$

$$n\lambda' = \boxed{\quad イ \quad} \quad \cdots\cdots②$$

②を①で辺々割ると，さきの関係式が得られる。

💡 発展問題

199 音速の公式の求め方

(1) 理想気体では，その密度 $\rho\,[\mathrm{kg/m^3}]$，圧力 $P\,[\mathrm{N/m^2}]$，温度 $T\,[\mathrm{K}]$ の間に $\dfrac{P}{\rho T} = $ 一定 の関係式が成り立つ。これを導いてみよう。

圧力 $P\,[\mathrm{N/m^2}]$，体積 $V\,[\mathrm{m^3}]$，温度 $T\,[\mathrm{K}]$ の理想気体 $n\,[\mathrm{mol}]$ について，気体定数を $R\,[\mathrm{J/(mol\cdot K)}]$ とすれば，状態方程式

$$PV = nRT \quad \cdots\cdots①$$

が成り立つ。一方，気体 1 mol の質量を $M\,[\mathrm{kg}]$ とすれば

$$n = \underset{(M,\ \rho,\ V\mathrm{で})}{\boxed{\quad ア \quad}} \quad \cdots\cdots②$$

②を①へ代入して

$$\frac{P}{\rho T} = \underset{(M,\ R\mathrm{で})}{\boxed{\quad イ \quad}} = 一定$$

(2) 一般に，比熱比 γ の気体中を伝わる音速 $v\,[\mathrm{m/s}]$ は，$v = \sqrt{\gamma \dfrac{P}{\rho}}$ で表される。この式を空気中を伝わる音速に適用してみよう。

空気の比熱比を γ，0℃ のときの圧力を $P_0\,[\mathrm{N/m^2}]$，密度を $\rho_0\,[\mathrm{kg/m^3}]$ とし，0℃ の音速を $v_0 = \sqrt{\gamma \dfrac{P_0}{\rho_0}} = 331\,[\mathrm{m/s}]$ とすれば，$t\,[℃]$ の音速は $v = \sqrt{\gamma \dfrac{P}{\rho}} \fallingdotseq 331 + 0.6t\,[\mathrm{m/s}]$ となることを導け。ただし，$|x| \ll 1$ のとき，近似式 $(1+x)^n \fallingdotseq 1 + nx$ を用いよ。

200 平行な2つのスリットに斜めに入射した音波の干渉

右図のように，薄い壁 PQ に，距離 $a\,[\mathrm{m}]$ だけ離れた平行な2つのスリット A および B がある。この壁に対して，波長 $\lambda\,[\mathrm{m}]$ の平面音波が入射角 $\theta\,[\mathrm{rad}]$ で入射した。壁 PQ から $l\,[\mathrm{m}]$ 離れたところにある PQ に平行な直線を RS とし，A と B の中点 O から RS に下ろした垂線と RS との交点を C とする。

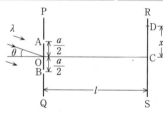

(1) 入射角 θ を 0 から増大させるとき，C 点では最も強かった音がしだいに弱まったり強まったりするが，n 回目に強まったときの入射角を θ_n〔rad〕とすれば，λ と θ_n との間には $\lambda = \boxed{\text{ア}}$ の関係式が成り立つ。このとき，n の値は $0 < n < \boxed{\text{イ}}$ の範囲内にある。

(2) θ が 0 の場合について考える。RS 線上において C 点に最も近い音の強まった点を D とし，C 点と D 点との距離を x〔m〕とおく（図参照）と，波長は $\lambda = \boxed{\text{ウ}}$ で表される。ここで，x および a が l に比べてきわめて小さいとすると，近似的に $\lambda \fallingdotseq \boxed{\text{エ}} \, x$ となる。必要なら，近似式 $(1+\alpha)^n \fallingdotseq 1 + n\alpha$ （$|\alpha| \ll 1$）を用いよ。

201 音さと弦の振動によるうなり

一端を固定し，他端におもりをかけた弦がある。弦をはじいて基本振動を起こさせておき，同時に振動数 300 Hz の音を鳴らすと，毎秒 2 回のうなりを生じたが，おもりの重さのみを 2 % 増したら，うなりの回数は毎秒約 5 回に変わった。弦の線密度を ρ，弦の張力の大きさを S，弦の長さを l とすると，基本振動数は $f = \dfrac{1}{2l}\sqrt{\dfrac{S}{\rho}}$ で表される。必要なら，近似式 $(1+x)^n \fallingdotseq 1 + nx$ （$|x| \ll 1$）を用いよ。

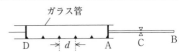

(1) この張力の変化に対して，弦の振動数は何 % 変化したか。
(2) 変化後の弦の振動数はいくらか。
(3) はじめの弦の振動数はいくらか。

202 クントの実験

太いガラス管を水平に置き，中に細かくて軽い粒子を一様にまいておき，一端には先にコルク円板をつけた金属棒 AB をさし込み，中点 C で固定しておく。また，管の他端には出し入れできる底板 D を入れておく。いま，金属棒 AB を C から B に向かってしごいて音を出し，底板 D の位置を調節すると，中の粒は振動して，一定の距離をおいて数カ所に集まる。この間隔を d，空気中の音速を V，金属棒 AB の長さを l とし，金属棒には棒方向に振動する縦波の基本振動が生じるものとする。

(1) 気柱の部分の定在波（定常波）の波長はいくらか。
(2) この音の振動数はいくらか。
(3) 金属棒の縦波の波長はいくらか。
(4) 金属棒を伝わる縦波の速さはいくらか。

203 音源が動き，観測者が静止するときのドップラー効果

振動数 f_0 の音源から出た音が速さ V で伝わる。時刻 0 における音源と観測者との距離を l とする。観測者が静止し，音源が観測者のほうへ速さ v で近づくとき，次の問に答えよ。

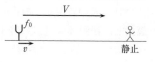

(1) 時刻 0 に音源を出た音が観測者に到達する時刻 $t_1 = \boxed{\quad ア \quad}$

(2) 時刻 t に音源を出た音が観測者に到達する時刻 $t_2 = \boxed{\quad イ \quad}$

(3) $t_2 - t_1$ の間に観測者は $\boxed{\quad ウ \quad}$ 個の波を受けるので，観測者の聞く音の振動数は $f = \boxed{\quad エ \quad}$ となる。

204 音源が静止し，観測者が動くときのドップラー効果

問 203 で，音源が静止し，観測者が音源から遠ざかる向きに速さ u で運動するとき，次の問に答えよ。

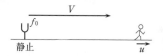

(1) 時刻 0 に音源を出た音が観測者に到達する時刻 $t_1 = \boxed{\quad ア \quad}$

(2) 時刻 t に音源を出た音が観測者に到達する時刻 $t_2 = \boxed{\quad イ \quad}$

(3) 観測者の聞く音の振動数 $f = \boxed{\quad ウ \quad}$

205 音源，観測者ともに動くときのドップラー効果

問 203 で，音源が速さ v，観測者が速さ u で図の向きに運動するとき，次の問に答えよ。

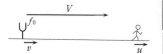

(1) 時刻 0 に音源を出た音が観測者に到達する時刻
$t_1 = \boxed{\quad ア \quad}$

(2) 時刻 t に音源を出た音が観測者に到達する時刻 $t_2 = \boxed{\quad イ \quad}$

(3) 観測者の聞く音の振動数 $f = \boxed{\quad ウ \quad}$

206 音源から斜めに音が出るときのドップラー効果

振動数 f_0 の音源が x の正の向きに速さ v で
運動し，観測者は C 点に静止している。空気
中を伝わる音速を V とする。

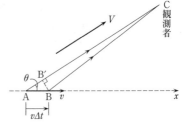

時刻 0 に A 点を通過した音源が Δt 後に B 点
を通過するものとし，時刻 0 における音源と観
測者との距離を l とする。$v\Delta t \ll l$ のとき，次の
問に答えよ。

(1) 時刻 0 に音源を出た音が観測者に到達する時刻 $t_1 = \boxed{\quad \text{(ア)} \quad}$

(2) 微小時間 Δt 後に音源を出た音が観測者に到達する時刻 t_2 は，B から AC に下ろ
した垂線と AC との交点を B′ とすれば，BC ≒ B′C と近似して

$$t_2 = \Delta t + \frac{\text{BC}}{V} \fallingdotseq \Delta t + \frac{\text{B′C}}{V} = \Delta t + \frac{\boxed{\quad \text{(イ)} \quad}}{V}$$

(3) 観測者の聞く音の振動数 $f = \dfrac{f_0 \Delta t}{t_2 - t_1} = \boxed{\quad \text{(ウ)} \quad}$

207 円運動・単振動する音源のドップラー効果

図のように，水平面内に x 軸，y 軸をとる。x 軸から
の距離 $3h$ の位置を x 軸と平行方向に，振動数 f_0 の音波
を出している音源 A が一定の速さ v で飛んでいる。音
速を V とし，光速度は音速に比べて十分大きいとする。

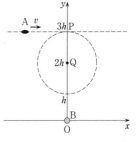

(1) 物体 A が点 P$(0, 3h)$ を通過した瞬間を時刻 $t=0$
とすると，原点 O$(0, 0)$ にいる観測者 B が $t=0$ に聞
く音の振動数はいくらか。

(2) A は点 P を通過直後，速さ v のままで，点 Q$(0, 2h)$ を中心とする半径 h の等
速円運動を開始した。この後，B が聞く振動数が最大になる時刻と，その値を求め
よ。

(3) A は一周して点 P に戻ると，点 P を中心として x 軸と平行に振幅 $3h$，角振動数
ω の単振動を始めた。このとき，時刻 t に A が発した音を B が聞くときの時刻お
よび，時刻 t に A が発した音を B が聞くときの振動数の時間変化を表す式を求め
よ。ただし，A が単振動を開始した時刻を改めて $t=0$ として表せ。

SECTION 3 光 波

📝 標準問題

208 フィゾーの光速測定法

図において，光源 S から出た光は，レンズ L を通り，うすく銀めっきした半透鏡 m で反射してから一点 P に集まり，その後レンズ L_1 で平行に進み，長い距離を隔てた点にあるレンズ L_2 および凹面鏡 M によって同じ道を逆行して，半透鏡 m を通過して目に入る。この途中に，図のように歯車 Q を光

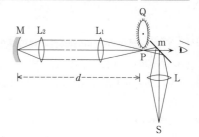

軸に垂直に置き，その歯がちょうど P 点にくるようにする。いま毎秒 n 回転している歯車の歯の間を通過して進んだ光線が，PM $= d$ の距離を往復して再び P 点にきたとき，歯が $\frac{1}{2}$ こま進んでいたとすると，この光は目に見えないことになる。光速度を c とすれば，PM を往復する時間は $\boxed{\quad ア \quad}$，また，歯車の歯数を N とすれば，$\frac{1}{2}$ こま回転する時間は $\boxed{\quad イ \quad}$ となり，これらは等しいから光速度 $c = \boxed{\quad ウ \quad}$ と表される。フィゾーの実験によれば，$d = 8633\,\mathrm{m}$，$N = 720$，$n = 12.6$ 回/s であった。これより，c の値 $\boxed{\quad エ \quad}$ 〔m/s〕が得られた。

209 屈折率と速度・波長の関係

媒質 I から媒質 II へ光波が屈折して進むときの入射角を θ_1，屈折角を θ_2 とし，媒質 I，II の絶対屈折率を n_1，n_2，光速度を v_1，v_2，波長を λ_1，λ_2 とするとき

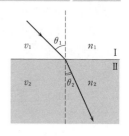

$$(\text{I に対する II の屈折率}) = \underset{(\theta_1,\ \theta_2 \text{で})}{\boxed{\quad ア \quad}} = \underset{(n_1,\ n_2 \text{で})}{\boxed{\quad イ \quad}}$$

$$= \underset{(v_1,\ v_2 \text{で})}{\boxed{\quad ウ \quad}} = \underset{(\lambda_1,\ \lambda_2 \text{で})}{\boxed{\quad エ \quad}}$$

これより，θ_1，θ_2，n_1，n_2 の間に

$$n_1 \sin \theta_1 = \boxed{\quad オ \quad}$$

の屈折の法則が成り立つ。

210 水中から空気中を見たときに見える範囲

波のない静かな水面下 d の位置から上を見上げるとき、空気中の全景色は、水面でどれだけの半径の円内におさまって見えるか。ただし、空気の屈折率を1、水の屈折率を n とする。

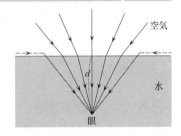

211 媒質中の物体の像の見かけの深さ

(1) 右図のように、境界面 X-Y から深さ d のところにある小物体 P を、媒質 I 中の真上から見るとき、見かけの深さ d' はいくらか。また、このとき像の浮き上がりの距離を求めよ。ただし、媒質 I、II の絶対屈折率を n_1, n_2 とし、答は d と媒質 I に対する媒質 II の相対屈折率 $n_{12} = \dfrac{n_2}{n_1}$ を用いよ。

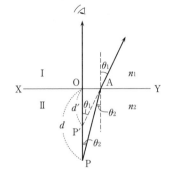

(2) 厚さ d_1, d_2, 屈折率 n_1, n_2 の両面平行な透明体 I、II を水平に重ね、II の底にある小物体 P の像を真上の空気中から見るとき、I の表面 O から虚像 P_2 までの距離 OP_2 を求めたい。空気の屈折率を1とする。

P から出た近軸光線（PO とのなす角が小）が II と I との境界面で屈折して P_1 から出たかのように I の中へ入り、さらに I の表面 A で屈折して P_2 から出たかのように空気中に出たとすると、(1)の結果を用いて

$$BP_1 = \boxed{} \quad (\text{B は光軸と境界面の交点})$$
(n_1, n_2, d_2 で)

$$OP_1 = \boxed{}$$

よって

$$OP_2 = \boxed{}$$

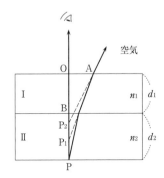

212 レンズによる像の分類

焦点距離 f〔m〕の凸レンズから a〔m〕離れた位置にある物体の像がレンズから b〔m〕の位置にできるとき，レンズの公式

$$\frac{1}{a}+\frac{1}{b}=\frac{1}{f}$$

が成り立つ。これを変形すると

$$(a-f)(b-f)=f^2$$

となり，横軸に a，縦軸に b をとると右図のような $a=f$，$b=f$ を漸近線とする双曲線（原点 $a=b=0$ は除く）が描ける。像の倍率を $m=\left|\dfrac{b}{a}\right|$ とすると

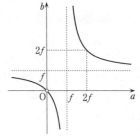

(i) $2f<a$ のとき

　　 ☐ㇷ゚ $<b<$ ☐㇤ であるから，$m<$ ☐㇘ の倒立実像ができる。

(ii) $f<a<2f$ のとき

　　 ☐㋔ $<b$ であるから，$m>$ ☐㋒ の倒立実像ができる。

(iii) $0<a<f$ のとき

　　 $b<$ ☐㋕ かつ $|b|>a$ であるから，$m>$ ☐㋖ の正立虚像ができる。

(iv) $a<0$ のとき

　　 ☐㋗ $<b$ かつ $b<|a|$ であるから，$m<$ ☐㋘ の倒立実像ができる。

　凹レンズの場合は $f<0$ であるから

$$(a-f)(b-f)=f^2$$

のグラフは右図のようになる。

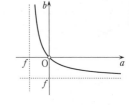

　よって，$0<a$ のときは常に

$$b<\boxed{} \quad\text{かつ}\quad |b|<a$$

であるから，$m<$ ☐㋛ の正立虚像ができる。

213 虚光源の像

　一点 P に光線が集まってくるとき，その途中に図のようにレンズを置く場合，これらのレンズによる P 点の像 P′ の位置をそれぞれ作図せよ。

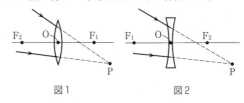

図1　　　　　　　図2

214 無限遠にある光源の凸レンズによる像

焦点距離 f の薄い凸レンズの光軸から θ〔rad〕上方にある遠い星の実像について，次の問に答えよ。ただし，θ は小さい角とし，$\tan\theta \fallingdotseq \theta$ と近似できるとする。

(1) その位置を作図せよ。

(2) その位置は凸レンズの後方 ［ ア ］，光軸の下方 ［ イ ］ のところである。

215 組合せレンズによる像

焦点距離 10cm の凸レンズ L_1 の右方 20cm のところに，焦点距離 15cm の凹レンズ L_2 を軸を一致させて置く。L_1 の左方軸上 15cm の点 A に軸に垂直に小物体を置くとき，小物体の最終的な像の位置，虚実の別，正立・倒立の別，倍率を答えよ。

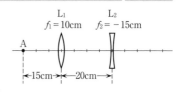

216 ヤングの干渉実験

間隔 d の 2 つのスリット A，B の垂直二等分線上に，1 つのスリットと波長 λ の単色光源を置き，AB に対してこれらと反対側の距離 l のところに，AB に平行にスクリーンを立てる。AB の垂直二等分線とスクリーンとの交点を Q とし，スクリーン上に一点 P をとり，PQ $=x$ とする。

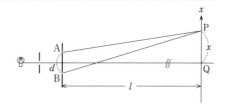

(1) d, $|x|$ が l に比べてきわめて小さいとき，近似式 $(1+\alpha)^n \fallingdotseq 1+n\alpha$ $(|\alpha| \ll 1)$ を用いると

$$\mathrm{BP} - \mathrm{AP} = \boxed{\quad ア \quad}$$
$$(d,\ l,\ x で)$$

(2) 中央の Q は ［ イ ］ 線となるが，これを 0 番目として中央から m 番目の ［ イ ］ 線の位置は $x = \boxed{\ ウ\ }$

(3) 中央付近の縞の間隔は ［ エ ］

(4) 光源に白色光を使ったときは，中央の Q は ［ オ ］ 色となるが，最初の明るい縞の内側は赤，黄，紫のうち ［ カ ］ 色である。

104　第3章　波　動

217 光路長 nd と光の到達時間との関係

　距離が l 離れている真空中の2点 AB 間を, A から B に向かって進む波長 λ の光がある。AB 間に AB に垂直に屈折率 n, 厚さ d の平行平面の媒質を置く。

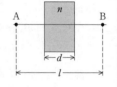

(1)　任意の瞬間において AB 間に含まれている波の数を求めよ。

(2)　真空中の光速度を c として, 光が A から B に達するのに要する時間を求めよ。

218 光路差による干渉縞の移動

　右図は, 2つのスリットによる干渉実験装置で, Q は波長 λ の単色光源, S_0 は1つのスリット, S_1, S_2 は S_0 から等距離にある2つのスリットで, S_1 と S_2 との間隔は a である。$S_1 S_2$ から距離 l のところに,

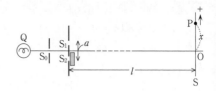

$S_1 S_2$ に平行にスクリーン S を置く。$S_1 S_2$ の垂直二等分線がスクリーンと交わる点を O とし, O から x だけ離れた点を P とする。a と x とは, l に比べてきわめて小さいものとする。

　$S_1 P$ と $S_2 P$ との経路差は, 1次の近似計算をして, a, l, x で表すと $\boxed{}$ となるので, P 点が明線となるためには, m を整数として, $\boxed{} = m\lambda$ の関係式が成り立たなければならない。したがって, スクリーン上の縞の間隔は $\boxed{}$ となる。

　スリット S_2 の直後に S_2 だけおおうように, 厚さ d, 空気に対する屈折率 n の透明な薄膜を置くと, 縞は間隔一定のままである方向に移動した。このときの移動の向きと, 移動距離を求めてみよう。光路差0の点が O から $+x$ 方向に Δx だけ移動して O' になったとする。$\overline{S_2 O'}$ と $\overline{S_1 O'}$ との光路差は, 薄膜がないときは $\boxed{}$ であるが, 薄膜を置いたために, さらに $\boxed{}$ だけ増加するので $\boxed{} = 0$ が成り立ち, これより $\Delta x = \boxed{}$ となる。よって, x の $\boxed{}$ の向きに距離 $\boxed{}$ だけ移動したことになる。

219 ガラス板につけた薄膜による光の干渉

屈折率 $n_1=1.3$ の薄膜を，屈折率 $n_2=1.5$ の平面ガラス板につける。図の左側から波長 λ〔m〕の単色光を当てたとき，次の問に答えよ。

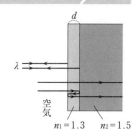

(1) 薄膜の表面で反射した光線と裏面で反射した光線とが干渉して強めあう最小限の厚さ d〔m〕を求めよ。

(2) この厚さのとき透過光線は互いに弱めあうことを説明せよ。

220 薄膜に斜めに入射した光の干渉

空気中にある厚さ d の一様な薄い石けん膜に，波長 λ の単色光平面波が入射した。膜の表面で反射した光線と，石けん膜中に入ってその裏面で一度反射した光線とが干渉して眼に入るときについて答えよ。空気の屈折率を1，石けん膜の屈折率を n とする。

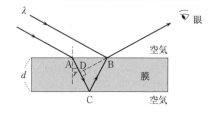

(1) 屈折角を r として，図の DC＋CB を d, r を用いて表せ。ただし，B から AC に下ろした垂線と AC との交点を D とする。

(2) 光路差を n, d, r を用いて表せ。

(3) 反射 (のみ) による位相のずれはいくらか。

(4) $m=0$, 1, 2, $\cdots$ を用いて，以下の条件式を求めよ。

  (a) 両光線が反射後強めあう条件

  (b) 両光線が反射後弱めあう条件

(5) 光路差を r の代わりに入射角 i を用いて表せ。

221 くさび形空気層による光の干渉

2枚の両面平行なガラス板を使って，右図のように頂角 θ のきわめて小さいくさび形の空気層をつくる。これに波長 λ の単色光を真上から当てて真上から見るとき，図の左端に当たった光は上から見ると暗線となるが，これを0番目として，m 番目および $(m+1)$ 番目の暗線が見える場所の空気層の間隔を d_1, d_2 とすれば

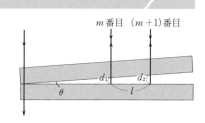

$$2d_1=\boxed{(ア)}\ \lambda, \quad 2d_2=\boxed{(イ)}\ \lambda$$

の関係が成り立つ。

一方，縞の間隔を l とすれば，l，θ，d_1，d_2 の間には $\boxed{\text{ウ}}$ の関係式が成り立つので，l を θ および λ で表せば $l=\boxed{\text{エ}}$ となる。ただし，θ が小さいとき $\tan\theta\fallingdotseq\theta$ と近似せよ。

また，この薄層に屈折率 n の液体を満たして同じ実験をしたときの縞の間隔 l' は，θ，λ，n で表すと $\boxed{\text{オ}}$ となる。ただし，n はガラスの屈折率より小さいとする。

---

222 水中から空気中とガラス中へ出る光の全反射

図1のように，水中の光源Pから空気中へ臨界角 θ_C で光が入射している。このとき，図2のように，境界面に密着して両面平行なガラス板を置けば，この光線が空気中へ出るときの屈折角 φ はいくらになるか。ただし，空気の屈折率を1，水，ガラスの屈折率を $n_水$，$n_ガ$ とする。

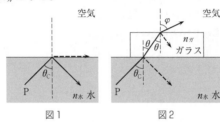

図1　　　　　図2

---

223 ニュートンリングによる光の干渉

曲率半径 R の平凸レンズと平面ガラスとを接した，図のようなニュートンリングの装置がある。これに上方から波長 λ の単色光を当てて，上方から眺めるものとする。中央は暗い場所となるが，中央から m 番目（中央は0番目として）の暗環の半径を x とし，その場所の空気の薄層の厚さを d とするとき，$2d$ を m と λ を用いて表せば $\boxed{\text{ア}}$，R と x を用いて表せば $\boxed{\text{イ}}$ となるので，m，λ，R，x の間には $\boxed{\text{ウ}}$ の関係式が成り立つ。ただし，$x\ll R$ と，近似式 $(1+\alpha)^n\fallingdotseq 1+n\alpha$ $(|\alpha|\ll 1)$ を用いよ。

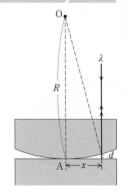

いま，波長 λ の光を使ったとき，薄層が空気のときの m 番目の暗環の半径が x_1，薄層の部分に屈折率 n（n は未知数）の液体を満たしたときの m 番目の暗環の半径が x_2 であったとすれば，$n=\boxed{\text{エ}}$ となる。

また，この装置を下方から眺めるときは，明暗は {(オ) 同じ／逆} になる。

図1のように，x軸に沿って直進する波長λの平行光線がある。この波長を測定する目的でx軸上の一点に格子間隔dをもつ透過型回折格子を，格子面がx軸と直角になるように置いた。

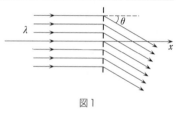

図1

(1) 回折角θの方向に明線ができるためには，d，θ，λ，m（$m = 0,\ 1,\ 2,\ \cdots$）の間にどのような関係がなければならないか。

(2) (1)より，回折線が実際に観測されるためには，λとdとの間にどのような条件が必要か。

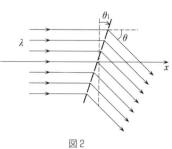

図2

次に，回折格子を図2に示すように時計まわりの方向にθ_1だけ傾けたとすると，図に示されているような時計まわりの方向への一次の回折線が角度θの方向に現れた。図3は図2を部分的に拡大したものである。S_1，S_2はスリットを示す。

(3) λをd，θ，θ_1を用いて表せ。

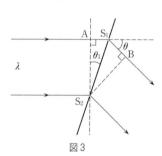

図3

2つの連星A，Bがある。星Bの質量は星Aの質量に比べてきわめて小さく，Aのまわりを等速円運動をしているものとみなしうる。いま，この軌道面内のはるか遠方の地球上からBの運動を眺め，その輝線スペクトルを観測したところ，波長が5000×10^{-10}mの輝線はP点では0.10×10^{-10}mだけ短波長側にずれ，同じくQ点では同じだけ長波長側にずれて観測された。星Bの公転の速さvは何m/sか。な

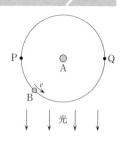

お，光速度は$c = 3.0 \times 10^8$m/sである。$v \ll c$なので，光の場合も，視線方向についてのドップラー効果は音と同じように扱ってよいものとする。

発展問題

□ **226** 単スリットによる光の回折

　幅 a のスリット AB に垂直に，単色で平行な光 (波長 λ) が入射したとき，入射光に垂直な遠くのスクリーン SS′ に受けると，その上には，AB 上の同一位相の無数の光源から出た二次波が干渉するため，スリットの中央の直進入射点 O の上下に明暗の回折縞を生じる。

　いま，はじめの入射光と回折角 θ の方向に AB 上の各点から進む波を考えよう。A を通り，この方向に進む波の進路に B から垂線 BD を下ろす。BD 上の各点からの波は同時にスクリーン上の一点に到達する。図から考えると，それぞれの明暗について

$a\sin\theta = 0$ の θ の方向は {(ア)　明るい／暗い／やや明るい}

$a\sin\theta = \lambda$ の θ の方向は {(イ)　明るい／暗い／やや明るい}

$a\sin\theta = \dfrac{3}{2}\lambda$ の θ の方向は {(ウ)　明るい／暗い／やや明るい}

であることがわかる。

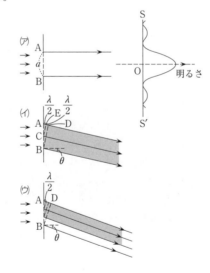

屈折率 n_1 の媒質中の点 A から出た近軸光
線が，屈折率 n_2，曲率半径 R の凸球面の媒
質中に入り，図の B 点に実像をつくるとき，
MA $= a$，MB $= b$ とすると

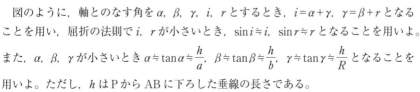

$$\frac{n_1}{a} + \frac{n_2}{b} = (n_2 - n_1)\frac{1}{R}$$

となることを証明せよ。

図のように，軸とのなす角を α，β，γ，i，r とするとき，$i = \alpha + \gamma$，$\gamma = \beta + r$ となる
ことを用い，屈折の法則で i，r が小さいとき，$\sin i \fallingdotseq i$，$\sin r \fallingdotseq r$ となることを用いよ。

また，α，β，γ が小さいとき $\alpha \fallingdotseq \tan\alpha \fallingdotseq \dfrac{h}{a}$，$\beta \fallingdotseq \tan\beta \fallingdotseq \dfrac{h}{b}$，$\gamma \fallingdotseq \tan\gamma \fallingdotseq \dfrac{h}{R}$ となることを

用いよ。ただし，h は P から AB に下ろした垂線の長さである。

曲率半径 R_1，R_2 の球面にはさまれた屈折率 n の
ガラスでできた薄い両凸レンズがある。空気の屈折
率を 1 とする。

図 1 のように，光軸上レンズの前方 a の点 A か
ら出た近軸光線がレンズの後方 b の点 B に実像を
つくるものとする。

まず，図 2 のように，レンズの前面における屈折
を考えると，A の虚像が面の前方 a' の点 A′ にでき
るとして，a，a'，n，R_1 の間に関係式 ［ ア ］ が
成り立ち，また，図 3 のように，屈折率 n のガラ
ス中からレンズの裏面で屈折して出る光については，
A′ の実像が B にできることになり，これより，a'，
b，n，R_2 の間に関係式 ［ イ ］ が成り立つ。

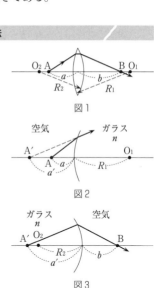

図 1

図 2

図 3

この 2 式より a' を消去すれば，$\dfrac{1}{a} + \dfrac{1}{b} =$ ［ ウ ］

$= \dfrac{1}{f}$ となる。

図1のように，2枚の平行な鏡をdだけ離して
置き，波長λの平面波の光波を鏡と角θをなす向
きから入射させると，光は鏡の間を反射をくり返
して伝わる。鏡の表面は光波に対して固定端にな
っており，表面での光波の振幅は0である。光波
は互いに干渉し，入射波と反射波の合成波
は鏡に垂直な方向には鏡の両端を節とした
定在波（定常波）になる。このとき，図2
のように節線は鏡の面に平行になり，節線
間の距離をlとすると，$l=\boxed{\text{ ㋐ }}$となる。

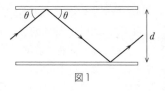

図1

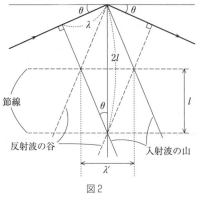

図2

よって，定在波ができる条件より，m
を正の整数として$d=\boxed{\text{ ㋑ }}$が得られる。
また，このとき鏡と平行な方向へ進む波の
波長をλ'とすると，$\lambda'=\boxed{\text{ ㋒ }}$となる。
$\sin^2\theta+\cos^2\theta=1$を用いて，$\lambda'$を$\lambda$，$d$，$m$
で表すと，$\lambda'=\boxed{\text{ ㋓ }}$となる。

また，$\sin\theta\leqq1$より，λの上限$\lambda_{\max}$は，$\lambda_{\max}=\boxed{\text{ ㋔ }}$となる。

一方が平面，他方が凸面の平凸レンズを図のよ
うに置く。$Q(x_0,\ y_0)$は凸面上の点，$F(f,\ 0)$
は焦点で，fは焦点距離である。真空中の光速度
をc，ガラスの屈折率をnとする。光がFに集ま
るには，図のI，IIの光が同時にFに来ればよい。
レンズ中の光速度は$\boxed{\text{ ㋐ }}$であるから，
$QF=\boxed{\text{ ㋑ }}$より，この条件は

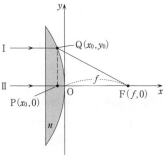

$$\frac{\boxed{\text{ ㋑ }}}{c}=\frac{f}{c}-\frac{x_0}{\dfrac{c}{n}}$$

である。これを変形し，凸面が$x=-\dfrac{1}{2R}y^2$の放物面とすると

$$f=\boxed{\text{ ㋒ }}$$

ここで，Rはx_0に比べて十分大きいとすると，$f=\boxed{\text{ ㋓ }}$となる。

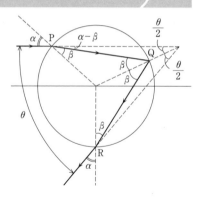

光が空気中の水滴（屈折率 n）の点Pに入射角 α で入射し，屈折角 β で屈折したとする。このとき，屈折の法則より，$n = \boxed{\quad \text{(ア)} \quad}$ である。光は点Qで反射し，点Rで空気中へ出ていく。このとき，入射光と屈折光のなす角 θ を α，β で表すと，$\theta = \boxed{\quad \text{(イ)} \quad}$ となる。いま，入射角が α_0，屈折角が β_0 のとき θ の変化が最も小さくなるとすると，このときの θ_0 で出てくる光の強度が最大になる。このとき，α_0，β_0 が微小量 $\Delta\alpha$，$\Delta\beta$ 変化したときの θ_0 の変化を 0 として

$$\Delta\alpha = \boxed{\quad \text{(ウ)} \quad} \times \Delta\beta$$

の関係が成り立つ。また，屈折の法則は $\alpha_0 + \Delta\alpha$，$\beta_0 + \Delta\beta$ でも成り立つから，$\boxed{\quad \text{(ウ)} \quad}$ の結果と加法定理，および $\sin\Delta\alpha \fallingdotseq \Delta\alpha$，$\sin\Delta\beta \fallingdotseq \Delta\beta$，$\cos\Delta\alpha \fallingdotseq 1$，$\cos\Delta\beta \fallingdotseq 1$ の近似式を用いると

$$\cos\alpha_0 = \boxed{\quad \text{(エ)} \quad} \times \cos\beta_0$$

が成り立つことがわかる。$\boxed{\quad \text{(ア)} \quad}$ と $\boxed{\quad \text{(エ)} \quad}$ の結果より α_0 を消去すると

$$\sin\beta_0 = \boxed{\quad \text{(オ)} \quad}$$

が得られ

$$\sin\alpha_0 = n\sin\beta_0 = \boxed{\quad \text{(カ)} \quad}$$

が得られる。

　水の屈折率は $n = 1.33$ であるから，$\sin\alpha_0 = 0.8624$，$\sin\beta_0 = 0.6484$ となり，$\alpha_0 = 59.6°$，$\beta_0 = 40.4°$，$\theta_0 = 42.4°$ が得られる。

　右図のように，長さの等しい2つの透明な容器 A，B（内側の長さ l）の前に2つの細いスリット S_1，S_2（$S_1S_2 = d$）を置き，さらにスリット面から L の距離にスクリーンを置く。S_1S_2 の垂直二等分線とスクリーンとの交点を O とする。

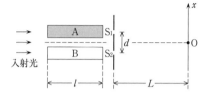

これに点光源よりレンズにて得られた単色の赤い色の平行光（波長 λ）を通す。ここで，L は d より十分大きく，さらに，d は λ より十分大きい。はじめ，容器の内外は真空であるとする。なお，空気の屈折率の1からの増加分は圧力に比例し，可視光に対しては波長が短くなるほど大きい。赤い色の光に対する1気圧の空気の屈折率は1.000292であるとする。

(1) Bは真空のまま，Aに少しずつ空気を入れると，縞が動くのが観測された。その動く方向は，xの $\boxed{ア}$ 方向である。

(2) Aにある圧力の空気を入れたとき，赤い色の光に対する屈折率をnとし，そのときスクリーン上の縞の移動距離をxとする。xをd, n, l, Lを用いて表すと $x = \boxed{イ}$ となる。

 したがって，赤い色の光の代わりに青い色の光を使うと，空気を同じ時間をかけて入れたとすると縞の動く速さは赤い色の光の場合に比べて $\boxed{ウ}$ くなる。

(3) 波長λの赤い色の光の場合，空気をある圧力まで入れると，明るい縞は次の明るい縞のところまで移動した。このときの空気の屈折率をnとすれば光路差は $\boxed{エ}$ となり，これがλに等しいので$n = \boxed{オ}$ となる。一方，圧力p気圧のときの空気の屈折率nはpを用いて$n = \boxed{カ}$ と表されるので，pはl, λを用いると，$p = \boxed{キ}$ 気圧 となる。

□ 233 ヤングの干渉による像の明るさ

 間隔dの2つのスリット A，B からlだけ離して AB に平行にスクリーンを置く（$l \gg d$）。AB の垂直二等分線がスクリーンと交わる点を O とし，O を原点として図のようにx, y軸をとる。いま，

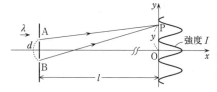

波長λの単色平面波の光が光速度cでx軸に平行に入射し，A，B で回折した後スクリーンに達する。スクリーン上の一点を P とし，$PO = y$とするとき，A からの光の P 点での振動の変位を$z_1 = a \sin 2\pi \dfrac{c}{\lambda} t$ （a：振幅，t：時間）とすれば，B からの光の P 点での振動の変位は$z_2 = \boxed{ア}$ となる。

 この2光波の合成振動zは

$$z = 2a \cos 2\pi \boxed{イ} \sin 2\pi \left(\frac{c}{\lambda} t - \frac{dy}{2\lambda l} \right)$$

となる。スクリーン上の光の強さIは合成振動の振幅項（時間tを含まない項）の2乗に比例するので，$I \propto \boxed{ウ}$ となる。

 必要なら公式 $\sin \alpha + \sin \beta = 2 \sin \dfrac{\alpha + \beta}{2} \cos \dfrac{\alpha - \beta}{2}$ を用いよ。

マイケルソンとモーリーは，絶対静止のエーテルに対する地球の相対運動を実証しようとして，次の実験を行った (1887年)。

地球が絶対静止のエーテルに対してどの方向にどんな速度で運動しているかわからないが，右の装置を用いて地上で実験を行った (図1, 図2)。光源 S から出た光は O 点で半透明な平行平面膜 G に達し，透過する光と反射する光との互いに直角な2方向に分かれて進み，鏡 M_1 と M_2 で反射された後 O 点で一緒になって望遠鏡 T に入る。T でその干渉を調べる。

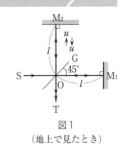

図1
（地上で見たとき）

静止エーテルに対する光の速度を $\vec{c}$，地球の速度を $\vec{v}$ とする $(|\vec{c}|=c, |\vec{v}|=v)$。地球が $\overrightarrow{OM_1}$ 方向に動くとすれば，光が OM_1 を往復する時間は

$$t_1 = \frac{2l}{c} \boxed{\quad ⑦ \quad}$$

となるが（図3），$\overrightarrow{OM_2}$ 方向に進む光に対しては，地球に対する光の相対速度 $\vec{u}=\vec{c}-\vec{v}$ が $\vec{v}$ と直交する（図4）ので，速さ $u = \boxed{\quad ⑦ \quad}$ となり，光が OM_2 間を往復する時間は

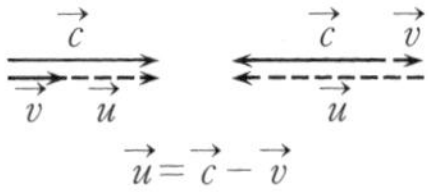

$$t_2 = \frac{2l}{c} \boxed{\quad ⑦ \quad}$$

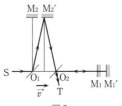

図2
（静止エーテルから見るとき）

$$\begin{array}{cc} \vec{c} & \vec{c} \quad \vec{v} \\ \vec{v} \quad \vec{u} & \vec{u} \end{array}$$
$$\vec{u}=\vec{c}-\vec{v}$$

図3

となる。$v \ll c$ と考えられるから，近似式 $(1+x)^n \fallingdotseq 1+nx$ $(|x| \ll 1)$ を用いると

$$t_1 \fallingdotseq \frac{2l}{c} \boxed{\quad ㋓ \quad}, \quad t_2 \fallingdotseq \frac{2l}{c} \boxed{\quad ㋔ \quad}$$

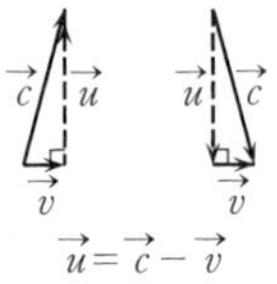

$$\begin{array}{cc} \vec{c} \Big| \vec{u} & \vec{u} \Big| \\ \vec{v} & \vec{v} \end{array}$$
$$\vec{u}=\vec{c}-\vec{v}$$

図4

と近似すれば

$$t_1 - t_2 = \frac{l}{c} \boxed{\quad ㋕ \quad}$$

となる。したがって，T に入る2つの光の間に $\Delta l = \boxed{\quad ㋖ \quad}$ の光路差が生じ，波長を λ，$m = 1, 2, 3, \cdots$ として $\Delta l = \boxed{\quad ㋗ \quad}$，つまり $l = \boxed{\quad ㋘ \quad}$ を満たす l で光は強めあうはずである。

次に，l を一定にして，装置全体を図1の O 点を通り，紙面に垂直な軸のまわりにゆっくり90°回転させると，OM_2 間を往復する光が地球の運動方向と平行になり，OM_1 間を往復する光は垂直になり，光が往復する時間差は回転によって $2(t_1-t_2)$ だけ変化するので，光路差も $2\Delta l$ だけ変化する。これは，T で光の強度を測ると，この回転の間に明 → 暗 → 明を1回と数えて $\boxed{\quad ㋙ \quad}$ 回明暗が起こることになる。ところ

が，実際にはきわめて精密な実験（$l = 22\,\mathrm{m}$，Na の D 線を用いた）によっても，このような干渉は少しも認められず，地球が大きい速度で運動するにもかかわらず，エーテルに対する速度は全く見つけることができなかった。アインシュタインは，上記の絶対静止エーテルを否定し，光速度が観測者の運動によらず一定であることを原理として，1905 年に特殊相対性理論を公にした。

第4章

電磁気

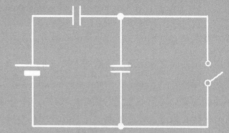

SECTION 1 電界と電位

235 点電荷による電界

直角二等辺三角形 OAB において，OA ＝ OB ＝ r〔m〕とする。A 点および B 点に，それぞれ $-3q$〔C〕および $+4q$〔C〕（$q>0$）の電荷を置く。ただし，クーロンの法則の比例定数を k〔N・m²/C²〕とする。

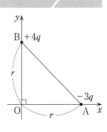

(1) O 点における電界の向きが x 軸となす角を θ として，$\tan\theta$ を求めよ。

(2) O 点の電界の強さはいくらか。

(3) 次に，O 点に $-2q$〔C〕の電荷を置くとき，これが受ける力の向きおよび大きさを求めよ。

236 点電荷から出る電気力線の本数

電界の強さが E〔N/C〕の点では，電界に垂直な 1m² あたり E 本の割合で電気力線が貫く。

(1) 真空中にある Q〔C〕の正の点電荷から出る電気力線は何本か。真空中でのクーロンの法則の比例定数を k_0〔N・m²/C²〕として求めよ。

(2) k_0 の代わりに $\dfrac{1}{4\pi\varepsilon_0}$ を用いて求めよ。ただし，ε_0〔F/m〕は真空の誘電率である。

237 複数の点電荷から出る電気力線の総数 (ガウスの法則)

電荷 Q〔C〕が分布しているとき，電荷を取り囲む閉曲面を貫く電気力線の本数は，真空の誘電率を ε_0〔F/m〕として $\dfrac{Q}{\varepsilon_0}$ 本である。これをガウスの法則という。

真空中に閉曲面を考える。閉曲面内に $+q_1$〔C〕，$+q_2$〔C〕，$-q_3$〔C〕の点電荷が，また，閉曲面外に $+q_4$〔C〕，$-q_5$〔C〕の点電荷があるとき（$q_1 \sim q_5 > 0$），内側から外側へ閉曲面を貫いて出る電気力線の総数は ⎡ ㋐ ⎤ 本である。閉曲面の外側にある電荷による電気力線はこれに無関係である。これを用いると，電界の強さが簡単に求まる場合がある。

図1のように，$+Q$〔C〕の正の点電荷がつくる電界の強さを求めてみよう。空間の対称性から，半径r〔m〕の球面上では電界の強さE〔N/C〕はどこでも同じと考えてよい。この球面の表面積は　イ　〔m²〕で，強さEの電界があるとき，電気力線は単位面積あたりE本貫くと定義されるから，球面を貫く電気力線の本数は　ウ　本となる。よって，ガウスの法則から$E=$　エ　〔N/C〕となる。これはクーロンの法則を表している。

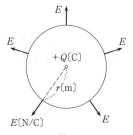

図1

図2のように，直線上に電荷密度ρ〔C/m〕で分布した線電荷があるとき，空間の対称性から，直線を取り囲む半径r〔m〕の円筒の側面上の電界の強さEはどこでも同じと考えてよい。長さl〔m〕の円筒の側面積は　オ　〔m²〕で，この中の電荷は　カ　〔C〕であるから，ガウスの法則から$E=$　キ　〔N/C〕となる。

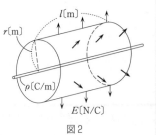

図2

238 帯電した金属球外の電位

球状の金属帯電体が，$+Q$〔C〕の電荷をもっている。

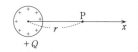

(1) その中心からr〔m〕離れた球外の点Pの電位は何Vか。ただし，無限遠方を電位の基準点とし，クーロンの法則の比例定数をk〔N·m²/C²〕とする。

(2) 中心からr_1〔m〕離れた点P_1の電位は，r_2〔m〕離れた点P_2の電位より何V高いか。ただし，P_1，P_2は帯電体の外にあるものとし，$r_2>r_1$とする。

239 2つの点電荷による電界と電位

静電気に関するクーロンの法則の比例定数をk〔N·m²/C²〕として答えよ。

右図において，AC＝CB＝3r〔m〕，CD＝4r〔m〕，AB⊥CDとする。点Aに$+Q$〔C〕($Q>0$)，点Bに$-Q$〔C〕の電荷を固定したとき，D点における電界の向きは　ア　の向き，また，電界の強さは　イ　〔N/C〕となる。このときCD間の電位差は　ウ　〔V〕になる。

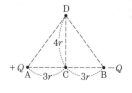

240 球状帯電体による電界と電位

真空中に正電荷Qをもつ半径Rの導体球があるとき，球の中心から距離rの点の電界の強さを$E(r)$，電位を$V(r)$とする。ただし，電位の基準点を無限遠方

（$r \to \infty$）とする。クーロンの法則の比例定数をkとして，次の問に答えよ。

(1) 導体球内外の電界の強さ$E(r)$の様子をグラフ（図1）に表せ。

(2) 導体球内外の電位$V(r)$の様子をグラフ（図2）に表せ。

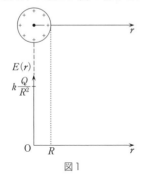
図1

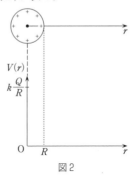
図2

241　2枚の平行金属板間の電界と電荷を運ぶのに要する仕事

真空中で非常に広い2枚の金属板A，Bを平行に置き，その電位差をV〔V〕にしたため，その間に一様な電界ができている。電界の強さをE〔N/C〕とするとき，電界内にq〔C〕の正の電荷を置けば，{(ア)　電界の向きに／電界と逆向きに}静電気力 (イ) 〔N〕を受ける。この電荷を静電気力に逆らってB板のすぐ近くからA板のすぐ近くまで運ぶ

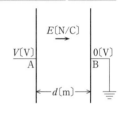

のに要する仕事は，両板間の距離をd〔m〕とすれば， (ウ) 〔J〕となり，一方，電位差V〔V〕を使えば，仕事は (エ) 〔J〕と表されるので，これらを等しいとおくと，$E =$ (オ) となる。よって，電界の強さの単位は (カ) ともなる。

質量m〔kg〕，電荷q〔C〕（$q>0$）の粒子がA板から初速度なく引き出されるとして，これがB板に達する瞬間の速さは (キ) 〔m/s〕である。また，質量m〔kg〕，電荷$-q$〔C〕の別の粒子が，A板にある小穴からA板に垂直に速さv_0〔m/s〕で飛び込むとき，粒子がB板に達しないためには，A板に与える電位を (ク) 〔V〕より高くすればよい。

242　正・負の点電荷による等電位線と荷電粒子を運ぶ仕事

正電荷q〔C〕，負電荷$-q$〔C〕の点電荷が固定して置かれている。まわりの電界の様子を一平面上で調べたら右図のようになった。矢印のついた実線は電気力線を表すものとして，次の問に答えよ。

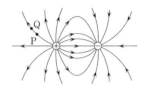

(1) P点, Q点の電位はそれぞれ V_1 [V], V_2 [V] であった。P点, Q点を通る等電位線を太線で図に記入せよ。

(2) V_1 [V] の等電位線に沿って q_1 [C] の電荷を一周させるのに要する仕事はいくらか。

(3) V_1 [V] の等電位線上に, 質量 m [kg], 正電荷 q_2 [C] の点電荷を静かに置いた。この点電荷が V_2 [V] の等電位線を横切るときの速さ v [m/s] を求めよ。

243 電界と電位の関係

強さ E [V/m] の一様な電界が図のAからBの向きにできているとする。AB間の距離は d [m] である。このとき, q [C] の正電荷をAからBまで運ぶとき, 電界から受ける静電気力の大きさは <u>(ア)</u> [N] であるから, 静電気力がする仕事は <u>(イ)</u> [J] である。このとき, AのほうがBより静電気力の位置エネルギーが高い。AB間の電位差 V [V]

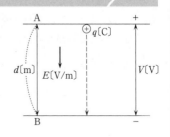

は単位電荷あたりの静電気力の位置エネルギーの差であるから, $V=$ <u>(ウ)</u> [V] となる。

💡 発展問題

244 クーロン力による単振動

右図で AC＝CB＝r [m] とする。いま, A点, B点にそれぞれ q [C] の正電荷を固定し, さらに質量 m [kg], 正電荷 Q [C] の物体を AB線上Cから Bの方向に x [m] ($x \ll r$ とする) のE点に置く。電荷間にはたらくクーロンの法則の比例定数を k [N·m²/C²] として答えよ。

(1) この物体には何Nの力がC方向にはたらくか。ただし, $\left(\dfrac{x}{r}\right)^2$ は1に比べて小さいものとして省略した形で記せ。

(2) はじめ静止していた物体が, E点を動き出してC点に達するまでの時間を求めよ。

標準問題

---

245 平面上に一様に分布した電荷による電界

正の電荷 Q〔C〕が面積 S〔m²〕の平面上に一様に分布している場合，そのまわりの電界 E〔V/m〕は，その平面に垂直で外側を向き，大きさはいたるところ $\dfrac{Q}{2\varepsilon_0 S}$〔V/m〕である。ただし，$\varepsilon_0$〔F/m〕は真空の誘電

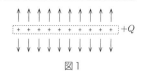

図1

率である。周辺部分の電界は上記のものと異なるが，その影響は無視できるものとする（図1）。

(1) 負の電荷 $-Q$〔C〕が面積 S〔m²〕の広い平面上に一様に分布している場合（図2），そのまわりの電界の分布を図示せよ。

図2

(2) それぞれ面積 S〔m²〕の広い金属板 A，B を間隔 d〔m〕に保って互いに平行に置き，B を接地する。d は極板の長さに比べて十分小さいとする。A に $+Q$〔C〕の電荷を与えると，地面から電子が吸い上げられて B は $-Q$〔C〕に帯電する（図3）。このとき，図の X，Y，Z 各部分の電界の強さはいくらか。また，その向きはどうか。

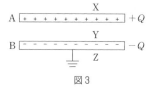

図3

---

246 平行板コンデンサーの電気容量の求め方

相対する極板の面積 S〔m²〕，極板間隔 d〔m〕（d は極板の長さに比べて十分小さい）の平行板コンデンサーがある。その電気容量が $C=\dfrac{\varepsilon_0 S}{d}$〔F〕になることを求めてみよう。ただし，$\varepsilon_0$〔F/m〕は真空の誘電率である。

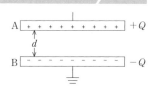

極板 A，B のもつ電荷を $+Q$〔C〕，$-Q$〔C〕とすれば，問題 **245** より，極板間の電界の強さは ［ ア ］〔V/m〕となり，その向きは ［ イ ］ の向きであるから，極板 A の電位は $V=$ ［ ウ ］〔V〕となる。よって，コンデンサーの電気容量は $C=$ ［ エ ］〔F〕と求まる。

247 極板間に導体を挿入したときの電気容量

極板面積 S, 間隔 l の平行板コンデンサーがある。極板間が真空のとき（図1）の電気容量 C_1 と，極板間に厚さ $d\,(d<l)$ の導体を挿入したとき（図2）の電気容量 C_2 とを比べてみよう。いずれも極板に電荷 Q が蓄えられているものとし，真空の誘電率を ε_0 とする。

図1

(1) 図1で，A極板の電荷の面密度は $\boxed{\ \ ア\ \ }$ であるから，AB間の電界の強さは $E_1=\underset{(\varepsilon_0,\ S,\ Q\,で)}{\boxed{\ \ イ\ \ }}$ となり，A極板の電位は $V_1=\boxed{\ \ ウ\ \ }$ となり，$C_1=\boxed{\ \ エ\ \ }$ と求まる。

(2) 図2では，A極板の電荷の面密度も，AB間の真空部分の電界の強さも図1の場合と同じとなるが，導体内部の電界は $\boxed{\ \ オ\ \ }$ であるから，A極板の電位は $V_2=\boxed{\ \ カ\ \ }$ となり，$C_2=\boxed{\ \ キ\ \ }$ と求まる。

図2

(3) よって，$C_2=\boxed{\ \ ク\ \ }\,C_1$ である。これより，図2のように導体を挿入した場合は，挿入しないで極板間隔をもとの $\boxed{\ \ ケ\ \ }$ 倍にしたときと同じ容量になる。

248 極板間に誘電体を挿入したときの電気容量

極板面積 S, 極板間隔 l, 極板間真空の部分に極板と同じ面積で厚さ $d\,(d<l)$，比誘電率 ε_r の誘電体板を平行に挿入したコンデンサーがある。この容量 C を求めよう。極板Aに電荷 $+Q$ を与えると，極板Bが接地されているので，Bには $-Q$ の電荷が誘起される。極板間の電界の強さは，真空の誘電率を ε_0 とすれば，真空部分では $E_0=\boxed{\ \ ア\ \ }$，誘電体中では $E=\boxed{\ \ イ\ \ }$ である。これらを用いると，AB間の電位差は $V=\boxed{\ \ ウ\ \ }$ となるので，このコンデンサーの電気容量は $C=\boxed{\ \ エ\ \ }$ となる。

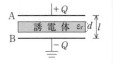

この電気容量 C は，極板面積が等しく，間隔 $l-d$ で電気容量 $C_1=\boxed{\ \ オ\ \ }$ のコンデンサーと，間隔 d で極板間に誘電体を満たした電気容量 $C_2=\boxed{\ \ カ\ \ }$ のコンデンサーを直列に接続したとみて，合成容量 $\dfrac{1}{C}=\dfrac{1}{C_1}+\dfrac{1}{C_2}$ を計算したものと同じである。

249 コンデンサーの並列・直列接続

電気容量がそれぞれ $1\mu\text{F}$, $2\mu\text{F}$, $3\mu\text{F}$ の3つのコンデンサー C_1, C_2, C_3 がある。C_2, C_3 を並列につないだものに C_1 を直列につなぎ，両端に起電力 $120\,\text{V}$ の電池をつなぐ。スイッチ K を閉じたとき，C_1, C_2, C_3 に蓄えられる電気量 $Q_1\,[\mu\text{C}]$, $Q_2\,[\mu\text{C}]$, $Q_3\,[\mu\text{C}]$，および極板間の電位差 $V_1\,[\text{V}]$, $V_2\,[\text{V}]$, $V_3\,[\text{V}]$ を求めよ。た

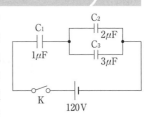

だし，スイッチ K を閉じる前の各コンデンサーの電荷を 0 とする。

250 直列接続したコンデンサーの耐電圧

　電気容量 $1\mu F$，$2\mu F$，$3\mu F$ の 3 つのコンデンサー A，B，C がある。はじめの電荷を 0 として

(1)　これらを直列につないでその両端を電池に連結するとき，A，B，C の両極板間の電位差の比 $V_1:V_2:V_3$ を求めよ。

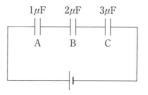

(2)　もし，これらのコンデンサーの耐電圧がともに 600 V であるとすれば，全体には最大何 V まで電圧をかけることができるか。

251 電荷が残っているコンデンサー間の電荷の移動

(1)　2 つのコンデンサー C_1，C_2，電池 E，スイッチ K を直列につないだ回路 (図 1 の左図) がある。$C_1=2\mu F$，$C_2=3\mu F$，$E=100\,V$ とし，はじめ C_1，C_2 の上下の極板にはそれぞれ $100\mu C$ と $300\mu C$ の電荷があるものとする。K を閉じて十分時間がたった後の各コンデンサーの電圧と電荷を求めよ。ただし，回路を右まわりに見て，C_1，C_2 の極板間の電位差を $V_1〔V〕$，$V_2〔V〕$，電荷を $q_1〔\mu C〕$，$q_2〔\mu C〕$ とする (図 1 の右図)。

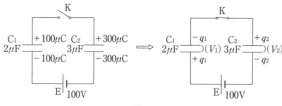

図1

(2)　図 2 の左図のように，先の回路で電池が入っていないときについて，K を閉じた後の極板間電圧と電荷を求めよ。ただし，C_1，C_2 の上の極板は下の極板より V〔V〕だけ電位が高いとし，それぞれの電荷を $q_1〔\mu C〕$，$q_2〔\mu C〕$ とする (図 2 の右図)。

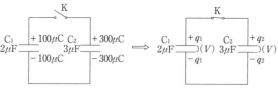

図2

252 2つのスイッチの切り換えによるコンデンサーの充電

起電力 E の電池 E, いずれも電気容量 C のコンデンサー C_1, C_2, C_3, スイッチ S_1, S_2 を用いて，右図のように配線する。はじめに，スイッチ S_1, S_2 は開いており，いずれのコンデンサーの電荷も 0 とする。次の(1)～(4)の操作を順に行うとき，操作が終わって十分時間がたった後の PQ 間の電圧を求めよ。

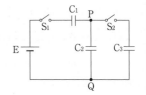

(1) S_1 を閉じる。

(2) S_1 を開いた後 S_2 を閉じる。

(3) S_2 を開いた後 S_1 を閉じる。

(4) S_1 を開いた後 S_2 を閉じる。

253 コンデンサーに蓄えられるエネルギーの計算方法

電気容量 C〔F〕のコンデンサーが電気量 Q〔C〕を蓄え，極板間の電位差が V〔V〕のとき，このコンデンサーに蓄えられるエネルギー U〔J〕を求めてみよう。はじめ，A も B も電荷は 0 とする。外力を加えて B 極板から Δq〔C〕の正電荷を A 極板まで次々に運ぶと A の電位はしだいに高くなるが，A の電荷が q〔C〕になったときの AB 間の電位差は $v =$ ［ ㋐ ］〔V〕である。

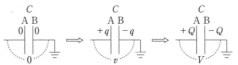

このとき，次の微小電荷 Δq〔C〕を B から A まで運ぶときに外力がする仕事 ΔW は，Δq が小さければその間，AB 間の電位差 v を一定とみてよいから，$\Delta W =$ ［ ㋑ ］〔J〕である（図の斜線部分の面積）。

このようにして，q が 0 から Q になるまでの間に外力がした全仕事は，図の△OST の面積に等しいので

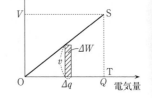

$$W = \frac{1}{2}QV = \frac{1}{2}Q\frac{Q}{C} = \frac{Q^2}{2C} \text{〔J〕}$$

となり，このエネルギーが極板間に蓄えられるので

$$U = \underset{(C,\ Q\text{で})}{\boxed{\ ㋒\ }} = \underset{(Q,\ V\text{で})}{\boxed{\ ㋓\ }} = \underset{(C,\ V\text{で})}{\boxed{\ ㋔\ }} \text{〔J〕}$$

極板面積 S, 間隔 d の平行板コンデンサーの静電容量は $\dfrac{\varepsilon_0 S}{d}$ である。ただし, ε_0 は真空の誘電率とする。このコンデンサーが電気量 Q を蓄えているときの両極板間の引力を求めてみよう。

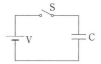

このコンデンサーがもつ静電エネルギーは $U=\boxed{}$ であるが, 電気量一定のままで極板間隔を Δx だけ静かに広げたときのコンデンサーが蓄える静電エネルギーは $U+\Delta U=\boxed{}$ となり, 静電エネルギーの増加は $\Delta U=\boxed{}$ となる。

また, このとき加える外力を $F_\text{外}$ とすれば, エネルギーと仕事との関係より, $\Delta U=\boxed{}$ に等しい。

これらより, 極板間引力の大きさ F は

$$F=|F_\text{外}|=\boxed{}$$

と求まる。

電気容量 C のコンデンサー C, 起電力 V の電池 V およびスイッチ S を図のように接続する。C は平行板コンデンサーで, 極板間隔を変えてその電気容量を変化させることができる。

S を閉じたままで, C の極板間隔を増大させてその電気容量を C から C' に変える。このとき, エネルギーが U から U' に変化したとする。$U=\boxed{}$, $U'=\boxed{}$ であるから, $U'-U=\boxed{}$ となる。$C'<C$ であるから, $U'-U$ は負になる。

極板間にはたらく電気的引力に逆らって極板間隔を広げるには, 外部から仕事を与える必要がある。ところが, $U'-U$ が負になることはエネルギー保存則に一見矛盾するようであるが, 実は差し支えない。

その理由は, 外部からの仕事によって, 極板の電荷が電池へ移動し, 電池が $\boxed{}$ の仕事をされたからである。

　3枚の同じ形の薄い極板でできている平行板コンデンサーが起電力 V の電池，スイッチ S と図のように接続されている。極板 P_1，P_2 は固定されていて間隔は $2d$ である。d は極板の大きさに比べて十分小さいものとする。極板 P_0 は極板 P_1，P_2 の間を平行に保ったまま，極板に垂直な方向に移動させることができ，極板 P_0 の位置は中央から測った距離 x で表すことにする。ただし，x は P_1 から P_2 へ向かう向きを正とする。極板 P_0 の位置が $x=0$ のとき，極板 P_0P_1 間の電気容量を C_0 とする。

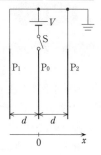

　極板 P_0 の位置が $x=0$ の状態でスイッチ S を閉じてしばらく放置する。そのままの位置でスイッチ S を開いた後，極板 P_0 を $-d<x<d$ の範囲でゆっくり移動させる。

(1)　極板 P_0 のもつ電荷 Q_0 を求めよ。

(2)　極板 P_0P_1 間の電気容量を $C_1(x)$，極板 P_0P_2 間の電気容量を $C_2(x)$ とする。$C_1(x)$，$C_2(x)$ を表す式を求めよ。

(3)　極板 P_0，P_1，P_2 のもつ電荷 $Q_0(x)$，$Q_1(x)$，$Q_2(x)$ を求めよ。

(4)　コンデンサーがもつ静電エネルギーは P_0 の位置 x によって決まる。静電エネルギー $W(x)$ を表す式を求めよ。

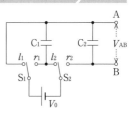

💡 **発展問題**

257　スイッチの切り換えによるコンデンサーの充電，漸化式

　電圧 V_0 の直流電源 1 個を使って，それより大きな直流電圧を得る方法を考えよう。この目的のために，電圧 V_0 の電源，コンデンサー C_1，C_2，スイッチ S_1，S_2 を結んで右図の回路をつくった。スイッチ S_1，S_2 はいつも連動して動き，左側の接点と接続（S_1 が l_1，S_2 が l_2 と同時に接続）するか，右側の接点と接続（S_1 が r_1，S_2 が r_2 と同時に接続）するか，または左右どちらの接点にも接続しないかのいずれかであるとする。この回路につき，以下の操作を順番に行う。(1)〜(5)の各場合について，AB 間にあらわれる電圧 V_{AB} を求めよ。ただし，C_1，C_2 の電気容量はいずれも C であり，はじめに，S_1，S_2 は左右どちらの接点にも接続していないとし，また，そのとき，C_1，C_2 はいずれも帯電していないとする。

(1) 連動スイッチ S_1，S_2 を左側接点に接続する。

(2) 次に，連動スイッチ S_1，S_2 を右側接点に接続する。

(3) 次に，連動スイッチ S_1，S_2 をいったん左側接点に接続してから，右側接点に接続する。

(4) 操作(3)をもう一度繰り返す。

(5) この後，操作(3)をさらに多数回繰り返したとき，V_{AB} はどのような値に近づくか。

258　平行板コンデンサーの極板間の一部に誘電体を挿入したときの電気容量

　面積 S の 2 枚の極板間にちょうど極板面積の半分のところまで誘電体を隙間なく挿入したコンデンサーがある。真空と誘電体の誘電率を ε_0，ε，極板間隔を d として，このコンデンサーの容量 C を求めてみよう。

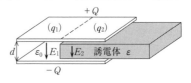

　極板の全電荷を Q，極板間が真空部分の極板の電荷を q_1，誘電体に接している部分の電荷を q_2 とすれば，真空部分の電界の強さは $E_1 = \boxed{\quad ア \quad}$，誘電体部分の電界
$\underset{(\varepsilon_0,\ S,\ q_1 \text{で})}{}$
の強さは $E_2 = \boxed{\quad イ \quad}$ となるので
$\underset{(\varepsilon,\ S,\ q_2 \text{で})}{}$

$$\text{極板間電圧 } V = \underset{(\varepsilon_0,\ S,\ q_1,\ d \text{で})}{\boxed{\quad ウ \quad}} = \underset{(\varepsilon,\ S,\ q_2,\ d \text{で})}{\boxed{\quad エ \quad}} \quad \cdots\cdots ①$$

と表される。一方

$$Q = q_1 + q_2 \quad \cdots\cdots ②$$

であるから，①，②から，q_1, q_2 を消去すれば，$Q = \boxed{}$ V となり，$C = \boxed{}$ となる。

　以上は，左半分と右半分をそれぞれ $C_1 = \boxed{}$，$C_2 = \boxed{}$ の電気容量をもつ別々のコンデンサーと考え，その並列接続とみても同じである。

259 ▶ 平行板コンデンサーの極板間に挿入した誘電体が受ける力

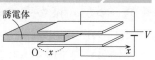

　図は2枚の正方形極板からなる平行板コンデンサーを示す。極板間にその間隔と同じ厚さの誘電体を左端から x のところまで図のように挿入し，両極板を起電力 V の電池に接続する。このとき，コンデンサーの容量を C とする。電池をつないだままで，誘電体をさらに微小距離 Δx だけゆっくり挿入したため，容量が C' に変わった。極板と誘電体との間はなめらかであるとして，次の問に答えよ。

(1) Δx だけ動かす間に誘電体に加える外力を $F_{外}$（x の正の向きを正とする）として，動かす前と後について，エネルギーの関係式，つまり

　　（コンデンサーのエネルギーの変化）＝（電池がした仕事）＋（外力がした仕事）

　を式で示せ。これより，$F_{外}$ の向きと大きさを求めよ。

(2) 誘電体が極板から受ける力 F（x の正の向きを正として）の向きと大きさを求めよ。

(3) 極板が一辺 l の正方形，極板間隔が d のとき，真空の誘電率を ε_0，誘電体の比誘電率を ε_r として

(a) C を求めよ。

(b) $\Delta C = C' - C$ を求めよ。

(c) 力 F を求めよ。

260 ▶ 誘電体の分極電荷と比誘電率との関係

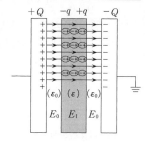

　2枚の十分広い金属板間に，それと同じ面積の誘電体板を平行に入れ，金属板の一方を接地する。左側の金属板に $+Q$〔C〕の正電荷を与えたところ，図のように帯電し，誘電体の左端に $-q$〔C〕，右端に $+q$〔C〕の分極電荷があらわれた。極板の面積を S〔m²〕，真空および誘電体の誘電率を ε_0〔F/m〕，ε〔F/m〕とする。極板間の電界の強さについて答えよ。

(1) 真空部分の電界の強さ E_0〔V/m〕を ε_0, S, Q で表せ。

(2) 誘電体中の電界の強さ E_1〔V/m〕を ε, S, Q で表せ。

(3) 同じく，誘電体中の電界の強さ E_1〔V/m〕を ε_0, S, Q, q で表せ。

(4) (2)・(3)より，この誘電体の比誘電率 $\varepsilon_r \left(= \dfrac{\varepsilon}{\varepsilon_0} \right)$ を Q, q を用いて表せ。

SECTION 3 直流回路

🖊 **標準問題**

261　導体内の自由電子の運動による抵抗率の計算　　　物理基礎

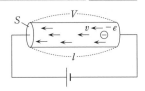

　導体内の自由電子は導体内の電界によって加速される
が，熱振動している金属イオンと衝突するため，速さに
比例する抵抗力（比例定数を k とする）を受けてやがて
終速度に落ち着く。

　いま，自由電子の電荷を $-e$，導線の長さを l，その
両端の電位差を V とすると，終速度 v は ア となり，導線の断面積を S，単位体
積中の自由電子の個数を n とすれば，電流の強さ I は イ と表されるので，先の
v の値を代入して I は ウ と求まる。

　一方，抵抗を R とすれば，$I = \dfrac{V}{R}$ であるから，R は e, n, S, k, l を用いると

エ となり，抵抗率を ρ とすれば，$R = \rho \dfrac{l}{S}$ であるから，$\rho =$ オ と求まる。こ
れは，n が カ ほど，k が キ ほど，ρ が大きくなることを示している。

262　直流回路に流れる電流と電位　　　物理基礎

　右図のように電池と抵抗を用いて配線し，B点をスイ
ッチ K を通して接地する。

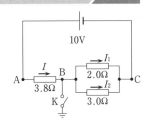

(1)　K を開いているとき

　　　$I =$ ア 〔A〕,　$I_1 =$ イ 〔A〕,　$I_2 =$ ウ 〔A〕

　　　　AB 間の電圧 $V_{AB} =$ エ 〔V〕

　　　　BC 間の電圧 $V_{BC} =$ オ 〔V〕

(2)　次に，K を閉じるとき A，B，C 点のそれぞれの電位は

　　　　$V_A =$ カ 〔V〕,　$V_B =$ キ 〔V〕,　$V_C =$ ク 〔V〕

263　電流計の分流器

　内部抵抗 r〔Ω〕で最大 1 mA まで測れる電流計を，最大 100 mA まで測れる電流計
にしたい。いくらの抵抗をどのようにつなげばよいか。

---

264 電圧計の倍率器

内部抵抗 r〔kΩ〕で最大 1 V まで測れる電圧計を, 最大 100 V まで測れる電圧計にしたい。いくらの抵抗をどのようにつなげばよいか。

265 ホイートストンブリッジ

図のような装置をホイートストンブリッジといい, 標準抵抗 R_1 と他の抵抗 R_2, R_3 を用いて, 未知の抵抗 R_4 を測定するときに用いる。それぞれの抵抗値を R_1, R_2, R_3, R_4 として答えよ。

(1) スイッチ K を閉じても検流計 G の針が振れないようにR2, R3を調整したとき, R4をR1, R2, R3を用いて表せ。

(2) この状態で実験している間に, 電池 E の起電力が小さくなったとすると, G に流れる電流は 0 から変化するか。理由も説明せよ。なお, 電流により抵抗値は変わらないものとする。

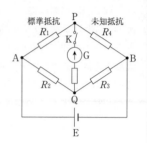

(3) この状態から R_3 が小さくなったとすると, G にはどちら向きに電流が流れるか。

266 メートルブリッジ

右図は, ホイートストンブリッジの1つであるメートルブリッジの配線図を示す。AB は均質で断面積一定の抵抗線であり, その抵抗値は長さに比例する。G は検流計, C は AB に接しながらすべらすことのできる接点である。

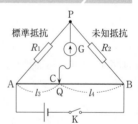

(1) 標準抵抗の抵抗値を R_1〔Ω〕, 未知の抵抗の抵抗値を R_2〔Ω〕とする。スイッチ K を閉じて, C を AB 上ですべらせたところ, Q 点で検流計に流れる電流が 0 になり, AQ $= l_3$〔m〕, QB $= l_4$〔m〕であった。R_2 を R_1, l_3, l_4 を用いて表せ。

(2) R_2 の測定誤差を小さくするには, Q 点が AB の中央付近にくることが望ましい。そのためには, 標準抵抗をどのように選べばよいか。

267 電池の起電力と内部抵抗

図1のように, 起電力 E〔V〕, 内部抵抗 r〔Ω〕の電池の両極間にすべり抵抗器 R を接続し, 抵抗値 R〔Ω〕を変えることによって電流 i〔A〕の値を変え, そのたびに両極間の電圧(端子電圧) V〔V〕を測定する。この結果 i-V のグラフは図2のように直線になった。

直線は $y=ax+b$ の式で表されるが，ここで，$y=V$，$x=i$，勾配の絶対値を r，y 切片を E とおくと

$$V=-ri+E \quad \cdots\cdots\text{①}$$

①式の意味を考えてみる。V は図1より，Ri に等しいので，①式を書き直すと $Ri+ri=E$ となる。これは，閉回路に沿って反時計まわりに1周するとき，外部抵抗と内部抵抗との電圧降下の和が起電力に等しいことを示している。

一般に，閉回路に沿って1周するとき，各部の抵抗（内部抵抗を含む）での電圧降下の和は，その向きの起電力の和に等しい。ただし，1周する向きに流れる電流を正とし，その向きに電流を流そうとする起電力を正とする。これを □ ｱ □ 法則という。

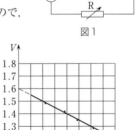

図1

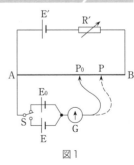

図2

また，図2より，この電池の起電力は $E=$ □ ｲ □ 〔V〕，内部抵抗は $r=$ □ ｳ □ 〔Ω〕となる。

□□ **268** 電位差計

図1のような回路において，AB は長さ1mくらいの太さ一様で均質な抵抗線で，E′ および R′ は AB に適当な電流を流しておくための補助電池と可変抵抗である。E_0 は起電力 E_0〔V〕，内部抵抗 r_0〔Ω〕の標準電池，E は起電力および内部抵抗がいずれも未知の電池で，G は検流計，S は切り換えスイッチである。

はじめ S を E_0 につなぎ，接点 P を AB 上ですべらせたところ，その位置 P_0 が $AP_0=l_0$〔cm〕になったとき，G に流れる電流が0になった。次に，S を E に切り換えて同様の実験をしたところ，$AP=l$〔cm〕のとき，G の電流が0になった。

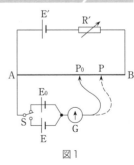

図1

(1) E の起電力 E〔V〕を E_0，l_0，l を用いて表せ。

図2で，E_0 は補助電池，A は電流計，PQ はまっすぐに張った長さ1m，抵抗5Ωの一様な断面の抵抗線で，C はこの上をすべり動く接点である。P，C 間には，スイッチ S_1，電池 E，検流計 G が図のようにつながれている。また，29.5Ωの抵抗 R_2 が，スイッチ S_2 を通して E の両端につながれている。

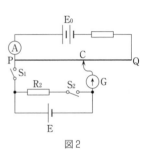

図2

(2) 抵抗線 PQ に 1A の電流を流した状態で，S_1 を閉じ，S_2 は開いたままで検流計 G を見ながら C を動かす。C が P から 30cm のところで G に電流が流れなくなった。電池 E の起電力 E はいくらか。

(3) さらに，S_2 を閉じて C を(2)の位置から左に 0.5cm 移動したとき，G に電流が流れなくなった。電池 E の内部抵抗 $r〔Ω〕$ を求めよ。

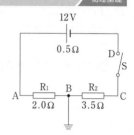

☐ 269　接地したときの回路の各点の電位　　　　物理基礎

起電力 12V，内部抵抗 $0.5Ω$ の電池 E に，$2.0Ω$ の抵抗 R_1 と $3.5Ω$ の抵抗 R_2 をつないだ図のような回路があり，B 点で接地してある。

(1) スイッチ S を閉じたとき，回路を流れる電流はいくらか。

(2) このとき，A，B，C，D 各点の電位はいくらか。

(3) また，このときの電池の端子電圧はいくらか。

(4) スイッチ S を開くと，A，B，C，D 各点の電位はいくらになるか。

☐ 270　電池を並列につないだときの端子電圧　　　　物理基礎

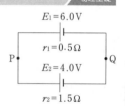

起電力 $E_1 = 6.0$V，内部抵抗 $r_1 = 0.5Ω$ の電池 E_1 と，起電力 $E_2 = 4.0$V，内部抵抗 $r_2 = 1.5Ω$ の電池 E_2 とで図のような回路をつくったとき，PQ 間の電位差はいくらになるか。

☐ 271　電圧計の内部抵抗と電圧変動率

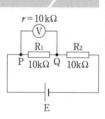

内部抵抗の無視できる電池 E に，$R_1 = 10$kΩ，$R_2 = 10$kΩ の 2 つの抵抗 R_1，R_2 が直列につないである。いま，R_1 の両端の電圧を内部抵抗 $r = 10$kΩ の電圧計 V で測ると 8V を示した。

(1) もし，この電圧計の代わりに内部抵抗 100kΩ の電圧計を用いると，電圧計の示度は 8V より大きいか，小さいか。

(2) 電圧計をつないだための R_1 の両端の電圧変動率を 5% 以下におさえるためには，電圧計の内部抵抗を何 kΩ 以上にすればよいか。

272　対称な形の直流回路の合成抵抗

　長さの等しい抵抗線で図のような立方体の枠をつくった。各辺の抵抗がすべて 5Ω のとき，対角線 AB 間に $50\,\mathrm{V}$ の電圧を与えた。

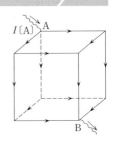

(1)　A から入る電流を $I\,\mathrm{[A]}$ とするとき，各辺を流れる電流を，I を用いて図中に記入せよ。

(2)　I はいくらか。

(3)　AB 間の全抵抗はいくらか。

273　コンデンサーを含む直流回路

　右図のような回路において，E_1，E_2，E_3 はいずれも起電力 $9\,\mathrm{V}$，内部抵抗 1Ω の電池，C_1 は $2\,\mu\mathrm{F}$，C_2 は $3\,\mu\mathrm{F}$ のコンデンサーで，R は 6Ω の抵抗である。

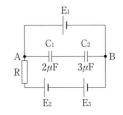

(1)　R を流れる電流はいくらか。

(2)　AB 間の電位差はいくらか。

(3)　C_1 にはいくらの電荷が蓄えられるか。ただし，電流を流す前の C_1，C_2 の電荷は 0 であったとする。

274　自由電子の運動から電流の仕事率を求める方法

　断面積 $S\,\mathrm{[m^2]}$，長さ $l\,\mathrm{[m]}$ の抵抗体の両端に V $\mathrm{[V]}$ の電圧をかけると，内部の自由電子 (電荷 $-e$ $\mathrm{[C]}$) は，電界と逆向きに平均して一定の速さ v $\mathrm{[m/s]}$ で運動する。

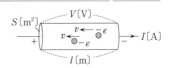

　電界が 1 個の自由電子に及ぼす力の大きさは $f=\boxed{\ \text{ア}\ }$ $\mathrm{[N]}$ であるから，電界が 1 個の自由電子に毎秒する仕事は $p=\boxed{\ \text{イ}\ }$ $\mathrm{[W]}$ となる。抵抗体内の単位体積あたりの自由電子数を $n\,\mathrm{[個/m^3]}$ とすれば，全自由電子数 N は $\boxed{\ \text{ウ}\ }$ 個であるから，電界が単位時間に全自由電子にする仕事は $P=\boxed{\ \text{エ}\ }$ $\mathrm{[W]}$ となる。しかし，自由電子の運動エネルギーは変化しないので，この仕事はイオンの振動エネルギーの増加，つまり熱エネルギーに変わる。ところが，電流の強さは $I=\boxed{\ \text{オ}\ }$ $\mathrm{[A]}$ であるから，$\boxed{\ \text{エ}\ }$ の P の値は I，V を用いると，$P=\boxed{\ \text{カ}\ }$ $\mathrm{[W]}$ となる。

275　抵抗の連結と発生する熱量

R_1〔Ω〕と R_2〔Ω〕の2つの抵抗を下のようにつなぎ，その両端に V〔V〕の電位差を与えるとき，それぞれの抵抗で単位時間に発生する熱量 Q_1〔J〕，Q_2〔J〕の比 $\dfrac{Q_1}{Q_2}$ を求めよ。

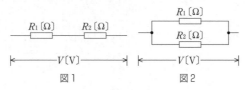

図1　　　　　　図2

(1)　2つの抵抗を直列につなぐとき（図1）
(2)　2つの抵抗を並列につなぐとき（図2）

276　抵抗での最大消費電力

起電力 E，内部抵抗 r の電池 E に可変抵抗 R（抵抗値は R）を接続した回路がある。E，r 一定で R だけを変化させたとき，R での消費電力 P を最大にしたい。R の値をいくらにすればよいか。また，そのときの P の最大値 $P_{\max}$ はいくらか。

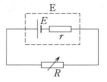

277　コンデンサー間の電荷の移動と抵抗での発熱

容量 2μF のコンデンサー C_1，容量 3μF のコンデンサー C_2，および抵抗 R，スイッチ K を直列に連結した図のような回路がある。はじめ K は開いており，C_1 にのみ 200μC の電気量をためておく。

(1)　K を閉じた直後の AB 間の電位差はいくらか。
(2)　その後，十分時間がたった後の AB 間の電位差はいくらか。
(3)　この間に R を通って移動した電気量はいくらか。
(4)　R での発熱量は何 J か。

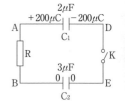

278　非オーム抵抗を直列に含む直流回路

図1において，R は 50 Ω の抵抗，L は電流によって抵抗値の変わるフィラメントをもつ電球で，その電圧と電流の関係は図2のグラフのとおりである。また，E は起電力 100 V で内部抵抗のない電池である。

いま，この回路に I〔A〕の電流が流れ，L の両端の電位差が V〔V〕になったとして，この I および V の値を求めたい。

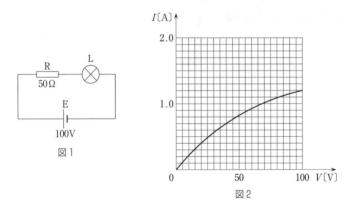

図1

図2

(1) Lの両端の電圧 V と，Lを流れる電流 I の関係式を図1を参照して示せ。

(2) 上式と図2のLの V-I のグラフから，V と I の値を求めよ。

279 非オーム抵抗を並列に含む直流回路

図1においてLは電球であり，その電圧・電流特性は図2に示してある。Rは20
Ωの抵抗，Eは起電力150V，内部抵抗10Ωの電池である。

(1) 電球Lの両端の電位差を V〔V〕，電球Lを流れる電流を I〔A〕とおいて，図1
よりIとVとの関係式をつくれ。

(2) (1)で求めた関係式のグラフを図2に示せ。

(3) これらより，このときの V と I の値を求めよ。

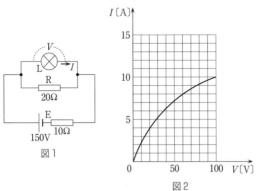

図1

図2

280 コンデンサーを含む直流回路に流れる電流

右図の回路において，Eは内部抵抗が無視できる起電力 E の電池，R_1，R_2 は，それぞれ抵抗値が R_1，R_2 の抵抗，Cは容量が C のコンデンサー，Kはスイッチである。

最初Cの電荷は0であった。

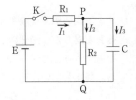

(1) Kを閉じた直後の I_1，I_2，I_3 の値を求めよ。

(2) 十分時間がたった後の I_1，I_2，I_3 の値を求めよ。

281 ダイオードを含む直流回路に流れる電流

電圧と電流の関係が図1のグラフで表されるダイオードがある。ダイオードの電圧 v 〔V〕が V 〔V〕より大きいときのみに電流 i 〔A〕が流れ，この領域では電圧の変化 Δv と電流の変化 Δi が比例している。すなわち，$\dfrac{\Delta i}{\Delta v} = \dfrac{1}{r}$ 〔1/Ω〕である。

このダイオードと R 〔Ω〕の抵抗を直列に接続し，図2のように，両端に E 〔V〕の電圧を加える。

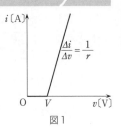

図1

(1) $E \leqq V$ のときには，ダイオードには電流が流れないので，端子1，2間の電圧は ［ ア ］ 〔V〕になる。

(2) $E > V$ のときには，ダイオードは導通状態になり，端子1，2間の電圧は ［ イ ］ 〔V〕になる。このとき，ダイオードで消費される電力は ［ ウ ］ 〔W〕である。

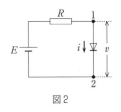

図2

💡 発展問題

282 金属内部の電子の運動

図1のように，断面積 S 〔m²〕，長さ l 〔m〕の金属に電流 I 〔A〕が流れている。電子の質量を m 〔kg〕，電荷を $-e$ 〔C〕，平均の速さを $\bar{v}$ 〔m/s〕，金属の電子密度を n 〔個/m³〕とすると，$I =$ ［ ア ］ 〔A〕と表される。

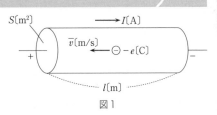

図1

オームの法則によると，I は金属の両端の電圧 V 〔V〕に比例するが，金属中に電界 ［ イ ］ 〔V/m〕が生じるため，自由電子は I とは逆向きに ［ ウ ］ 〔N〕の力を受けて加速し，電界からの力だけでは電流は時間とともに増加してしまい，オームの法則

（I は時間によらず一定）は成り立たない。

(1) 金属内の電子は陽イオンや不純物と衝突を繰り
返して進むが，図2のように，衝突までの平均の
距離（平均自由行程）が一定の d〔m〕であるとす
る。静止していた電子が次に衝突するまでの時間
は □エ□ 〔s〕となるので，電子の平均の速さは
□オ□ 〔m/s〕となる。このとき，電流の式から電流は電圧の □カ□ 乗に比例す
ることになり，オームの法則とは合わない。

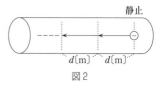
静止

図2

(2) 次に，図3のように，電子は一定の時間 T
〔s〕ごとに衝突するとする。このとき，電子の
平均の速さは □キ□ 〔m/s〕となり，電流は $I=$
□ク□ 〔A〕と表され，電圧 V に比例することに
なり，オームの法則が成り立つ。

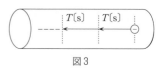

図3

---

283 電流計と電圧計を用いた抵抗測定と測定誤差

図は未知の抵抗 X に電流を流して，抵抗の両端の電圧と電流との比の値を求めて
抵抗値を測定するための配線図である。

X の真の抵抗値を X〔Ω〕，電流計と電圧計の内部抵抗を r_A〔Ω〕，r_V〔Ω〕とし，図
1，図2の各場合の電流計と電圧計の目盛を I_1〔A〕，V_1〔V〕，I_2〔A〕，V_2〔V〕とす
る。

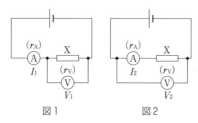

図1   図2

(1) 図1では，I_1，V_1，X，r_V の間に $I_1 =$ □ア□ の関係式が成り立つので，未知抵
抗の測定値 $\dfrac{V_1}{I_1} =$ □イ□ が得られる。

(2) 図2では，V_2，r_A，X，I_2 の間に $V_2 =$ □ウ□ の関係式が成り立つので，未知抵
抗の測定値 $\dfrac{V_2}{I_2} =$ □エ□ が得られる。

(3) それぞれの場合の誤差の割合 ε を $\dfrac{|測定値 - 真の値|}{真の値}$ とすれば

図1の場合の $\varepsilon_1 =$ □オ□ ，図2の場合の $\varepsilon_2 =$ □カ□

これより，図1の場合は X に比べて r_V が ⬜キ⬜ ほど，図2の場合は X に比べて r_A が ⬜ク⬜ ほど，測定誤差の割合が小さいことがわかる。

---

284 ▶ 直流回路網の合成抵抗

(1) 図1の回路で AB 間の合成抵抗を求めよ。電池の内部抵抗は無視できるとする。

(2) 図2の回路で各部の電流を図の向きに i_1, i_2, i_3, I とおくとき，成り立つ関係式を4つ示せ。

(3) これらから I を求めよ。

(4) 図2の回路で AB 間の合成抵抗を求めよ。

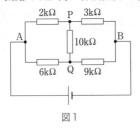

図1

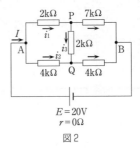

$E = 20\text{V}$
$r = 0\Omega$

図2

---

285 ▶ 合成抵抗の等価回路

(1) 次の空欄(ア)〜(カ)に適するものを選択肢から選び，記号で答えよ。

(a) 図1で，AB 間の抵抗は $R_{AB} = \dfrac{\boxed{(ア)}}{R_1 + R_2 + R_3}$，BC 間の抵抗

は $R_{BC} = \dfrac{\boxed{(イ)}}{R_1 + R_2 + R_3}$，CA 間の抵抗は $R_{CA} = \dfrac{\boxed{(ウ)}}{R_1 + R_2 + R_3}$ である。

(b) 図2で AB，BC，CA 間の抵抗が図1と同じ値になるためには

$$R_a = \dfrac{\boxed{(エ)}}{R_1 + R_2 + R_3}, \quad R_b = \dfrac{\boxed{(オ)}}{R_1 + R_2 + R_3}, \quad R_c = \dfrac{\boxed{(カ)}}{R_1 + R_2 + R_3}$$

であればよい。このとき，図1の回路は図2の回路で置き換えてもよい。

図1

図2

〔(ア)〜(カ)の選択肢〕

① $R_1 R_2$ ② $R_2 R_3$

③ $R_3 R_1$ ④ $R_1(R_2 + R_3)$

⑤ $R_2(R_3 + R_1)$ ⑥ $R_3(R_1 + R_2)$

⑦ $R_1 R_2 + R_2 R_3 + R_3 R_1$

(2) 右図の直流回路において，AD 間の合成抵抗は
　　□⑦□〔Ω〕，BD 間を流れる電流は　□⑦□〔A〕である。

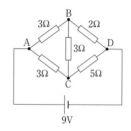

286　コンデンサーを含む直流回路とコンデンサーの充電

　右図のような回路があり，はじめに K が開いていると
き，次の問に答えよ。ただし，電流が流れる前の C_1, C_2
の電気量は 0 であったとする。

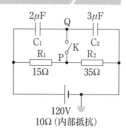

(1) 抵抗を流れる電流はいくらか。

(2) P と Q の電位はそれぞれいくらか。

(3) K を閉じたとき，C_1, C_2 のそれぞれのコンデンサー
　　に蓄えられる電気量はいくらか。

(4) このとき，K を通ってどちら向きにいくらの正電荷が移動するか。

(5) 次に K を開くと，C_1, C_2 の両極板間の電位差はそれぞれいくらになるか。

287　ダイオードを含む直流回路でダイオードに電流が流れる条件

　図 1 の回路において，E_1, E_2 は内部抵抗を無視できる起電力 E_1, E_2 の電池，R_1,
R_2 は抵抗値 R_1, R_2 の抵抗を示し，D は，順方向の電流に対しては抵抗が 0 で，逆
方向の電流に対しては抵抗が無限大のダイオードを示している。以下の問に答えよ。

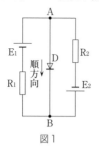

図 1

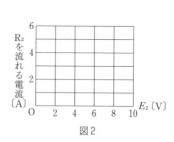

図 2

(1) D に電流が流れるための E_1, E_2, R_1, R_2 の間の関係式を求めよ。

(2) D に電流が流れるときの，R_2 を流れる電流を求めよ。

(3) D に電流が流れないときの，R_2 を流れる電流を求めよ。

(4) いま，$E_1 = 16$ V，$R_1 = 4\,\Omega$，$R_2 = 1\,\Omega$ として，E_2 が 0 V から 10 V まで変化すると
　　きの，R_2 を流れる電流のグラフを図 2 に描け。

SECTION 4 電流と磁界

✎ 標準問題

288 アンペールの法則

直線電流 I〔A〕がつくる磁界 H〔A/m〕は I に
垂直な平面内で，その向きは ［ ア ］ ねじの法則
に従い，半径 r〔m〕の円周上ではどこでも同じ
大きさである。このとき

(磁界の強さ)×(円周の長さ) = (円の内部の電流)

が成り立つ。これをアンペールの法則という。こ
れより

$$H \times \boxed{} = I \quad \therefore \quad H = \boxed{}$$

となる。

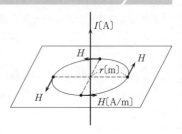

289 直線電流がつくる磁界，磁針が磁界から受ける力

地磁気の南北方向に水平に張った長い直線導線の真下
20 cm のところに，水平面内で自由に回転できる小さい磁
針が置いてある。導線に直流電流を流したところ，その
N 極が東へちょうど 45° 振れて静止した。

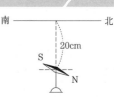

(1) 電流はどの方角からどの方角へ流れているか。

(2) 電流の大きさを変えないで，導線を真上に平行移動させたところ，磁針の振れの
角度が 30° となった。このとき，電流が磁針のところにつくる磁界の強さは地磁気
の水平分力の何倍か。$\sqrt{3} = 1.73$ として有効数字 2 桁で求めよ。

(3) また，このとき導線の平行移動の距離は何 cm か。

直線電流がつくる磁界，磁針が磁界から受ける力

まっすぐな導線を地磁気の南北方向に一致させて水平に
置き，その真下 $\sqrt{3}r$ [m] のところの点 A に小磁針を置く。
導線にある強さの電流を流したところ，磁針はある角だけ
振れて静止した。電流の大きさを変えないで，磁針を水平
に真東の方へ r [m] の点 B へ移動したところ，振れの角
が小さくなったので，電流を増してふたたび前と同じ角だ
け振れるようにした。このときの電流ははじめの電流の何
倍か。

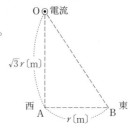

291 **平行な直線電流間にはたらく力**

真空中で 2 本の導線 P, Q を r [m] 離して平行に並べて，
同じ向きに図のように電流 I_1 [A]，I_2 [A] を流す。

(1) P に流れる電流により，Q の導線上にはいかなる向き
に磁界を生じるか。図に → で描き込め。また，その磁
界の強さはいくらか。

(2) この磁界により導線 Q の l [m] あたりの受ける力の
向きはどうか。図に⇒で描き込め。また，その力の大き
さはいくらか。真空の透磁率を μ_0 [N/A²] とする。

(3) 同様に，Q を流れる電流により，P の長さ l [m] あた
りが受ける力の向きを図に⇒で描き込み，その大きさを求めよ。

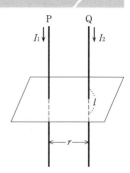

292 **長方形コイルの電流が直線電流から受ける力**

直線状導線 XY と一巻きの長方形コイル ABCD を同一平面
内に置き，それぞれ図のような向きに電流を流すとき

(1) コイルの AB，BC，CD，DA が，XY の電流により受ける
力の向きをそれぞれ図に記入せよ。

(2) また，XY の電流によりコイルが受ける力の合力の向きを
図に記入せよ。

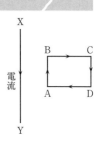

293 コの字形コイルに流れる電流が磁界から受ける力とモーメントのつりあい

質量 m〔kg〕の均一な太さの導線を，図のように，C，D で直角に折り曲げて AC＝CD＝DB＝l〔m〕とし，A，B をつるして電流を流す。いま，鉛直下向きに一様な磁界 H〔A/m〕をかけたとき，AC，BD は鉛直と θ の角をなして図のようにつりあった。真空の透磁率を μ_0〔N/A²〕，重力加速度の大きさを g〔m/s²〕とする。

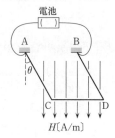

電池

H〔A/m〕

(1) 図の（　　）内に電池の記号を記入せよ。

(2) 導線 ACDB の重心は CD からいくらの距離にあるか。

(3) このとき，流れる電流の強さを I〔A〕とすれば，m，θ，I，H，l，μ_0，g の間にはどのような関係式が成り立つか。

294 コイルが磁界から受ける偶力のモーメント

縦 a〔m〕，横 b〔m〕の長方形のコイルを，その面が磁界の向きと θ の角をなすように置き，図の向きに I〔A〕の電流を流したとき，導線の受ける力の向きを図1に記入せよ。

また，磁界の強さを H〔A/m〕とするとき，コイルが受ける偶力のモーメントはいくらか。ただし，真空の透磁率を μ_0〔N/A²〕とする。

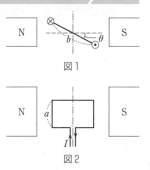

図1

図2

295 電磁力と自由電子が受けるローレンツ力との関係

紙面に垂直に，裏から表向きに磁束密度 B〔Wb/m²〕の磁界をかけ，紙面に平行に置いた断面積 S〔m²〕，長さ l〔m〕の抵抗に I〔A〕の電流を左向きに流す。このとき，抵抗が磁界から受ける力の向きは {(ア)　紙面内で／紙面に垂直に}{(イ)　上から下／下から上}向きであり，力の大きさは $F=$ ［(ウ)］〔N〕である。

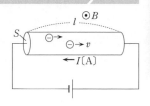

一方，抵抗には 1 m³ あたり n 個の割合で自由電子があり，これらが平均して速さ v〔m/s〕で右向きに運動しているものとし，先の F を個々の自由電子が磁界から受けるローレンツ力の和であると考えて，自由電子1個が受ける力の大きさ f を求めてみよう。

電子の電荷を $-e$〔C〕とすれば，電流の強さは，e，n，S，v を用いて $I=$ ［(エ)］〔A〕となり，これを ［(ウ)］ に代入すれば，抵抗体中の全自由電子が受けるローレン

ツ力の和は $F=$ 　オ　 〔N〕となるので，1個の自由電子については $f=$ 　カ　 〔N〕
となる。

296 磁界内の荷電粒子のらせん運動

　図に示すように，z 軸の正の方向を向く磁束密度 $\vec{B}$（大きさ $|\vec{B}|=B$）の一様な磁界
内で，電荷 $q\,(q>0)$ を帯びた質量 m の荷電粒子が z-x 面内で，z 軸の正の方向と θ
$(<90°)$ の角をなす向きに，速度 $\vec{v}$（速さ $|\vec{v}|=v$）で入射した。この点を原点 O とす
る。この粒子の運動を z 軸方向の運動と x-y 面内に射影した運動に分けて考える。

　まず，x-y 面内の運動について考える。粒子の初速度の
x 成分は $v\sin\theta$ で，y 成分は 0 である。この粒子が点 O の
位置で磁界から受けるローレンツ力の大きさは 　ア　 で，
向きは 　イ　 である。このローレンツ力は大きさが一定
であり，粒子の運動方向と常に垂直にはたらくので，粒子
はこの面内では等速円運動を行う。この円運動の軌道半径
は 　ウ　 であり，周期は 　エ　 である。

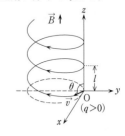

　次に，z 軸方向の運動について考える。この方向にはローレンツ力は成分をもたな
いから，粒子は z 軸の正の方向に 　オ　 運動をする。

　したがって，粒子の合成運動は，図に示すように z 軸を軸とするらせん運動となり，
1ピッチ l は 　カ　 である。

　B の向きと大きさが一定で，v の大きさも一定のときは，軸に対して小さい角で図
の向きに出た多数の粒子は，1回転した後ふたたび軸上の同一点に集まる。

297 電界と磁界から力を受けて直進する荷電粒子

　平行な2枚の偏向板 P，Q の間に，これに平行に
入ってくる陽イオンがある。イオンの入射方向を y
軸に，偏向板に垂直な方向を右図のように x 軸にと
り，z 軸は紙面に垂直に上向きとする。

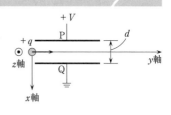

　偏向板の間隔は d〔m〕，Q に対する P の電位は
V〔V〕$(V>0)$ で，PQ 間にのみ一様な電界がある
ものとする。陽イオンの電荷を q〔C〕とすると，この中に入ってきた陽イオンは，
PQ 間の電界によって 　ア　 の向きに 　イ　 〔N〕の力を受ける。

　いま，偏向板の部分に 　ウ　 の向きに適当な強さの一様な磁界を与えて，電界に
よる力と磁界による力とを打ち消すと，イオンはそのまま直進する。このとき，与え
た磁界の磁束密度を B〔Wb/m²〕，イオンの速さを v〔m/s〕とすれば，等式 　エ　
$=qvB$ が成り立ち，これより，v の値は $v=$ 　オ　 となる。

298 ホール効果

図のように，断面が長方形で幅 d の半導体の
試料に $+x$ 方向に電界 E を，$+z$ 方向に磁束密度
B の磁界をかける。

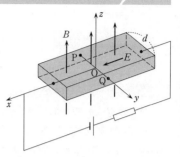

電流の担い手 (キャリア) が負電荷 (電子，電
荷 $-e$) の場合は，キャリアは $-x$ 方向に速さ v
で動き，　ア　の向きに大きさ　イ　のロー
レンツ力を受け，そのため試料の手前 Q 側に{ウ
正／負}電荷，向こう P 側に{エ　正／負}電荷が
分布し，その電荷分布が　オ　の向きに電界をつくる。この電界による力とローレ
ンツ力とがつりあったところで電流は $+x$ 方向へ流れ続ける。このとき，P は Q よ
り電位が{カ　高く／低く}，その電位差は　キ　となる。このことは，PQ 間に検
流計をつなぐことによって確かめられる。

もし，キャリアが正電荷 (ホール，電荷 e) の場合は，キャリアは　ク　の向きに
速さ v で動き，　ケ　の向きに大きさ　コ　のローレンツ力を受けて P は Q より
電位が{サ　高く／低く}なり，検流計の振れは前と逆になる。このように，電流と
磁界の両方に垂直な向きに電圧が生じる現象をホール効果という。

ホール効果を用いて個々の半導体のキャリアが正電荷 (P 型) か負電荷 (N 型) かを
判定することができる。

299 サイクロトロンの原理

磁界の中で，磁界の方向に垂直な面内で運動している
荷電粒子は円運動を行う。そのとき，磁束密度を B
$[Wb/m^2]$，粒子の電荷を $q[C]$，質量を $m[kg]$，粒子の
速さを $v[m/s]$ とすれば，粒子の円運動の半径は
$r =$ 　ア　 $[m]$，円運動の周期は q, B, m を用いて
$T =$ 　イ　 $[s]$ で与えられ，T は r と v に無関係な一定
の値となる。

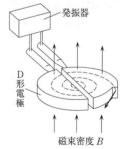

発振器

D 形
電極

磁束密度 B

いま，磁極の間の真空中に，図のような 2 つの向かい
合った D 形の中空電極を入れ，これに周波数 $f[Hz]$ の高周波電圧をかけて，電極の
正，負を交互に変化させる。　ウ　を粒子の回転の周期と等しくすると，一度電極
の間隙で加速された粒子は，半回転してふたたび加速されることになり，これを何回
も繰り返すことができる。これがサイクロトロンの原理である。

さて，周波数 $f_0[Hz]$，D 形電極内の粒子の最大軌道半径が $R[m]$ のサイクロト
ンがある。このサイクロトロンで重水素核 (質量 $M[kg]$，電荷 $e[C]$) を加速するた
めには　エ　$[Wb/m^2]$ の磁束密度を必要とする。また，出てくる重水素核のエネ

熱
力
学

波
動

電磁気

原
子

ルギーは $\boxed{オ}$ 〔J〕である。

300 　ビオ・サバールの法則

I〔A〕の電流の微小部分 Δl〔m〕から r〔m〕離れた
点の, Δl の部分による磁束密度の大きさ ΔB
〔Wb/m²〕は, Δl と r とのなす角を φ, 真空の透磁率
を μ_0〔N/A²〕として

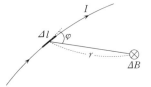

$$\Delta B = \frac{\mu_0}{4\pi} \cdot \frac{I\Delta l \sin\varphi}{r^2}$$

向きは, I の向きに右ねじを進めるとき, ねじを回す向きである。これを,
ビオ・サバールの法則という。

これを用いて, 半径 r〔m〕の 1 回巻きの円形コイルに I〔A〕の電流を
流したときの中心の磁束密度の大きさと向きを求めよ。ただし, 向きは電
流の向きに右ねじを回したとき, ねじの進む向きを正とする。

301 　電流が流れる導体棒が磁界から受ける力と重力とのつりあい

図のように, 真空中で水平方向に強さ B の磁束密度の一
様な磁界があり, 磁界に垂直に導体の枠 ABCD を固定する。
この枠に質量 m, 長さ l の導体の棒 XY を, なめらかに動く
ように接触させる。回路 XBCY に起電力 E の電池を接続し
て電流を流したとき, 棒 XY は BC から高さ a のところで静
止した。すべての導体の単位長さあたりの抵抗を r とし, 棒
XY と枠との接触点での摩擦, 電池の内部抵抗は無視できる
ものとし, さらに XBCY は長方形を保つものとし, 重力加
速度の大きさを g とする。

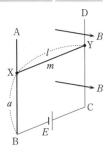

(1) この回路に流れている電流 I を E, r, a, l を用いて表せ。

(2) 棒 XY が静止している高さ a を E, r, B, l, m, g を用いて表せ。

(3) 棒 XY をつりあいの位置 a からわずかに押し下げて, 静かに放すと, XY は振動
する。その周期 T を l, a, g を用いて表せ。この場合, XY の運動によって生じる
誘導起電力は無視できるものとする。また, $|x|$ が 1 に対して十分小さいとき,

$$\frac{1}{1+x} \fallingdotseq 1-x \text{ としてよい。}$$

302 磁界内での電子のらせん運動

平行平板電極とソレノイドが並んで
置いてある。平板電極間には一様な電
界 E〔V/m〕が x 軸の負の向きに加わ
り，ソレノイド内には一様な磁束密度
B〔Wb/m²〕が z 軸の正の向きに加わ
っている。それ以外の場所では，電界

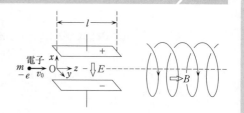

および磁界はないものとする。いま，ソレノイドの軸の延長上左方から電荷 $-e$〔C〕，
質量 m〔kg〕の電子を v_0〔m/s〕の速さで入射させるものとする。

(1) 電極板間で電子は x 方向に □ ア □ 〔m/s²〕の加速度をもつので，電極板の長さを
l〔m〕とすれば，電極板を出た直後の電子の速度 $\vec{v}$〔m/s〕の各成分の値は

$$\begin{cases} v_x = \boxed{\text{イ}} \ \text{〔m/s〕} \\ v_y = \boxed{\text{ウ}} \ \text{〔m/s〕} \\ v_z = \boxed{\text{エ}} \ \text{〔m/s〕} \end{cases}$$

となる。その後，ソレノイドに入射するまで，電子には力がはたらかない。

(2) ソレノイド内に入った電子は，磁界からローレンツ力 $F=\boxed{\text{オ}}$〔N〕を受ける。
このときの電子の軌道を x-y 平面に投影すれば，投影された電子の運動は等速円運
動になる。この円の半径は $r=\boxed{\text{カ}}$〔m〕となり，周期は $T=\boxed{\text{キ}}$〔s〕とな
る。この運動の間，電子の速度の z 成分は変化しないので，1周期後には電子は
$+z$ 方向に $\boxed{\text{ク}}$〔m〕だけ進み，その軌道は $\boxed{\text{ケ}}$ 軌道になる。

303 電界・磁界中の荷電粒子の運動と電界・磁界からされた仕事

右図において，P は正電荷 q〔C〕，質量 m〔kg〕をも
つ荷電粒子で，$x>0$ の領域には，磁束密度 B〔Wb/m²〕
の一様な磁界が紙面の表から裏向きに加えられている。
時刻 0 に原点 O から粒子 P を初速度 v_0〔m/s〕で $+x$ 方
向に打ち出す。その後の速さの x 成分が変わらず v_0 と
なるように，x 軸に平行な電界 $E(x)$ を加える。

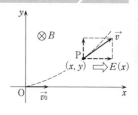

(1) P の加速度の x, y 成分は
$$a_x = \boxed{\text{ア}} \ \text{〔m/s²〕}, \quad a_y = \boxed{\text{イ}} \ \text{〔m/s²〕}$$

(2) P の時刻 t の位置は
$$x = \boxed{\text{ウ}} \ \text{〔m〕}, \quad y = \boxed{\text{エ}} \ \text{〔m〕}$$

(3) P の運動経路を表す方程式は
$$y = \boxed{\text{オ}}$$

§4 電流と磁界 **147**

(4) Pの速度のy成分をxの関数として求めると
$$v_y = \boxed{\ \textit{カ}\ } \ [\text{m/s}]$$

(5) これを用いて，電界のx成分$E[\text{N/C}]$を$x[\text{m}]$の関数として表すと
$$E(x) = \boxed{\ \textit{キ}\ } \ [\text{N/C}]$$

(6) Pが位置$(x,\ y)$にくるまでに，電界からされた仕事は$W_1 = \boxed{\ \textit{ク}\ } \ [\text{J}]$，磁界からされた仕事は$W_2 = \boxed{\ \textit{ケ}\ } \ [\text{J}]$となる。

304 磁界中での重力を受ける荷電粒子の運動

図のように，水平面上に置かれた傾き角θのなめらかな斜面台がある。台と水平にx軸，斜面下向きにy軸，斜面と垂直上向きにz軸をとる。台全体に鉛直上向きに磁束密度Bの一様な磁界がかけられている。重力加速度の大きさをgとする。

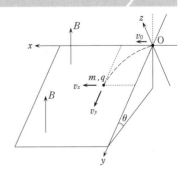

いま，原点Oから質量m，電荷$q\,(>0)$の粒子を時刻$t=0$にx軸の正方向へ速さv_0で打ち出したとする。x-y平面上で粒子が位置$(x,\ y)$に来たときの速度を$(v_x,\ v_y)$，加速度を$(a_x,\ a_y)$とする。粒子が受けるローレンツ力の向きに注意すると，運動方程式は
$$ma_x = \boxed{\ \textit{ア}\ }, \qquad ma_y = \boxed{\ \textit{イ}\ }$$
となる。よって，$v_0 = \boxed{\ \textit{ウ}\ }$ ととると，$a_y = 0$ より $v_y = 0$ となるので，$a_x = 0$ となり，$v_x = v_0$ となるから，粒子はx軸方向へ等速度運動をすることになる。

ここで，x軸方向へ $\boxed{\ \textit{ウ}\ }$ で求めたv_0で等速度運動する観測者から見たときの粒子の運動を考える。観測者から見たときの速度を$(v_x{}',\ v_y{}')$，加速度を$(a_x{}',\ a_y{}')$とすると，$v_x{}' = v_x - v_0,\ v_y{}' = v_y,\ a_x{}' = a_x,\ a_y{}' = a_y$ であるから，運動方程式は
$$ma_x{}' = \boxed{\ \textit{エ}\ }, \qquad ma_y{}' = \boxed{\ \textit{オ}\ }$$
となる。これは，x-y平面上を等速円運動する粒子の運動方程式と同じであるから，$v_x{}' = A\sin\omega t,\ v_y{}' = A\cos\omega t$ とおくと，$a_x{}' = A\omega\cos\omega t,\ a_y{}' = -A\omega\sin\omega t$ より，円運動の角速度ωを$q,\ B,\ m,\ \theta$で表すと $\omega = \boxed{\ \textit{カ}\ }$ となることがわかる。よって，$v_x{}'$の初速度を$v_0{}'$とすると（このとき$v_x = v_0 + v_0{}'$），円運動の半径rは $r = \boxed{\ \textit{キ}\ }$ となる。

以上より，粒子はx軸方向へ速さv_0の等速度運動と，速さ$v_0{}'$，半径rの等速円運動を合成した運動をすることがわかる。

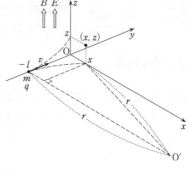

　図のように，直交座標 x, y, z をとる。$-l < y < 0$ の範囲に $+z$ 方向に磁束密度 B の磁界と電界 E を加えてある。質量 m，電荷 q（>0）の粒子が y 軸上の $-l$ の位置から $+y$ 方向に速さ v で入射する。$y = 0$ の面が蛍光面で粒子が当たると蛍光を発する。この粒子が蛍光面に当たる点の x 座標，z 座標は

$$x = \boxed{}\ \text{(ア)}, \quad z = \boxed{}\ \text{(イ)}$$

となる。したがって，v にばらつきがあれば蛍光面上に $z = \boxed{}\ \text{(ウ)}$ で表される輝線が見られる。ただし，図で $r \gg l$ とし，y 方向の速さは近似的に v とせよ。また，近似式 $(1 + \alpha)^n \doteqdot 1 + n\alpha$（$|\alpha| \ll 1$）を用いよ。

SECTION 5 電磁誘導

306 磁界を横切る導体棒に生じる誘導起電力

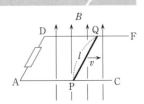

鉛直上向きの一様な磁束密度 B〔Wb/m²〕の磁界中に2本のなめらかなレール AC, DF を水平に固定し, A と D を抵抗で接続する。レールの間隔は l〔m〕で, その上に金属棒 PQ をレールに直角にのせ, 直角を保ちながら一定の速さ v〔m/s〕で右向きに引く。

時刻 $t=0$ に AP$=a$〔m〕とすれば, このときコイル APQD を貫く磁束は $\Phi_0=$ ⎕ ア ⎕ 〔Wb〕となり, 時刻 $t=\Delta t$〔s〕には $\Phi=$ ⎕ イ ⎕ 〔Wb〕となる。

時刻 t にコイルに生じる誘導起電力の大きさは, ファラデーの電磁誘導の法則より, $V=\left|\dfrac{\Delta\Phi}{\Delta t}\right|=$ ⎕ ウ ⎕ 〔V〕となり, 向きは {エ P→Q / Q→P} となる。このとき, P は Q より電位が {オ 高い/低い}。

307 磁界中で回転する導線に生じる誘導起電力

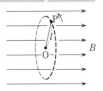

右図のような磁束密度 B〔Wb/m²〕の一様な磁界がある。長さ l〔m〕の導線 OP を, O を中心として磁界を垂直に横切るように矢印の向きに毎秒 n 回転させるとき, 導線に生じる誘導起電力の向きと大きさを求めよ。

308 導線に生じる誘導起電力を自由電子が受けるローレンツ力で説明する方法

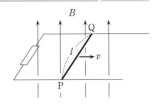

図において, 一定の速さ v で動く, 長さ l の導線 PQ 間に生じる誘導起電力を, 導線 PQ 中の自由電子(電荷 $-e$〔C〕)が磁界から受けるローレンツ力によるものとして求めてみよう。ただし, コイル面と磁界の向きは垂直である。

PQ 中の自由電子は, 磁界から PQ 方向 ⎕ ア ⎕ の向きに大きさ ⎕ イ ⎕ 〔N〕のローレンツ力を受ける。この力が, ローレンツ力に起因して PQ 中に生じた電子の偏りによって生じる電界の大きさ E〔V/m〕から受ける力

とつりあっているとみれば，$\boxed{\text{ウ}}$ の式が成り立ち，$E=\boxed{\text{エ}}$〔V/m〕が得られる。この電界の向きは $\boxed{\text{オ}}$ である。よって，PQ 間には電位差 $\boxed{\text{カ}}$〔V〕が生じ，これが起電力の大きさになる。また，起電力の向きは $\boxed{\text{キ}}$ の向きとなり，P の電位は Q より $\boxed{\text{ク}}$。

309　磁界中を動くコイルに流れる誘導電流およびコイルが受ける電磁力

1 つの平面内に，直線導線 PQ と正方形のコイル ABCD を置き，PQ には矢印の向きに一定の電流を流しておく。

コイルの辺 AB を常に PQ に平行に保ちながらコイルを PQ から遠ざけるように動かすとき

(1) コイルには
- ① 時計まわりの向きに電流が流れる。
- ② 反時計まわりの向きに電流が流れる。
- ③ 電流は流れない。

(2) コイル全体が PQ から受ける力は
- ① 引力である。
- ② 反発力である。
- ③ 0 である。

310　電池をつないで電流を流した導線の磁界中での運動

右図のような磁束密度 B〔Wb/m²〕の鉛直上向きの一様な磁界の中において，水平面上に置かれた間隔 l〔m〕の 2 本のなめらかなレールに起電力 E〔V〕(内部抵抗なし)の電池をつなぎ，レールに垂直に質量 m〔kg〕の針金 PQ を置く。回路の抵抗は R〔Ω〕のみで一定とする。

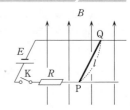

(1) スイッチ K を閉じたため，はじめ止まっていた針金が動き始めた。K を閉じた直後の針金に流れる電流は $\boxed{\text{ア}}$〔A〕となるので，針金の加速度を右向きに a〔m/s²〕とすれば，その運動方程式は $\boxed{\text{イ}}$ となる。

(2) 針金が速さ v〔m/s〕になった瞬間の誘導起電力の大きさは $\boxed{\text{ウ}}$〔V〕となるので，抵抗の両端の電圧は $\boxed{\text{エ}}$〔V〕となり，そのときの電流の強さは $\boxed{\text{オ}}$〔A〕となる。このとき，加速度を右向きに a'〔m/s²〕とすれば，運動方程式は $\boxed{\text{カ}}$ となり，a' は a より小さくなる。

(3) 十分時間がたつと，ついに一定の速さ $\boxed{\text{キ}}$〔m/s〕になる。

一定の力を加えて磁界中を動かす導線の終速度

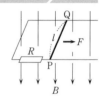

図のような磁束密度 B〔Wb/m²〕の鉛直下向きの一様な磁界の中に，間隔 l〔m〕のコの字形導線を水平に置く。その上に別の 1 本のなめらかな針金をこれらに垂直にわたして，これに右向きに一定の力 F〔N〕を加え続ける。

(1) このとき，この針金の終速度 v〔m/s〕を求めよ。ただし，回路の全抵抗 R〔Ω〕は一定とする。

(2) 針金が終速度 v に達した後は，外力の単位時間にする仕事が，抵抗で単位時間に発生するジュール熱に等しいことを導け。

312 磁界中を鉛直に落下する導線に流れる電流と終速度

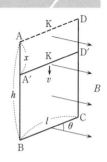

右図のように，水平方向の一様な磁界（磁束密度 B）内で，その磁界に対して角 θ $(\theta \neq 0)$ の方向に水平な長さ l のまっすぐな導線 BC を置き，その両端 B と C から，鉛直に高さ h の導線 AB および DC を立てる。それらの上端 A および D に，自由に上下に移動できるまっすぐな導線 K を接触させておく。導線 K の電気抵抗は R で，その他の導線部分の抵抗は無視できるほど小さいものとする。

この導線 K を水平に保ちながら静かに落下させる。このとき，図の A 点を原点にとり，K の落下距離 x を下向きに測る。いま，K が x だけ落下した瞬間の時刻 t における落下速度を v とする。このとき，図の閉回路 A′BCD′ を貫く磁束 Φ は ［ ㋐ ］であり，その閉回路内に生じる起電力 V の大きさは ［ ㋑ ］で与えられる。したがって，この回路の電流の強さ I は ［ ㋒ ］である。

導線 K の質量を m，重力加速度を g，加速度を a とすると，その時刻 t における K の運動方程式は ［ ㋓ ］と表される。したがって，K の速さ v が ［ ㋔ ］に達したとき，K はその速さを一定に保ちながら落下を続けることになる。

313 磁界中で傾いたレール上をすべり下りる金属棒に流れる電流と終速度

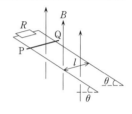

鉛直上向きの磁束密度 B〔Wb/m²〕の一様な磁界の中で，l〔m〕の間隔で平行に並べられたレールを図のように水平面から角 θ 傾けて置き，レールの一端を R〔Ω〕の抵抗で結ぶ。このレール上に，これに直角に質量 m〔kg〕の金属棒 PQ をわたし，静かに手を離すとき，棒 PQ の終速度 v〔m/s〕を求めよ。ただし，レールと棒の間の摩擦はなく，また，レールの抵抗も無視できるものとし，重力加速度の大きさを g〔m/s²〕とする。

このときの電流を I〔A〕($I > 0$) として，終速度のときの重力の仕事率と抵抗での消費電力との関係式を示せ。

314 ▶ 金属レール上を移動する2本の金属棒による電磁誘導

図のように，十分長い2本の金属レールを l だけ離して水平面上に置き，鉛直上向きに磁束密度 B の磁界をかける。L_1，L_2 は質量 m_1，m_2 の金属棒で，電気抵抗はどちらも R である。

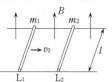

いま，L_1，L_2 をレールに直角に置き，L_1 に右向きの速さ v_0 の初速度を与えたところ，L_1，L_2 はともに右へ動いた。L_1 と L_2 が接触することはなく，L_1，L_2 以外の電気抵抗は無視できるものとする。また，レールや L_1，L_2 に流れる電流がつくる磁界も無視する。

L_1 が動き始めてからしばらくすると，L_1，L_2 の右向きの速さが v_1，v_2 になった。このとき，L_1，L_2 に流れる電流の大きさは $I =$ 〔 ア 〕となる。ただし，$v_1 > v_2$ とする。このとき，L_1，L_2 が磁界から受ける力 F_1，F_2 は，右向きを正として F_1 = 〔 イ 〕，$F_2 =$ 〔 ウ 〕となる。十分時間がたつと F_1，F_2 は0となる。このとき，L_1，L_2 の速度は等しくなるので，v とおくと，$v =$ 〔 エ 〕となる。

いま，ある時刻 t において L_2 に流れる電流を i とすると，微小時間 Δt の間に L_2 のある断面を通過する電気量 ΔQ は，$\Delta Q =$ 〔 オ 〕，また，この間の L_2 の運動量変化 ΔP は，L_2 にはたらく力を考慮すると，$\Delta P =$ 〔 カ 〕となる。よって，$\dfrac{\Delta P}{\Delta Q}$ = 〔 キ 〕となり，時間によらず一定となる。このことから，L_2 が動き出して十分時間がたったときまでに L_2 のある断面を通過した電気量 Q は，$Q =$ 〔 ク 〕となることがわかる。

315 ▶ 磁界中を回転する導体に生じる誘導起電力を利用した直流発電機

太い銅の棒でつくった半径 l〔m〕の円輪の中心 O から，OP_1，OP_2，OP_3，OP_4 の4本の針金を円周にわたし，円輪を水平に保ち，O を通り鉛直な別の針金 XY に接触させる。

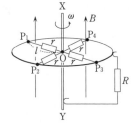

一方，軸 XY と円輪との間に R〔Ω〕の抵抗を接続し，鉛直上方に B〔Wb/m²〕の磁束密度をもつ一様な磁界をかける。

XY を軸として図の向きに一定の角速度 ω〔rad/s〕で円輪を回して，発電機として使用するとき，次の問に答えよ。

(1) OP_1 に発生する誘導起電力の向きは $\{(\mathcal{P})\quad O\to P_1 / P_1\to O\}$ の向きで，その大きさは $\boxed{\quad(\mathcal{A})\quad}$ 〔V〕である。

(2) この発電機の全起電力は $\boxed{\quad(\mathcal{D})\quad}$ 〔V〕となり，抵抗 R〔Ω〕を流れる電流は $\boxed{\quad(\mathcal{I})\quad}$ 〔A〕である。ただし，OP_1, OP_2, OP_3, OP_4 の針金のそれぞれの抵抗値を r〔Ω〕とする。

(3) このような発電を続けるためには，外から毎秒 $\boxed{\quad(\mathcal{T})\quad}$ 〔J〕のエネルギーを与え続けなければならない。したがって，円輪に対して接線方向に $\boxed{\quad(\mathcal{D})\quad}$ 〔N〕の力を加え続けなければならない。

---

316 うず電流の向きの求め方

鉛直な軸のまわりに回転できる銅板と，これをはさむように置いたU字形磁石とがある。図1は磁石を固定して，銅板を矢印の向きに回したとき，図2は銅板を固定して磁石を矢印の向きに回したときを示す。うず電流の向きをそれぞれ図中に記入せよ。

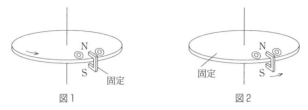

図1　　　　　　　　　　図2

---

317 コイルを含む直流回路に流れる電流の時間変化とコイルの自己誘導

図1の回路でL, R, Eはそれぞれ自己インダクタンス L〔H〕のコイル，抵抗値 R〔Ω〕の抵抗，および起電力 E〔V〕（内部抵抗0）の電池で，Sは切り換えスイッチである。コイルに流れる電流 i〔A〕が Δt〔s〕間に Δi〔A〕変化するとき，コイルに生じる誘導起電力 V〔V〕は

$$V = -L\frac{\Delta i}{\Delta t}$$

で表される。

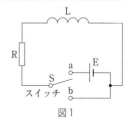

図1

図2は，$t=0$ にSをa側に接続し，十分時間がたった後にb側に接続したときの t と i のグラフである（ただし，Sを瞬時に切り換えるものとする）。

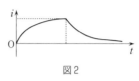

図2

(1) Sをa側に入れ，電流が変化しているときのキルヒホッフの第2法則を表す式を示せ。

(2) 十分時間がたった後，Sをb側に入れた後のキルヒホッフの第2法則を表す式を示せ。

318　コイルの相互誘導

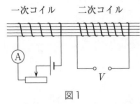

図1

一次コイル　二次コイル

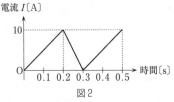

図2

電流 I〔A〕

時間〔s〕

図1のように一次コイルと二次コイルを同一の鉄心に巻き，一次コイルの電流が図2のように変化したとき，二次コイルに生じる誘導起電力を図3に記入せよ。

ただし，両コイルの相互インダクタンスを0.01Hとし，二次コイルに右向きの磁束をつくるような起電力を正とせよ。

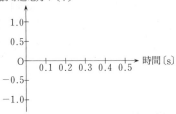

誘導起電力 V〔V〕

時間〔s〕

図3

319　ソレノイドの自己インダクタンスと相互インダクタンス

全巻数 N_1，断面積 A_1，長さ l のソレノイドPの狭い隙間に，巻数 N_2，断面積 A_2 のコイルSが，図のように入れてあり，これらは透磁率 μ の空気

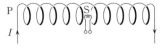

中に置いてある。ただし，ソレノイドPの長さはその半径に比べて十分長く，また $A_1 \gg A_2$ で，かつソレノイドPとコイルSの軸は一致させてあるものとする。以下の問に答えよ。

(1)　ソレノイドPに一定の電流 I を流したとき，Pの内部の磁束密度はいくらか。

(2)　ソレノイドPの電流を時間 Δt の間に I から ΔI だけ増加させた。このとき，Pの両端に生じる誘導起電力の大きさを求めよ。

(3)　ソレノイドPの自己インダクタンス L はどれだけか。

(4)　(2)の変化の際，コイルSに誘起される起電力の大きさはいくらか。

(5)　PとSとの相互インダクタンス M はどれだけか。

図において，Ｅは電池，ABは軟鉄棒に絶縁した銅線を巻いたコイル，Ｌは天井から長い糸でつるした銅の環で，その軸を鉄心の軸に一致させておく。

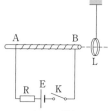

いま，スイッチＫを閉じると，コイルABに流れる電流はしだいに増加するので，Ｌを貫く磁束が変化して，Ｌには誘導電流が流れる。この向きを図に記入せよ。この電流とABに流れる電流とは{(ア)　同回転／逆回転}の電流となるので，Ｌは AB {(イ)　に吸引される／から反発される}。

次に，Ｋを開いたときも同様に考えると，Ｌは AB {(ウ)　に吸引される／から反発される}。

💡 発展問題

紙面に垂直に表から裏に向かう磁束密度 B の一様な磁界中で，長さ l のまっすぐな針金 OP を，Ｏを中心軸として紙面内で角速度 ω で図の向きに回転させる。このとき，針金に生じる誘導起電力の大きさと向きを，針金中の自由電子にはたらくローレンツ力から求めよう。電子の電荷を $-e$ とする。

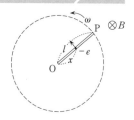

Ｏから x の点にある自由電子は，針金とともに運動するので，その速さは ⬚(ア) となり，磁界から受けるローレンツ力は ⬚(イ) の向きで大きさは ⬚(ウ) となる。この力が，移動した自由電子が針金中につくる電界（その大きさを E とする）から受ける力とつりあうとみれば，$E =$ ⬚(エ) となる。したがって，OP 間の全電位差は $V = \int_0^l E dx =$ ⬚(オ) となり，この値と同じ大きさの起電力を生じたことになる。また，起電力の向きは ⬚(カ) の向きであり，Ｏ点の電位はＰ点の電位より ⬚(キ) い。

図１のように，負電荷 $-Q$〔C〕$(Q>0)$ に帯電した質量 m〔kg〕の小球Ｐが細い棒の先に固定され，支点Ｏを中心として半径 r〔m〕，速さ v_0〔m/s〕で点線で示した矢印の方向に等速円運動をしている。棒は導電性がなく，その質量は無視できる。また，重力の影響はないものとする。

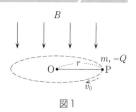

図1

いま，図1の実線で示した矢印の向きに円軌道面に垂直に磁場をかける。磁束密度を図2に示すように時刻 $t=0$ 〔s〕より一様かつ均一に増加し，時刻 $t=t_1$ 〔s〕に B_0 〔Wb/m^2=T〕とし，その後はそのまま B_0 に保った。

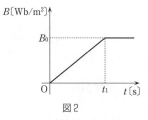

図2

(1) 磁界が時間的に変化するとき，回路がなくても，電磁誘導による電界が空間に生じる。いま，小球の運動する空間に沿って閉回路を考えると，この閉回路を貫く磁束の変化により円周に沿って一定の電界が生じ，閉回路に誘導起電力が発生する。この電界の大きさ E〔V/m〕はいくらか。

(2) 時刻 t_1〔s〕における小球の速さ v_1〔m/s〕はいくらか。

(3) 時刻 0s および時刻 t_1〔s〕における棒の張力 T_0〔N〕，T_1〔N〕を求めよ。解答には v_1 を用いてよい。

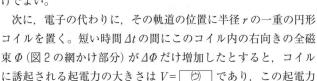

323 ベータトロンで電子を加速するための条件

ベータトロンは誘導起電力を利用して電子を加速する装置であるが，電子のエネルギーが変化しても，その軌道半径 r が一定となるように設計されている。

速さ v，質量 m，電荷 $-e$ $(e>0)$ の電子の運動方向を x-z 平面内にとり，それに直角にかけた磁束密度 B の磁界の方向を y 軸にとる。電子が O を中心として，半径 r の等速円運動を行うためには $evB=$ 〔 ア 〕 が成り立たなければならない。これより，電子の運動量 $p=mv=$ 〔 イ 〕 が得られる。B を与える範囲は，この電子の軌道付近のドーナツ状の部分（図1の網かけ部分）だけでよい。

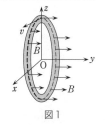

図1

次に，電子の代わりに，その軌道の位置に半径 r の一重の円形コイルを置く。短い時間 Δt の間にこのコイル内の右向きの全磁束 Φ（図2の網かけ部分）が $\Delta\Phi$ だけ増加したとすると，コイルに誘起される起電力の大きさは $V=$ 〔 ウ 〕 であり，この起電力により，コイルに強さ $E=$ 〔 エ 〕 の電界が生じる。ベータトロンでは実際にはコイルはないが，電子はこの電界によって加速される。Δt 間の電子の運動量の増加分を Δp とすると，$\Delta p=$ 〔 オ 〕 で与えられる。$\Phi=0$ のときの運動量を $p=0$ とすると，p と Φ との間には $p=$ 〔 カ 〕 の関係が成立する。

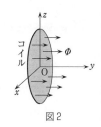

図2

(イ)と(カ)より，$\Phi=$ 〔 キ 〕 の関係を保ちながら B と Φ を変化させれば，コイルがなくても軌道半径 r を一定に保ちながら電子を加速することができる。

SECTION 6 交流と電磁波

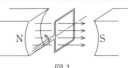

🏠 **標準問題**

324 交流発電機の原理

面積 S 〔m²〕の n 回巻きコイルを磁束密度 B 〔Wb/m²〕
の一様な磁界中で図1の向きに角速度 ω 〔rad/s〕で回す。
図2は手前から見たこれらの鉛直断面を示す。図2で時
刻0に AB にあったコイルが時刻 t 〔s〕に A'B' にきた
ものとする。

図1

(1) 時刻0にコイルを貫く磁束 Φ_0 〔Wb〕はいくらか。
(2) 時刻 t 〔s〕にコイルを貫く磁束 Φ 〔Wb〕はいくらか。
(3) ファラデーの電磁誘導の法則によると，コイルに生

じる誘導起電力は $V = -n\dfrac{d\Phi}{dt}$ で与えられる。時刻 t

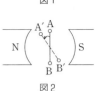

図2

〔s〕における誘導起電力 V 〔V〕はどうなるか。必要なら $\dfrac{d(\cos\omega t)}{dt} = -\omega\sin\omega t$

を用いよ。
(4) 起電力の最大値 V_0 〔V〕はいくらか。

325 磁界中を回転するコイルに生じる誘導起電力の実効値

長さ l 〔m〕の絶縁導線を n 回に巻いて，束にした円形コ
イルがある。磁束密度 B 〔Wb/m²〕の一様な磁界の中で，磁
界に垂直な直径を軸として，角速度 ω 〔rad/s〕で回転させる
とき，誘導起電力の実効値はいくらか。必要なら $\dfrac{d(\cos\omega t)}{dt}$

$= -\omega\sin\omega t$ を用いよ。実効値は最大値（振幅）の $\dfrac{1}{\sqrt{2}}$ で定

義される。

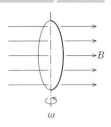

326 抵抗に流れる交流電流と消費電力

電源電圧 $v = v_0 \sin \omega t$ の交流回路に抵抗値 R の抵抗のみ入った回路の電流を i とする（図1，図2）。

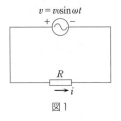

図1

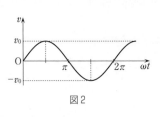

図2

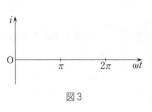

図3

(1) 各瞬間にキルヒホッフの第2法則が成り立つので，$i = \boxed{\text{ア}}$ となる。

(2) i と ωt との関係を図3に記入せよ。

(3) 抵抗に流れる電流は，抵抗の両端の電圧と位相が $\boxed{\text{イ}}$ 。

(4) 電流の最大値は $i_0 = \boxed{\text{ウ}}$ となるから，電流，電圧の実効値を I_e，V_e とすれば，$I_e = \dfrac{\boxed{\text{エ}}}{R}$ となる。

(5) また，このとき抵抗での平均消費電力は V_e，I_e を用いて $\overline{P} = \boxed{\text{オ}}$ と表される。

327 コンデンサーに流れる交流電流と消費電力

電源電圧 $v = v_0 \sin \omega t$ の交流回路に電気容量 C のコンデンサーのみ入っているときの電流を i とし，コンデンサーの電荷を $+q$，$-q$ とする（図1，図2）。

(1) 電源電圧に応じて q は変化するので，$q = \boxed{\text{ア}} \sin \omega t$ となる。

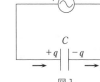

図1

(2) 回路の電流は電荷 q の時間的変化によって生じるので，$i = \dfrac{dq}{dt}$ となる。したがって，$i = \omega C v_0 \boxed{\text{イ}}$ となる。必要なら $\dfrac{d(\sin \omega t)}{dt} = \omega \cos \omega t$ を用いよ。

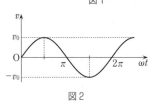

図2

(3) i と ωt との関係を図3に記入せよ。

(4) これより，コンデンサーに流れ込む電流は，コンデンサーの両端の電圧より $\boxed{\text{ウ}}$ だけ位相が進んでいることがわかる（グラフでは t の負方向へずれる）。

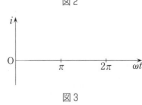

図3

(5) 電流の最大値 i_0 は ω，C を用いて $i_0 = \dfrac{v_0}{\boxed{\text{エ}}}$ と

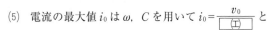

なるから，電流，電圧の実効値を I_e，V_e とすれば $I_e = \dfrac{V_e}{\boxed{オ}}$ となる。この分母をコンデンサーの $\boxed{カ}$ といい，単位は $\boxed{キ}$ である。

(6) このとき，コンデンサーの平均消費電力は $\overline{P} = \boxed{ク}$ である。

328 コイルに流れる交流電流と消費電力

電源電圧 $v = v_0 \sin\omega t$ の交流回路に自己インダクタンス L のコイルのみ入った回路の電流を i とする（コイルの直流抵抗 $R = 0$）（図1，図2）。

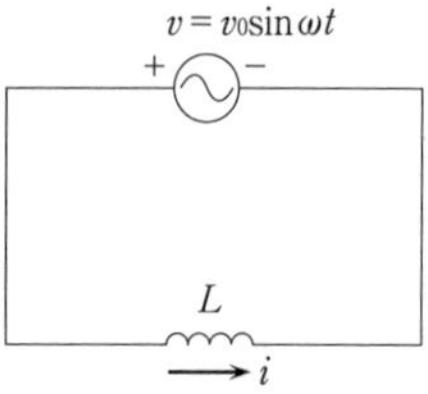

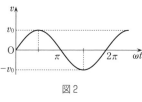

図1

(1) コイルに流れる電流の時間変化が $\dfrac{di}{dt}$ のとき，コイルに生じる誘導起電力は $-L\dfrac{di}{dt}$ となるので，キルヒホッフの第2法則は

$$v_0 \sin\omega t - L\frac{di}{dt} = Ri = 0 \quad (R = 0)$$

となる。これより

$$\frac{di}{dt} = \boxed{ア}$$

よって

$$i = \boxed{イ} + C \quad (C：積分定数)$$

ここで，$\displaystyle\int \sin\omega t\,dt = -\frac{1}{\omega}\cos\omega t + C \quad (C：定数)$

を用いた。

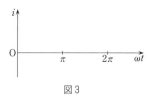

図2

図3

C は回路に一定の電流が流れていることを示すが，実際には導線によるわずかな抵抗のため減衰して0になるので，交流回路では考えなくてよい。

よって　$i = \boxed{イ}$

(2) i と ωt との関係を図3に記入せよ。

(3) これより，コイルに流れる電流は，コイルの両端の電圧より $\boxed{ウ}$ だけ位相が遅れていることがわかる（グラフでは t の正方向へずれる）。

(4) 電流の最大値 i_0 は ω，L，v_0 を用いて表せば，$i_0 = \boxed{エ}$ となるから，電流，電圧の実効値を I_e，V_e とすれば $I_e = \dfrac{V_e}{\boxed{オ}}$ となる。この分母をコイルの $\boxed{カ}$ といい，単位は $\boxed{キ}$ である。

(5) このコイルの平均消費電力は $\boxed{ク}$ である。

自己インダクタンス L のコイルと抵抗値 R の抵抗とを直列につないで交流電源に接続する（図1）。流れる電流 i を $i = i_0 \sin \omega t$ として（図2），電源電圧 v を求めたい。

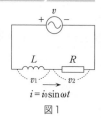

図1

(1) キルヒホッフの第2法則より，$v - L \dfrac{di}{dt} = Ri$ となるが，移項して

$$v = L \frac{di}{dt} + Ri = v_1 + v_2$$

とおくと，v_1, v_2 はコイルと抵抗での電圧降下となる。

$i = i_0 \sin \omega t$ であるから，$\dfrac{d(\sin \omega t)}{dt} = \omega \cos \omega t$ を用いると

$$v_1 = L \frac{di}{dt} = \boxed{}$$

$$v_2 = Ri = \boxed{}$$

図2

(2) $a \sin \omega t + b \cos \omega t = \sqrt{a^2 + b^2} \sin(\omega t + \alpha)$,

$\tan \alpha = \dfrac{b}{a}$ を用いると

$$v = v_1 + v_2 = \boxed{\phantom{(\dot{\gamma})}} \sin(\omega t + \alpha)$$

ただし $\tan \alpha = \dfrac{\omega L}{R}$

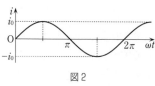

図3

図4

(3) v_1, v_2, v のグラフを図3，図4，図5にそれぞれ記入せよ。

(4) この回路での消費電力の実効値 P_e は $\boxed{}$ となる。

図5

時刻を t〔s〕として，自己インダクタンス L〔H〕のコイルに振幅 V_0〔V〕，角周波数 ω〔rad/s〕の交流電圧 $V = V_0 \sin \omega t$〔V〕をかけるとき，コイルに流れる電流 I_L〔A〕は，コイルの誘導リアクタンスが $\boxed{}$〔Ω〕，電流の位相が電圧より $\boxed{}$ だけ $\boxed{\phantom{(\dot{\gamma})}}$ ので，$I_L = \boxed{}$〔A〕となる。これをベクトル図で表すと，図1のようになる。

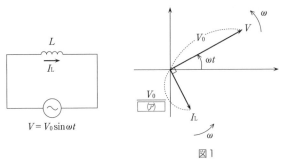

図1

電気容量 C〔F〕のコンデンサーに同じ交流電流をかけるとき，コンデンサーに流れる電流 I_C〔A〕は，コンデンサーの容量リアクタンスが ⎡オ⎤〔Ω〕，電流の位相が電圧より ⎡カ⎤ だけ ⎡キ⎤ ので，$I_C=$ ⎡ク⎤〔A〕となる。これをベクトル図で表すと，図2のようになる。

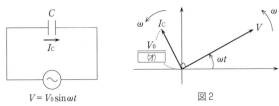

図2

331　RLC 直列交流回路

抵抗値 R の抵抗，自己インダクタンス L のコイル，電気容量 C のコンデンサーを直列につないで交流電源に接続する。流れる電流を $i=i_0\sin\omega t$ として，電源電圧 v を求める（図1）。

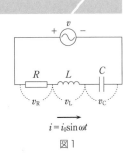

$i=i_0\sin\omega t$

図1

それぞれの電圧を v_R, v_L, v_C とすれば

$v=v_R+v_L+v_C$

$=i_0R\sin\omega t+i_0\omega L\sin\left(\omega t+\dfrac{\pi}{2}\right)+i_0\dfrac{1}{\omega C}\sin\left(\omega t-\dfrac{\pi}{2}\right)$

$=i_0\sqrt{R^2+\left(\omega L-\dfrac{1}{\omega C}\right)^2}\sin(\omega t+\alpha)$　（図2）

$\tan\alpha=\dfrac{\omega L-\dfrac{1}{\omega C}}{R}$

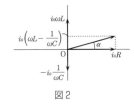

図2

（α は電流に対する電源電圧の位相の進み）

となる。

これより，電圧の最大値は $v_0=$ ⎡ア⎤ となるので，$i_0=$ ⎡イ⎤ となり，電流，電

圧の実効値 I_e, V_e を用いると $I_e=$ □ウ□ を得ることができる。分母の $Z=$ □エ□ を R, ωL, $\dfrac{1}{\omega C}$ の直列の合成インピーダンスという。この回路での消費電力は I_e, R を用いると $P_e=$ □オ□ と表される。

V_e, R, L, C がそれぞれ一定で，角周波数 ω が変化するとき，I_e は $\omega L-\dfrac{1}{\omega C}=0$ を満たす $\omega=\omega_0$ のときに最大となる（図3）。

これより $\omega_0=$ □カ□ が得られ，周波数を f_0 とすれば

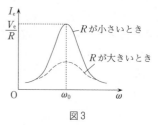
図3

$$f_0=\frac{\omega_0}{2\pi}= \boxed{}$$

となる。この f_0 を共振周波数という。

---

332 ▶ RLC 直列交流回路の電圧の実効値の計算

自己インダクタンスのみをもつコイル L と，コンデンサー C と抵抗 R とを直列につなぎ，その両端を実効値 100 V の交流電源につなぐとき，L, C, R のそれぞれの両端の電圧の実効値 V_1, V_2, V_3 を求めよ。ただし，この交流の周波数に対して，L の誘導リアクタンスは $500\,\Omega$，C の容量リアクタンスは $200\,\Omega$，また，R のオーム抵抗は $400\,\Omega$ である。

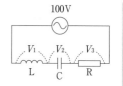

---

333 ▶ 交流の電力輸送

発電所から P_1〔W〕の電力を送り出したが，途中送電線でジュール熱として電力を失い，消費地には P_2〔W〕しかとどかなかった。電流の強さを I〔A〕，導線の全抵抗を R〔Ω〕とすれば，$P_1-P_2=$ □ア□ となる。R は経済上これより小さくできないとき，熱損失を少なくするためには □イ□ を小さくしなければならない。同じ P_1〔W〕の電力を送って，このようにするためには □ウ□ を高くしなければならない。また，発電所の送電電圧を V_1〔V〕，消費地の受電電圧を V_2〔V〕とするとき，P_1-P_2 を R, V_1, V_2 で表すと □エ□ ともなる。同じ電力を送るとき，送電電圧を 2 倍にすると，途中の熱損失はもとの □オ□ 倍になる。

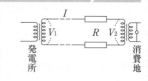

磁場が変化すると [ア] の法則により電場が生じる。マックスウェルは電場が変化しても磁場が生じると考え、電場と磁場が互いに相手をつくりながら伝わる波ができると予測した。この波を電磁波という。電磁波は振動方向と進行方向が垂直な [イ] 波で、伝わる速さは光速度に等しいと予測された。このことから、光（可視光線）は電磁波の仲間であることがわかった。

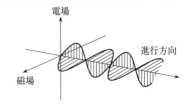

問　次の電磁波を波長が長い順に並べよ。

　　X線　　電波　　紫外線　　赤外線　　可視光　　マイクロ波

発展問題

335 ばね振り子の単振動と LC 回路の電気振動との類似性

なめらかな水平面上で、ばね定数 k の軽いばねの先に質量 m の小さいおもりをつけ、他端を水平面上に固定する（図1）。おもりを右方へある距離だけ引いて静かに手を離すと、おもりにはたらく外力が 0 になっても、おもりの慣性のために運動を続けて振動となる。平衡点 O からのおもりの変位が x のときのおもりの速度を図の向きに v とすれば、$v = \dfrac{dx}{dt}$ となり、おもりの運動方程式は $m \dfrac{d^2x}{dt^2}$

図1

$= -kx$ となるので、$\dfrac{d^2x}{dt^2} = -\dfrac{k}{m}x$ となる。$\dfrac{k}{m}$ は正の定数であるから、この運動は単振動となり、角振動数 $\omega = \sqrt{\dfrac{k}{m}}$、振動数 $f = \dfrac{1}{2\pi}\sqrt{\dfrac{k}{m}}$ となる。

次に、電気容量 C のコンデンサーと自己インダクタンス L のコイルを抵抗の小さい導線とスイッチ K でつなぐ（図2）。はじめ、K を開いておいてコンデンサーの上下の極板に +，− の電荷を蓄えてから K を閉じると、コイルの両端の電圧が 0 になっても、コイルの自己インダクタンスのため電流は流れ続けて振動電流となる。

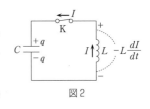

図2

コンデンサーの上下の極板の電荷が +q，−q のとき、電流を図の向きに I とすれば、$I = $ [ア] となり、キルヒホッフの第2法則は $L\dfrac{dI}{dt} = $ [イ] q となるので、$\dfrac{d^2q}{dt^2} = $

$\boxed{\;ウ\;}q$ である。この式も前の単振動と同じ形であるから，角周波数は $\omega = \boxed{\;エ\;}$，周波数は $f = \boxed{\;オ\;}$ となる。この f を固有周波数といい，共振周波数と同じ値である。

336 ▶ RL 直列交流回路

図1のように，抵抗RとコイルLとを直列につなぎ，その両端に交流電圧 V を加えたところ，V と回路を流れる電流 I とは，図2に示すようになった。ただし，回路の直流抵抗はRだけを考えればよいものとする。電圧の最大値 $V_0 = 141 = 100\sqrt{2}$ V，電流の最大値 $I_0 = 2.83 = 2\sqrt{2}$ A とみてよい。

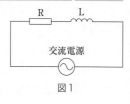

図1

(1) 交流電圧の周波数は何 Hz か。
(2) 交流電圧の実効値は何 V か。
(3) 電圧に対して電流の位相はどうなっているか。
(4) 抵抗値 R は何 Ω か。
(5) コイルの自己インダクタンス L は何 H か。
(6) この回路の消費電力の実効値 P_e は何 W か。

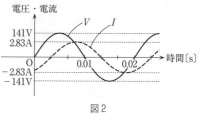

図2

337 ▶ RL，RC 直列交流回路

ある交流電源に誘導リアクタンス $\omega L = 3\,\Omega$ のコイル，容量リアクタンス $\dfrac{1}{\omega C} = 4\,\Omega$ のコンデンサー，$R = 4\,\Omega$ の抵抗およびスイッチSを右図のように配線する。

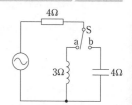

(1) スイッチSをa側につなぐと $\sqrt{2}$ A の電流が流れた。電源電圧は何 V か。
(2) Sをb側に切り換えたときの電流の強さは何Aか。

図のように電気容量 C_1, C_2 のコンデンサー C_1, C_2, 自己インダクタンス L のコイル L, およびスイッチ K よりなる回路がある。K を閉じる前の C_1 および C_2 の電圧は図のように V_0 および 0 である。K を閉じた時刻を $t=0$ とする。この瞬間より C_1, C_2, L で形成される共振回路に電気振動が発生する。

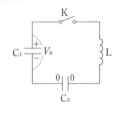

L を流れる電流の初期値は ア であるが、振動の周期を T とすれば、L を流れる電流の絶対値が最初に最大値 I_m になる時刻は $t_1 =$ イ であり、このときの C_1, C_2 の極板間電圧の絶対値はそれぞれ ウ および エ となる。また、I_m の値は オ となる。さらに、時間がたって C_2 の極板間電圧の絶対値が最大となる時刻は $t_2 =$ カ であり、このとき、L を流れる電流は キ となり、C_1 の極板間電圧の絶対値は ク となる。

自己インダクタンス L〔H〕のコイル、電気容量 C〔F〕のコンデンサー、抵抗値 R〔Ω〕の抵抗を図のように接続し、$v = v_0 \sin(2\pi f t)$〔V〕の交流電圧を加えた（f〔Hz〕は周波数、t〔s〕は時間）。

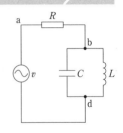

電源の周波数 f を 0 からしだいに増していくと、f が f_0 のときに R を流れる電流が 0 となった。

(1)　ab 間の電圧の実効値はいくらか。

(2)　コンデンサーに流れる電流の瞬間値 i_C はどのように表されるか。

(3)　コイルに流れる電流の瞬間値 i_L はどのように表されるか。

(4)　これらより、bd 間を流れる電流はどう表されるか。

(5)　LC 回路の共振周波数 f_0 を求めよ。

このような回路に生じる共振を並列共振という。

第 5 章

原　子

🔧 **標準問題**

340 電子ボルト

真空中で 1 個の電子を 1 V の電位差で加速するとき,電子の得るエネルギーを 1 eV (電子ボルト) という。

(1) 電子の電荷を $-e = -1.6 \times 10^{-19}$ C とすると,1 eV は何 J か。

(2) 電子を電位差 1000 V で加速するとき得られるエネルギーは何 eV か。

(3) α 粒子 (He の原子核) を 1000 V で加速するとき,得られるエネルギーは何 eV か。α 粒子のもつ電荷は $+2e$ [C] である。

341 光電効果

図 1 に光電管を含む回路を示す。光電管は透明な真空容器に陽極 P と陰極 C を封入したものである。

図 2 は,陰極 C に振動数一定の光を当て,陰極 C に対する陽極 P の電位 V [V] を変えていったときの電位 V [V] と光電流 I [A] の間の関係を示す。

(1) 図 2 からわかるように,振動数 ν [Hz] が一定の光を当てながら P の電位を下げていくとき,光の強さに関係なく,P の電位が $-V_0$ [V] のとき,光電流 I が 0 になる。これより,C から飛び出す電子の運動エネルギーの最大値は $K_{max} = \boxed{\quad ⑦ \quad}$ [eV] であることがわかる。

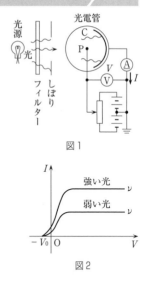

図 1

図 2

図 3 は,振動数 ν_1 [Hz] または ν_2 [Hz] の光を C に当てながら P の電位を下げていったときの V と I の関係を示したものである。

図 4 は,いろいろな振動数 ν [Hz] の光を Zn と Na に当てたときの ν [Hz] と K_{max} [eV] の関係をグラフに示したものである。

(2) 図 3,図 4 に示された結果は光を波動と考えたのでは説明できない。その理由は

(a) 光電子の飛び出す最大のエネルギーは,当てる光の振動数 ν だけで決まり,光の $\boxed{\quad ⑦ \quad}$ によらない。

(b) 電子が金属外に飛び出すためには $\nu > \nu_0$ (限界振動数) でなければならず，ν_0 は金属 {(ウ) によらず一定である／により異なる}。

(c) 2つの直線は互いに平行であり，傾きを h とすれば，h は金属によらない定数となり

$$K_{\max} = h \boxed{(エ)}$$

(3) 以上(a), (b), (c)は光を波動と考えたのでは説明がつかない。1905年アインシュタインは光量子仮説によって光電効果の理論的説明を与えた。

振動数 ν の光はエネルギー $\boxed{(オ)}$ (h：プランク定数) をもつ粒 (光子) の集合で，金属に入射する光の強弱は，当たる光子の $\boxed{(カ)}$ の多少である。光電効果は金属内の電子1個が光子1個からエネルギーを得て飛び出す現象であり，そのとき金属から電子を取り出すために金属ごとに決まった最小の仕事 W_0 ($=h\nu_0$) のエネルギーが必要であり，残りのエネルギーで表面から飛び出す。この W_0 を金属の $\boxed{(キ)}$ という。

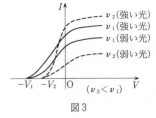

図3

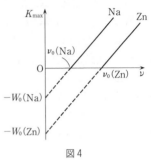

図4

発展問題

342 波長が異なる光による光電効果

図1でA, Bは真空中に封入された白金の電極を表す。その両極間の電位差 $V = V_B - V_A$ の値は，可変抵抗Rによって変えられ，また符号は切り換えスイッチSによって変えられる。Gは微小電流を測る鋭敏な電流計である。Bにあけられた窓を通してAに，波長 $\lambda_1 = 2083 \times 10^{-10}$ m の光，ついで $\lambda_2 = 2500 \times 10^{-10}$ m の光を当て，それぞれの

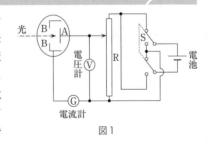

図1

場合に V を変えてGを通る電流 i を測定したところ，図2のような結果を得た。また，V を正の一定の値に保ち，光の強さを変えて電流 i と光の強さとの関係を調べたところ，図3のような結果を得た。以上の実験は次のように説明される。

白金電極A内の電子は，当てられた光のエネルギーを吸収して $\boxed{(ア)}$ として外に飛び出すことができる。図2で $V > 0$ であれば，電子は電極AからBまでの間で

{(イ) 加速／減速} されるから，すべての電子がB
に到達し，V の値に {(ウ) 比例する／よらない／反
比例する} 電流（飽和電流）が得られる。また，図
3の結果は，飽和電流の値が光の強さに {(エ) 比例
する／よらない／反比例する} ことを示している。
他方，$V<0$ であれば，電子は電極AからBまで
の間で {(オ) 加速／減速} されるから，絶対値 $|V|$
の増大とともに電流は {(カ) 増加／減少} する。そ
してある電位差 $V=V_1$（波長 λ_1 の光の場合）または
$V=V_2$（波長 λ_2 の光の場合）で0になる。図2に見
られるように $|V_1|>|V_2|$ であることは，光の波長
が短くなるとともに [(キ)] がAを出るときにも
っている運動エネルギーの最大値が {(ク) 増大／減
少} することを意味している。

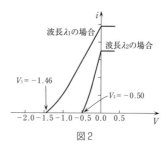

図2

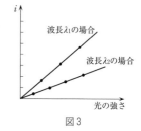

図3

　これらの事実は，光が振動数 ν に比例するエネ
ルギー $h\nu$ をもつ粒，すなわち光子として金属の中の一つの電子と衝突し，その際，
電子が光子のエネルギーを受けとって外に飛び出すと考えれば理解される。このよう
な電子の個数は光子の [(ケ)] に比例し，光子の [(ケ)] は光の強さに {(コ) 比例す
る／よらない／反比例する} から，飽和電流は当然光の強さに {(コ) 比例する／よら
ない／反比例する}。また，光子のエネルギー E と振動数 ν との間の比例定数 h の値
は，次の関係式によって計算される。

$$h(\nu_1-\nu_2)=e(|V_1|-|V_2|)$$

　ここで，ν_1 および ν_2 は，それぞれ波長 λ_1 および λ_2 の光の振動数を表し，e は電子
の電荷の絶対値を表す。$e=1.6\times10^{-19}$ C，光の速さを $c=3.0\times10^8$ m/s とし，図2で
与えられた結果を用いて計算すると

$$h=\boxed{\text{(サ)}}\times10^{\boxed{\text{(シ)}}}\,\text{[}\boxed{\text{(ス)}}\cdot\text{s]}$$

となる。

SECTION 2　X線の波動性と粒子性

標準問題

343　X線発生の機構

高速度の電子をタングステンのような原子量の大きい物質に当てると，X線が発生する。このときX線のスペクトルには，いろいろな波長がまじっている ア X線とよばれる部分と，ある波長のところだけが急に強くなっている イ X線とよばれる部分とがある。

電子がタングステンに当たって急に止まるとき，電子のもっている ウ の一部がX線のエネルギーとなる。電子の質量をm〔kg〕，電子の速度をv〔m/s〕，プランク定数をh〔J·s〕，真空中の光速度をc〔m/s〕とすれば，このような機構で発生するX線の最短波長$\lambda_{\min}$〔m〕は，電子のエネルギーが全部X線のエネルギーになる極限の場合とみて， エ 〔m〕となる。

また，電子が原子に衝突して，その内側の軌道の電子を原子外にたたき出すと，外側の軌道の電子がその後に落ちこんできて，そのときX線が放出される。電子が外側の軌道を回っているときの全エネルギーをE_2〔J〕，内側の軌道を回っているときをE_1〔J〕とすると，このような機構で発生する イ X線の波長λ〔m〕は オ 〔m〕となる。X線の透過力は，その波長が カ ほど強い。

344　連続X線と固有X線

X線管（クーリッジ管）の熱陰極Kと，モリブデンの対陰極（ターゲット）Pとの間に25kVの加速電圧を加えたとき，発生したX線の波長とその強さとのグラフを図に示してある。

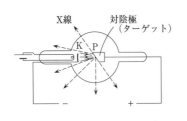
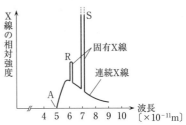

(1)　電子の電荷を-1.6×10^{-19}Cとするとき，Pに達する瞬間の電子1個のエネルギーは何Jか。電子の初速度を0とする。

(2)　プランク定数$h=6.6\times10^{-34}$J·s，光速度$c=3.0\times10^8$m/sとするとき，図のA

§2　X線の波動性と粒子性　　171

点の波長（最短波長）は何 m か。

(3) 図中の A, R, S 各点の位置は，次のそれぞれの場合，左右にどのように変化するか。

ⓐ KP 間の電圧を高くするとき

ⓑ 電圧は一定のまま，K のフィラメントを流れる電流を増すとき

345 X 線によるブラッグ反射

結晶面に対し角 θ の傾き（ブラッグ角）で入射して図のように反射した X 線のうち，原子面 P で反射したものと Q で反射したものとの経路差は，結晶格子の間隔（格子定数）を d とすると，$\boxed{}$ で表される。この経路差が X 線の波長 λ の $\boxed{}$ のとき，強い反射 X 線が観測される。

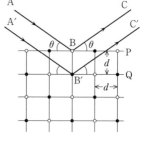

いま，格子の間隔が 3.0×10^{-10} m の結晶にある X 線を当てたところ，ブラッグ角が $6.0°$ のとき第一次の強い反射 X 線を観測した。この X 線の波長を有効数字 2 桁まで求めると，$\boxed{}$ 〔m〕となる。ただし，θ〔rad〕が小さいとき $\sin\theta \fallingdotseq \theta$ とみてよい。

346 コンプトン効果

X 線が波動であるとすると，物質中の電子によって散乱された X 線の波長は入射 X 線の波長と同じはずである。しかし，コンプトンは，散乱 X 線の中に入射 X 線の波長とは異なり，少し波長の長いものが含まれていることを見出した（1923 年）。

波長 λ の X 線を入射して，いくつかの散乱角（入射 X 線と散乱 X 線のなす角）ϕ（図 1）の値に対して散乱 X 線の波長と強さの関係を調べると，図 2 のような結果が得られた。波長が λ とは異なる散乱 X 線の強度が極大になる波長を λ' として $\Delta\lambda = \lambda' - \lambda$ の値も記してある。

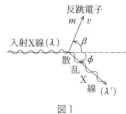

図 1

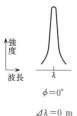

$\phi = 0°$

$\Delta\lambda = 0$ m

$\phi = 45°$

$\Delta\lambda = 0.7 \times 10^{-12}$ m

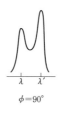

$\phi = 90°$

$\Delta\lambda = 2.4 \times 10^{-12}$ m

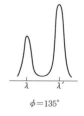

$\phi = 135°$

$\Delta\lambda = 4.2 \times 10^{-12}$ m

図 2

図3は, $\Delta\lambda$ と $1-\cos\phi$ $(0\le\phi\le\pi)$ の関係を示す。これを見ると, ϕ が大きくなると $\Delta\lambda$ の値は $\boxed{\quad\text{ア}\quad}$ している。

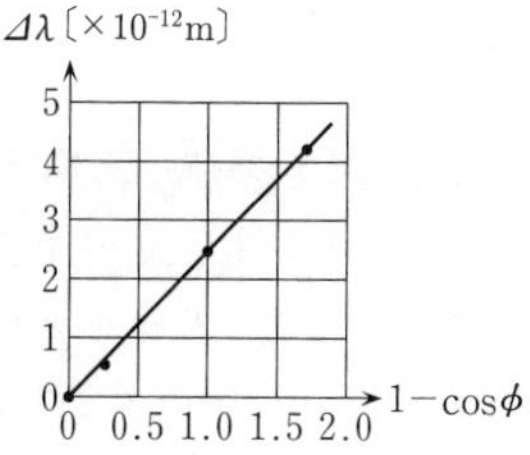

図3

このような現象を理解するために, X線を粒(光子)とみなし, 波長 λ の X線光子が質量 m の静止電子と弾性衝突して, 衝突後電子は入射方向と角度 β の方向に速さ v で進み, 波長 $\lambda'(>\lambda)$ の散乱 X線光子は角度 ϕ の方向に進むとする。また, プランク定数を h, 光速度を c とする。

エネルギー保存則は $\quad \dfrac{hc}{\lambda}=\boxed{\quad\text{イ}\quad}$ ……①

運動量保存則は

$\begin{cases} \text{入射方向について:} \dfrac{h}{\lambda}=\boxed{\quad\text{ウ}\quad} & \cdots\cdots② \\ \text{垂直方向について:} 0=\boxed{\quad\text{エ}\quad} & \cdots\cdots③ \end{cases}$

②より $\quad mv\cos\beta=\boxed{\quad\text{オ}\quad}$

③より $\quad mv\sin\beta=\boxed{\quad\text{カ}\quad}$

上の2式を辺々2乗して加えて β を消去すると

$$m^2v^2=\boxed{\quad\text{キ}\quad} \quad\cdots\cdots④$$

一方, ①より $\quad m^2v^2=\boxed{\quad\text{ク}\quad}$ ……⑤

④, ⑤の右辺を等しいとおいて, 整理すると

$$\lambda'-\lambda=\frac{h}{2mc}\left(\frac{\lambda'}{\lambda}+\frac{\lambda}{\lambda'}-2\cos\phi\right)$$

ここで, $\Delta\lambda=\lambda'-\lambda$ が λ に比べて十分小さいときは

$$\frac{\lambda'}{\lambda}+\frac{\lambda}{\lambda'}\doteqdot 2 \quad\left(\because\ \frac{\lambda'}{\lambda}+\frac{\lambda}{\lambda'}-2=\frac{(\lambda'-\lambda)^2}{\lambda\lambda'}=\frac{\Delta\lambda^2}{\lambda\lambda'}\doteqdot 0\right)$$

とみてよいので $\quad \Delta\lambda=\lambda'-\lambda=\dfrac{h}{mc}(1-\cos\phi)$

となる。よって, 図3のように $\Delta\lambda$ が $1-\cos\phi$ に比例することが説明できる。

347 光が反射するときに及ぼす力

光が鏡に垂直に当たって完全に反射されるとき, 鏡に与える力について, 光量子仮説を用いて求めてみよう。

入射する光の強さを 1m^2 あたり 1s 間に与えるエネルギー I $[\text{W/m}^2]$ で表し, 光の振動数を ν $[\text{Hz}]$, 光速を c $[\text{m/s}]$, プランク定数を h $[\text{J·s}]$, 鏡の面積を A $[\text{m}^2]$ とすれば, 1個の光子が1回の衝突で鏡に与える力積は $\boxed{\quad\text{ア}\quad}$ $[\text{N·s}]$, 1m^2 あたり 1s 間に衝突する光子数は $\boxed{\quad\text{イ}\quad}$ となるので, t $[\text{s}]$ 間に鏡面 A $[\text{m}^2]$ に与える力積は

〔ウ〕〔N·s〕となり，鏡に及ぼす力は〔エ〕〔N〕となる。

348 光子の運動量と電子の運動エネルギー

エネルギー 3.0eV の光子と等しい運動量をもつ電子の運動エネルギーはいくらか。ただし，電子の質量を $m = 9.1 \times 10^{-31}$ kg，電子の電荷を $-e = -1.6 \times 10^{-19}$ C，光速度を $c = 3.0 \times 10^8$ m/s とする。

発展問題

349 コンプトン効果によってたたき出された電子の運動量

波長 λ_0 の入射 X 線を静止した電子に当てたところ，電子は入射 X 線と同一直線に沿ってたたき出されたことが確かめられ，同時に散乱 X 線はその直線に沿ってはじき返されて，波長が λ_0 に比べて $\Delta\lambda$ (>0) だけ長くなっていることが観測された。

たたき出された電子の運動量を求めよ。ただし，プランク定数を h とし，$\dfrac{\Delta\lambda}{\lambda_0} \ll 1$

とする。必要なら近似式 $\dfrac{1}{1+x} \fallingdotseq 1-x$ $(|x| \ll 1)$ を用いよ。

350 動いている原子からの光子の放出

原子核のまわりの電子が，エネルギー E_2 の励起状態からエネルギー E_1 の基底状態に移るとき，そのエネルギー差に等しい光を光子として放出する。それゆえ，原子が固定されているとき（図1），放出する光子の振動数を ν_0 とすれば，プランク定数を h として

$$E_2 - E_1 = h\nu_0$$

いま，この原子が速度 v で動きながら，前方に光子を出すとき（図2），静止した観測者の受ける振動数 ν' を光量子仮説を使って求めよ。原子の質量を M，光子を出した後の光子の速度を v'，光速度を c とする。ただし，原子の速さ v は c に比べて十分小さく，原子の速度変化も v に比べて十分小さいものとし，

$\dfrac{v'+v}{2} \fallingdotseq v$ と近似せよ。

図1

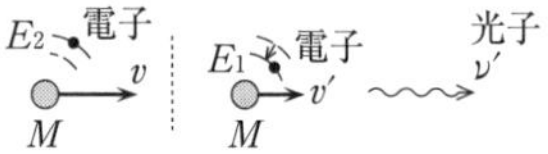

図2

SECTION 3 電子の波動性

🖉 標準問題

351 物質波

ド・ブロイは，光が電磁波としての波動性と光子としての粒子性の二重性をもつように，粒子としてふるまう電子にも波動性があると考えた。

振動数 ν [Hz] の光子の運動量の大きさ p [kg·m/s] は，プランク定数 h [J·s]，真空中の光速度 c [m/s] を用いて

$$p = \boxed{\quad ア \quad}$$

であるから，光の波長 λ [m] を運動量 p で表すと

$$\lambda = \boxed{\quad イ \quad}$$

電子（質量 m [kg]）についても，同じ関係が成り立つとすると，速度 v [m/s] の電子波の波長 λ [m] は，m, v, h を用いて

$$\lambda = \boxed{\quad ウ \quad}$$

と表される。

このことは後にデビソンとガーマーによって，ニッケルの表面に電子線を当てたときの散乱の強度から実験的に確かめられた。

352 電子波の波長

電荷 $-e$ [C] をもつ質量 m [kg] の電子を，初速度 0 の状態から V [V] で加速したときに得られる電子波の波長はいくらか。ただし，プランク定数を h [J·s] とする。

353 X線と電子線の結晶による散乱

(1) 波長 λ_0 の固有X線を，原子面となす角を0から少しずつ大きくして結晶細片に当てたところ，入射X線の方向から α の角をなす方向に，最初の強い散乱X線が観測された。原子面間隔 d を求めよ。

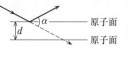

(2) この実験を同じ波長 λ_0 をもつ陰極線によって行うものとするならば，その陰極線の加速電圧 V はいくらか。ただし，電子の質量を m，電子の電荷を $-e$，プランク定数を h とする。

波長 1.0×10^{-10} m の陰極線はどれだけの速さをもつ電子の流れか。

ただし，プランク定数 h を 6.6×10^{-34} J·s，電子の質量 m を 9.1×10^{-31} kg とする。

発展問題

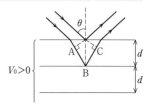

電子をある電圧で加速して得られる電子線は粒子性と同時に波動性をもっている。この二重の性質はド・ブロイの関係式 $\lambda p = h$ で結ばれている。ここで，λ は波長，p は運動量，h はプランク定数である。この電子線を金属に入射角 θ で当てる。金属内部は外部に対して電位が V_0 だけ高いとき，電子が金属内部に入るとその運動量が変化する。これが電子線の屈折の原因である。いま，V_0 は一定であるとし，電子の質量を m，電気素量を e，電子は電圧 V で加速されて入射したものとする。

(1) 電圧 V で加速された電子波の金属に入る前の波長 λ を求めよ。

(2) 金属に入った後の電子の運動量 p' をエネルギー保存則より求めよ。

(3) 金属内での電子波の波長 λ' を求めよ。

(4) この電子線における金属の屈折率 μ を V，V_0 を用いて表せ。

(5) 図のように隣りあう格子面（面間距離 d）から反射された電子線は，その経路差 ABC が波長 λ' の整数（n）倍のとき干渉によって互いに強めあう。このとき，d，μ，θ，n，λ の関係式を求めよ。

SECTION 4 原子の構造

🖊 **標準問題**

356 ▸ ブラウン管オシロスコープの原理

　真空中に置かれた2枚の金属平行板から成る極板 P, Q の間に E〔V/m〕の一様な電界を図の向きにかける。極板の左端の中央 O 点を原点として図の向きに x-y 座標をとる。x 軸に沿って $+x$ 方向に速さ v で入ってきた質量 m〔kg〕, 電荷 $-e$〔C〕の電子が y 軸に平行な蛍光面上 A 点に到達した。極板の長さを l〔m〕, 極板の右端から蛍光面までの距離を L〔m〕とするとき, 次の問に答えよ。

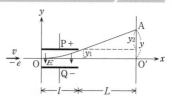

(1) 極板間を通過した直後の y 方向への変位は $y_1 = \boxed{}$〔m〕となる。

(2) 極板間を通過した直後の速度の x 成分は $v_x = \boxed{}$〔m/s〕, y 成分は $v_y = \boxed{}$〔m/s〕となる。

(3) 極板間を通過してから, 蛍光面に当たるまでの間の y 方向へのかたよりは $y_2 = \boxed{}$〔m〕となる。

(4) よって

$$O'A = y = \boxed{} \text{〔m〕}$$

である。

　O'A, E, l, L が既知のとき, これらから電子の比電荷 $\dfrac{e}{m}$ の測定が可能になる。

357 ミリカンの油滴実験

右図のように，上下に向かいあう2枚の金属板P，Q の間に一様な電界が与えられる装置がある。いま，PQ 間に正電荷 q をもつ密度 d の油滴を入れ，その運動を 観察した。粘性率 k の空気中で，半径 r の球状の物体が 比較的遅い速さ v で動くとき，それが受ける抵抗力は $6\pi krv$ である。ただし，重力加速度の大きさを g，空気 の密度を ρ とする。

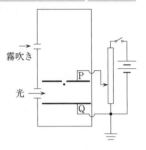

はじめ電界を与えないとき，油滴が一定の速さ v_1 で 落下した。油滴の半径 r を k，ρ，d，g，v_1 で示せば，$r=\boxed{}$ となる。次に，電 界 E を図の下向きに与えたところ，油滴は一定の速さ v_2 で落下した。油滴の電荷 q を k，r，E，v_1，v_2 で示せば，$q=\boxed{}$ となる。これに先の r の値を入れれば，q の測定ができる。ミリカンは，q が常に 1.6×10^{-19}C の整数倍となることから，電気 素量 $e=1.6\times10^{-19}$C を発見した。

358 水素原子の線スペクトルの公式

水素原子の出す光の波長 λ は

$$\frac{1}{\lambda}=R\left(\frac{1}{n^2}-\frac{1}{n'^2}\right)$$

で与えられる。R はリュードベリ定数で 1.10×10^7/m，$n=1$，2，…，$n'=n+1$，$n+2$，… である。

水素原子の出す可視光 (バルマー系列) のうちで，最も長い波長を求めよ。

359 水素原子のボーア模型

ボーアによれば，水素原子の構造模型は電荷 $+e$ の陽子の まわりを電荷 $-e$ の電子が回転しており，電子の軌道半径を a，電子の質量を m，速さを v とすれば

$$\boxed{}=k\frac{e^2}{a^2}\quad\cdots\cdots①$$

が成り立つ。k はクーロンの法則の比例定数である。したがって，この電子のもって いる運動エネルギー K は，k，e，a で表すと

$$K=\boxed{}$$

となる。ところで，陽子から a の距離にある電子のもっている位置エネルギー U は， $U=-k\dfrac{e^2}{a}$ であるから，軌道電子のもっている全エネルギー E は

$$E=K+U=\boxed{}$$

となる。

さて，ド・ブロイの理論によると，質量 m，速さ v の電子は $\lambda = \dfrac{h}{mv}$ の波長をもった波の性質をもっている（h はプランク定数）。そのために，電子の軌道はその1周の長さ $2\pi a$ が，その波長の整数倍に等しいときのみ安定に存在しうると考えられる。正の整数値（量子数）を n とすれば

$$2\pi a = n\lambda = \frac{nh}{mv}$$

$$\therefore \quad mva = n\boxed{（エ）} \quad \text{（ボーアの量子条件）}$$

となる。これは，運動量 mv と半径 a の積，すなわち角運動量 mva が $\boxed{（エ）}$ の整数倍という，とびとびの値をとるということを表している。

電子の軌道半径 a_n は，これと①式を使い（v を消去して）

$$a_n = \boxed{（オ）} \quad (n = 1, 2, 3, \cdots)$$

と表される。$n=1$ のときの a をボーア半径という。

この a_n を用いると，軌道電子のもつ全エネルギー E_n は

$$E_n = \boxed{（カ）} \quad (n = 1, 2, 3, \cdots)$$

となり，n の値にしたがって，とびとびの値をもつ。E_n をエネルギー準位という。

n の値が n' の軌道（外側）から n の軌道（内側）に移るときに放出される光の波長を λ，真空中の光速度を c とすれば

$$E_{n'} - E_n = \boxed{（キ）} \quad \text{（振動数条件）}$$

となるので，これより，$\dfrac{1}{\lambda} = \boxed{（ク）}$ となる。$\dfrac{2\pi^2 mk^2 e^4}{h^3 c}$ を R とすれば，$\dfrac{1}{\lambda} = \boxed{（ケ）}$

と表すこともできる。この R をリュードベリ定数という。

360 水素原子のイオン化エネルギー

水素原子の中の電子のとりうるエネルギー E_n は

$$E_n = -\frac{hcR}{n^2} \quad (n = 1, 2, 3, \cdots)$$

で表される。ただし，h はプランク定数で 6.63×10^{-34} J·s，c は光速度で 3.00×10^8 m/s，R はリュードベリ定数で 1.10×10^7/m である。

水素原子のイオン化エネルギーは何 eV か。ただし，電子は基底状態（$n=1$）にあるものとし，その電気量は -1.60×10^{-19} C である。

361 フランクとヘルツによる水銀原子のエネルギー準位の測定

図1において，白熱フィラメント F から放出された電子は，F とグリッド G との間に加えられた電圧 V により加速され，この間にある水銀蒸気の原子に衝突する。G と陽極 P との間に逆向きの小電位差 v（約 0.5V）を与えておけば，G を通過する電子のうちでエネルギーの小さいものは P に達しないで止められ，エネルギーのある値以上のものだけが P に達する。この電子の量を電流計 A で測って，電子が気体原子との衝突の際，どのようなエネルギー変化を受けるかを知ることができる。

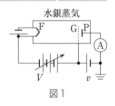

図1

図2はその実験結果で，加速電圧 V をしだいに増していくとき 4.9V で電流は第1の極大値を示し，いったん電流は減少してから，V が 9.8V で第2の極大値を示した。

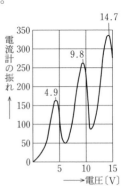

図2

(ⅰ) 4.9V まで電流がしだいに増したのは，電子が原子に衝突しても電子はエネルギーを失うことなく，その方向だけが変わったためである（完全弾性衝突）。

(ⅱ) 4.9V をこえると電流が急に減少したのは，電子のエネルギーがある値をこえると原子との間にエネルギーの交換が起こり，電子のエネルギーが急に減少するからである（非弾性衝突）。

(ⅲ) V をさらに増すとふたたび電流が増し，9.8V をこえるとまた減少しているが，これは最初の衝突でエネルギーを失った電子が，P に達するまでにもう一度加速され，(ⅱ)の過程を引き起こすからである。この 4.9V は水銀原子を励起するために要する電圧と考えられるので，この水銀蒸気のスペクトル中には波長 ⬜︎ m のものが存在するはずである。ただし，電子の電荷 $-e = -1.6 \times 10^{-19}$ C，プランク定数 $h = 6.6 \times 10^{-34}$ J·s，光速度 $c = 3.0 \times 10^{8}$ m/s とする。

これを，フランク・ヘルツの実験といい，ボーアが仮定した原子のエネルギー準位の存在が，水素原子以外でも実証された実験である。

(1) 図のように，真空中に磁束密度の大きさが B〔T〕の一様な磁界がある。この磁界に垂直な平面内で，質量 m〔kg〕，電荷 $-e$〔C〕の電子が速さ v〔m/s〕で等速円運動している。このとき，電子の円運動の半径は ア 〔m〕で，回転周期は イ 〔s〕である。電子が円運動することで，円軌道に沿って強さ ウ 〔A〕の電流が流れると考えてよい。この電流が円の中心につくる磁界の磁束密度の大きさ B' は，真空の透磁率を μ_0〔H/m〕として エ 〔T〕であり，その向きは B と {オ 同じ／反対の／垂直な} 向きになる。

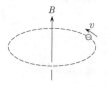

　古典物理学によると，円運動している荷電粒子はその円運動の回転数に等しい振動数の電磁波を放出してエネルギーを失い，円運動を続けることはできない。したがって，真空中の光速を c〔m/s〕とすると，この電子は波長 カ 〔m〕の電磁波を放出してエネルギーを失い，しだいに円運動の半径は {キ 大きく／小さく} なることになる。

(2) 　ド・ブロイの物質波の理論によれば，水素原子では円周の長さが電子の電子波の波長の整数倍のとき，電子は電磁波を放出せずに安定した円運動を行うことができる。いま考えている電子に対しても，これと同じことが成り立っているとする。プランク定数を h〔J·s〕とすると，速さ v で運動している質量 m の電子の電子波の波長は ク 〔m〕である。したがって，整数を n（$=1$，2，…）とすると，v は m，e，h，B，n を用いて $v=$ ケ 〔m/s〕と表され，とびとびの値しかとれないことがわかる。このとき，円軌道の半径も e，h，B，n を用いてとびとびの値 コ 〔m〕になる。

　ここで，円軌道面内の磁束密度の大きさがどこでも B〔T〕であるとすれば，電子の円軌道内を貫く磁束は e，h，n を用いて サ 〔Wb〕となり，ある最小単位の整数倍の値しかとれないことがわかる。この最小単位は磁束量子とよばれる量に等しく，$e=1.6\times10^{-19}$C，$h=6.6\times10^{-34}$J·s とすれば，その値は シ 〔Wb〕となる。磁束量子が存在することは，超伝導体の実験から確認されている。

SECTION 5 原子核の放射性崩壊

標準問題

363 放射性崩壊

原子核が放射線を出して別の原子核になる現象を ⬚ ⑦ という。原子番号 Z, 質量数 A の原子核 X を ^A_ZX で表す。

α 線 (ヘリウム原子核 $^4_2$He) を放出する場合を α 崩壊という。このとき, 原子核が Y に変わったとすると

$$^A_Z X \xrightarrow{\ \alpha\ } {}^{\text{⑦}}_{\text{⑦}}Y + {}^4_2\text{He}$$

と表される。

β 線 (高速の電子 $_{-1}$e) を放出する場合を β 崩壊という。このとき

$$^A_Z X \xrightarrow{\ \beta\ } {}^{\text{⑦}}_{\text{⑦}}Y + {}_{-1}\text{e} + \overline{\nu_e}$$

と表される。$\overline{\nu_e}$ は反電子ニュートリノとよばれる粒子で, 電子とともに放出される。

α, β 崩壊後の原子核は不安定な状態で, エネルギーを γ 線 (波長が極めて短い電磁波) として放出し安定化する。これを γ 崩壊という。

天然の放射性元素 $^{238}_{92}$U は, 何回かの α 崩壊や β 崩壊を繰り返した後に鉛になる。

(1) この鉛は次のうちのどれか。

   ① $^{206}_{82}$Pb   ② $^{207}_{82}$Pb   ③ $^{208}_{82}$Pb

(2) $^{238}_{92}$U が鉛になるまでに α 崩壊を何回, β 崩壊を何回行ったか。

364 放射性崩壊の半減期

(1) 放射性元素の原子数が, はじめの半分になるまでの時間を半減期という。半減期 2 年の放射性原子核がある。崩壊をはじめて 6 年たつと, 原子数ははじめの何倍になるか。

(2) 一般に, 半減期 T 年の放射性原子核が崩壊をはじめて t 年たつと, 原子数ははじめの何倍になるか。

365 ^{14}C の半減期を利用した年代測定

空気中の二酸化炭素には，放射性炭素 ^{14}C が放射性のない炭素の 1 兆分の 1 ほどまじっている。植物が生きている間は，循環が行われるので，植物体内の炭素には ^{14}C が大気中と同じ割合でまじっているが，枯れると ^{14}C は半減期 5730 年で減少する。ある遺跡から掘り出された木材中の ^{14}C の割合を調べてみたら，現代の植物中の ^{14}C の割合と比べて，その 25 % に減少していた。この木材は今から約何年前のものと推定できるか。

366 α 崩壊後の原子核と α 粒子の運動

ラドン (Rn，原子番号 86，質量数 222) の原子核は，自然に α 粒子を放出して RaA の原子核に変わる。

(1) RaA の原子番号と質量数はそれぞれいくらか。

(2) α 粒子が放出された瞬間に，RaA の原子核は反動で動き出すが，このときの α 粒子と RaA との運動エネルギーの比はいくらか。ただし，ラドンの原子核は最初静止していたものとする。

367　放射性崩壊の規則性

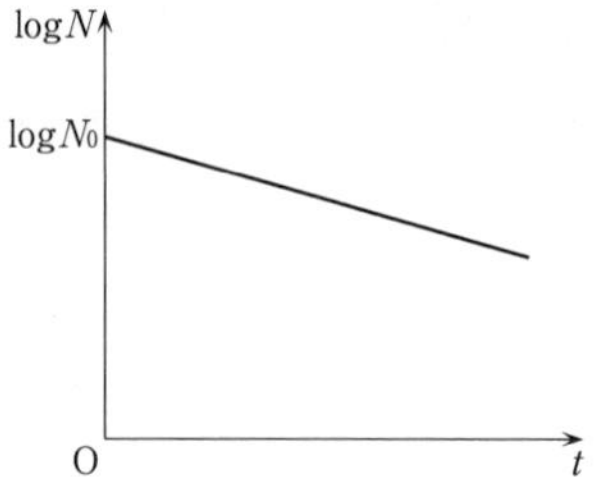

放射性同位体の原子数は崩壊によって減少していく。

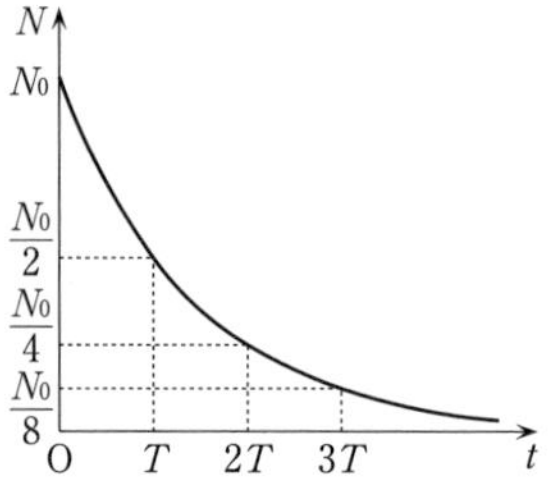

N_0：時刻 0 の原子数

N：時刻 t の原子数

$N + \Delta N$：時刻 $t + \Delta t$ の原子数

λ：崩壊定数

とすると

$$-\Delta N = \lambda N \Delta t \quad \cdots\cdots ①$$

の規則性がある。

これより

$$\frac{\Delta N}{N} = -\lambda \Delta t$$

$$\int \frac{dN}{N} = -\lambda \int dt$$

$$\therefore \quad \log N = -\lambda t + C \quad (C：積分定数)$$

$t = 0$ のとき，$N = N_0$ であるから

$$C = \log N_0$$

よって

$$\log N = -\lambda t + \log N_0 \quad (図1)$$

$$\log \frac{N}{N_0} = -\lambda t$$

$\dfrac{N}{N_0} > 0$ であるから

$$\frac{N}{N_0} = e^{-\lambda t} \quad \therefore \quad N = \boxed{\quad \text{(ア)} \quad} \quad (図2)$$

半減期を T とすれば

$$\frac{1}{2} = \underset{(e,\ \lambda,\ T で)}{\boxed{\quad \text{(イ)} \quad}}$$

両辺の自然対数をとって

$$T = \boxed{\quad \text{(ウ)} \quad} \quad (\log 2 = 0.693 とする)$$

また，単位時間に崩壊する個数を崩壊の強さ I というが，①より

$$I = \boxed{\quad \text{(エ)} \quad}$$

となる。

図1

図2

SECTION 6 核エネルギー，素粒子

🖊 標準問題

368 原子核の質量欠損と結合エネルギー

アインシュタインの特殊相対性理論によれば，エネルギー E と質量 M との間には $E = Mc^2$ の関係がある（c は真空中の光速）。

質量数 A，原子番号 Z の原子核は $\boxed{\quad \mathrm{(ア)} \quad}$ 個の陽子と $\boxed{\quad \mathrm{(イ)} \quad}$ 個の中性子から構成される。この原子核（$_Z^A\mathrm{X}$ とする）を核力に逆らって A 個の核子（陽子または中性子）に分解するには外からエネルギーを加えなければならない。そのための最小のエネルギーを原子核の結合エネルギー（B とする）という。陽子の質量を m_p，中性子の質量を m_n，原子核 $_Z^A\mathrm{X}$ の質量を M とすると，この原子核の結合エネルギー B は

$$B = \boxed{\quad \mathrm{(ウ)} \quad}$$

と書ける。原子核 $_Z^A\mathrm{X}$ の質量 M は，核子をばらばらにした質量の和よりも小さく，この差 ΔM を原子核の質量欠損という。この質量欠損に相当するエネルギーが結合エネルギーである。したがって，逆に結合エネルギー B を用いて質量欠損 ΔM を表すと

$$\Delta M = \boxed{\quad \mathrm{(エ)} \quad}$$

となる。原子核は核子 1 個あたりの結合エネルギーが大きいほど安定である。

369 原子質量単位

1 原子質量単位〔u〕は，$_6^{12}\mathrm{C}$ を原子核とする炭素原子 1 個の質量の $\dfrac{1}{12}$ をいう。$_6^{12}\mathrm{C}$ の原子 1 mol 中にはアボガドロ定数 N_A 個の $_6^{12}\mathrm{C}$ の原子を含むので，$_6^{12}\mathrm{C}$ 原子 1 個の質量は $\dfrac{12}{N_\mathrm{A}}$〔g〕である。これより $1\mathrm{u} = \dfrac{1}{N_\mathrm{A}}\mathrm{g} = \dfrac{1}{6.02 \times 10^{23}}\mathrm{g} = 1.66 \times 10^{-24}\mathrm{g}$ に等しい。

1 u の静止（質量）エネルギーは何 J か。また，何 MeV か。ただし，光速を $c = 3.00 \times 10^8\,\mathrm{m/s}$，$1\,\mathrm{MeV} = 1.60 \times 10^{-13}\,\mathrm{J}$ とする。

370 原子核の質量欠損と結合エネルギー

He 原子核は陽子 2 個と中性子 2 個からできており，陽子，中性子の質量は，原子質量単位で表して，それぞれ 1.0073u と 1.0087u である。

したがって，陽子，中性子のばらばらの質量の総和は，$\boxed{}$〔u〕となる。

一方，${}_2^4\text{He}$ の質量は 4.0015u であるから，${}_2^4\text{He}$ の質量は，これより $\boxed{}$〔u〕だけ小さい。1u = 1.66×10^{-27}kg であるから，真空中の光速度 $c = 3.00 \times 10^8$m/s として，この質量欠損をエネルギーに換算すると $\boxed{}$〔J〕になる。核子 1 個あたりの質量欠損が大きい原子核ほど {エ　安定である／不安定である}。

371 光速度に近い原子核のエネルギー

原子核や素粒子の場合は，光速度に近い速さで粒子が運動するので，質量が速度とともに増加するという相対論でエネルギーを考えなければならない。これによれば，質量 M_0 の粒子が速さ v で運動するときのエネルギーは，$E = \dfrac{M_0 c^2}{\sqrt{1 - \left(\dfrac{v}{c}\right)^2}}$ （c は光速）

となる（証明略）が，$|v| \ll c$ の場合には近似式 $\sqrt{1+x} \fallingdotseq 1 + \dfrac{x}{2}$ （$|x| \ll 1$）を用いて，

$E \fallingdotseq M_0 c^2 + \boxed{}$ としてよい。これが光速度に比べて速さが小さいニュートン力学の場合のエネルギーである。この第 1 項を静止エネルギーという。

372 原子核反応の反応熱

原子核 A，B が反応して原子核 C，D が生じるとき

$$A + B \longrightarrow C + D \ (+Q)$$

と表す。Q を反応熱という。

原子核 A，B，C，D の質量を M_A，M_B，M_C，M_D とし，真空中の光速度を c とすれば

$$Q = \{(M_A + M_B) - (M_C + M_D)\} \cdot c^2 \quad \cdots\cdots ①$$

核反応ではエネルギー保存則は，静止エネルギー Mc^2 を含めて考えなければならないので，運動エネルギーを K_A，K_B，K_C，K_D とすれば

$$(M_A c^2 + K_A) + (M_B c^2 + K_B) = (M_C c^2 + K_C) + (M_D c^2 + K_D)$$

が成り立つ。

これより Q は，K_A，K_B，K_C，K_D を用いて

$$Q = \boxed{}$$

と表され，運動エネルギーの増加量となる。

一方，それぞれの原子核について

$$Mc^2 = \{Zm_\mathrm{p} + (A-Z)m_\mathrm{n}\} \cdot c^2 - B \quad (B \text{ は結合エネルギー})$$

が成り立つので，①式のそれぞれの原子核についてこの式を代入し，反応の前後で陽子数の和と質量数の和が不変であることを用いると，反応熱 Q は，B_A, B_B, B_C, B_D を用いて

$$Q = \boxed{}$$

とも表すことができる。

$Q>0$ の場合を発熱反応，$Q<0$ の場合を吸熱反応という。

□ **373** 原子核反応のエネルギー保存則

$^{210}_{84}$Po の崩壊で生じた運動エネルギー $E_\alpha = 5.3\,\mathrm{MeV}$ の α 粒子を，静止しているベリリウム $^{9}_{4}$Be に当てて，核反応を起こさせ，炭素 $^{12}_{6}$C と中性子 $^{1}_{0}$n をつくる。^{12}C と ^{1}n の運動エネルギーをそれぞれ E_C と E_n とすれば，その和 $E_\mathrm{C} + E_\mathrm{n}$ は何 MeV になるか。ただし，^{4}He, ^{9}Be, ^{12}C, ^{1}n の原子質量を $4.0026\,\mathrm{u}$, $9.0122\,\mathrm{u}$, $12.0000\,\mathrm{u}$, $1.0087\,\mathrm{u}$ とし，$1\,\mathrm{u}$ の静止エネルギーを $931\,\mathrm{MeV}$ とする。

□ **374** 原子核反応の反応熱

右図は，原子核の結合エネルギーを質量数で割った核子 1 個あたりの結合エネルギーの実測値を，横軸に質量数をとって示したものである。計算に必要な実測値は次の表に示してある。

原子核	^{2}H	^{3}H	^{4}He	^{235}U	$^{235}_{2}$X
核子 1 個あたりの結合エネルギー〔MeV〕	1.1	2.7	7.1	7.6	約8.5

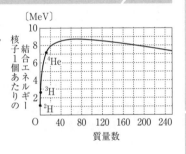

(1) 2つの原子核 ^{3}H と ^{2}H が核融合を起こし，^{4}He と $\boxed{}$ がつくられたとする。このとき発生するエネルギー（反応熱）は $\boxed{}$〔MeV〕である。

(2) 原子核 ^{235}U が核分裂を起こし，質量数のほぼ等しい原子核 $^{235}_{2}$X 2個に分裂した（核分裂）とする。このとき放出されるエネルギー（反応熱）はおよそいくらになるか。次の数値から最も近いものを選べ。

{$50\,\mathrm{MeV}$／$100\,\mathrm{MeV}$／$200\,\mathrm{MeV}$／$500\,\mathrm{MeV}$}

375 水素の核融合で発生するエネルギー

太陽が1年間に放出する熱量は約 12×10^{33} J という膨大な量である。この熱は太陽内で陽子 ($^1_1$H) が4個結びついて1個のヘリウム核 ($^4_2$He) を生じる際に減少した質量が熱に変わるのである。このような原子核反応を ［ ア ］ 反応という。

陽子の質量を 1.67×10^{-27} kg,ヘリウム原子核の質量を 6.64×10^{-27} kg,真空中の光速度を 3.00×10^8 m/s,$1\,\mathrm{eV} = 1.6 \times 10^{-19}$ J とするとき,陽子4個が反応してヘリウム原子核1個を生じる際に出す熱量は ［ イ ］〔MeV〕である。

376 ウランの核分裂と原子炉の出力

ウラン235の原子核1個が核分裂するとき,2.0×10^8 eV のエネルギーを放出する。毎時 0.36 g のウラン235を消費する原子炉で発電を行うとき,その出力は何 kW か。ただし,この原子力発電の効率を 20% とし,アボガドロ定数を 6.0×10^{23} /mol,$1\,\mathrm{eV}$ を 1.6×10^{-19} J とする。

377 クォーク模型

陽子や中性子などのバリオン (重粒子) は,さらに基本的な素粒子であるクォーク3個から成ると考えられている。陽子や中性子をつくるクォークは第1世代とよばれ,u (アップ) と d (ダウン) の2種類がある。u の電荷は $+\dfrac{2}{3}e$,d の電荷は $-\dfrac{1}{3}e$ (e は電荷素量) と考えられている。これらから,陽子は ［ ア ］ 2個と ［ イ ］ 1個,中性子は ［ ア ］ 1個と ［ イ ］ 2個から成ることがわかる。クォークには第2世代の c (チャーム) と s (ストレンジ),第3世代の t (トップ) と b (ボトム) がある。

クォーク以外の素粒子には,電子やニュートリノなどの ［ ウ ］ (軽粒子)とよばれるものや,フォトンやウィークボソンなどの力を媒介する ［ エ ］ 粒子などがある。

378 原子核反応

${}^{6}_{3}$Li は原子炉内で熱中性子 (非常にゆっくりした中性子) を
吸収して，いったん不安定な ${}^{7}_{3}$Li になった後，2 つに分かれ
て ${}^{3}_{1}$H と ${}^{4}_{2}$He をつくり出す。

$$ {}^{6}_{3}\text{Li} + {}^{1}_{0}\text{n} \longrightarrow {}^{7}_{3}\text{Li} \longrightarrow {}^{4}_{2}\text{He} + {}^{3}_{1}\text{H} $$

• 陽子 ○ 中性子

図は，この反応の後半の部分を図式的に示したものである。原子核の結合エネルギ
ーを ${}^{3}_{1}$H：8.5 MeV，${}^{4}_{2}$He：28.3 MeV，${}^{7}_{3}$Li：32.0 MeV とする。

(1) この反応において，反応前の ${}^{7}_{3}$Li と ${}^{1}_{0}$n が静止していたものとして，この反応で
発生するエネルギー (${}^{3}_{1}$H と ${}^{4}_{2}$He の運動エネルギー) の和は何 MeV か。

(2) 反応後に生じる ${}^{3}_{1}$H と ${}^{4}_{2}$He の速さの比はおよそいくらか。整数の比で答えよ。

(3) 反応後に生じる ${}^{3}_{1}$H の運動エネルギーは何 MeV か。

379 中性子の発見

1932 年にチャドウィックはベリリウム ${}^{9}_{4}$Be に α 粒子 ${}^{4}_{2}$He を当てる実験により，中
性子を発見した。当初，この反応で生じる放射線 (中性子線) は，強い透過力をもち，
電離作用が弱いので，このような性質をもつことが知られていた γ 線ではないか，と
考えられた。この未知の放射線を静止している水素原子核に当てると，その向きには
ね飛ばされた陽子の運動エネルギーは $E_{\mathrm{p}} = 5.6$ MeV と観測された。

未知の放射線を振動数 ν [Hz] の γ 線光子と仮定し，これが静止している質量 m
[kg] の陽子に当たり，光子はその方向に振動数 ν' [Hz] ではね返され，陽子が速度 v
[m/s] ではね飛ばされたとする。真空中の光速度を c [m/s]，プランク定数を h
[J·s] とし，1 [u] $\times c^2 = 931$ [MeV] とすれば，光量子仮説を用いて

運動量保存則は

$$ \frac{h\nu}{c} = \boxed{\quad (\mathcal{P}) \quad} $$

エネルギー保存則は

$$ h\nu = \boxed{\quad (\mathcal{A}) \quad} $$

となるので，γ 線のエネルギー $E_{\gamma} = h\nu = \boxed{\quad (\dot{\mathcal{P}}) \quad}$ [MeV] となる。しかし，このよう
な大きなエネルギーをもつ γ 線をこの反応からつくることはエネルギー的に許されな
いことがわかっていたので，この放射線を γ 線とする考えは否定され，中性子の発見
に至った。

レーザー光を当てることによって原子や分子の動きを止めて冷却することを考える。振動数 ν〔Hz〕の光はエネルギー $h\nu$〔J〕，運動量の大きさ $\dfrac{h\nu}{c}$〔kg·m/s〕の粒（光子）の集まりであると考えることができる。ここで，c〔m/s〕は光速度，h〔J·s〕はプランク定数とよばれる定数である。

図のように，質量 M〔kg〕，速さ v〔m/s〕で x 軸の正方向へ動いている原子が，振動数 ν〔Hz〕の光子を 1 個吸収することを考える。原子が静止しているとき，原子は振動数 ν_0〔Hz〕の光子を吸収して高いエネルギー状態に励起され，エネルギーを放出して再びもとのエネルギー状態に戻る。ただし，エネルギーを放出するときには光子をランダムな方向へ放出するので，平均すると力積は受けないと考えてよい。よって，レーザー光を吸収するときのみ原子の速度は変化する。

速度 v で運動している原子から見ると，ドップラー効果により光の振動数は ア 〔Hz〕になる。よって，原子が光を吸収するためにはレーザー光の振動数は イ 〔Hz〕でなければならない。このとき，原子は ウ の向きに力積を受けるので，原子の速さは {エ 速くなる／変化しない／遅くなる}。よって，原子の速さが変化してもレーザー光を吸収し続けるためには，レーザー光の振動数を {オ しだいに増加させ／一定に保持し／しだいに減少させ} なければならない。

いま，速さ $v = 3.3 \times 10^2$ m/s，質量 $M = 8 \times 10^{-26}$ kg の原子に，最初 1×10^{15} Hz のレーザー光を照射する。この振動数を微小に変化させて原子を静止させることができたとすると，原子は静止するまでに カ 個の光子を吸収し，吸収した光子のエネルギーは キ 〔J〕となる。また，その間のレーザー光の振動数の変化量は ク 〔Hz〕となる。ただし，プランク定数を $h = 6.6 \times 10^{-34}$ J·s，光速度を $c = 3 \times 10^8$ m/s として，有効数字 1 桁で求めよ。光子を吸収している間の振動数変化は非常に小さいので，カ，キ の計算では $\nu = 1 \times 10^{15}$ Hz は一定であるとしてよい。

原子核がエネルギー準位の高い E_2 の状態から低い E_1 の状態に移ったとき，そのエネルギー差 $E_2 - E_1 = E$ に等しい γ 線を出す。原子核の質量を M，プランク定数を h，光の速さを c とする。1 に比べて $|x|$ が十分小さいとき，$\sqrt{1+x} \fallingdotseq 1 + \dfrac{1}{2}x - \dfrac{1}{8}x^2$ と近似できることを用いよ。

(1) 固定され静止している原子核が，E だけエネルギー準位の低い状態に移ったときに放出される γ 線の振動数 f_0 を求めよ。

(2) 静止していた原子核が γ 線を放出した後，速さ v で動き出した。運動量保存則およびエネルギー保存則を用いて，放出される γ 線の振動数 f_1 を E, M, h, c を用いて求めよ。E は Mc^2 に比べて十分小さいと考えてよい。

382 原子核による γ 線の共鳴吸収

原子核の内部のエネルギー状態には，励起状態 (exited state) と基底状態 (ground state) の2つがあり，それぞれエネルギー E_e, E_g をもち，その差を $\Delta E = E_e - E_g$ とする。質量 m の原子核が波長の短い電磁波である γ 線を放出したとする。振動数 ν の γ 線はエネルギー $h\nu$，運動量の大きさ $\dfrac{h\nu}{c}$ をもつ粒 (光子) の集まりとして考えることができる。ここで，h はプランク定数とよばれる定数，c は光速度である。

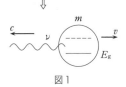

図1のように，自由に動ける原子核が振動数 ν の γ 線光子を1個放出したとする。このとき

エネルギー保存則より　　$\Delta E =$ ［ ア ］

運動量保存則より　　$mv =$ ［ イ ］

となる。ここで，ΔE は mc^2 に比べて十分小さいことがわかっているので，上の2式より v を消去し，近似式 $\sqrt{1+x}$ $\fallingdotseq 1 + \dfrac{1}{2}x - \dfrac{1}{8}x^2$ $(|x| \ll 1)$ を用いると，ΔE, m, c, h を用いて $\nu =$ ［ ウ ］ と表すことができる。

図1

この原子核が固体の吸収体中にあって動けないとすると，［ ウ ］で m を無限大とすることにより，吸収する γ 線の振動数 ν_∞ は，$\nu_\infty =$ ［ エ ］ となる。

いま，図2のように，γ 線源から出た振動数 ν の γ 線を吸収体に吸収させることを考える。吸収体が速さ V で γ 線源から遠ざかるとき，ドップラー効果により吸収が起こるには，ν_∞ と ν の間に $\dfrac{\nu_\infty}{\nu} =$ ［ オ ］ の関係がなければならない。

図2

ここで，吸収体が時刻 $t=0$ に振幅 A，角振動数 ω の単振動を始めたとすると，$x = A\sin\omega t$ のとき，$V = A\omega\cos\omega t$ となる。よって，吸収が起こる時刻を t_1 とすると，ΔE, m, c, A, ω を用いて，$\cos\omega t_1 =$ ［ カ ］ と表される。ここでは近似式 $\dfrac{1}{1-x} \fallingdotseq 1+x$ $(|x| \ll 1)$ を用いた。

特殊相対性理論によると，質量 M をもつ粒子が大きさ P の運動量で運動しているとき，そのエネルギー E は近似的に（$Pc \ll Mc^2$ のとき）$E = Mc^2 + \dfrac{P^2}{2M} = Mc^2 + \dfrac{1}{2}Mv^2$ と表される。ただし，c は真空中の光速度，v は粒子の速度とする。

(1) 静止している電子と陽電子が消滅して，2個の光子となった。

  (a) それらの光子の運動方向には，どのような関係があるか。

  (b) また，2つの光子のエネルギーの間にはどのような関係があるか。

  (c) 電子，陽電子の質量をそれぞれ m〔kg〕，真空中の光速度を c〔m/s〕，電子の電荷を $-e$〔C〕として，生成した光子1個のエネルギーは何 MeV か。

(2) 静止している陽電子 (e^+) と，運動エネルギー K の電子 (e^-) が消滅して2個の光子（振動数 ν_1 と ν_2）となり，そのうち1つは電子の進行方向と直角の方向に，他の1つは右図のように角 θ の方向に進んだ。

  (a) 運動量が保存されることにより成り立つ式を水平成分と鉛直成分についてそれぞれ書け。ただし，質量 m，運動エネルギー K の粒子の運動量の大きさは $\sqrt{2mK}$ で表される。

  (b) エネルギーが保存される式を示せ。

体系物理

第7版

Systematic Learning
Physics

別冊解答編

矢印の方向に引くと
本体から取り外せます

→

ゆっくり丁寧に取り外しましょう

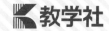教学社

目 次

第1章

力 学

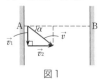

1 運動の表し方

📖 標準問題

1

(ア) t_0〔s〕間に x_0〔m〕進むから，平均の速度を $\overline{v}$〔m/s〕とすると

$$\overline{v} = \frac{x_0}{t_0} \text{〔m/s〕}$$

(イ) 点Qにおける接線の傾きが瞬間の速度であるから，求める速度を v〔m/s〕とすると

$$v = \frac{x_1}{t_1 - t_2} \text{〔m/s〕}$$

(ウ) t_0〔s〕間に速度が v_0〔m/s〕変化したから，平均の加速度を $\overline{a}$〔m/s²〕とすると

$$\overline{a} = \frac{v_0}{t_0} \text{〔m/s²〕}$$

(エ) 点Qにおける接線の傾きが瞬間の加速度であるから，求める加速度を a〔m/s²〕とすると

$$a = \frac{v_1}{t_1 - t_2} \text{〔m/s²〕}$$

2

(ア) Aから見たBの速度をAに対するBの相対速度という。

(イ) Aに対するBの相対速度は，Bの速度 v_B からAの速度 v_A を引けばよいから

$$v_B - v_A$$

(ウ) Bに対するAの相対速度は，(イ)の逆であるから

$$v_A - v_B$$

Point Aに対するBの相対速度とBに対するAの相対速度は，同じ大きさで向きが逆である。

(エ) Aに対するBの相対速度 $\overrightarrow{v_B} - \overrightarrow{v_A}$ は，図3の $\overrightarrow{v_A}$ の終点から $\overrightarrow{v_B}$ の終点への向きとなる。よって，①である。

3

(1) (ア)・(イ) 図1において，川岸に対する水の速度を $\overrightarrow{v_1}$，水に対する舟の速度を $\overrightarrow{v_2}$ とすれば，川岸に対する舟の速度 $\overrightarrow{v}$ は

$$\overrightarrow{v} = \overrightarrow{v_1} + \overrightarrow{v_2} \quad \text{（速度の合成）}$$

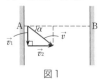

図1

ここで，$|\overrightarrow{v_1}| = 0.30\,\text{m/s}$，$|\overrightarrow{v_2}| = 0.40\,\text{m/s}$ で，$\overrightarrow{v_1}$ と $\overrightarrow{v_2}$ は垂直であるから，図1より

$$\tan\alpha = \frac{|\overrightarrow{v_1}|}{|\overrightarrow{v_2}|} = \frac{0.30}{0.40} = 0.75$$

$$|\overrightarrow{v}| = \sqrt{|\overrightarrow{v_1}|^2 + |\overrightarrow{v_2}|^2} = \sqrt{0.30^2 + 0.40^2}$$
$$= \sqrt{25} \times 10^{-1} = 0.50\,\text{m/s}$$

(2) (ウ)・(エ) 図2において

$$\sin\beta = \frac{|\overrightarrow{v_1}|}{|\overrightarrow{v_2}|} = \frac{0.30}{0.40} = 0.75$$

$$|\overrightarrow{v}| = \sqrt{|\overrightarrow{v_2}|^2 - |\overrightarrow{v_1}|^2} = \sqrt{0.40^2 - 0.30^2}$$
$$= \sqrt{7} \times 10^{-1} \fallingdotseq 0.26\,\text{m/s}$$

図2

AB = 30 m だから，求める時間 t〔s〕は

$$t = \frac{30}{|\overrightarrow{v}|} = \frac{30}{0.26} \fallingdotseq 115\,\text{s}$$

4

(1) 川岸に対する舟の速さは

　　下り：$V + v$　　上り：$V - v$

であるから

$$t_1 = \frac{l}{V+v} + \frac{l}{V-v} = \frac{2lV}{V^2-v^2}\,〔\text{s}〕$$

(2)

川岸に対する水の速度と，静水に対する舟の速度を合成すると，川岸に対する舟の速度となり，これが川岸に垂直方向であるから，川岸に対する舟の速さは $\sqrt{V^2-v^2}$

往復する時間は

$$t_2 = \frac{2l}{\sqrt{V^2-v^2}} = \frac{2l\sqrt{V^2-v^2}}{V^2-v^2}\,〔\text{s}〕$$

(3) $t_2 = \dfrac{2l\sqrt{V^2-v^2}}{V^2-v^2} = \dfrac{2lV}{V^2-v^2}\sqrt{1-\left(\dfrac{v}{V}\right)^2} < t_1$

よって，t_1 のほうが大きい。

5

〔北〕

人に対する風の速度

$\overrightarrow{v_{AB}} = \overrightarrow{v_B} - \overrightarrow{v_A}$

〔南〕

地面に対する人の速度が $\overrightarrow{v_A}$ ($|\overrightarrow{v_A}| = 10\,\text{m/s}$)，地面に対する風の速度が $\overrightarrow{v_B}$ のとき，人に対する風の速度 $\overrightarrow{v_{AB}} = \overrightarrow{v_B} - \overrightarrow{v_A}$ となる。人に対して風が真北から吹くので，上図の三角形は直角二等辺三角形となり，人に対する風速は

$$|\overrightarrow{v_{AB}}| = |\overrightarrow{v_A}| = 10\,\text{m/s}$$

また，地面に対する風速は

$$|\overrightarrow{v_B}| = \sqrt{10^2 + 10^2} = \sqrt{2} \times 10 ≒ 14\,\text{m/s}$$

6

(ｱ) t〔s〕間の速度変化が $v-v_0$〔m/s〕であるから，加速度は

$$a = \frac{v-v_0}{t}\,〔\text{m/s}^2〕$$

(ｲ) (ｱ)を変形して

$$v - v_0 = at$$

∴ $v = v_0 + at\,〔\text{m/s}〕$

(ｳ) 図2の網かけ部分の面積が x〔m〕であるから

$$x = v_0 \cdot t + \frac{1}{2} \cdot at \cdot t$$
$$= v_0 t + \frac{1}{2}at^2\,〔\text{m}〕$$

(ｴ) (ｱ)より $t = \dfrac{v-v_0}{a}$

(ｳ)に代入して

$$x = v_0\left(\frac{v-v_0}{a}\right) + \frac{a}{2}\left(\frac{v-v_0}{a}\right)^2$$
$$= \frac{2v_0 v - 2v_0^2 + v^2 - 2v_0 v + v_0^2}{2a}$$
$$= \frac{v^2 - v_0^2}{2a}$$

∴ $v^2 - v_0^2 = 2ax$

(ｵ) (ｲ)の $v = v_0 + at$ で，$t = t_1$ のとき，$v = 0$ であるから

$$0 = v_0 + at_1$$

∴ $t_1 = -\dfrac{v_0}{a}\,〔\text{s}〕$ (>0)

(ｶ) (ｳ)に(ｵ)の t_1 を代入して

$$x_1 = v_0\left(-\frac{v_0}{a}\right) + \frac{a}{2}\left(-\frac{v_0}{a}\right)^2$$
$$= -\frac{v_0^2}{a} + \frac{v_0^2}{2a}$$
$$= -\frac{v_0^2}{2a}\,〔\text{m}〕 \quad (>0)$$

7

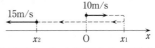

(1) 加速度を a〔m/s²〕(右向きを正)とすると，初速度 $v_0 = 10\,\text{m/s}$，$t = 5\,\text{s}$ 後の速度が $v = -15\,\text{m/s}$ であるから

$$a = \frac{v-v_0}{t} = \frac{-15-10}{5} = -5\,\text{m/s}^2$$

向き：左向き　大きさ：5 m/s²

(2) 求める時間を t〔s〕とすれば，折り返すときの速度は 0 であるから，公式 $v=v_0+at$ で，$v_0=10\text{m/s}$，$a=-5\text{m/s}^2$ より

$$0=10+(-5)t \quad \therefore \quad t=2\text{s}$$

(3) 折り返す位置を x_1〔m〕とすると，(2)の t より

$$x_1=v_0t+\frac{1}{2}at^2=10\times2+\frac{1}{2}\times(-5)\times2^2$$
$$=10\text{m}$$

よって，O 点より右に 10m の位置

(4) 5 秒後の位置を x_2〔m〕とすれば，公式 $x=v_0t+\frac{1}{2}at^2$ で，$v_0=10\text{m/s}$，$a=-5\text{m/s}^2$，$t=5\text{s}$ より

$$x_2=10\times5+\frac{1}{2}\times(-5)\times5^2=-12.5\text{m}$$

よって，O 点より左に 12.5m の位置

(5) 全通過距離を l〔m〕とすれば，$l=x_1+(x_1-x_2)=2x_1-x_2$ で，$x_1=10\text{m}$，$x_2=-12.5$m より

$$l=2\times10+12.5=32.5\text{m}$$

(Point) この運動の v-t グラフは次のようになる。

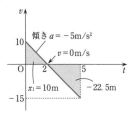

8

(1) 電車の前端が A 地点を通過するときの電車の速度が u〔m/s〕，後端が通過するときの速度が v〔m/s〕であるから，公式 $v=v_0+at$ で，$v_0=u$ として

$$v=u+at$$
$$\therefore \quad t=\frac{v-u}{a}\text{〔s〕}$$

(2) t〔s〕の間に進んだ距離が L〔m〕であるから，(1)より

$$L=ut+\frac{1}{2}at^2=u\cdot\frac{v-u}{a}+\frac{1}{2}a\left(\frac{v-u}{a}\right)^2$$
$$=\frac{v^2-u^2}{2a}\text{〔m〕}$$

(別解) 初速度を u，終速度を v，距離を L，加速度を a として

$$v^2-u^2=2aL \quad \therefore \quad L=\frac{v^2-u^2}{2a}\text{〔m〕}$$

(3) 電車の中点が A 地点を通るのは，前端が A 地点を通ってから $\frac{L}{2}$〔m〕進んだときであるから，初速度を u，終速度を v'，距離を $\frac{L}{2}$，加速度を a として

$$v'^2-u^2=2a\cdot\frac{L}{2}$$

これに(2)で求めた $L=\frac{v^2-u^2}{2a}$ を代入して

$$v'^2-u^2=2a\cdot\frac{v^2-u^2}{4a}=\frac{v^2-u^2}{2}$$
$$\therefore \quad v'^2=\frac{v^2+u^2}{2}$$

$v'>0$ より $\quad v'=\sqrt{\frac{v^2+u^2}{2}}$〔m/s〕

(別解) (2)より $\quad v^2-u^2=2aL$

また $\quad v'^2-u^2=2a\cdot\frac{L}{2}$

よって $\quad 2v'^2-2u^2=v^2-u^2$
$$\therefore \quad v'^2=\frac{v^2+u^2}{2}$$

$v'>0$ より $\quad v'=\sqrt{\frac{v^2+u^2}{2}}$〔m/s〕

(Point) この運動の v-t グラフは次のようになる。

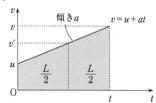

〔解答8〕

9

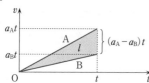

出発した時刻を $t=0$ とし，時間 t の間の A，B の変位を x_A，x_B とすると

$$x_A = \frac{1}{2}a_A t^2, \quad x_B = \frac{1}{2}a_B t^2$$

である。A，B の変位の差が l であるから

$$l = x_A - x_B = \frac{1}{2}a_A t^2 - \frac{1}{2}a_B t^2$$

$$\therefore \quad t^2 = \frac{2l}{a_A - a_B}$$

$t>0$ より $\quad t = \sqrt{\dfrac{2l}{a_A - a_B}}$

別解 相対加速度を用いると，B から見た A の加速度は

$$a_A - a_B$$

よって

$$\frac{1}{2}(a_A - a_B)t^2 = l \quad \therefore \quad t^2 = \frac{2l}{a_A - a_B}$$

$t>0$ より $\quad t = \sqrt{\dfrac{2l}{a_A - a_B}}$

Point この運動の v-t グラフは次のようになる。

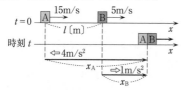

10

地面から見ると，次図のようになる。

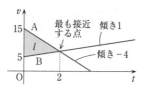

(1) 求める時間を t〔s〕とすると，最も近づ

いたときの A，B の速度は等しい（相対速度が 0 ）ので

$$15 - 4 \cdot t = 5 + 1 \cdot t$$

$$5t = 10 \quad \therefore \quad t = 2\,\text{s}$$

(2) はじめの A，B の間隔を l〔m〕とする。t〔s〕間の A，B の変位 x_A，x_B の差が l となるので

$$l = x_A - x_B$$

$$= \left(15 \cdot 2 - \frac{1}{2} \cdot 4 \cdot 2^2\right) - \left(5 \cdot 2 + \frac{1}{2} \cdot 1 \cdot 2^2\right)$$

$$= (30 - 8) - (10 + 2) = 22 - 12$$

$$= 10\,\text{m}$$

Point この運動の v-t グラフは次のようになる。

v軸: 15, 5, A, B, 最も接近する点, 傾き 1, 傾き −4, O, 2, t, l

11

(1) 投げ上げてから t〔s〕後に最高点に達したとすると，$v = v_0 - gt$ で，$v = 0$，$v_0 = 19.6$ m/s，$g = 9.8\,\text{m/s}^2$ より

$$0 = 19.6 - 9.8t \quad \therefore \quad t = 2.0\,\text{s}$$

(2) 投げ上げた点から最高点までの高さを h〔m〕とすると，最高点では $v = 0$ である。よって，$v^2 - v_0{}^2 = -2gh$ の式で，$v = 0$，$v_0 = 19.6\,\text{m/s}$，$g = 9.8\,\text{m/s}^2$ を代入すると

$$0 - 19.6^2 = -2 \times 9.8 \times h$$

$$\therefore \quad h = 19.6\,\text{m}$$

よって，地上からの高さは

$$24.5 + h = 24.5 + 19.6 = 44.1\,\text{m}$$

別解 $h = v_0 t - \dfrac{1}{2}gt^2$ で，$v_0 = 19.6\,\text{m/s}$，$g = 9.8\,\text{m/s}^2$，$t = 2.0\,\text{s}$ より

$$h = 19.6 \times 2.0 - \frac{1}{2} \times 9.8 \times 2.0^2 = 19.6\,\text{m}$$

以下同じ。

(3) 投げ上げた点を原点に，鉛直上向きに y

軸をとり，t〔s〕後に地面に落下するとして，$y = v_0 t - \dfrac{1}{2}gt^2$ で，$v_0 = 19.6\,\text{m/s}$，$g = 9.8\,\text{m/s}^2$，$y = -24.5\,\text{m}$ を代入すると

$$-24.5 = 19.6t - \frac{1}{2} \times 9.8t^2$$
$$t^2 - 4t - 5 = 0$$
$$(t+1)(t-5) = 0$$
$$t = 5, \quad -1$$

$t > 0$ であるから

$$t = 5.0\,\text{s}$$

Point $t = -1.0\,\text{s}$ はこれと同じような運動がもっと前から行われていたとすれば，$y = -24.5\,\text{m}$ の点を通ってきたのは投げ上げた時刻より $1.0\,\text{s}$ 前であったことを意味する。

(4) 地面に達する直前の速度を v〔m/s〕（上向きを正）とすると，(3)より $t = 5.0\,\text{s}$ 後に地面に達するから

$$v = 19.6 - 9.8 \times 5.0$$
$$= -29.4\,\text{m/s}$$

速さは速度の大きさであるから　$29.4\,\text{m/s}$

Point この運動の v-t グラフは次のようになる。

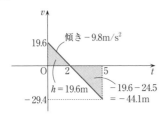

12

㋐ $v_0 \cos\theta$　㋑ 0　㋒ 等速度

㋓ $v_0 \cos\theta$　㋔ $v_0 \cos\theta \cdot t$

㋕ $v_0 \sin\theta$　㋖ $-g$　㋗ 等加速度

㋘ $v_0 \sin\theta - gt$　㋙ $v_0 \sin\theta \cdot t - \dfrac{1}{2}gt^2$

13

(1) 鉛直下向きへは自由落下であるから，求める時間を t〔s〕とすると

$$h = \frac{1}{2}gt^2 \qquad t^2 = \frac{2h}{g}$$

$t > 0$ より　$t = \sqrt{\dfrac{2h}{g}}$〔s〕

(2) 水平方向の運動は速さ v_0 の等速度運動となるので，求める距離 l〔m〕は，(1)の t を用いて

$$l = v_0 t = v_0 \sqrt{\frac{2h}{g}}\,\text{〔m〕}$$

(3) 地上に落下する直前の速度の水平・鉛直成分は

$$v_x = v_0\,\text{〔m/s〕}$$
$$v_y = gt = g\sqrt{\frac{2h}{g}} = \sqrt{2gh}\,\text{〔m/s〕}$$

よって，速さ v〔m/s〕は

$$v = \sqrt{v_x{}^2 + v_y{}^2} = \sqrt{v_0{}^2 + 2gh}\,\text{〔m/s〕}$$

(4) $\tan\theta = \dfrac{v_y}{v_x} = \dfrac{\sqrt{2gh}}{v_0}$

14

初速度の x 成分は $v_0 \cos\theta$，y 成分は $v_0 \sin\theta$ である。

(1) 最高点では速度の y 成分が 0 になるから

$$0 = v_0 \sin\theta - gt \qquad \therefore\quad t = \frac{v_0 \sin\theta}{g}$$

(2) (1)の t を用いて

$$H = (v_0 \sin\theta)t - \frac{1}{2}gt^2$$
$$= v_0 \sin\theta \cdot \frac{v_0 \sin\theta}{g} - \frac{1}{2}g\left(\frac{v_0 \sin\theta}{g}\right)^2$$
$$= \frac{v_0{}^2 \sin^2\theta}{2g}$$

別解 y 方向の初速度が $v_0 \sin\theta$，終速度が 0，高さが H，加速度が $-g$ であるから

$$0^2 - (v_0 \sin\theta)^2 = 2 \cdot (-g) \cdot H$$
$$\therefore\quad H = \frac{v_0{}^2 \sin^2\theta}{2g}$$

(3) T 後に $y = 0$ となるので

$$0 = (v_0 \sin\theta)T - \frac{1}{2}gT^2$$

$T > 0$ より　$T = \dfrac{2v_0 \sin\theta}{g}$

別解 地上から最高点に達するまでの時間と最高点から地上に達するまでの時間は等しいから，(1)の結果より

$$T = 2t = \frac{2v_0 \sin\theta}{g}$$

(4) x 方向へは $v_0\cos\theta$ の等速度運動であるから，(3)の T を用いると

$$S = (v_0\cos\theta)\,T = \frac{2v_0{}^2\sin\theta\cos\theta}{g}$$

$$= \frac{v_0{}^2\sin 2\theta}{g}$$

(5) v_0 が一定であるから，S が最大になるのは $\sin 2\theta$ が最大のときである。

$0 < \sin 2\theta \leqq 1$ であるから，$\sin 2\theta = 1$ のときであり，このときの角 θ_m は

$$2\theta_m = 90° \qquad \therefore \quad \theta_m = 45°$$

15

(1)　10.0m/s ↑ 気球に対する
　　　⑧ 小石の速度 9.8m/s

地上に対する小石の初速度 v_0〔m/s〕は，気球の速度と気球に対する小石の速度を合成したものであるから

$$v_0 = 10.0 + 9.8 = 19.8\,\text{m/s} \quad (上向き)$$

　　　10.0m/s ↑↑ 地上に対する
　　気球 ⑧ 小石の速度19.8m/s

━━━━━━━━━ 地上

投げた小石が再びこの人の目の前を通過するまでの時間を t〔s〕とすれば，この間の小石の変位と気球の変位とは等しいので

$$19.8t - \frac{1}{2} \times 9.8t^2 = 10.0t$$

$t \neq 0$ より

$$19.8 - 4.9t = 10.0$$

$$4.9t = 9.8 \quad \therefore \quad t = 2.0\,\text{s}$$

別解 気球に乗っている人から見ると，小石は初速度 9.8m/s で投げ上げられたのであるから，再び目の前を通過するまでの時間を t〔s〕とすると

$$9.8t - \frac{1}{2} \times 9.8t^2 = 0$$

$t \neq 0$ より　　$t = 2.0\,\text{s}$

(2) 再びこの人の目の前を通過するときの小石の速度は，地上に対して

$$19.8 - 9.8 \times 2.0 = 0.2\,\text{m/s} \quad (上向き)$$

このとき，気球の速度は上向きに 10.0m/s だから，気球（人）に対する小石の相対速度は

$$0.2 - 10.0 = -9.8\,\text{m/s}$$

よって，下向きに 9.8m/s の速さとなる。

別解 気球に乗った人から見た小石の速度は

$$9.8 - 9.8 \times 2.0 = -9.8\,\text{m/s}$$

よって，下向きに 9.8m/s の速さとなる。

(3) (2)より，上向きに 0.2m/s の速さ。

16

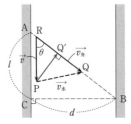

(1) 川岸に対する水の速度を $\vec{v}$，川岸に対する舟の速度を $\vec{v_舟}$ とすれば，静水に対する舟の速度 $\vec{v_水}$ は，$\vec{v_舟}=\vec{v_水}+\vec{v}$ より

$$\vec{v_水}=\vec{v_舟}-\vec{v} \quad (図の \overrightarrow{PQ})$$

$\vec{v}$ （図の $\overrightarrow{RP}$）と $\vec{v_舟}$ の向き A→B が定まっているので，$|\vec{v_水}|$ が最小になるのは，$\overrightarrow{PQ}$ を AB に垂直方向 $\overrightarrow{PQ'}$ にとったときである（Q' は P から AB に下ろした垂線と AB との交点）。よって，AB に垂直に川上に向けて漕げばよい。

(2) このとき

$$|\vec{v_水}|=|\vec{v}|\sin\theta \quad (\theta は AB と川岸との角)$$
$$=v\times\frac{CB}{AB}=v\frac{d}{\sqrt{l^2+d^2}} \ (m/s)$$

17

(1) (ア) x 方向へは速度 $v_0\cos\alpha$ の等速度運動であるから，水平距離 $l\cos\alpha$ 動くのにかかる時間 t は

$$t=\frac{l\cos\alpha}{v_0\cos\alpha}=\frac{l}{v_0}$$

(2) (イ) 球 A は高さ $l\sin\alpha$ の位置から自由落下するから，時刻 t における y 座標を y_A とすると，(1)の t を用いて

$$y_A=l\sin\alpha-\frac{1}{2}gt^2$$
$$=l\sin\alpha-\frac{1}{2}g\left(\frac{l}{v_0}\right)^2$$

(3) (ウ) 球 B は鉛直上方へ初速度 $v_0\sin\alpha$ で

投げ上げられるから，時刻 t における y 座標を y_B とすると，(1)の t を用いて

$$y_B=(v_0\sin\alpha)t-\frac{1}{2}gt^2$$
$$=(v_0\sin\alpha)\frac{l}{v_0}-\frac{1}{2}g\left(\frac{l}{v_0}\right)^2$$
$$=l\sin\alpha-\frac{1}{2}g\left(\frac{l}{v_0}\right)^2$$

(4) この衝突が点 O より上方で起こるためには(イ)，(ウ)の y 座標が $y>0$ であればよいから

$$l\sin\alpha-\frac{gl^2}{2v_0^2}>0 \quad \therefore \quad v_0^2>\frac{gl}{2\sin\alpha}$$

$v_0>0$ より

$$v_0>\sqrt{\frac{gl}{2\sin\alpha}}$$

18

(1) 初速度の水平成分は $v_0\cos\theta$，鉛直成分は $v_0\sin\theta$ で，x 方向へは等速度運動，y 方向へは加速度 $-g$ の等加速度運動であるから

$$\begin{cases} x=v_0\cos\theta\cdot t & \cdots\cdots① \\ y=v_0\sin\theta\cdot t-\frac{1}{2}gt^2 & \cdots\cdots② \end{cases}$$

(2) 傾きが $-\tan\alpha$ で原点を通る直線の式であるから

$$y=-\tan\alpha\cdot x \quad \cdots\cdots③$$

(3) 斜面に衝突するまでの時間 t，および衝突点の x，y は上の①～③を同時に満たす解である。

③に①，②を代入して

$$v_0\sin\theta\cdot t-\frac{1}{2}gt^2=-\tan\alpha\cdot v_0\cos\theta\cdot t$$

$t>0$ より

$$t=\frac{2v_0}{g}(\sin\theta+\cos\theta\tan\alpha)$$
$$=\frac{2v_0}{g}\cdot\frac{\sin\theta\cos\alpha+\cos\theta\sin\alpha}{\cos\alpha}$$
$$=\frac{2v_0}{g\cos\alpha}\sin(\theta+\alpha)$$

(4) $l\cos\alpha=v_0\cos\theta\cdot t$ より

$$l=\frac{v_0\cos\theta}{\cos\alpha}t$$

$$= \frac{v_0\cos\theta}{\cos\alpha} \cdot \frac{2v_0}{g\cos\alpha} \sin(\theta+\alpha)$$

$$= \frac{2v_0{}^2 \sin(\theta+\alpha)\cos\theta}{g\cos^2\alpha}$$

与えられた公式を用いて

$$l = \frac{v_0{}^2 \{\sin(2\theta+\alpha) + \sin\alpha\}}{g\cos^2\alpha}$$

Point $\sin(\theta+\alpha)\cos\theta$ を，θ を含む項と含まない項に分離した。

別解 $t,\ l$ は以下のようにして求めることもできる。

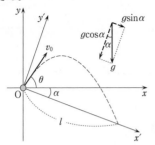

斜面に沿って下向きに x' 軸，それと垂直に y' 軸を図のようにとると，初速度の x' 軸方向の成分は，$v_0\cos(\theta+\alpha)$，y' 軸方向の成分は $v_0\sin(\theta+\alpha)$ である。

また，加速度は x' 軸方向に $g\sin\alpha$，y' 軸方向に $-g\cos\alpha$ であるから，時刻 t における物体の位置 x'，y' は

$$\begin{cases} x' = v_0\cos(\theta+\alpha)\cdot t + \dfrac{1}{2}g\sin\alpha\cdot t^2 \\[2mm] y' = v_0\sin(\theta+\alpha)\cdot t - \dfrac{1}{2}g\cos\alpha\cdot t^2 \end{cases}$$

物体が斜面に到達した時刻は，$y'=0$ より

$$t = \frac{2v_0\sin(\theta+\alpha)}{g\cos\alpha}$$

このときの x' 座標が l であるから

$$l = v_0\cos(\theta+\alpha)\cdot \frac{2v_0\sin(\theta+\alpha)}{g\cos\alpha}$$

$$+ \frac{1}{2}g\sin\alpha\cdot \frac{4v_0{}^2\sin^2(\theta+\alpha)}{g^2\cos^2\alpha}$$

$$= \frac{2v_0{}^2\sin(\theta+\alpha)}{g\cos^2\alpha}$$

$$\times\{\cos\alpha\cos(\theta+\alpha) + \sin\alpha\sin(\theta+\alpha)\}$$

加法定理より

$$\cos\alpha\cos(\theta+\alpha) + \sin\alpha\sin(\theta+\alpha)$$

$$= \cos\{\alpha - (\theta+\alpha)\} = \cos(-\theta) = \cos\theta$$

であるから

$$l = \frac{2v_0{}^2\sin(\theta+\alpha)}{g\cos^2\alpha} \cdot \cos\theta$$

$$= \frac{v_0{}^2\{\sin(2\theta+\alpha) + \sin\alpha\}}{g\cos^2\alpha}$$

(5) α と v_0 は一定であるから，(4)の式より，l が最大になるためには，$\sin(2\theta+\alpha)$ が最大値 1 となればよい。よって

$$2\theta_m + \alpha = 90° \qquad \therefore\quad \theta_m = \frac{90° - \alpha}{2}$$

このとき $\qquad l_m = \dfrac{v_0{}^2(1+\sin\alpha)}{g\cos^2\alpha}$

2 運動の法則

🏠 **標準問題**

19

加 え た 力 の 大 き さ を F〔N〕，糸の張力の大きさを T〔N〕，重力を mg〔N〕とすると，図1は右のようになり

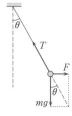

(ア) $\tan\theta = \dfrac{F}{mg}$ より

$\qquad F = mg\tan\theta$〔N〕

(イ) $\cos\theta = \dfrac{mg}{T}$ より

$\qquad T = \dfrac{mg}{\cos\theta}$〔N〕

図2は右のようになり

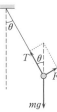

(ウ) $\sin\theta = \dfrac{F}{mg}$ より

$\qquad F = mg\sin\theta$〔N〕

(エ) $\cos\theta = \dfrac{T}{mg}$ より

$\qquad T = mg\cos\theta$〔N〕

Point 加えた力，糸の張力，重力の3つの力のつりあいを考える。垂直に交わる2つの力の合力の大きさが残りの力 (図1では糸の張力，図2では重力) の大きさと等しくなればよい。

20

(1) (a) ばね定数 k_1，k_2 のばねの伸びを x_1，x_2 とすれば，ばねにはたらく力はつりあっているから，どちらのばねも両端を大きさ F の力で引かれている。それぞれの伸びの和が全体の伸びであるから

$$\begin{cases} F = k_1 x_1 \\ F = k_2 x_2 \\ x = x_1 + x_2 \end{cases}$$

$$\therefore\quad x = \left(\dfrac{1}{k_1} + \dfrac{1}{k_2}\right)F = \dfrac{k_1 + k_2}{k_1 k_2}F$$

(b) 前式より

$$F = \dfrac{k_1 k_2}{k_1 + k_2}x = Kx \qquad \therefore\quad K = \dfrac{k_1 k_2}{k_1 + k_2}$$

Point $\dfrac{1}{K} = \dfrac{1}{k_1} + \dfrac{1}{k_2}$ であるから，直列につなぐと，ばね定数の逆数の和が合成ばね定数の逆数となる。

(2) (a) それぞれのばねの弾性力の和が，F に等しいので

$$k_1 x + k_2 x = F \qquad \therefore\quad x = \dfrac{F}{k_1 + k_2}$$

(b) 前式より

$$F = (k_1 + k_2)x = Kx \qquad \therefore\quad K = k_1 + k_2$$

Point 並列につなぐと，ばね定数の和が合成ばね定数となる。

21

(1) 糸の張力の大きさを T〔N〕とすれば，B にはたらく力のつりあいより

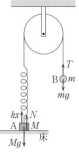

$\qquad T = mg$

ばねの弾性力の大きさは糸の張力の大きさに等しいので，ばねの伸びを x〔m〕とすれば，フックの法則より

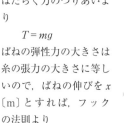

$\qquad kx = T = mg$

$$\therefore\quad x = \dfrac{mg}{k}$$〔m〕

(2) A にはたらく力は，上向きに弾性力 kx〔N〕，垂直抗力 N〔N〕，下向きに重力 Mg〔N〕で，つりあっているので

$\qquad kx + N - Mg = 0$

$$\therefore\quad N = Mg - kx = Mg - mg$$

$= (M-m)g$ 〔N〕

Point $N=0$ のとき A は床から離れる。このとき $M=m$ である。

22

(1) 斜面はなめらかなので，小物体にはたらく力は重力 mg と垂直抗力 N

との2力である。物体の加速度を斜面に沿って下向きを正として a とすれば，重力の斜面下方向の成分は $mg\sin\theta$，垂直抗力の斜面下方向の成分は0であるから，運動方程式より

$$ma = mg\sin\theta$$

∴　$a = g\sin\theta$

(2) 求める速さを v とすると，等加速度運動の公式より

$$v^2 - 0 = 2as$$

$v>0$ より

$$v = \sqrt{2as} = \sqrt{2gs\sin\theta}$$

(3) 求める距離を x とすると，斜面に沿って上向きを正として

$$0 - v_0{}^2 = 2\cdot(-a)\cdot x$$

∴　$x = \dfrac{v_0{}^2}{2a} = \dfrac{v_0{}^2}{2g\sin\theta}$

23

A と B それぞれにはたらく水平方向の力は図のようになる。

よって，運動方程式は

$$\begin{cases} A: m_1 a = T & \cdots\cdots ① \\ B: m_2 a = F - T & \cdots\cdots ② \end{cases}$$

①，②を辺々加えて T を消去すると

$$(m_1 + m_2)a = F$$

∴　$a = \dfrac{F}{m_1 + m_2}$ 〔m/s²〕

①へ代入して

$$T = m_1 a = \dfrac{m_1}{m_1 + m_2}F$$ 〔N〕

24

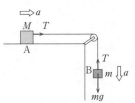

(1) 手を放した後，A，B にはたらく力はそれぞれ図のようになるので，運動方程式は

$$\begin{cases} A: Ma = T \\ B: ma = mg - T \end{cases}$$

辺々加えて T を消去すると

$$(M+m)a = mg \qquad ∴\quad a = \dfrac{m}{M+m}g$$

また　$T = Ma = \dfrac{Mm}{M+m}g$

(2) $M>0$ なので，$m>0$ なら $a>0$ となり，手を放すと動き出す。

よって　　$m>0$

25

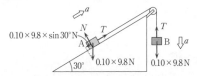

A，B の加速度を図の向きに大きさ a〔m/s²〕とおく。A，B にはたらく力は，図のようになるので（N は垂直抗力の大きさ），運動方程式は

$$\begin{cases} A: 0.10a = T - 0.10\times9.8\times\sin30° \\ B: 0.10a = 0.10\times9.8 - T \end{cases}$$

辺々加えて T を消去すると

$$0.20a = 0.10\times9.8 - 0.10\times9.8\times0.5 = 0.49$$

∴　$a = \dfrac{0.49}{0.20} = 2.45 ≒ 2.5\,\text{m/s}^2$

また，B の式より

$$T=0.10\times9.8-0.10\times2.45$$
$$=0.98-0.245=0.735\fallingdotseq0.74\,\mathrm{N}$$
Aの加速度の大きさ：$2.5\,\mathrm{m/s^2}$
　　　　　　向き：斜面に沿って上向き
糸の張力の大きさ：$0.74\,\mathrm{N}$

26

$m_1>m_2$ だから，A
の加速度を下向きに
a とおけば，Bの加
速度は上向きに a と
なる。A，Bにはた
らく力は右図のよう
になる。

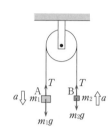

運動方程式は
$$\begin{cases}\mathrm{A}:m_1a=m_1g-T\\\mathrm{B}:m_2a=T-m_2g\end{cases}$$
辺々加えて T を消去すると
$$(m_1+m_2)\,a=(m_1-m_2)\,g$$
$$\therefore\quad a=\frac{m_1-m_2}{m_1+m_2}g$$
また，Bの式より
$$T=m_2g+m_2a$$
$$=m_2g\Big(1+\frac{m_1-m_2}{m_1+m_2}\Big)$$
$$=\frac{2m_1m_2}{m_1+m_2}g$$

27

(1) 棒の全質量は ld
〔kg〕，力は F〔N〕だか
ら（図１），棒全体の運
動方程式は

図１

$$ld\cdot a=F\quad\therefore\quad a=\frac{F}{ld}\,\mathrm{[m/s^2]}$$

(2) 左端から x〔m〕ま
での質量は xd〔kg〕，力
は T〔N〕だから（図２），
運動方程式は

図２

$$xd\cdot a=T$$

(1)の a を用いると
$$T=xd\frac{F}{ld}=\frac{x}{l}F\,\mathrm{[N]}$$

28

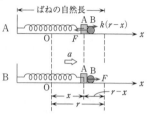

(1) 手を放してから，ばねが0から x だけ伸
びたとき，ばねの縮みは $r-x$ であるから，
A，Bそれぞれにはたらく力は
$$\mathrm{A}:\begin{cases}\text{ばねが押す力 }k\,(r-x)\quad(+x\text{方向})\\\text{Bからの抗力 }F\quad(-x\text{方向})\end{cases}$$
$$\mathrm{B}:\begin{pmatrix}\text{Aからの抗力 }F\quad(+x\text{方向})\\[2pt]\text{Bにはたらく力に，ばねが押す力を}\\\text{入れてはいけない}\end{pmatrix}$$
よって，Aについての運動方程式は
$$Ma=k\,(r-x)-F\quad\cdots\cdots①$$
Bについての運動方程式は
$$ma=F\quad\cdots\cdots②$$

(2) ①，②を辺々加えて F を消去すると
$$(M+m)\,a=k\,(r-x)$$
$$\therefore\quad a=\frac{k}{M+m}\,(r-x)$$
②へ代入して
$$F=ma=\frac{m}{M+m}k\,(r-x)\,\mathrm{[N]}$$

(3) x が0からしだいに大きくなると，F は
小さくなり，$F=0$ でBはAから離れる。こ
のときの x が x' であるから，$r-x'=0$ より
$$x'=r\,\mathrm{[m]}$$

Point Bはばねの自然長の位置でAから
離れる。これは，自然長の位置を過ぎると，
Aにはばねから x の負方向の弾性力がはた
らき，Aの速さがBより遅くなるからであ
る。

29

物体が動き出すまで物体にはたらく摩擦力の大きさは外力と等しいので，グラフはO点を通る傾角 $45°$ の線分となる。

動き出す直前では

$$f_0 = \mu_0 N = \mu_0 mg$$

動き出した後は速度にかかわらず速度と逆向きに

$$f = \mu N = \mu mg < \mu_0 mg$$

よって，グラフは図のようになる。

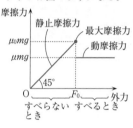

30

(1)

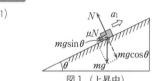

図1（上昇中）

加速度を斜面に沿って上向きを正として a_1 とすれば（図1），小物体が斜面から受ける垂直抗力の大きさを N とすると，斜面に垂直方向の力のつりあいより

$$N = mg\cos\theta$$

よって，小物体が斜面から受ける動摩擦力の大きさは

$$\mu N = \mu mg\cos\theta$$

また，小物体にはたらく重力の斜面下方向の成分は

$$mg\sin\theta$$

よって，小物体の運動方程式は

$$ma_1 = -mg\sin\theta - \mu mg\cos\theta$$

∴ $a_1 = -(\sin\theta + \mu\cos\theta)g$

求める時間を t_1 とすれば，最高点では速度が0になるから

$$0 = v_0 + a_1 t_1$$

∴ $t_1 = -\dfrac{v_0}{a_1} = \dfrac{v_0}{(\sin\theta + \mu\cos\theta)g}$

(2) $0 - v_0^2 = 2a_1 l$ より

$$l = -\dfrac{v_0^2}{2a_1} = \dfrac{v_0^2}{2(\sin\theta + \mu\cos\theta)g}$$

(3) 最高点で一瞬静止した後，すべり下りるためには，重力の斜面下方向の成分 $mg\sin\theta$ が最大摩擦力 $\mu_0 N = \mu_0 mg\cos\theta$ より大きければよいから

$$mg\sin\theta > \mu_0 mg\cos\theta$$

∴ $\mu_0 < \tan\theta$

Point $\mu_0 = \tan\theta_0$ となる θ_0 を摩擦角という。$\theta > \theta_0$ のとき物体はすべり出す。

(4)

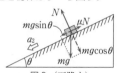

図2（下降中）

加速度を斜面に沿って下向きを正として a_2 とすれば（図2），動摩擦力 μN は斜面上向きになるから，運動方程式は

$$ma_2 = mg\sin\theta - \mu mg\cos\theta$$

∴ $a_2 = (\sin\theta - \mu\cos\theta)g$

l すべり下りたときの速さを v' とすると

$$v'^2 - 0 = 2a_2 l$$

$v' > 0$ より

$$v' = \sqrt{2a_2 l} = \sqrt{2gl(\sin\theta - \mu\cos\theta)}$$

Point 一般に $\mu_0 > \mu$ であるから

$$\sin\theta - \mu\cos\theta = \cos\theta(\tan\theta - \mu)$$
$$> \cos\theta(\mu_0 - \mu) > 0$$

となり，$a_2 > 0$ であることがわかる。

31

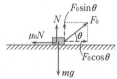

すべる直前のつりあいを考える。

小物体が水平面から受ける垂直抗力の大きさを N とすれば，水平方向の力のつりあいより

$$F_0\cos\theta - \mu_0 N = 0 \quad \cdots\cdots ①$$

鉛直方向の力のつりあいより

$$N + F_0\sin\theta - mg = 0 \quad \cdots\cdots ②$$

①より $\qquad N = \dfrac{F_0\cos\theta}{\mu_0}$

②へ代入して $\qquad F_0 = \dfrac{\mu_0 mg}{\cos\theta + \mu_0\sin\theta}$

Point $0°\leqq\theta<90°$ のとき，$N>0$ であるから，すべり出す前に小物体が水平面から浮き上がることはない。

32

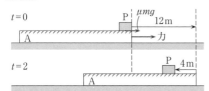

(1) 2秒間に板Aが $\dfrac{1}{2}\times6\times2^2 = 12\,\mathrm{m}$ 右へ動き，この間にA上で小物体Pが左へ $4\,\mathrm{m}$ 動いたのであるから，水平面に対してPは右へ $12-4 = 8\,\mathrm{m}$ 動いた。

(2) 水平面から見たPの加速度を右向きを正として $a\,[\mathrm{m/s^2}]$ とすれば

$$8 = \dfrac{1}{2}a\times2^2 \qquad \therefore \quad a = 4\,\mathrm{m/s^2}$$

また，重力加速度の大きさを $g\,[\mathrm{m/s^2}]$ とすると，小物体が板Aから受ける垂直抗力の大きさは $mg\,[\mathrm{N}]$ であるから，小物体は板Aから右へ $\mu mg\,[\mathrm{N}]$ の動摩擦力を受ける。よって，小物体の運動方程式は

$$ma = \mu mg$$

$$\therefore \quad \mu = \dfrac{a}{g} = \dfrac{4}{9.8} \fallingdotseq 0.41$$

33

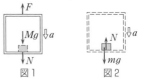

図1 　　　 図2

(1) 分銅と箱との間の抗力の大きさを N とし，加速度を下向きを正として a とすれば，箱にはたらく空気抵抗は上向きであるから，運動方程式は

$$\begin{cases} 箱 \quad : Ma = Mg + N - F \text{（図1）} \quad \cdots\cdots ① \\ 分銅 : ma = mg - N \text{（図2）} \qquad\qquad \cdots\cdots ② \end{cases}$$

①，②より

$$(M+m)\,a = (M+m)\,g - F$$

$$\therefore \quad a = g - \dfrac{F}{M+m}$$

よって

$$N = mg - ma = \dfrac{m}{M+m}F$$

(2) $F=0$ であるから，(1)より

$$N = 0$$

Point 箱内では無重力状態と同じになる。

(3) 落下の速度が一定（終速度）になると，$a=0$ となるので，②より

$$0 = mg - N \qquad \therefore \quad N = mg$$

Point 等速度で下降する箱内では，物体にはたらく抗力は，箱が地面に静止しているときと同じになる。

34

流体（気体や液体）中の物体は，物体が排除したのと同体積の流体の重さに等しい浮力を鉛直上方に受ける（アルキメデスの原理）。

球が速さ $v\,[\mathrm{m/s}]$ で流体中を落下しているときの加速度を下向きを正として $a\,[\mathrm{m/s^2}]$ とする。

球の質量は $\dfrac{4}{3}\pi r^3 d\,[\mathrm{kg}]$ であるから，重力は

$$\dfrac{4}{3}\pi r^3 dg\,[\mathrm{N}] \quad \text{（下向き）}$$

排除した流体の質量は $\frac{4}{3}\pi r^3\rho$〔kg〕であるから，浮力は

$$\frac{4}{3}\pi r^3\rho g\text{〔N〕} \quad \text{（上向き）}$$

抵抗力は kv〔N〕（上向き）であるから，運動方程式は

$$\frac{4}{3}\pi r^3 d\cdot a=\frac{4}{3}\pi r^3 dg-\frac{4}{3}\pi r^3\rho g-kv$$

$$\therefore \quad a=\frac{d-\rho}{d}g-\frac{k}{\frac{4}{3}\pi r^3 d}v$$

v が増していくと a は 0 になる。このときの v が終速度 v' であるから，$a=0$ とおいて

$$v'=\frac{4\pi r^3}{3k}(d-\rho)g\text{〔m/s〕}$$

35

(ア)　浮力の大きさは物体が排除した液体の重さに等しい（アルキメデスの原理）。物体が排除した液体の質量は ρV〔kg〕，重さは ρVg〔N〕であるから，浮力の大きさは ρVg〔N〕である。

(イ)

糸の張力の大きさを T〔N〕とすると，浮力，重力とのつりあいより

$$T+\rho Vg=mg$$

$$\therefore \quad T=mg-\rho Vg\text{〔N〕}$$

(ウ)

液体の質量を M〔kg〕とすると，容器が秤から受ける垂直抗力の大きさ N〔N〕は，浮力の反作用を下向きに受けることを考慮して

$$N=Mg+\rho Vg$$

液体を入れた容器をのせただけのときの垂直抗力の大きさを N_0〔N〕とすると

$$N_0=Mg$$

秤はこの垂直抗力の反作用を受けて目盛を示し，N_0 のときの目盛が W_0〔N〕であるから，N のときの目盛は

$$W_0+\rho Vg\text{〔N〕}$$

である。

(エ)

物体を容器の底につけるとき，底から受ける垂直抗力の大きさを N'〔N〕とすると

$$N'+\rho Vg=mg$$

$$\therefore \quad N'=mg-\rho Vg$$

このとき，容器が秤から受ける垂直抗力の大きさを N''〔N〕とすると

$$\begin{aligned}N''&=Mg+\rho Vg+N'\\&=Mg+\rho Vg+mg-\rho Vg\\&=Mg+mg\end{aligned}$$

よって，目盛は

$$W_0+mg\text{〔N〕}$$

Point　物体は液体から浮力 ρVg を上向きに受けるから，液体はその反作用として ρVg を下向きに受ける。よって，秤の目盛は ρVg だけ増す。物体が容器の底につくと，物体から垂直抗力 $N'=mg-\rho Vg$ をさらに受けるので，秤の目盛は mg 増すことになる。

36

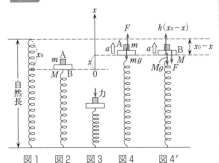

図1 図2 図3 図4 図4′

(1) 図4でAにはたらく力は

$\begin{cases} \text{BがAを押す力} F \quad (+x \text{方向}) \\ \text{重力} mg \quad (-x \text{方向}) \end{cases}$

よって，Aの運動方程式は

$ma = F - mg$ ……①

(2) 図2のつりあいのとき，ばねの縮みを x_0〔m〕とすれば

$0 = kx_0 - (m+M)g \quad \therefore \quad x_0 = \dfrac{(m+M)g}{k}$

図4′でBにはたらく力は

$\begin{cases} \text{ばねがBを押す力} k(x_0 - x) \quad (+x \text{方向}) \\ \text{重力} Mg \quad (-x \text{方向}) \\ \text{AがBを押す力} F \quad (-x \text{方向}) \end{cases}$

よって，Bの運動方程式は

$Ma = k(x_0 - x) - Mg - F$

$\quad = k\left\{\dfrac{(m+M)g}{k} - x\right\} - Mg - F$

$\quad = mg - kx - F$

$\therefore \quad Ma = mg - kx - F$ ……②

(3) ①，②を辺々加えると

$(m+M)a = -kx \quad \therefore \quad a = -\dfrac{kx}{m+M}$

①へ代入して

$F = m(a+g) = m\left(g - \dfrac{k}{m+M}x\right)$〔N〕

(4) $F=0$ の位置でAはBから離れるので

$g - \dfrac{k}{m+M}x' = 0$

$\therefore \quad x' = \dfrac{m+M}{k}g$〔m〕

Point　$x' = x_0$ であるから，Aはばねの自然長の位置でBから離れる。

37

(1) A，B，P それぞれにはたらく力は図のようになるので，運動方程式は

$\begin{cases} \text{A} : ma_A = T - mg & \cdots\cdots① \\ \text{B} : 3ma_B = T - 3mg & \cdots\cdots② \\ \text{P} : 0 = \dfrac{24}{7}mg - 2T & \cdots\cdots③ \end{cases}$

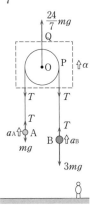

(2) Pに対するA，Bの相対加速度はそれぞれ上向きを正として $a_A - \alpha$, $a_B - \alpha$ となるが，糸は伸び縮みせず長さが一定であるから，これらは逆向きで大きさが等しい。よって

$a_A - \alpha = -(a_B - \alpha)$

$\therefore \quad a_A + a_B = 2\alpha$ ……④

(3) ③より　$T = \dfrac{12}{7}mg$

①，②へ代入すると

$ma_A = \dfrac{5}{7}mg \quad \therefore \quad a_A = \dfrac{5}{7}g$

$3ma_B = -\dfrac{9}{7}mg \quad \therefore \quad a_B = -\dfrac{3}{7}g$

④へ代入して

$\alpha = \dfrac{a_A + a_B}{2} = \dfrac{1}{7}g$

38

P，Qにはたらく力と加速度はそれぞれ図1，図2のようになる。

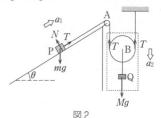

図1　　　　　図2

(1) 図1でNの水平右向きの成分は $N\sin\theta$ であるから

$$ma_1 = N\sin\theta$$

(2) 図1でNの鉛直上向きの成分は $N\cos\theta$ であるから

$$ma_2 = mg - N\cos\theta$$

(3) 図2でNの水平左向きの成分は $N\sin\theta$ であるから

$$MA = N\sin\theta$$

(4) 図2でQにはたらく力の鉛直方向のつりあいより

$$0 = R - Mg - N\cos\theta$$

(5) Pの軌道は，床から見ると水平と角 θ の方向ではないが，台上で見ると θ の方向である。台上で見た（台に対する）Pの加速度は

$$\begin{cases} \text{水平方向右向きに：} a_1 + A \\ \text{鉛直方向に　　　：} a_2 \end{cases}$$

となるので　　 $\tan\theta = \dfrac{a_2}{a_1 + A}$

$$\therefore\quad a_2 = (a_1 + A)\tan\theta$$

Point　(1)～(5)の5つの式から，a_1, a_2, A, N, R を求めることができる。

39

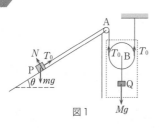

図1

(1) つりあったとき（図1）の糸の張力の大きさを T_0 とすれば，動滑車の両端が T_0 で引かれることに注意して，力のつりあいの式より

$$\begin{cases} \text{P}：0 = T_0 - mg\sin\theta \\ \text{Q}：0 = Mg - 2T_0 \end{cases}$$

よって，Pが上方へ動き，Qが下がるためには

$$T_0 > mg\sin\theta, \quad Mg > 2T_0$$

であればよいから

$$Mg > 2mg\sin\theta \quad \therefore\quad M > 2m\sin\theta$$

(2) (a) 図2より

$$ma_1 = T - mg\sin\theta \quad \cdots\cdots①$$

(b) $$Ma_2 = Mg - 2T \quad \cdots\cdots②$$

(c) 初速度が0の等加速度運動では，変位は加速度に比例する。Δt 間にPが斜面に沿って Δx 上がる間にQが Δy 下がるとき，$\Delta x = 2\Delta y$ が成り立つので

$$a_1 = 2a_2 \quad \cdots\cdots③$$

(d) ①に③を代入して

$$2ma_2 = T - mg\sin\theta$$

$$\therefore\quad 4ma_2 = 2T - 2mg\sin\theta \quad \cdots\cdots④$$

②と④を辺々加えて T を消去すると

$$(M + 4m)a_2 = (M - 2m\sin\theta)g$$

$$\therefore\quad a_2 = \dfrac{M - 2m\sin\theta}{M + 4m}g$$

③より

$$a_1 = 2a_2 = \dfrac{2(M - 2m\sin\theta)}{M + 4m}g$$

①より

$$T = m(a_1 + g\sin\theta)$$

$$= m\left\{\dfrac{2(M - 2m\sin\theta)}{M + 4m} + \sin\theta\right\}g$$

$$= \frac{(2+\sin\theta)Mm}{M+4m}g$$

40

(1) BとCを一体としてすべる直前のつり
あいを考える。

AとBの間の垂直抗力の大きさをNとする
と，鉛直方向の力のつりあいから$N=3Mg$
となる。AとBの間の静止摩擦係数をμ_0と
すれば，AとBの間の最大摩擦力は，図1
のように$\mu_0 N = \mu_0 \cdot 3Mg$となるので

$$0 = 0.90Mg - \mu_0 \cdot 3Mg \quad \therefore \quad \mu_0 = 0.30$$

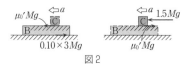

図1

(2) $F=1.5Mg$のときは，CがB上を左へす
べる直前である。このときの加速度を左向き
を正としてa，BとCの間の静止摩擦係数を
μ_0'とすれば，BとCの間の垂直抗力の大き
さN'は$N'=Mg$となり，BとCにはたらく
力は図2のようになるので，運動方程式は

$$\begin{cases} \text{B}: 2Ma = \mu_0'Mg - 0.10 \times 3Mg \\ \text{C}: Ma = 1.5Mg - \mu_0'Mg \end{cases}$$

2式を加えて

$$3Ma = 1.2Mg \quad \therefore \quad a = 0.40g$$

Cの式より

$$0.40Mg = 1.5Mg - \mu_0'Mg$$

$$\therefore \quad \mu_0' = 1.1$$

図2

(3) $F=2.0Mg$のときは，B，Cそれぞれ別
の加速度をもつ。

Bの加速度を左向きを正としてa_Bとすれば，
Bにはたらく外力は図3のようになるので

$$2Ma_B = 1.0Mg - 0.10 \times 3Mg$$

$$\therefore \quad a_B = 0.35g$$

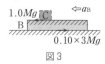

図3

41

(1)

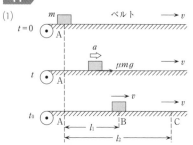

求める時間をt_0とする。$0 < t < t_0$では，ベル
トの上で物体はベルトに対して左向きにすべ
っているので，小物体の質量をmとすれば，
物体にはたらく動摩擦力は右向きにμmgと
なる。地上から見た物体の加速度を右向きを
正としてaとすると，物体の運動方程式は

$$ma = \mu mg \quad \therefore \quad a = \mu g$$

t_0後に物体の速度とベルトの速度が等しくな
るので

$$at_0 = v \quad \therefore \quad t_0 = \frac{v}{a} = \frac{v}{\mu g}$$

(2) この間の地上から見た物体の移動距離l_1
は

$$l_1 = \frac{1}{2}at_0^2 = \frac{1}{2}\mu g \left(\frac{v}{\mu g}\right)^2 = \frac{v^2}{2\mu g}$$

(3) この間のベルトの移動距離l_2は

$$l_2 = vt_0 = \frac{v^2}{\mu g}$$

となるので，ベルトの上を左向きにすべった
距離lは

$$l = l_2 - l_1 = \frac{v^2}{\mu g} - \frac{v^2}{2\mu g} = \frac{v^2}{2\mu g}$$

S*ECTION* 3 仕事と力学的エネルギー

標準問題

42

仕事 W は $\vec{F}$ と $\vec{s}$ の内積で定義される。

$$W = \vec{F} \cdot \vec{s} = |\vec{F}||\vec{s}|\cos\theta = Fs\cos\theta \text{〔J〕}$$

43

(1) 図で水平方向に物体を運ぶときに外力が
した仕事は 0 であるから、鉛直方向に h 持
ち上げるときに外力のした仕事を求めればよ
い。外力を f〔N〕とすると、P 点から Q 点
へゆっくりと持ち上げるとき、力はつりあっ
ているから

$$f = mg\text{〔N〕}$$

よって

$$W = f \cdot h = mgh \text{〔J〕}$$

(2) 加える外力は上向きに mg〔N〕である
が、Q 点から P 点への移動は下向きである
から

$$W = -mgh \text{〔J〕}$$

44

静かに引き上げるとは、一定の速度でゆっく
り引き上げることで、物体の加速度は 0 であ
る。よって、力はつりあっている。

(1) (a) 図 1 のように、斜面に沿って加える
外力の大きさを F_1 とすれば、斜面方向の力
のつりあいより

$$F_1 = mg\sin\theta$$

よって、F_1 がした仕事 W_1 は

$$W_1 = F_1 \cdot s = mgs\sin\theta$$

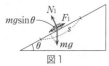

図 1

(b) 図 2 のように、水平方向に加える外力の

大きさを F_2 とすれば、斜面方向についての
力のつりあいより

$$F_2\cos\theta = mg\sin\theta \quad \therefore \quad F_2 = mg\tan\theta$$

よって、F_2 がした仕事 W_2 は

$$W_2 = F_2 \cdot s\cos\theta = mg\tan\theta \cdot s\cos\theta$$
$$= \boldsymbol{mgs\sin\theta}$$

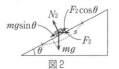

図 2

(2) (1)の(a)で $\theta = 0$ の場合であるから、$\sin\theta$
$= 0$ より、求める仕事 W は

$$W = 0$$

45

(1)

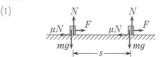

物体が水平面から受ける垂直抗力の大きさは
$N = mg$ であるから、動摩擦力の大きさは
$\mu N = \mu mg$ である。

外力の大きさを F とすると、一定の速度で
動かすから物体にはたらく力はつりあってい
るとして、F と動摩擦力 μmg は等しく

$$F = \mu mg$$

よって、F がした仕事 W は

$$W = Fs = \mu mgs$$

(2)

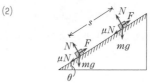

物体が斜面から受ける垂直抗力の大きさは、
重力の斜面に垂直な成分 $mg\cos\theta$ とつりあ
うから

$$N = mg\cos\theta$$

よって、動摩擦力の大きさは

$$\mu N = \mu mg\cos\theta$$

また、重力の斜面下向きの成分は

$mg\sin\theta$

よって，斜面方向の力のつりあいより

$\quad 0 = F - mg\sin\theta - \mu mg\cos\theta$

$\quad F = (\sin\theta + \mu\cos\theta)\,mg$

よって，F がした仕事 W は

$\quad W = Fs = (\sin\theta + \mu\cos\theta)\,mgs$

46

(1) ばねの伸びが x〔m〕のとき，加えるべき外力 $F_{外}(x)$ は，弾性力 kx とつりあうから

$\quad F_{外}(x) = kx$ （フックの法則）

これを縦軸に外力 $F_{外}(x)$，横軸に伸び x をとってグラフに描くと，次図のようになる。

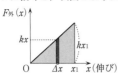

x だけ伸びたばねをさらに微小距離 Δx だけ伸ばすのに要する仕事 ΔW は，その間 $F_{外}(x)$ は一定と見て

$\quad \Delta W \fallingdotseq F_{外}(x)\cdot\Delta x = kx\cdot\Delta x$

これより，ばねを自然長から x_1 まで伸ばす仕事 W_1 は，これらの微小面積の和に等しいので，図の灰色部分の面積となり

$\quad W_1 = \dfrac{1}{2}x_1\cdot kx_1 = \dfrac{1}{2}kx_1^2$〔J〕

別解 $\quad dW = kxdx$ として

$\quad W_1 = \displaystyle\int_0^{x_1} kxdx = \left[\dfrac{1}{2}kx^2\right]_0^{x_1} = \dfrac{1}{2}kx_1^2$〔J〕

(2) ばねを縮めるときも外力の向きに動かすので，求める仕事 W_2 は正となり

$\quad W_2 = \dfrac{1}{2}kx_2^2$〔J〕

別解 $\quad W_2 = \displaystyle\int_{x_2}^{0} (-kx)\,dx$

$\quad\quad = \left[-\dfrac{1}{2}kx^2\right]_{x_2}^{0} = \dfrac{1}{2}kx_2^2$〔J〕

47

(1) （x_1 から x_2 まで伸ばすために外力がした仕事）

$\quad$ =（自然長から x_2 伸ばすために外力がした仕事）

$\quad\quad$ -（自然長から x_1 伸ばすために外力がした仕事）

であるから，外力がした仕事 W_1〔J〕は，図の灰色部分の面積となり

$\quad W_1 = \dfrac{1}{2}kx_2^2 - \dfrac{1}{2}kx_1^2$

$\quad\quad = \dfrac{1}{2}k\,(x_2^2 - x_1^2)$〔J〕

別解 $\quad W_1 = \displaystyle\int_{x_1}^{x_2} kxdx = \left[\dfrac{1}{2}kx^2\right]_{x_1}^{x_2}$

$\quad\quad = \dfrac{1}{2}k\,(x_2^2 - x_1^2)$〔J〕

(2) ばねの弾性力は $-x$ 方向で，移動は $+x$ 方向なので，弾性力がした仕事 W_2〔J〕は

$\quad W_2 = -\dfrac{1}{2}k\,(x_2^2 - x_1^2)$〔J〕

別解 $\quad W_2 = \displaystyle\int_{x_1}^{x_2} (-kx)\,dx = \left[-\dfrac{1}{2}kx^2\right]_{x_1}^{x_2}$

$\quad\quad = -\dfrac{1}{2}k\,(x_2^2 - x_1^2)$〔J〕

Point ばねの運動エネルギーの変化は 0 であるから，外力がした仕事 W_1 と弾性力がした仕事 W_2 の和は 0 である。よって

$\quad W_1 + W_2 = 0 \quad\quad \therefore\quad W_2 = -W_1$

としてもよい。

48

(1) $ma = F$

(2) 等加速度運動の公式より

$\quad v^2 - v_0^2 = 2as$

(3) (1)より $\quad a = \dfrac{F}{m}$

(2)へ代入して $\quad v^2 - v_0^2 = 2\cdot\dfrac{F}{m}\cdot s$

両辺を $\dfrac{m}{2}$ 倍して

$\quad \dfrac{1}{2}mv^2 - \dfrac{1}{2}mv_0^2 = Fs$

Point 左辺は物体の運動エネルギーの変化，右辺は物体が外力からされた仕事である。す

なわち，物体の運動エネルギーの変化は物体がされた仕事に等しい。

49

すべっている物体にはたらく力は，重力 mg，垂直抗力 N，動摩擦力 μN の3力である。

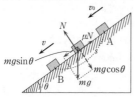

斜面に垂直な方向の力のつりあいより

$$N = mg\cos\theta$$

物体にはたらく力の斜面方向の成分は，下向きを正とすれば

$$mg\sin\theta - \mu N = mg\sin\theta - \mu mg\cos\theta$$

となるので，運動エネルギーの変化とされた仕事の関係より

$$\frac{1}{2}mv^2 - \frac{1}{2}mv_0^2 = (mg\sin\theta - \mu mg\cos\theta)s$$

$$\therefore\ v = \sqrt{v_0^2 + 2g(\sin\theta - \mu\cos\theta)s}$$

50

(1) (ア) 重力，弾性力がする仕事は始点と終点で決まり途中の道すじによらないので，保存力である。

(イ) 動摩擦力がする仕事は途中の道すじによって異なるので，保存力ではない。

(2) (ウ) 保存力の場において，物体を基準点からある点までゆっくり運ぶとき，外力がする仕事を位置エネルギーという。または，ある点から基準点まで物体が動くとき，保存力がする仕事としてもよい。

(エ) mgh (オ) $-mgh$

(カ) $\dfrac{1}{2}kx^2$ (キ) $\dfrac{1}{2}kx^2$

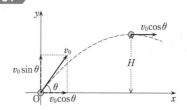

Point ばねを縮めるとき，外力の向きと移動の向きとが同じであるから，外力がする仕事はこのときも正となり，位置エネルギーも正である。

51

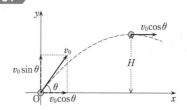

最高点の速度の x 成分は初速度の x 成分 $v_0\cos\theta$ に等しく，y 成分は 0 であるから，地面を重力による位置エネルギーの基準として，力学的エネルギー保存則より

$$\frac{1}{2}mv_0^2 = \frac{1}{2}m(v_0\cos\theta)^2 + mgH$$

$$\therefore\ H = \frac{v_0^2(1 - \cos^2\theta)}{2g} = \frac{v_0^2}{2g}\sin^2\theta$$

52

(1) おもりが水平面から受ける垂直抗力の大きさは，重力とのつりあいより mg であるから，動摩擦力の大きさは μmg である。

ばねが自然長になったときのおもりの速さを v とすれば，仕事と運動エネルギーの関係（運動エネルギーの変化＝その間に物体がされた仕事）より，弾性力によりされた仕事は $\dfrac{1}{2}kr^2$，動摩擦力によりされた仕事は $-\mu mgr$ であるから

$$\frac{1}{2}mv^2 - 0 = \frac{1}{2}kr^2 - \mu mgr \quad \cdots\cdots ①$$

自然長をこえるためには，$v>0$ であればよいから

$$\frac{1}{2}mv^2>0 \qquad \therefore \quad \frac{1}{2}kr^2-\mu mgr>0$$

これより　　$r>\dfrac{2\mu mg}{k}$

(2)　①より　　$v=\sqrt{\dfrac{k}{m}r^2-2\mu gr}$

(3)　弾性力がした仕事は　　$\dfrac{1}{2}kr^2-\dfrac{1}{2}kx^2$

動摩擦力がした仕事は　　$-\mu mg(r+x)$

運動エネルギーの変化は　　0

よって，仕事と運動エネルギーの関係より

$$\frac{1}{2}kr^2-\frac{1}{2}kx^2-\mu mg(r+x)=0$$

Point　これより

$$kx^2+2\mu mgx+2\mu mgr-kr^2=0$$

$$x=\frac{1}{k}\{-\mu mg\pm\sqrt{(\mu mg)^2-k(2\mu mgr-kr^2)}\}$$

$x>0$ より

$$x=\frac{1}{k}\{\sqrt{(\mu mg)^2+kr(kr-2\mu mg)}-\mu mg\}$$

53

(1)　求める速さを v とすると，離れる直前は板と小物体の速さは等しく v である。

r だけ縮めたときの弾性力による位置エネルギーは

$$\frac{1}{2}kr^2$$

自然長になったときの運動エネルギーは

$$\frac{1}{2}(M+m)v^2$$

である。よって，力学的エネルギー保存則より

$$\frac{1}{2}(M+m)v^2=\frac{1}{2}kr^2$$

$$\therefore \quad v=r\sqrt{\frac{k}{M+m}}$$

(2)　求める伸びを x とすると，小物体から離れた後の板の力学的エネルギー保存則より

$$\frac{1}{2}kx^2=\frac{1}{2}Mv^2$$

$$\therefore \quad x=v\sqrt{\frac{M}{k}}=r\sqrt{\frac{M}{M+m}}$$

54

重力による位置エネルギーの基準面を，手を放したときのおもりの高さ（自然長の位置）とする。ばねの弾性力による位置エネルギーの基準は自然長の状態に限る。

おもりの質量を m〔kg〕，ばね定数を k〔N/m〕，つりあいの位置を通るときの速さを v〔m/s〕とすると，力学的エネルギーは自然長の位置では 0，つりあいの位置では $\frac{1}{2}mv^2+\frac{1}{2}kx^2-mgx$ であるから，力学的エネルギー保存則は

$$0=\frac{1}{2}mv^2+\frac{1}{2}kx^2-mgx$$

また，つりあいの位置では重力 mg と弾性力 kx がつりあっているから

$$mg-kx=0 \qquad \therefore \quad k=\frac{mg}{x}$$

これを上式へ代入して

$$\frac{1}{2}mv^2=mgx-\frac{1}{2}\cdot\frac{mg}{x}\cdot x^2=\frac{1}{2}mgx$$

$$\therefore \quad v=\sqrt{gx}\ \text{〔m/s〕}$$

次に，手を放してから折り返す点までの距離を l〔m〕とすれば，折り返す点での速さは 0 であるから，力学的エネルギー保存則より

$$0=\frac{1}{2}kl^2-mgl$$

$l\neq 0$ より　　$l=\dfrac{2mg}{k}=2x$〔m〕

55

(1)　合力の大きさ F の向きに s だけ動くから，合力がした仕事は

$$W=Fs$$

(2)　$\overrightarrow{F_1}$ の $\vec{s}$ 方向の成分は $F_1\cos\theta_1$ であるから

22

$$W_1 = F_1 \cos\theta_1 \cdot s = F_1 s \cos\theta_1$$

$\vec{F_2}$ の $\vec{s}$ 方向の成分は $F_2 \cos\theta_2$ であるから

$$W_2 = F_2 \cos\theta_2 \cdot s = F_2 s \cos\theta_2$$

よって

$$W_1 + W_2 = (F_1 \cos\theta_1 + F_2 \cos\theta_2)s = Fs$$

(3) (1)・(2)より，$W = W_1 + W_2$ となる。これは合力がした仕事は，分力がした仕事の和に等しいことを示している（ベクトルの和ではない）。

56

保存力のした仕事が W のとき，保存力にさからって物体をゆっくり動かすときに外力がした仕事は $-W$ である。これが保存力の位置エネルギーの変化 $U_2 - U_1$ に等しい。

(ア) $K_2 - K_1 = W$　(イ) $U_2 - U_1 = -W$

(ウ) $K_2 - K_1 = -(U_2 - U_1)$

(エ) $K_1 + U_1 = K_2 + U_2$

57

(1) (a)

斜面からの垂直抗力の大きさを N，静止摩擦力の大きさを f とすると，斜面上で静止しているときは力のつりあいより

$$\begin{cases} f = mg\sin\theta \\ N = mg\cos\theta \end{cases}$$

すべり出すためには，f が最大摩擦力 μN をこえればよいから

$$f > \mu N$$

$$mg\sin\theta > \mu mg\cos\theta$$

∴ $\mu < \tan\theta$

(b) 最下点でのばねの伸びを x_0 とする。重力がした仕事は

$$mg\sin\theta \cdot x_0$$

弾性力がした仕事は

$$-\frac{1}{2}kx_0^2$$

動摩擦力がした仕事は

$$-\mu' mg\cos\theta \cdot x_0$$

運動エネルギーの変化は 0 であるから，仕事と運動エネルギーの関係より

$$mg\sin\theta \cdot x_0 - \frac{1}{2}kx_0^2 - \mu' mg\cos\theta \cdot x_0 = 0$$

$x_0 \neq 0$ より

$$x_0 = \frac{2mg}{k}(\sin\theta - \mu'\cos\theta)$$

(2)

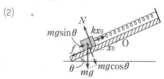

引き返す直前に物体にはたらく力は図のようになる。力のつりあいより

$$f + mg\sin\theta = kx_0$$

$$N = mg\cos\theta$$

物体が引き返す方向に動き出すためには，$f > \mu N$ であればよいから

$$kx_0 - mg\sin\theta > \mu mg\cos\theta$$

$$\therefore \quad kx_0 > mg(\sin\theta + \mu\cos\theta)$$

これに(1)で求めた x_0 の値を代入して

$$2mg(\sin\theta - \mu'\cos\theta) > mg(\sin\theta + \mu\cos\theta)$$

$$\sin\theta > (\mu + 2\mu')\cos\theta$$

$$\therefore \quad \tan\theta > \mu + 2\mu'$$

58

(1) おもりが下がっている間，重力は正の仕事を，弾性力は負の仕事をするが，どちらも保存力であるから力学的エネルギーが保存される。

重力による位置エネルギーの基準は適当に決めてよいが，ばねの弾性力による位置エネルギーの基準は自然長の状態に限る。

つりあいのときのばねの伸びを x_0 とすると，$mg = kx_0$ より

$$x_0 = \frac{mg}{k}$$

(ア) O点での速さは V であるから，運動エネルギーは

$$\frac{1}{2}mV^2$$

(イ) O点では，ばねは自然長から x_0 伸びているから，弾性力による位置エネルギーは

$$\frac{1}{2}kx_0{}^2 = \frac{1}{2}k\left(\frac{mg}{k}\right)^2 = \frac{m^2g^2}{2k}$$

(ウ) 重力による位置エネルギーはO点を基準点とするから，0である。

(エ) B点での速さは v であるから，運動エネルギーは

$$\frac{1}{2}mv^2$$

(オ) B点では，ばねは自然長から $x_0 + x$ 伸びているから，弾性力による位置エネルギーは

$$\frac{1}{2}k(x_0 + x)^2 = \frac{1}{2}k\left(\frac{mg}{k} + x\right)^2$$

(カ) B点はO点より x 低いから，重力による位置エネルギーは

$$-mgx$$

(キ) A点で手を放すから，A点での速さは0である。よって，運動エネルギーは0である。

(ク) A点では，ばねは自然長から $x_0 + r$ 伸びているから，弾性力による位置エネルギーは

$$\frac{1}{2}k(x_0 + r)^2 = \frac{1}{2}k\left(\frac{mg}{k} + r\right)^2$$

(ケ) A点はO点より r 低いから，重力による位置エネルギーは

$$-mgr$$

(2) (コ) ばねは自然長から $x_0 + x$ 伸びているから，弾性力は上向きに

$$k(x_0 + x) = k\left(\frac{mg}{k} + x\right)$$

(サ) 合力は上向きに

$$k\left(\frac{mg}{k} + x\right) - mg = kx$$

(シ) O点での速さは V であるから，運動エネルギーは

$$\frac{1}{2}mV^2$$

(ス) 合力による位置エネルギーの基準をO点にとるから，O点での合力による位置エネルギーは0である。

(セ) B点での速さは v であるから，運動エネルギーは

$$\frac{1}{2}mv^2$$

(ソ) B点では，ばねはO点より x 伸びているから，合力 kx による位置エネルギーは

$$\frac{1}{2}kx^2$$

(タ) A点での速さは0であるから，運動エネルギーは0である。

(チ) A点では，ばねはO点より r 伸びているから，合力 kx による位置エネルギーは

$$\frac{1}{2}kr^2$$

59

(1)

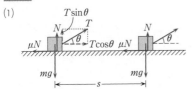

糸の張力の大きさを T, 垂直抗力の大きさ
を N とすると, 動摩擦力の大きさは μN で
ある。一定の速度で動かしたのだから, 力は
つりあっているとして, 力のつりあいより

$$\begin{cases} 水平成分:0 = T\cos\theta - \mu N \\ 鉛直成分:0 = T\sin\theta + N - mg \end{cases}$$

両式より N を消去して

$$T\sin\theta = mg - N = mg - \frac{T\cos\theta}{\mu}$$

$$\mu\sin\theta \cdot T = \mu mg - T\cos\theta$$

$$(\cos\theta + \mu\sin\theta)\,T = \mu mg$$

$$\therefore \quad T = \frac{\mu mg}{\cos\theta + \mu\sin\theta}$$

(2) T の水平方向成分 $T\cos\theta$ が仕事をする
ので

$$\begin{aligned} W &= T\cos\theta \cdot s \\ &= \frac{\mu mg}{\cos\theta + \mu\sin\theta}\cos\theta \cdot s \\ &= \frac{\mu mgs}{1 + \mu\tan\theta} \end{aligned}$$

S*ECTION* 4 剛体の運動

🖉 標準問題

60

もとの3力の軸 O のまわりのモーメントの
和は, 合力の O のまわりのモーメントに等
しい。

〔図1の場合〕 $2+1+1 = 4\,\mathrm{N} > 0$

　合力の向き:$+y$ 方向

　大きさ:$4\,\mathrm{N}$

　作用点:合力の作用点の位置を x とし, O
　のまわりのモーメントを考えて (反時計ま
　わりを正)

　　$1 \times 0.1 + 1 \times 0.3 = (2+1+1)\,x$

$\therefore \quad x = 0.1\,\mathrm{m}$

〔図2の場合〕 $5-1-3 = 1\,\mathrm{N} > 0$

　合力の向き:$+y$ 方向

　大きさ:$1\,\mathrm{N}$

　作用点:合力の作用点の位置を x' とし,
　O のまわりのモーメントを考えて (反時計
　まわりを正)

　　$-1 \times 0.1 - 3 \times 0.3 = (5-1-3)\,x'$

$\therefore \quad x' = -1.0\,\mathrm{m}$

61

点 B にはたらく1力
を作用線 AB 上で移動
して, 点 A にはたら
く2力の合力をつく
ると, 合力の向きは
残りの1力と平行で

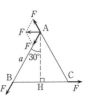

逆向きとなり, 大きさの等しい2力となるの
で, もとの3力を合成すれば偶力 (1力には
合成できない) になる。

偶力のモーメントは

$$F \cdot \mathrm{AH} = F \cdot a\cos 30° = \frac{\sqrt{3}}{2}aF$$

〔解答 59－61〕　　　　25

力学

熱力学

波動

電磁気

原子

よって，(ア)反時計まわりの(イ)$\dfrac{\sqrt{3}}{2}aF$ のモーメントをもつ偶力になる。

62

(ア) **0**

(イ) $m_1(x_1-x_G)+m_2(x_2-x_G)+\cdots+m_n(x_n-x_G)$
$$=0$$

(ウ) (イ)より
$$m_1x_1+m_2x_2+\cdots+m_nx_n$$
$$=(m_1+m_2+\cdots+m_n)\,x_G$$
$$\therefore \quad x_G=\dfrac{m_1x_1+m_2x_2+\cdots+m_nx_n}{m_1+m_2+\cdots+m_n}$$

(エ) 同様にして
$$y_G=\dfrac{m_1y_1+m_2y_2+\cdots+m_ny_n}{m_1+m_2+\cdots+m_n}$$

重心とは，物体の各部分にはたらく重力の合力の作用点をいう。質量中心ともいう。
P と Q にはたらく重力 m_1g と m_2g は，平行で同じ向きの2力であるから，これらの合力は，PQ 間を力の大きさの逆比に内分した点にはたらく。
$$\dfrac{x_G-x_1}{x_2-x_G}=\dfrac{m_2g}{m_1g}=\dfrac{m_2}{m_1}$$
$$(m_1+m_2)\,x_G=m_1x_1+m_2x_2$$
$$\therefore \quad x_G=\dfrac{m_1x_1+m_2x_2}{m_1+m_2}$$

【別解 I】 重心にはたらく合力のモーメントは，もとの力の同じ軸のまわりのモーメントの和に等しい。O を軸として
$$(m_1+m_2)\,gx_G=m_1gx_1+m_2gx_2$$
$$\therefore \quad x_G=\dfrac{m_1x_1+m_2x_2}{m_1+m_2}$$

【別解 2】 重心 G のまわりのモーメントのつりあいより
$$m_1g\,(x_G-x_1)=m_2g\,(x_2-x_G)$$
$$(m_1+m_2)\,x_G=m_1x_1+m_2x_2$$
$$\therefore \quad x_G=\dfrac{m_1x_1+m_2x_2}{m_1+m_2}$$

(1)

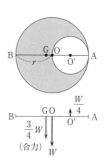

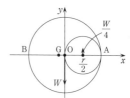

もとの一様な円板の重さを W とする。くりぬいた円板の面積はもとの円板の $\dfrac{1}{4}$ であるから，重さは $\dfrac{W}{4}$ である。穴はもとの円板に負の重さの物体を貼り付けたと考えると，残りの重心の位置 G は，O にはたらく下向きの力 W と O′ にはたらく上向きの力 $\dfrac{W}{4}$ の合力の作用点である。

GO $=x$ とし，G のまわりのモーメントのつりあいを考えて（反時計まわりを正）
$$\dfrac{W}{4}\cdot\left(\dfrac{r}{2}+x\right)-W\cdot x=0$$
$$\dfrac{3}{4}x=\dfrac{1}{8}r \quad \therefore \quad x=\dfrac{r}{6}$$

ゆえに，G は線分 OB 上で O から $\dfrac{r}{6}$ の位置になる。

【別解】

上図のように座標軸をとると，点 $(0,\,0)$ に重さ W，点 $\left(\dfrac{r}{2},\,0\right)$ に重さ $-\dfrac{W}{4}$ の物体があるから，重心 G の座標を $(x,\,y)$ とすると，公式より

$$x = \cfrac{0 \times W + \cfrac{r}{2} \times \left(-\cfrac{W}{4}\right)}{W - \cfrac{W}{4}} = \cfrac{-\cfrac{r}{8}W}{\cfrac{3W}{4}} = -\cfrac{r}{6}$$

$$y = 0$$

よって，G は線分 OB 上で O から $\dfrac{r}{6}$ の位置になる。

(2)

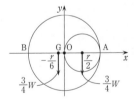

$$\text{B} \quad \overset{\text{G O G' O'}}{\underset{\substack{\frac{3}{4}W \quad \frac{3}{4}W \\ \frac{3}{2}W \\ (\text{合力})}}{\rule{6cm}{0.4pt}}} \quad \text{A}$$

はめ込む円板の重さは $\dfrac{W}{4} \times 3 = \dfrac{3}{4}W$ である。

求める重心の位置 G′ は，(1)で求めた重心 G にはたらく下向きの力 $\dfrac{3}{4}W$ と，O′ にはたらく下向きの力 $\dfrac{3}{4}W$ の合力の作用点である。

OG′ = x' とし，G′ のまわりのモーメントを考えて

$$\frac{3}{4}W \cdot \left(\frac{r}{6} + x'\right) - \frac{3}{4}W \cdot \left(\frac{r}{2} - x'\right) = 0$$

$$2x' = \frac{r}{3} \quad \therefore \quad x' = \frac{r}{6}$$

ゆえに，G′ は線分 OA 上で O から $\dfrac{r}{6}$ の位置になる。

別解

点 $\text{G}\left(-\dfrac{r}{6}, 0\right)$ に重さ $\dfrac{3}{4}W$，点 $\left(\dfrac{r}{2}, 0\right)$ に重さ $\dfrac{3}{4}W$ の物体があるから，重心を G′(x', y) とすると，公式より

$$x' = \cfrac{-\cfrac{r}{6} \cdot \cfrac{3}{4}W + \cfrac{r}{2} \cdot \cfrac{3}{4}W}{\cfrac{3}{4}W + \cfrac{3}{4}W} = \cfrac{-\cfrac{r}{6} + \cfrac{r}{2}}{2} = \cfrac{r}{6}$$

$$y' = 0$$

よって，G′ は線分 OA 上で O から $\dfrac{r}{6}$ の位置になる。

65

図1は (10, 0) に質量 20，(0, 5) に質量 10 があるとして，重心の x 座標を x_G，y 座標を y_G とおくと

(ア) $x_G = \dfrac{20 \times 10 + 10 \times 0}{20 + 10} = \dfrac{20}{3}$ cm

(イ) $y_G = \dfrac{20 \times 0 + 10 \times 5}{20 + 10} = \dfrac{5}{3}$ cm

図2は $\left(\dfrac{15}{2}, 0\right)$ に質量 15，(0, 5) に質量 10，$\left(15, \dfrac{5}{2}\right)$ に質量 5 があるとして

(ウ) $x_G = \dfrac{15 \times \dfrac{15}{2} + 5 \times 15}{15 + 10 + 5} = \dfrac{\dfrac{225}{2} + 75}{30}$

$= \dfrac{375}{60} = \dfrac{25}{4}$ cm

(エ) $y_G = \dfrac{10 \times 5 + 5 \times \dfrac{5}{2}}{15 + 10 + 5} = \dfrac{50 + \dfrac{25}{2}}{30}$

$= \dfrac{125}{60} = \dfrac{25}{12}$ cm

66

剛体のつりあいの条件は

$$\begin{cases} 力の和 = 0 \quad (重心が静止) \\ 任意の点のまわりの力のモーメントの和 = 0 \\ \qquad (任意の点のまわりの回転がない) \end{cases}$$

棒には，その重心（AB の中点）に鉛直下向きの重力 W，点 A に壁に垂直に垂直抗力 N，壁に平行に上向きに摩擦力 f，点 B に糸の張力 T の 4 力がはたらく。これらの力がつりあっていることから

$$\begin{cases} 水平方向：N - T\cos\theta = 0 \quad \cdots\cdots① \\ 鉛直方向：f + T\sin\theta - W = 0 \quad \cdots\cdots② \end{cases}$$

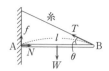

点 A のまわりの力のモーメントのつりあいより

$$T\sin\theta \cdot l - W \cdot \frac{l}{2} = 0$$

$$\therefore \quad T = \frac{W}{2\sin\theta} \text{〔N〕}$$

①に代入して

$$N = T\cos\theta = \frac{W}{2\tan\theta} \text{〔N〕}$$

②に代入して

$$f = W - T\sin\theta = W - \frac{W}{2} = \frac{W}{2} \text{〔N〕}$$

67 ▶

非慣性系（台とともに動く座標系）から見ると，角柱には慣性力が右向きにはたらく。角柱の質量を m とする。

(1) (ア) 垂直抗力の大きさは $N = mg$ であるから，すべる直前には左向きに最大摩擦力 $\mu N = \mu mg$ がはたらく。よって，すべる直前のつりあいより

$$m\alpha_1 - \mu mg = 0 \quad \therefore \quad \alpha_1 = \mu g$$

(2) (イ) 倒れるときは点Cを支点とするから，倒れる直前の点Cのまわりのモーメントのつりあいより

$$mg\frac{b}{2} - m\alpha_2\frac{a}{2} = 0 \quad \therefore \quad \alpha_2 = \frac{b}{a}g$$

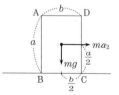

(3) (ウ) すべらないで倒れるためには先に(2)の条件が満たされればよいから，$\alpha_2 < \alpha_1$ であればよいので

$$\frac{b}{a}g < \mu g \quad \therefore \quad \mu > \frac{b}{a}$$

68 ▶

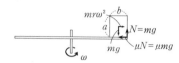

円板の角速度を ω とすると，円板上で見て円柱が倒れないためには支点（図の円柱底面の右端）を軸として遠心力 $mr\omega^2$ と重力 mg の力のモーメントを考えて

$$mr\omega^2\frac{a}{2} < mg\frac{b}{2} \quad \cdots\cdots①$$

垂直抗力の大きさは $N = mg$ であるから，最大摩擦力の大きさは $\mu N = \mu mg$ である。よって，この ω のときちょうどすべり出すためには

$$\mu mg = mr\omega^2 \quad \cdots\cdots②$$

①，②より，ω^2 を消去して $\quad \mu < \frac{b}{a}$

発展問題

69

質量 m_1, m_2 の物体の位置を x_1, x_2 とすると，重心の位置 x_G は

$$x_G = \frac{m_1 x_1 + m_2 x_2}{m_1 + m_2}$$

速度は位置の時間微分であるから，質量 m_1, m_2 の物体の速度を v_1, v_2 とすると，重心速度 v_G は

$$v_G = \frac{dx_G}{dt} = \frac{m_1 \dfrac{dx_1}{dt} + m_2 \dfrac{dx_2}{dt}}{m_1 + m_2}$$

$$= \frac{m_1 v_1 + m_2 v_2}{m_1 + m_2}$$

よって，運動量が保存される（$m_1 v_1 + m_2 v_2$ ＝一定）系の重心速度は一定である。

(1) 全体の運動量は保存されているので

$$0 = mv + MV \quad \therefore \quad V = -\frac{m}{M}v$$

板に対する人の相対速度は

$$v - V = v - \left(-\frac{m}{M}v\right) = \left(1 + \frac{m}{M}\right)v$$

(2) 外力がはたらかないので，運動量の和は保存されて重心速度は 0，つまり，重心の位置は不変である。

はじめの人と板の重心の位置は $x = 0$ であるから

$$0 = \frac{mx + MX}{m + M} \quad \therefore \quad X = -\frac{m}{M}x$$

よって，板（の重心）に対する人の相対位置は

$$x - X = x - \left(-\frac{m}{M}x\right) = \left(1 + \frac{m}{M}\right)x$$

別解 板は等速度運動をするから，人が位置 x まで動くのにかかる時間を t とすると，$vt = x$ より，板（の重心）の位置は

$$X = Vt = -\frac{m}{M}vt = -\frac{m}{M}x$$

70

(1)

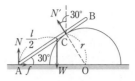

(2) $\begin{cases} \text{水平方向}: f - N'\sin 30° = 0 & \cdots\cdots① \\ \text{鉛直方向}: N + N'\cos 30° - W = 0 \\ \hspace{6cm} \cdots\cdots② \end{cases}$

(3) $AC \tan 30° = r \quad \therefore \quad AC = \dfrac{r}{\tan 30°}$

A のまわりの力のモーメントのつりあいの式は

$$N'\frac{r}{\tan 30°} - W\frac{l}{2}\cos 30° = 0 \quad \cdots\cdots③$$

(4) ③より

$$\sqrt{3}\, rN' = \frac{\sqrt{3}}{4} lW$$

$$\therefore \quad N' = \frac{l}{4r}W \text{〔N〕}$$

①に代入して

$$f = \frac{l}{4r}W \cdot \frac{1}{2} = \frac{l}{8r}W \text{〔N〕}$$

②に代入して

$$N = W - \frac{l}{4r}W \cdot \frac{\sqrt{3}}{2}$$

$$= \left(1 - \frac{\sqrt{3}\, l}{8r}\right)W \text{〔N〕}$$

(5) 棒がすべらないためには $\quad f \leqq \mu N$
よって

$$\frac{l}{8r}W \leqq \mu\left(1 - \frac{\sqrt{3}\, l}{8r}\right)W$$

$$\mu \geqq \frac{\dfrac{l}{8r}W}{\left(1 - \dfrac{\sqrt{3}\, l}{8r}\right)W} = \frac{l}{8r - \sqrt{3}\, l}$$

$$\therefore \quad \mu \geqq \frac{l}{8r - \sqrt{3}\, l}$$

Point $l < \dfrac{8}{\sqrt{3}}r$ であるから，$\mu > 0$ は満たされている。

71

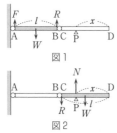

図1

図2

(1) 図1で棒ABにはたらく力のつりあいを考える。CがBを押し上げる力の大きさをRとすると、A点のまわりの力のモーメントのつりあいより

$$R \cdot l - W \cdot \frac{l}{2} = 0 \quad \therefore \quad R = \frac{W}{2}$$

この反作用が棒CDにはたらく。また、A点にはたらく上向きの力の大きさFは、鉛直方向のつりあいより

$$F + R = W$$

$$\therefore \quad F = W - R = \frac{W}{2}$$

である。CDを支える点をD端からxのところとして、鉛直上向きの力Nを加えたとすれば、棒CDにはたらく力は図2のようになり、鉛直方向のつりあいより

$$N - R - W = 0 \quad \cdots\cdots ①$$

D点のまわりのモーメントのつりあいより

$$-R \cdot l - W \cdot \frac{l}{2} + N \cdot x = 0 \quad \cdots\cdots ②$$

①式より $\quad N = R + W = \frac{3}{2}W$

(2) ②に代入して

$$-\frac{W}{2} \cdot l - W \cdot \frac{l}{2} + \frac{3}{2}W \cdot x = 0$$

$$\frac{3}{2}x = l \quad \therefore \quad x = \frac{2}{3}l$$

72

(1) 傾角θのときの垂直抗力の大きさをNとすれば

$$N = mg\cos\theta$$

すべらないためには、静止摩擦力 f は

$$f = mg\sin\theta \leqq \mu N = \mu mg\cos\theta$$

よって

$$mg\sin\theta \leqq \mu mg\cos\theta \quad \therefore \quad \mu \geqq \tan\theta$$

よって、すべるためには、$\mu < \tan\theta$ であればよい。

したがって $\quad \tan\theta_1 = \mu$

(2)

上図のように、傾く直前には直方体の重心が支点の鉛直上方にくるので、このときの斜面の傾角を θ とすれば

$$\tan\theta = \frac{b}{a}$$

傾かないためには、$\tan\theta \leqq \frac{b}{a}$ であるから、傾くためには

$$\tan\theta > \frac{b}{a}$$

よって $\quad \tan\theta_2 = \frac{b}{a}$

(3) 傾くより先にすべり出すためには、θ が θ₂ より先に θ₁ になればよいから

$$\theta_1 < \theta_2 \quad \therefore \quad \tan\theta_1 < \tan\theta_2$$

であればよい。(1),(2)の結果を代入して

$$\mu < \frac{b}{a}$$

73

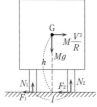

(1) 鉛直方向の力のつりあいより

$$N_1 + N_2 = Mg \quad \cdots\cdots ①$$

また，自動車から見ると遠心力 $M\dfrac{V^2}{R}$ がはたらくから，N_2 の作用点を軸として力のモーメントのつりあいより

$$N_1l + M\dfrac{V^2}{R}h = Mg\dfrac{l}{2} \quad \cdots\cdots ②$$

②より

$$N_1 = \dfrac{Mg}{2} - \dfrac{MV^2h}{lR}$$

①に代入して

$$N_2 = Mg - \left(\dfrac{Mg}{2} - \dfrac{MV^2h}{lR}\right) = \dfrac{Mg}{2} + \dfrac{MV^2h}{lR}$$

(2) 倒れる直前には N_1 は 0 になる。よって，(1)の結果より

$$\dfrac{MV^2h}{lR} = \dfrac{Mg}{2} \quad \therefore \quad V = \sqrt{\dfrac{glR}{2h}}$$

(3) すべり出す直前であるから，$F_1 = \mu N_1$，$F_2 = \mu N_2$ とおいて，自動車とともに回転する座標系から見て静止摩擦力と遠心力のつりあいより

$$\mu N_1 + \mu N_2 = M\dfrac{V^2}{R}$$

鉛直方向の力のつりあいより

$$N_1 + N_2 = Mg$$

よって

$$\mu Mg = M\dfrac{V^2}{R} \qquad V^2 = \mu gR$$

$$\therefore \quad V = \sqrt{\mu gR}$$

74

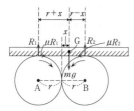

(1) 棒は水平方向には加速度をもつが，鉛直方向には加速度をもたないので，鉛直方向の力のつりあいより

$$R_1 + R_2 - mg = 0 \quad \therefore \quad R_2 = mg - R_1$$

重心 G のまわりの力のモーメントのつりあ

いより

$$R_2(r-x) - R_1(r+x) = 0$$

よって

$$(mg - R_1)(r-x) = R_1(r+x)$$

$$2rR_1 = mg(r-x)$$

$$\therefore \quad R_1 = mg\dfrac{r-x}{2r}$$

よって

$$R_2 = mg - R_1 = mg\left(1 - \dfrac{r-x}{2r}\right)$$

$$= mg\dfrac{r+x}{2r}$$

(2) A から受ける動摩擦力は右向きで，大きさは

$$\mu R_1 = \dfrac{\mu mg(r-x)}{2r}$$

B から受ける動摩擦力は左向きで，大きさは

$$\mu R_2 = \dfrac{\mu mg(r+x)}{2r}$$

(3) 右向きを力の正の向きとすると，合力 F は

$$F = \mu R_1 - \mu R_2$$

$$= \dfrac{\mu mg(r-x)}{2r} - \dfrac{\mu mg(r+x)}{2r} = -\dfrac{\mu mg}{r}x$$

すなわち $F = -\dfrac{\mu mg}{r}x$ となるが，$\dfrac{\mu mg}{r}$ は一定（正の値）となるので，棒にはたらく力の大きさが，変位の大きさに比例し，その向きが変位と逆向きとなる。

よって，この運動は単振動になる。

(4) 棒の加速度を a とすると，運動方程式は

$$ma = -\dfrac{\mu mg}{r}x \qquad \therefore \quad a = -\dfrac{\mu g}{r}x$$

これは角振動数 $\omega = \sqrt{\dfrac{\mu g}{r}}$ の単振動である。

よって，周期 T は

$$T = \dfrac{2\pi}{\omega} = 2\pi\sqrt{\dfrac{r}{\mu g}}$$

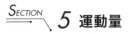

S_{ECTION} 5 運動量

🏠 **標準問題**

75

(ア) Δt の間に速度が $\vec{v_0}$ から $\vec{v}$ に変化したから，加速度 $\vec{a}$ は

$$\vec{a} = \frac{\vec{v} - \vec{v_0}}{\Delta t}$$

(イ) $\vec{F} = m\vec{a} = m \cdot \dfrac{\vec{v} - \vec{v_0}}{\Delta t}$ より

$$\vec{F}\Delta t = m\vec{v} - m\vec{v_0}$$

76

(1) 小物体にはたらく力は，右向きに F，左向きに動摩擦力 μmg であるから，t_1 の間，小物体には右向きに $F - \mu mg$ の力がはたらくので，t_1 の間に受けた力積は

$$I_1 = (F - \mu mg)\,t_1\,[\text{N·s}]$$

(2) 力を加えるのをやめたので，t_2 の間，小物体には右向きに $-\mu mg$ の力がはたらくので，t_2 の間に受けた力積は

$$I_2 = -\mu mg t_2\,[\text{N·s}]$$

(3) $t_1 + t_2$ の間に小物体が受けた全力積は $I_1 + I_2$ であるが，$t = 0$ で静止，$t_1 + t_2$ でも静止しているから，この間の小物体の運動量の変化は 0 である。よって

$$0 = I_1 + I_2$$

(1)，(2)より

$$0 = (F - \mu mg)\,t_1 - \mu mg t_2$$

$$\therefore \quad \frac{t_2}{t_1} = \frac{F - \mu mg}{\mu mg}$$

77

(1)

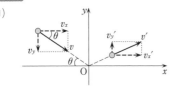

図のように，水平方向に x 軸，鉛直方向に y 軸をとると，衝突直前の速度 $\vec{v} = (v_x,\ v_y)$ は

$$v_x = v\cos\theta$$
$$v_y = -v\sin\theta$$

衝突直後の速度 $\vec{v'} = (v_x',\ v_y')$ は

$$v_x' = v\cos\theta \quad (\text{なめらかなので変化しない})$$

$e = -\dfrac{v_y'}{v_y}$ より

$$v_y' = -ev_y = ev\sin\theta$$

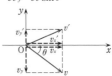

これより，衝突直後の速さ v' は

$$v' = \sqrt{v_x'^2 + v_y'^2}$$
$$= \sqrt{(v\cos\theta)^2 + (ev\sin\theta)^2}$$
$$= v\sqrt{\cos^2\theta + e^2\sin^2\theta}$$

(2)

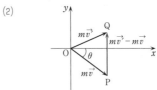

図のように P，Q をとると

$$\begin{cases} \text{衝突直前の運動量：} m\vec{v} = \overrightarrow{OP} \\ \text{衝突直後の運動量：} m\vec{v'} = \overrightarrow{OQ} \end{cases}$$

とすれば，運動量の変化は

$$m\vec{v'} - m\vec{v} = \overrightarrow{OQ} - \overrightarrow{OP} = \overrightarrow{PQ}$$

$$\begin{cases} \text{向き}\quad：鉛直上方 \\ \text{大きさ}：m\{ev\sin\theta - (-v\sin\theta)\} \\ \qquad\qquad = (e+1)\,mv\sin\theta \end{cases}$$

78

噴射直後のロケットの速度を $V'\,[\text{m/s}]$ とすれば，燃料の速度は，右向きを正として $V' - v\,[\text{m/s}]$ となる。

噴射前　　　　　　噴射直後

噴射の前後で運動量保存則が成り立つので

$$MV = (M-m)\,V' + m\,(V'-v)$$

これより，ロケットの速度は

$$V' = \frac{MV+mv}{M}\,\text{[m/s]}$$

燃料の速度は

$$V'-v = \frac{M(V-v)+mv}{M}\,\text{[m/s]}$$

79

壁からボールが受ける
力は一定ではなく，短
い時間 Δt の間に急激
に変化する。このよう

な力を撃力という。力のはたらいた時間をさ
らに微小時間に等分して微小時間の間の力を
一定とみなすと，全力積の大きさはグラフの
赤色部分の面積に等しい。この面積を Δt で
割った値 $\overline{F}$ を平均の力の大きさという。

$$\begin{array}{c} \xleftarrow{\ -\overline{F}\cdot\Delta t\ } \text{(衝突後)} \\ \xleftarrow{-mv}\bigcirc \quad mv_0\text{(衝突前)} \\ \xrightarrow{\qquad\qquad} x \end{array}$$

壁に垂直に x 軸（右向きを正）を考えると，
衝突前後の運動量の x 成分は上図のように変
化する。ボールが受けた力積は，その間のボ
ールの運動量の変化に等しいので

$$-\overline{F}\cdot\Delta t = -mv - mv_0$$

$$\therefore\ \overline{F} = \frac{m\,(v+v_0)}{\Delta t}\,\text{[N]}$$

80

(1) 運動量の大きさが一定でも，速度の向き
が変化すれば運動量は変化するので，求める
答は

　A，B，C

(2) 力積の向きは，運動
量変化の向きである。
右図のように，AB 間の
速度を $\overrightarrow{v_1}$，BC 間の速度
を $\overrightarrow{v_2}$，B 点で受ける力

積を $\overrightarrow{F\Delta t}$ とすると

$$\overrightarrow{mv_2} - \overrightarrow{mv_1} = \overrightarrow{F\Delta t}$$

C 点，A 点で受ける力積も
同様に考えると，右図のよ
うになる（力積の向きは，
頂角の二等分線の方向）。

(3) $|\overrightarrow{v_1}| = |\overrightarrow{v_2}| = v$ であるから

$$|\overrightarrow{F\Delta t}| = mv\cos 30° \times 2 = \sqrt{3}\,mv$$

81

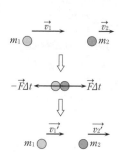

(ア) A は B から $-\overrightarrow{F\Delta t}$ の力積を受けるから

$$m_1\overrightarrow{v_1'} - m_1\overrightarrow{v_1} = -\overrightarrow{F\Delta t}$$

(イ) B は A から $\overrightarrow{F\Delta t}$ の力積を受けるから

$$m_2\overrightarrow{v_2'} - m_2\overrightarrow{v_2} = \overrightarrow{F\Delta t}$$

(ウ) (ア)・(イ)の辺々を加えると

$$m_1\overrightarrow{v_1'} - m_1\overrightarrow{v_1} + m_2\overrightarrow{v_2'} - m_2\overrightarrow{v_2} = 0$$

$$\therefore\ m_1\overrightarrow{v_1} + m_2\overrightarrow{v_2} = m_1\overrightarrow{v_1'} + m_2\overrightarrow{v_2'}$$

(エ) 衝突後の A，B の x 方向の速度成分は
$v_1'\cos\theta_1$，$v_2'\cos\theta_2$ であるから，運動量の x
成分の和の保存より

$$m_1 v_1 + m_2 v_2$$
$$= m_1 v_1'\cos\theta_1 + m_2 v_2'\cos\theta_2$$

(オ) 衝突後の A，B の y 方向の速度成分は
$v_1'\sin\theta_1$，$-v_2'\sin\theta_2$ であるから，運動量の y
成分の和の保存より

$$0 = m_1 v_1'\sin\theta_1 - m_2 v_2'\sin\theta_2$$

Point 運動量はベクトルであるから，運動
量保存則は成分ごとに成り立つ。

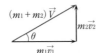

82

系外からは力積がは
たらかないので，運
動量保存則が成り立
ち，ベクトルで示す
と右図のようになる。

三平方の定理より

$$(m_1+m_2)^2 V^2 = (m_1 v_1)^2 + (m_2 v_2)^2$$

$$\therefore \quad V = \frac{\sqrt{(m_1 v_1)^2 + (m_2 v_2)^2}}{m_1 + m_2}$$

また $\quad \tan\theta = \dfrac{m_2 v_2}{m_1 v_1}$

別解　x 方向の運動量保存則より

$$m_1 v_1 = (m_1 + m_2) V\cos\theta \quad \cdots\cdots ①$$

y 方向の運動量保存則より

$$m_2 v_2 = (m_1 + m_2) V\sin\theta \quad \cdots\cdots ②$$

①，②の辺々 2 乗して加え，公式 $\sin^2\theta + \cos^2\theta = 1$ を用いると

$$(m_1 v_1)^2 + (m_2 v_2)^2 = (m_1 + m_2)^2 V^2$$

$$\therefore \quad V = \frac{\sqrt{(m_1 v_1)^2 + (m_2 v_2)^2}}{m_1 + m_2}$$

①，②の辺々割ると　$\tan\theta = \dfrac{m_2 v_2}{m_1 v_1}$

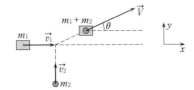

83

(1)　2 つの物体が一直線上で衝突するとき，はねかえり係数 e は

$$e = \frac{衝突後の 2 物体が互いに遠ざかる速さ}{衝突前の 2 物体が互いに近づく速さ}$$

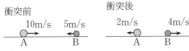

衝突前　　　　　　　　衝突後

A，B が互いに近づく速さは

$$10 + 5 = 15\,\mathrm{m/s}$$

A，B が互いに遠ざかる速さは

$$2 + 4 = 6\,\mathrm{m/s}$$

よって，e は

$$e = \frac{6}{15} = 0.4$$

(2)　衝突後の A，B の速度を右向きを正としてそれぞれ v_A〔m/s〕，v_B〔m/s〕とする。

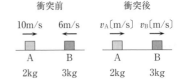

運動量保存則より

$$2 \times 10 + 3 \times (-6) = 2v_A + 3v_B$$

$$\therefore \quad 2v_A + 3v_B = 2 \quad \cdots\cdots ①$$

はねかえり係数の式より

$$0.50 = \frac{v_B - v_A}{10 + 6}$$

$$\therefore \quad v_B - v_A = 8 \quad \cdots\cdots ②$$

①－②×3 より

$$5v_A = -22 \quad \therefore \quad v_A = -4.4\,\mathrm{m/s}$$

よって　$v_B = v_A + 8 = 3.6\,\mathrm{m/s}$

$$\begin{cases} A：左向き，4.4\,\mathrm{m/s} \\ B：右向き，3.6\,\mathrm{m/s} \end{cases}$$

84

弾性衝突とは，力学的エネルギーが保存される衝突をいい，このとき，はねかえり係数 e は $e=1$ となる。

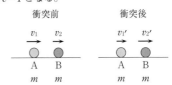

運動量保存則より

$$mv_1 + mv_2 = mv_1' + mv_2'$$

$$\therefore \quad v_1' + v_2' = v_1 + v_2 \quad \cdots\cdots ①$$

はねかえり係数の式より

$$1 = \frac{v_2' - v_1'}{v_1 - v_2}$$

$$\therefore \quad v_2' - v_1' = v_1 - v_2 \quad \cdots\cdots ②$$

①－② より

$$2v_1' = 2v_2 \qquad \therefore \quad v_1' = v_2$$

よって

$$v_2' = v_1 - v_2 + v_1' = v_1$$

となり，等しい質量の2物体が一直線上で弾性衝突をするときは速度が交換される。

(別解)　$e=1$ の式のかわりに，力学的エネルギー保存の式

$$\frac{1}{2}mv_1{}^2 + \frac{1}{2}mv_2{}^2 = \frac{1}{2}mv_1'{}^2 + \frac{1}{2}mv_2'{}^2$$

を用いてもよいが，計算は面倒になる。

$v_2' = v_1 + v_2 - v_1'$ より

$$\frac{1}{2}mv_1{}^2 + \frac{1}{2}mv_2{}^2$$
$$= \frac{1}{2}mv_1'{}^2 + \frac{1}{2}m(v_1 + v_2 - v_1')^2$$

$$v_1{}^2 + v_2{}^2 = v_1'{}^2 + (v_1 + v_2 - v_1')^2$$
$$= v_1'{}^2 + v_1{}^2 + v_2{}^2 + v_1'{}^2$$
$$\qquad\qquad + 2v_1v_2 - 2v_2v_1' - 2v_1v_1'$$
$$v_1'{}^2 + v_1v_2 - v_2v_1' - v_1v_1' = 0$$
$$v_1'(v_1' - v_1) + v_2(v_1 - v_1') = 0$$
$$(v_1' - v_2)(v_1' - v_1) = 0$$

$v_1' \neq v_1$ より　　$v_1' = v_2$

このとき　　$v_2' = v_1 + v_2 - v_2 = v_1$

85

衝突直前　　衝突直後

衝突は瞬間的に行われるので，衝突中の重力による力積は無視してよい。下向きを正にとり衝突直前の球の速度を v_0，衝突直後の球と板の速度をそれぞれ v，V とすれば，運動量保存則より

$$mv_0 = mv + MV \quad \cdots\cdots①$$

はねかえり係数の式より

$$e = \frac{V - v}{v_0}$$

$$\therefore \quad V = v + ev_0 \quad \cdots\cdots②$$

②を①に代入して

$$mv_0 = mv + M(v + ev_0)$$
$$(M + m)v = (m - eM)v_0$$

$$\therefore \quad v = \frac{m - eM}{M + m}v_0$$

球がはねかえるためには，衝突直後の速度が上向き，つまり $v < 0$ でなければならないので

$$m - eM < 0 \qquad \therefore \quad \frac{m}{M} < e$$

86

固定された床に垂直に衝突するとき，はねかえり係数 e は

$$e = \frac{\text{衝突直後の速さ}}{\text{衝突直前の速さ}}$$

(ア)　自由落下であるから

$$h_1 = \frac{1}{2}gt_1{}^2 \qquad \therefore \quad t_1 = \sqrt{\frac{2h_1}{g}}$$

(イ)　$v_1 = gt_1 = \sqrt{2gh_1}$

(ウ)　$e = \dfrac{v_2}{v_1}$ より　　$v_2 = ev_1 = e\sqrt{2gh_1}$

(エ)　最高点では鉛直方向の速度が0になるから，(ウ)の v_2 を用いると

$$0 = v_2 - gt_2 = e\sqrt{2gh_1} - gt_2$$

$$\therefore \quad t_2 = e\sqrt{\frac{2h_1}{g}} = et_1$$

(オ)　$h_2 = v_2t_2 - \dfrac{1}{2}gt_2{}^2$

$$= e\sqrt{2gh_1} \cdot e\sqrt{\frac{2h_1}{g}} - \frac{1}{2}g\left(e\sqrt{\frac{2h_1}{g}}\right)^2$$
$$= 2e^2h_1 - e^2h_1$$
$$= e^2h_1$$

(別解)　力学的エネルギー保存則より

$$\begin{cases} mgh_1 = \dfrac{1}{2}mv_1{}^2 \\[2mm] mgh_2 = \dfrac{1}{2}mv_2{}^2 \end{cases}$$

よって

$$\frac{h_2}{h_1} = \frac{v_2{}^2}{v_1{}^2} = e^2 \qquad \therefore \quad h_2 = e^2h_1$$

87

弾丸が砂袋に入って止まるまでに，弾丸は $-F\Delta t$ の力積を，砂袋は $F\Delta t$ の力積を受けるとすると，両者を含めると運動量の和は保存される。しかし，この間に非保存力である抗力が砂袋に仕事をするので，力学的エネルギーは保存されないでその減少分が熱に変わる。その後は，重力だけから仕事をされるので，力学的エネルギーが保存される。

弾丸が砂袋と一体となった直後の速度を V とすれば，運動量保存則より

$$mv = (m+M)\,V \qquad \therefore\quad V = \frac{m}{m+M}v$$

その後は，力学的エネルギー保存則が成り立つ。θ_0 の角まで上がったとき，衝突した位置からの高さは $l - l\cos\theta_0 = l(1 - \cos\theta_0)$ であるから

$$\frac{1}{2}(m+M)\,V^2 = (m+M)\,gl\,(1 - \cos\theta_0)$$

$$\therefore\quad \cos\theta_0 = 1 - \frac{V^2}{2gl} = 1 - \frac{1}{2gl}\left(\frac{m}{m+M}v\right)^2$$

$$= 1 - \left(\frac{m}{m+M}\right)^2\frac{v^2}{2gl}$$

88

(1) 物体には左向きに μmg，台には右向きに μmg の動摩擦力がはたらくから，時間 t の間に物体が受ける力積は $-\mu mg\cdot t$，台が受ける力積は $\mu mg\cdot t$ である。

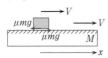

(ア) 物体の速度は v_0 から V になるので，運動量変化を受けた力積に等しいとして

$$-\mu mg\cdot t = mV - mv_0$$

(イ) 台の速度は 0 から V になるので，運動量変化を受けた力積に等しいとして

$$\mu mg\cdot t = MV$$

(ウ) 上式を辺々加えて

$$0 = mV - mv_0 + MV$$

$$mv_0 = (m+M)\,V$$

(エ) (ウ)より $\qquad V = \dfrac{m}{m+M}v_0$

(2) (オ) 物体が動摩擦力 $-\mu mg$ によってされた仕事は $-\mu mg\cdot x_1$ であるから

$$-\mu mg\cdot x_1 = \frac{1}{2}mV^2 - \frac{1}{2}mv_0^2$$

(カ) 台が動摩擦力 μmg によってされた仕事は $\mu mg\cdot x_2$ であるから

$$\mu mg\cdot x_2 = \frac{1}{2}MV^2 - 0$$

(キ) 上式を辺々加えると，$x_1 - x_2 = l$ より

$$\mu mg\,(x_2 - x_1) = \frac{1}{2}(m+M)\,V^2 - \frac{1}{2}mv_0^2$$

$$\frac{1}{2}mv_0^2 - \frac{1}{2}(m+M)\,V^2 = \mu mg\,(x_1 - x_2)$$

$$= \mu mgl \quad \cdots\cdots①$$

(ク) (キ)と(エ)の V を用いて

$$l = \frac{1}{\mu mg}\left\{\frac{1}{2}mv_0^2 - \frac{1}{2}(m+M)\,V^2\right\}$$

$$= \frac{1}{\mu mg}\left\{\frac{1}{2}mv_0^2 - \frac{1}{2}(m+M)\left(\frac{m}{m+M}v_0\right)^2\right\}$$

$$= \frac{1}{2\mu g}\left(v_0^2 - \frac{m}{m+M}v_0^2\right)$$

$$= \frac{M}{m+M}\cdot\frac{v_0^2}{2\mu g}$$

Point ①は，物体と台を含めて考えると，運動エネルギーの和が減少し，それが熱エネルギーに変わったことを示している。

発展問題

89

弾性衝突とは，力学的エネルギーが保存される衝突をいうが，特に一直線上で衝突したときははねかえり係数 e が 1 になる。

運動量保存則より

もとのAの進行方向：

$$mv_0 = mv_1\cos\theta_1 + mv_2\cos\theta_2$$

垂直方向：

$$0 = mv_1\sin\theta_1 - mv_2\sin\theta_2$$

力学的エネルギー保存則より

$$\frac{1}{2}mv_0^2 = \frac{1}{2}mv_1^2 + \frac{1}{2}mv_2^2$$

これらを整理すると

$$v_0 = v_1\cos\theta_1 + v_2\cos\theta_2 \quad \cdots\cdots\text{①}$$
$$0 = v_1\sin\theta_1 - v_2\sin\theta_2 \quad \cdots\cdots\text{②}$$
$$v_0^2 = v_1^2 + v_2^2 \quad\quad\quad \cdots\cdots\text{③}$$

①，②を辺々2乗して加えると

$$v_0^2 = v_1^2\cos^2\theta_1 + v_2^2\cos^2\theta_2$$
$$+ 2v_1v_2\cos\theta_1\cos\theta_2 + v_1^2\sin^2\theta_1$$
$$+ v_2^2\sin^2\theta_2 - 2v_1v_2\sin\theta_1\sin\theta_2$$

$\sin^2\theta_1 + \cos^2\theta_1 = 1$, $\sin^2\theta_2 + \cos^2\theta_2 = 1$ より

$$v_0^2 = v_1^2 + v_2^2$$
$$+ 2v_1v_2(\cos\theta_1\cos\theta_2 - \sin\theta_1\sin\theta_2)$$

$\cos\theta_1\cos\theta_2 - \sin\theta_1\sin\theta_2 = \cos(\theta_1 + \theta_2)$ より

$$v_0^2 = v_1^2 + v_2^2 - 2v_1v_2\cos(\theta_1 + \theta_2)$$

③より

$$2v_1v_2\cos(\theta_1 + \theta_2) = 0$$

$v_1v_2 \neq 0$ より

$$\cos(\theta_1 + \theta_2) = 0 \quad\quad \therefore \quad \theta_1 + \theta_2 = \frac{\pi}{2}$$

90

(1) ばねが最も縮んだとき，A，Bの相対速度は 0 だから，水平面から見た両者の速度は等しく V である。

よって，図1と図2とで運動量保存則より

$$m_1v = (m_1 + m_2)V \quad \cdots\cdots\text{①}$$

力学的エネルギー保存則より

$$\frac{1}{2}m_1v^2 = \frac{1}{2}(m_1 + m_2)V^2 + \frac{1}{2}kr^2 \quad \cdots\cdots\text{②}$$

①より

$$V = \frac{m_1}{m_1 + m_2}v \quad (向きは右向き)$$

②へ代入して

$$\frac{1}{2}m_1v^2 = \frac{1}{2}\cdot\frac{m_1^2}{m_1 + m_2}v^2 + \frac{1}{2}kr^2$$

$$kr^2 = \frac{m_1m_2}{m_1 + m_2}v^2$$

$$\therefore \quad r = v\sqrt{\frac{m_1m_2}{(m_1 + m_2)k}}$$

(2) はじめの状態と自然長に戻ったときとを比べて，運動量保存則より

$$m_1v = m_1v_1 + m_2v_2 \quad \cdots\cdots\text{③}$$

力学的エネルギー保存則より

$$\frac{1}{2}m_1v^2 = \frac{1}{2}m_1v_1^2 + \frac{1}{2}m_2v_2^2 \quad \cdots\cdots\text{④}$$

③より

$$m_1(v - v_1) = m_2v_2 \quad \cdots\cdots\text{③}'$$

④より

$$m_1(v^2 - v_1^2) = m_2v_2^2 \quad \cdots\cdots\text{④}'$$

$v \neq v_1$（ばねから左向きに力積を受けて運動量が変化したため）だから，④' を③' で辺々割り算して

$$v + v_1 = v_2 \quad \cdots\cdots\text{⑤}$$

Point ⑤は $1 = \dfrac{v_2 - v_1}{v}$ と同じ，すなわち，$e = 1$ の弾性衝突とみなせる。よって，④のかわりに $e = 1$ の式を用いてもよい。

③' より

$$v_2 = \frac{m_1(v - v_1)}{m_2}$$

⑤に代入して

$$v + v_1 = \frac{m_1(v - v_1)}{m_2}$$
$$m_2v + m_2v_1 = m_1v - m_1v_1$$
$$(m_1 + m_2)v_1 = (m_1 - m_2)v$$

$$\therefore \quad v_1 = \frac{m_1 - m_2}{m_1 + m_2}v$$

よって，⑤より

$$v_2 = v + v_1 = \left(1 + \frac{m_1 - m_2}{m_1 + m_2}\right)v = \frac{2m_1}{m_1 + m_2}v$$

Point ③から v_2 を求めて④へ代入して解いてもよい。

91

衝突は瞬間的に行われ，衝突時間がきわめて短いので，重力，ばねの弾性力による力積は無視することができる。よって，このような場合は運動量保存則が成り立つとしてよい。

(1) 力学的エネルギー保存則より

$$\frac{1}{2}mv_0^2 = mgh \qquad \therefore \quad v_0 = \sqrt{2gh}$$

(2) 衝突直前と直後の運動量保存則より

$$mv_0 = mv + MV \quad \cdots\cdots①$$

はねかえり係数の式より

$$e = \frac{V - v}{v_0} \qquad \therefore \quad V = v + ev_0 \quad \cdots\cdots②$$

①，②より

$$mv_0 = mv + M(v + ev_0)$$

$$(m + M)v = (m - eM)v_0$$

$$v = \frac{m - eM}{m + M}v_0 = \frac{m - eM}{m + M}\sqrt{2gh}$$

$$V = v + ev_0 = \frac{m - eM}{m + M}v_0 + ev_0$$

$$= \frac{(1 + e)m}{m + M}v_0 = \frac{(1 + e)m}{m + M}\sqrt{2gh}$$

(3) $e = 1$ のとき，(2)の結果より

$$v_1 = \frac{m - M}{m + M}\sqrt{2gh}$$

$$V_1 = \frac{2m}{m + M}\sqrt{2gh}$$

(4) 衝突直後のばねの自然長からの縮みを l_0 とすれば，力のつりあいより

$$Mg - kl_0 = 0 \qquad \therefore \quad l_0 = \frac{Mg}{k} \quad \cdots\cdots③$$

重力による位置エネルギーの基準は衝突直後の板の高さ（板のつりあいの高さ），弾性力による位置エネルギーの基準は自然長の状態だから，力学的エネルギー保存則は

$$\frac{1}{2}MV_1^2 + \frac{1}{2}kl_0^2 = \frac{1}{2}k(l_0 + x_1)^2 - Mgx_1$$

これに③の l_0 を代入して計算すると

$$\frac{1}{2}MV_1^2 = \frac{1}{2}k(l_0 + x_1)^2 - \frac{1}{2}kl_0^2 - Mgx_1$$

$$= \frac{1}{2}kl_0^2 + kl_0x_1 + \frac{1}{2}kx_1^2$$

$$\qquad\qquad - \frac{1}{2}kl_0^2 - Mgx_1$$

$$= \frac{1}{2}kx_1^2 + k \cdot \frac{Mg}{k}x_1 - Mgx_1$$

$$= \frac{1}{2}kx_1^2$$

$x_1 > 0$ より $\qquad x_1 = V_1\sqrt{\dfrac{M}{k}}$

(5) $e = 0$ のとき，(2)の結果より

$$V_2 = \frac{m}{m + M}\sqrt{2gh}$$

(6) 重力による位置エネルギーの基準は衝突直後の高さだから，力学的エネルギー保存則は

$$\frac{1}{2}(m + M)V_2^2 + \frac{1}{2}k\left(\frac{Mg}{k}\right)^2$$

$$= \frac{1}{2}k\left(\frac{Mg}{k} + x_2\right)^2 - (m + M)gx_2$$

92

(1) 台を固定しているとき，小球には重力と斜面からの垂直抗力がはたらくが，小球に仕事をしている力は重力だけである。小球の力学的エネルギー保存則より

$$\frac{1}{2}mv_0^2 = mgh \qquad \therefore \quad h = \frac{v_0^2}{2g}$$

(2) 台の固定をはずすと，小球が最高点 C′ に達したとき，台と小球の速さは等しくなる。よって，水平方向の運動量保存則より

$$mv_0 = (m + M)v \qquad \therefore \quad v = \frac{m}{m + M}v_0$$

(3) 小球と台の力学的エネルギー保存則より

$$\frac{1}{2}mv_0^2 = \frac{1}{2}(m + M)v^2 + mgh'$$

v を代入して

$$mgh' = \frac{1}{2}mv_0^2 - \frac{1}{2} \cdot \frac{m^2}{m + M}v_0^2$$

$$= \frac{1}{2} \cdot \frac{mM}{m+M} v_0{}^2$$

$$\therefore \quad h' = \frac{Mv_0{}^2}{2(m+M)g}$$

(4) 小球が平面に達したときの小球の速度を
v''（右向き正）とすると，運動量保存則より

$$mv_0 = mv'' + MV'$$

力学的エネルギーが保存するから，弾性衝突
とみて，はねかえり係数を1として

$$1 = \frac{V' - v''}{v_0} \quad \therefore \quad V' = v'' + v_0$$

2式より

$$mv_0 = mv'' + M(v'' + v_0)$$

$$(m+M)v'' = (m-M)v_0$$

$$\therefore \quad v'' = \frac{m-M}{m+M}v_0$$

これより，速さ v' は $\quad v' = \frac{|m-M|}{m+M}v_0$

$$V' = v'' + v_0 = \frac{2m}{m+M}v_0$$

93

(1) AとBで小球の力学的エネルギー保存則
より

$$\frac{1}{2}mv^2 = mgh \quad \therefore \quad v = \sqrt{2gh}$$

(2) はねかえった直後の小球の速さを v' と
すれば，$e = \dfrac{v'}{v}$ より

$$v' = ev = e\sqrt{2gh}$$

その後 h' の高さまで上がったとすれば，小
球の力学的エネルギー保存則より

$$mgh' = \frac{1}{2}mv'^2$$

$$\therefore \quad h' = \frac{v'^2}{2g} = \frac{1}{2g}(e\sqrt{2gh})^2 = e^2 h$$

よって e^2 倍

(3) 水平方向についての運動量の和は，一定
（=0）に保たれたままである（力学的エネル
ギーが減少しても）。

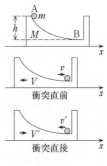

衝突直前

衝突直後

衝突直前の水平方向についての運動量保存則
より

$$mv = MV \quad \cdots\cdots①$$

力学的エネルギー保存則より

$$\frac{1}{2}mv^2 + \frac{1}{2}MV^2 = mgh \quad \cdots\cdots②$$

①より $\quad V = \dfrac{m}{M}v$

②へ代入して

$$\frac{1}{2}mv^2 + \frac{1}{2}M\left(\frac{m}{M}v\right)^2 = mgh$$

$$v^2 = \frac{2M}{m+M}gh$$

$$\therefore \quad v = \sqrt{\frac{2M}{m+M}gh}$$

$$V = \frac{m}{M}v = \frac{m}{M}\sqrt{\frac{2M}{m+M}gh}$$

(4) 衝突直前と直後の水平方向の運動量保存
則より

$$mv = MV, \quad mv' = MV' \quad \cdots\cdots③$$

衝突直前の互いに近づく速さは $v+V$，衝突
直後の互いに遠ざかる速さは $v'+V'$ である
から

$$e = \frac{v'+V'}{v+V}$$

つまり

$$v'+V' = e(v+V) \quad \cdots\cdots④$$

③より $\quad V = \dfrac{m}{M}v, \quad V' = \dfrac{m}{M}v'$

これらを④へ代入して

$$v' + \frac{m}{M}v' = e\left(v + \frac{m}{M}v\right)$$

$$\therefore \quad v' = ev$$

よって $\quad V' = \frac{m}{M}ev = eV$

(5) 小球が最高点まで上がった瞬間，台に対する小球の相対速度は0であり，水平方向の運動量の和も0だから，小球の速さは0，台の速さも0である。衝突直後と最高点に達したときの力学的エネルギー保存則より

$$mgh' = \frac{1}{2}mv'^2 + \frac{1}{2}MV'^2$$

$$= \frac{1}{2}m(ev)^2 + \frac{1}{2}M(eV)^2 \quad (\because \ (4))$$

$$= e^2\left(\frac{1}{2}mv^2 + \frac{1}{2}MV^2\right)$$

$$= e^2 mgh \quad (\because \ ②)$$

$$\therefore \quad h' = e^2 h$$

(6) 小球がAからBに達するときの小球の右向きの変位の水平方向を Δx，台の左向きの変位を ΔX とすると，水平方向については重心の位置は不変であり，小球がAにあるときの全体の重心がAの位置にあるとすると

$$m\Delta x = M\Delta X \quad ……⑤$$

台に対する小球の相対変位の水平成分が l だから

$$\Delta x + \Delta X = l \quad ……⑥$$

⑤，⑥より $\quad \Delta X = \frac{m}{m+M}l$

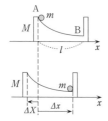

94

(1) (ア) $x_G = \dfrac{m_1 x_1 + m_2 x_2}{m_1 + m_2} \quad ……①$

時間で微分し，$v_1 = \dfrac{dx_1}{dt}$, $v_2 = \dfrac{dx_2}{dt}$, $v_G = \dfrac{dx_G}{dt}$ を用いると

$$v_G = \frac{dx_G}{dt} = \frac{m_1\dfrac{dx_1}{dt} + m_2\dfrac{dx_2}{dt}}{m_1 + m_2}$$

$$= \frac{m_1 v_1 + m_2 v_2}{m_1 + m_2} \quad ……②$$

(イ) 質点系の運動量の和 $m_1 v_1 + m_2 v_2$ が一定のとき，②より，重心速度は一定になる。

(2) (ウ) $u_1 = v_1 - v_G$, $u_2 = v_2 - v_G$ より，重心から見た運動量の和は

$$m_1 u_1 + m_2 u_2$$

$$= m_1(v_1 - v_G) + m_2(v_2 - v_G)$$

$$= (m_1 v_1 + m_2 v_2) - (m_1 + m_2)v_G$$

$$= (m_1 + m_2)v_G - (m_1 + m_2)v_G \quad (\because \ ②)$$

$$= 0$$

Point 重心から見ると運動量の和は0になる。

(3) (エ) $v_1 = u_1 + v_G$, $v_2 = u_2 + v_G$ より，運動エネルギーの和 K は

$$K = \frac{1}{2}m_1 v_1^2 + \frac{1}{2}m_2 v_2^2$$

$$= \frac{1}{2}m_1(u_1 + v_G)^2 + \frac{1}{2}m_2(u_2 + v_G)^2$$

$$= \frac{1}{2}m_1(u_1^2 + 2u_1 v_G + v_G^2)$$

$$\qquad\qquad + \frac{1}{2}m_2(u_2^2 + 2u_2 v_G + v_G^2)$$

$$= \frac{1}{2}(m_1 + m_2)v_G^2 + (m_1 u_1 + m_2 u_2)v_G$$

$$\qquad\qquad + \left(\frac{1}{2}m_1 u_1^2 + \frac{1}{2}m_2 u_2^2\right)$$

(2)の(ウ)より，$m_1 u_1 + m_2 u_2 = 0$ であるから

$$K = \frac{1}{2}(m_1 + m_2)v_G^2 + \left(\frac{1}{2}m_1 u_1^2 + \frac{1}{2}m_2 u_2^2\right)$$

$$……③$$

(オ) $m_1 + m_2$ は重心にある質量，v_G は重心の速度であるから，$\dfrac{1}{2}(m_1 + m_2)v_G^2$ は重心の運動エネルギーである。

u_1, u_2 は重心から見た2物体の速度である

から，$\dfrac{1}{2}m_1u_1{}^2+\dfrac{1}{2}m_2u_2{}^2$ は重心から見たときの運動エネルギーの和である。

(4) (カ) ③を移項して，②の v_G を用いると

$$\dfrac{1}{2}m_1u_1{}^2+\dfrac{1}{2}m_2u_2{}^2$$

$$=\dfrac{1}{2}m_1v_1{}^2+\dfrac{1}{2}m_2v_2{}^2-\dfrac{1}{2}(m_1+m_2)v_G{}^2$$

$$=\dfrac{1}{2}m_1v_1{}^2+\dfrac{1}{2}m_2v_2{}^2$$
$$\qquad-\dfrac{1}{2}(m_1+m_2)\left(\dfrac{m_1v_1+m_2v_2}{m_1+m_2}\right)^2$$

$$=\dfrac{1}{2}m_1v_1{}^2+\dfrac{1}{2}m_2v_2{}^2-\dfrac{(m_1v_1+m_2v_2)^2}{2(m_1+m_2)}$$

$$=\dfrac{m_1v_1{}^2(m_1+m_2)+m_2v_2{}^2(m_1+m_2)-(m_1v_1+m_2v_2)^2}{2(m_1+m_2)}$$

$$=\dfrac{1}{2}\cdot\dfrac{m_1m_2}{m_1+m_2}(v_2-v_1)^2$$

Point $\underbrace{\dfrac{1}{2}m_1v_1{}^2+\dfrac{1}{2}m_2v_2{}^2}_{\text{運動エネルギーの和}}$

$$=\underbrace{\dfrac{1}{2}(m_1+m_2)v_G{}^2}_{\substack{\text{重心の運動}\\\text{エネルギー}}}+\underbrace{\dfrac{1}{2}\cdot\dfrac{m_1m_2}{m_1+m_2}(v_2-v_1)^2}_{\substack{\text{重心に対する相対運動}\\\text{のエネルギーの和}\\=\\\text{換算質量を考えた，}\\\text{相対運動のエネルギー}}}$$

A から見た B の速度は v_2-v_1 である。このとき，A から見ると，B の質量は $m=\dfrac{m_1m_2}{m_1+m_2}$ のように見える。これを換算質量という。

$$\dfrac{1}{m}=\dfrac{1}{m_1}+\dfrac{1}{m_2}$$

が成り立つ。

SECTION 6 慣性力，円運動，単振動，万有引力

🏠 **標準問題**

95

(ア) 静止座標系 x–y（慣性系）から見ると，運動方程式より
$$m\vec{a}=\vec{F}$$
が成り立つ。

(イ) x–y 座標系に対して加速度 $\vec{a}$ で運動している x'–y' 座標系（非慣性系）から見たときの相対加速度 $\vec{a'}$ は
$$\vec{a'}=\vec{\alpha}-\vec{a}$$
である。

(ウ) $m\vec{a'}=m(\vec{\alpha}-\vec{a})$
$$\qquad=\vec{F}-m\vec{a}$$
である。

(エ) x'–y' 座標系から見ると，$-m\vec{a}$ の力がはたらいて見える。これを慣性力という。慣性力は加速度運動する座標系から見たときに現れる見かけの力である。「見かけの力」は実際の力とは異なり，反作用に相当する力は存在しない。

96

エレベーター内（非慣性系）で見ると，P と Q の加速度は，大きさが等しく向きは逆である。$M>m$ であるから，P の加速度を下向きに b，Q のそれを上向きに b とする。

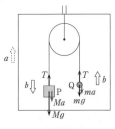

（非慣性系）

エレベーター内で見た力は，慣性力 Ma, ma が下向きにはたらくから，図のようになる。

運動方程式より

$$\begin{cases} \text{P} : Mb = Mg + Ma - T & \cdots\cdots① \\ \text{Q} : mb = T - mg - ma & \cdots\cdots② \end{cases}$$

①＋② より

$$(M + m)\, b = (M - m)(g + a)$$

$$\therefore \quad b = \frac{M - m}{M + m}(g + a)$$

①へ代入して

$$T = M(g + a) - M \cdot \frac{M - m}{M + m}(g + a)$$

$$= \left(1 - \frac{M - m}{M + m}\right)M(g + a)$$

$$= \frac{2Mm}{M + m}(g + a)$$

Point これは，エレベーター内から見ると，重力加速度が $g + a$ になったのと同じである。

97

台秤の目盛〔kg〕は，台秤の上皿と物体との間の抗力に比例し，抗力が N〔N〕のとき $\dfrac{N}{9.8}$〔kg〕を示す。エレベーターが静止しているとき，台秤の目盛が 2.0 kg を示すので，物体の質量 $m = 2.0$ kg である。

解法1 慣性系（地面）から見たとき（図1）

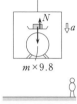

$$m \times 9.8$$

図1（慣性系）

質量 m〔kg〕の物体がエレベーターとともに下向きに加速度 a〔m/s²〕で運動する。このとき，物体にはたらく抗力の大きさを N〔N〕とすれば，物体の運動方程式は

$$ma = m \times 9.8 - N$$

$$N = m(9.8 - a)$$

$$= 2.0 \times (9.8 - a) \quad \cdots\cdots①$$

(1) ①で $a = 1.0$ であるから

$$N = 2.0 \times (9.8 - 1.0) = 17.6\,\text{N}$$

よって，目盛は $\dfrac{17.6}{9.8} \fallingdotseq 1.8\,\text{kg}$

(2) ①で $a = 0$ であるから

$$N = 2.0 \times 9.8\,\text{N}$$

目盛は $\dfrac{2.0 \times 9.8}{9.8} = 2.0\,\text{kg}$

(3) ①で $a = -1.0$ であるから

$$N = 2.0 \times (9.8 + 1.0) = 21.6\,\text{N}$$

目盛は $\dfrac{21.6}{9.8} \fallingdotseq 2.2\,\text{kg}$

解法2 非慣性系（エレベーター内）から見たとき（図2）

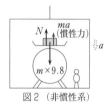

図2（非慣性系）

力はつりあって見える。

慣性力 ma が a と逆向きにはたらくから

$$0 = m \times 9.8 - N - ma$$

$$N = m(9.8 - a)$$

$$= 2.0 \times (9.8 - a) \quad \cdots\cdots①$$

以下同じ。

98

電車内（非慣性系）で見ると，小物体には大きさ ma の慣性力が水平方向右向きにはたらく。

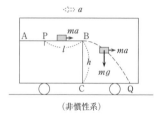

（非慣性系）

(1) PB間では物体の加速度は右向きにaとなる（慣性力による加速度）。

よって，等加速度運動の公式より

$$l = \frac{1}{2}at_1{}^2 \quad \therefore \quad t_1 = \sqrt{\frac{2l}{a}}$$

(2) B点に達したときの速度vは

$$v = at_1 = \sqrt{2al} \quad \cdots\cdots①$$

B→Qまでの物体の加速度の水平成分は右向きにa，鉛直成分は下向きにgとなるので，鉛直下向きへは自由落下となる。よって，B→Qまでの落下時間をt_2とすれば

$$h = \frac{1}{2}gt_2{}^2 \quad \therefore \quad t_2 = \sqrt{\frac{2h}{g}} \quad \cdots\cdots②$$

水平方向へは初速度v，加速度aの等加速度運動となる。よって，①，②を用いて

$$CQ = vt_2 + \frac{1}{2}at_2{}^2$$
$$= \sqrt{2al}\sqrt{\frac{2h}{g}} + \frac{1}{2}a\cdot\frac{2h}{g}$$
$$= 2\sqrt{\frac{alh}{g}} + \frac{ah}{g}$$

99

解法1　慣性系（地面）から見たとき（図1）

図1（慣性系）

おもりの加速度は水平方向右向きにa〔m/s²〕であるから，おもりの水平方向の運動方程式より

$$ma = T\sin\theta \quad \cdots\cdots①$$

鉛直方向の力のつりあいの式より

$$0 = T\cos\theta - mg \quad \cdots\cdots②$$

②より　$T = \dfrac{mg}{\cos\theta}$〔N〕

また，①，②より

$$\begin{cases} T\sin\theta = ma \\ T\cos\theta = mg \end{cases} \quad \therefore \quad \tan\theta = \frac{a}{g}$$

解法2　非慣性系（電車内）から見たとき（図2）

図2（非慣性系）

電車内で見るとおもりにはたらく力はつりあっているように見えるので，慣性力を加えた力のつりあいの式より

$$\begin{cases} 水平成分: 0 = T\sin\theta - ma \\ 鉛直成分: 0 = T\cos\theta - mg \end{cases}$$

これは①，②と同じ結果になる。以下同じ。

100

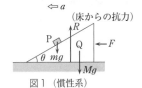
図1（慣性系）

台Qに対しておもりPが静止するように水平に力Fを加えているとき，床から見たP，Q全体の運動方程式は，図1より

$$(M+m)a = F \quad \cdots\cdots①$$

図2（非慣性系）

次に，台Q上でおもりPの運動を考える。斜面からの垂直抗力の大きさをNとすれば，PはQ上で静止しているので，Pの力のつりあいは図2より

$$\begin{cases} 水平成分: N\sin\theta = ma \quad \cdots\cdots② \\ 鉛直成分: N\cos\theta = mg \quad \cdots\cdots③ \end{cases}$$

②，③より

$$\tan\theta = \frac{a}{g} \quad \therefore \quad a = g\tan\theta$$

①へ代入して

$$F = (M+m)g\tan\theta$$

101

(ア) $v\omega\varDelta t$ (イ) $v\omega$ (ウ) $\dfrac{v^2}{r}$ (エ) $r\omega^2$

(オ) 垂直 (カ) 中心

102

(ア) $A\sin\omega t$ (イ) $A\omega\cos\omega t$

(ウ) $-A\omega^2\sin\omega t$

(エ) 比例 (オ) 反対 (カ) 振幅

(キ) 角振動数 (ク) $\dfrac{2\pi}{T}$ (ケ) $2\pi f$

103

(ア) 回転半径が $l\sin\theta$, 角速度が ω であるから, 回転中心方向の加速度の大きさは $l\sin\theta\cdot\omega^2$ で, 回転中心方向の力の大きさ (向心力) は $S\sin\theta$ である。よって, 円運動の運動方程式より

$$ml\sin\theta\cdot\omega^2 = S\sin\theta$$

(イ) 鉛直方向への加速度は 0 であるから, 力はつりあっている。よって

$$0 = S\cos\theta - mg$$

(ウ) (イ)より, $S = \dfrac{mg}{\cos\theta}$

であるから

$$ml\sin\theta\cdot\omega^2 = S\sin\theta$$
$$= \dfrac{mg}{\cos\theta}\sin\theta$$

$$\omega^2 = \dfrac{g}{l\cos\theta}$$

$$\therefore \quad \omega = \sqrt{\dfrac{g}{l\cos\theta}}$$

(エ) 角速度 ω は $1\,\mathrm{s}$ 間に回転する角度 (rad) であるから, 1 回転 ($2\pi\,[\mathrm{rad}]$) するのにかかる時間は

$$T = \dfrac{2\pi}{\omega}$$

(オ) (ウ)の ω を代入すると

$$T = \dfrac{2\pi}{\omega} = 2\pi\sqrt{\dfrac{l\cos\theta}{g}}$$

(カ) θ が小さくなると, $\cos\theta$ が大きくなるので, 周期は長くなる。

104

$\angle\mathrm{APB} = 90°$ であるから

$$\mathrm{AP} = \mathrm{AB}\cos 30°$$
$$= 2l\cdot\dfrac{\sqrt{3}}{2} = \sqrt{3}\,l$$

よって, 円運動の回転半径は

$$\mathrm{AP}\sin 30° = \sqrt{3}\,l\sin 30° = \dfrac{\sqrt{3}}{2}l$$

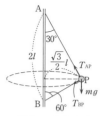

糸 AP, BP の張力の大きさを T_{AP}, T_{BP} とすると, 向心力の大きさは

$$T_{\mathrm{AP}}\sin 30° + T_{\mathrm{BP}}\sin 60°$$
$$= \dfrac{1}{2}T_{\mathrm{AP}} + \dfrac{\sqrt{3}}{2}T_{\mathrm{BP}}$$

である。回転数は n であるから, 角速度は $2\pi n$ である。

よって, 円運動の運動方程式は

$$m\cdot\dfrac{\sqrt{3}}{2}l\,(2\pi n)^2 = \dfrac{1}{2}T_{\mathrm{AP}} + \dfrac{\sqrt{3}}{2}T_{\mathrm{BP}}$$

$$\dfrac{1}{2}T_{\mathrm{AP}} + \dfrac{\sqrt{3}}{2}T_{\mathrm{BP}} = 2\sqrt{3}\,\pi^2 mln^2 \quad \cdots\cdots①$$

鉛直方向の力のつりあいは

$$0 = T_{\mathrm{AP}}\cos 30° - T_{\mathrm{BP}}\cos 60° - mg$$

$$\dfrac{\sqrt{3}}{2}T_{\mathrm{AP}} - \dfrac{1}{2}T_{\mathrm{BP}} = mg \quad \cdots\cdots②$$

①$+$②$\times\sqrt{3}$ より

$$2T_{\mathrm{AP}} = \sqrt{3}\,m\,(2\pi^2 ln^2 + g)$$

$$\therefore \quad T_{\mathrm{AP}} = \dfrac{\sqrt{3}}{2}m\,(2\pi^2 ln^2 + g)$$

よって

$$T_{\mathrm{BP}} = \sqrt{3}\,T_{\mathrm{AP}} - 2mg$$

44　　　〔解答 101 — 104〕

$$= \frac{3}{2}m\left(2\pi^2ln^2+g\right)-2mg$$

$$= \frac{m}{2}\left(6\pi^2ln^2-g\right)$$

105

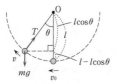

(ア) 最下点と角 θ の位置の高さの差は

$$l-l\cos\theta = l\left(1-\cos\theta\right)$$

よって，力学的エネルギー保存則より

$$\frac{1}{2}mv_0^2 = \frac{1}{2}mv^2+mgl\left(1-\cos\theta\right)$$

∴ $v^2 = v_0^2-2gl\left(1-\cos\theta\right)$

(イ) 向心力の大きさは

$$T-mg\cos\theta$$

よって，円運動の運動方程式より

$$m\frac{v^2}{l} = T-mg\cos\theta$$

(ウ) (イ)より

$$T = m\frac{v^2}{l}+mg\cos\theta$$

これに(ア)の v^2 を代入して

$$T = \frac{m}{l}\{v_0^2-2gl\left(1-\cos\theta\right)\}+mg\cos\theta$$

$$= m\left\{\frac{v_0^2}{l}+\left(3\cos\theta-2\right)g\right\}$$

(エ) 糸がたるまないで円運動を続けるためには，$\theta=\pi$ のとき，$T\geqq0$ であればよい。

よって，(ウ)の結果より

$$m\left\{\frac{v_0^2}{l}+\left(-3-2\right)g\right\}\geqq0$$

$$v_0^2\geqq5gl$$

∴ $v_0\geqq\sqrt{5gl}$

(オ) 棒の場合は，たるむ心配がないので，最高点でのおもりの速さを v' として，$v'>0$ であればよい。

力学的エネルギー保存則より

$$\frac{1}{2}mv'^2+mg\cdot2l = \frac{1}{2}mv_0^2$$

$$v'^2 = v_0^2-4gl>0$$

∴ $v_0>2\sqrt{gl}$

106

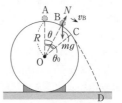

(1) B点における小物体の速さを v_B とする。A点とB点の高さの差は

$$R-R\cos\theta = R\left(1-\cos\theta\right)$$

よって，力学的エネルギー保存則より

$$\frac{1}{2}mv_B^2 = mgR\left(1-\cos\theta\right)$$

∴ $v_B^2 = 2gR\left(1-\cos\theta\right)$

B点での向心力の大きさは

$$mg\cos\theta-N$$

であるから，円運動の運動方程式より

$$m\frac{v_B^2}{R} = mg\cos\theta-N$$

$$N = mg\cos\theta-m\frac{v_B^2}{R}$$

$$= mg\cos\theta-\frac{m}{R}\cdot2gR\left(1-\cos\theta\right)$$

$$= mg\left(3\cos\theta-2\right)$$

(2) 上式において，$N=0$ となるときの θ の値 θ_0 を求めると

$$\cos\theta_0 = \frac{2}{3}$$

(3) A → C → Dまでの間，小物体に仕事をしているのは重力だけであるから，D点に落下する瞬間の速さを v_D とすると，力学的エネルギー保存則より

$$\frac{1}{2}mv_D^2 = mg\cdot2R \qquad ∴ \quad v_D = 2\sqrt{gR}$$

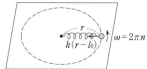

ばね定数を k〔N/m〕，ばねの自然長を l_0〔m〕，回転数を n〔回/s〕，おもりの質量を m〔kg〕，回転半径を r〔m〕，角振動数を ω〔rad/s〕とすると，ばねの伸びは $r-l_0$ であるから，弾性力 $k(r-l_0)$ が向心力となる。
$\omega=2\pi n$ であるから，円運動の運動方程式は

$$mr\omega^2=k(r-l_0)$$
$$mr(2\pi n)^2=k(r-l_0)$$

$n=2$ のとき

$$0.040\times0.24\times(2\pi\times2)^2=k(0.24-l_0)$$

$n=3$ のとき

$$0.040\times0.32\times(2\pi\times3)^2=k(0.32-l_0)$$

2 式の比をとって

$$\frac{0.24\times4}{0.32\times9}=\frac{0.24-l_0}{0.32-l_0}$$
$$0.24\times4\times0.32-0.24\times4\times l_0$$
$$=0.32\times9\times0.24-0.32\times9\times l_0$$
$$(0.32\times9-0.24\times4)l_0=0.24\times0.32\times5$$
$$(2.88-0.96)l_0=0.384$$
$$\therefore\ l_0=\frac{0.384}{1.92}=0.20\,\text{m}$$

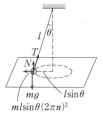

(1) 糸の張力の大きさを T，垂直抗力の大きさを N とすれば，円運動の半径は $l\sin\theta$，角速度は $2\pi n$ であるから，非慣性系で見て，遠心力の大きさは

$$m\cdot l\sin\theta\cdot(2\pi n)^2$$

となる。よって，力のつりあいの式より

$$\begin{cases}N+T\cos\theta-mg=0\\T\sin\theta-ml\sin\theta(2\pi n)^2=0\end{cases}$$

これより

$$\begin{cases}N=mg-T\cos\theta\\T=ml(2\pi n)^2\end{cases}$$

T を消去して

$$N=mg-ml(2\pi n)^2\cos\theta$$
$$=m(g-4\pi^2n^2l\cos\theta)$$

(2) $N=0$ のときの n を n_0 として，(1)より

$$n_0=\frac{1}{2\pi}\sqrt{\frac{g}{l\cos\theta}}$$

おもりの質量を m，糸の張力の大きさを T とする。非慣性系で見て，遠心力の大きさは $m\dfrac{v^2}{r}$ であるから，力のつりあいの式より

$$\begin{cases}水平成分:m\dfrac{v^2}{r}-T\sin\theta=0\\鉛直成分:T\cos\theta-mg=0\end{cases}$$

T を消去して $\quad\tan\theta=\dfrac{v^2}{gr}$

(1) 電車の質量 M〔kg〕は

$$M=50\times10^3\,\text{kg}$$

円運動の速さ v〔m/s〕は

$$v=72\,\text{km/h}$$
$$=\frac{72\times10^3}{60\times60}=\frac{72000}{3600}=20\,\text{m/s}$$

よって，円運動の加速度の大きさ a〔m/s²〕は

$$a=\frac{v^2}{r}=\frac{20^2}{200}=2.0\,\text{m/s}^2$$

(2) 向心力 F〔N〕の大きさは

$$F=Ma=50\times10^3\times2.0$$

$= 1.0 \times 10^5 \, \text{N}$

(3) 電車が軌道から受ける力が, 軌道面に垂直な方向になればよい。非慣性系では図のようになる。

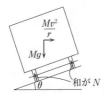

$\frac{Mv^2}{r}$

Mg

和が N

θ

車輪からの抗力の合力の大きさを N, 重力加速度の大きさを g として, 力のつりあいより

$$\begin{cases} M\dfrac{v^2}{r} - N\sin\theta = 0 \\ N\cos\theta - Mg = 0 \end{cases}$$

N を消去して

$$\tan\theta = \frac{v^2}{gr} = \frac{20^2}{9.8 \times 200} \fallingdotseq 0.20$$

111

(ア) $ma = -kx$

(イ) $-kx = -m\omega^2 x$ より

$$\omega = \sqrt{\frac{k}{m}}$$

(ウ) $T = \dfrac{2\pi}{\omega} = 2\pi\sqrt{\dfrac{m}{k}}$

(エ) $f = \dfrac{1}{T} = \dfrac{1}{2\pi}\sqrt{\dfrac{k}{m}}$

112

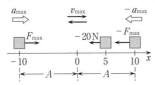

$a_{\max}$ $v_{\max}$ $-a_{\max}$

$F_{\max}$ $-20\,\text{N}$ $-F_{\max}$

-10 0 5 10 x

A A

(1) 単振動であるから, 物体に作用する力は, 変位の大きさに比例する。比例係数を k 〔N/m〕とすると, $k \times 5 = 20$ より

$k = 4 \, \text{N/m}$

よって, 力の最大値 $F_{\max}$〔N〕は振動中心か

ら 10 m ずれたときで

$$F_{\max} = 4 \times 10 = 40 \, \text{N}$$

(2) 加速度の最大値を $a_{\max}$〔m/s^2〕とすると

$$a_{\max} = \frac{F_{\max}}{m} = \frac{40}{1} = 40 \, \text{m/s}^2$$

(3) 振幅を A〔m〕, 角振動数を ω〔rad/s〕とすると, 加速度の最大値は $A\omega^2$ であるから, $A = 10 \, \text{m}$ より

$$10 \times \omega^2 = 40 \quad \therefore \quad \omega = 2 \, \text{rad/s}$$

よって, 周期 T〔s〕は

$$T = \frac{2\pi}{\omega} = \pi \fallingdotseq 3.1 \, \text{s}$$

(4) 最大の速さ $v_{\max}$〔m/s〕は, 単振動の中心を通るときで

$$v_{\max} = A\omega = 10 \times 2 = 20 \, \text{m/s}$$

113

(ア) $mg - k\Delta l = 0$

(イ) $F = mg - k(x + \Delta l)$

(ウ) (ア)より $F = -kx$

(エ) 鉛直下向きの加速度を a とすると, 運動方程式より

$$ma = -kx \quad \therefore \quad a = -\frac{k}{m}x$$

角振動数を ω とすると, $a = -\omega^2 x$ より

$$\omega^2 = \frac{k}{m} \quad \therefore \quad \omega = \sqrt{\frac{k}{m}}$$

よって, 周期は $T = \dfrac{2\pi}{\omega} = 2\pi\sqrt{\dfrac{m}{k}}$

114

(1) (ア)・(イ) 斜面下方向の合力は

$$mg\sin\theta - kx$$

であるから, 小球の運動方程式は

$$\begin{aligned} ma &= mg\sin\theta - kx \\ &= -k\left(x - \frac{mg\sin\theta}{k}\right) \end{aligned}$$

(ウ) $a = 0$ のとき, 上式より

$$x_0 = \frac{mg\sin\theta}{k}$$

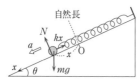

自然長

（エ）　$\omega^2 = \dfrac{k}{m}$ より　　$\omega = \sqrt{\dfrac{k}{m}}$

(2)　（オ）　$T = \dfrac{2\pi}{\omega} = 2\pi\sqrt{\dfrac{m}{k}}$

Point　ばね振り子では，重力は振動中心を
ずらすはたらきしかしない。

115

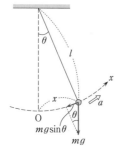

（ア）　円弧に沿って θ が増加する向きに x 軸を
とると，接線方向にはたらく力は，重力の接
線成分 $-mg\sin\theta$ であるから，運動方程式は
$$ma = -mg\sin\theta$$

（イ）　θ が小さいとき，$\sin\theta \fallingdotseq \dfrac{x}{l}$ と近似して
$$ma \fallingdotseq -mg\dfrac{x}{l}$$

（ウ）　（イ）より　　$a \fallingdotseq -g\dfrac{x}{l}$

（エ）　反対　（オ）　比例

（カ）　$a = -\omega^2 x$

（キ）　$\omega^2 = \dfrac{g}{l}$ より　　$\omega = \sqrt{\dfrac{g}{l}}$

（ク）　$T = \dfrac{2\pi}{\omega} = 2\pi\sqrt{\dfrac{l}{g}}$

116

A では $T = 2\pi\sqrt{\dfrac{l}{g}}$，B では $T = 2\pi\sqrt{\dfrac{m}{k}}$ より

考える（ばね振り子の周期は重力加速度によ
らない）。

(1)　ばねの自然長が半分になると，同じ張力
に対して伸びが半分になり k が2倍になるの
で，$l \to \dfrac{l}{2}$，$k \to 2k$ として
　　　A：$\dfrac{1}{\sqrt{2}}$ 倍　　B：$\dfrac{1}{\sqrt{2}}$ 倍

(2)　m が2倍になるので，$m \to 2m$ として
　　　A：1倍　　B：$\sqrt{2}$ 倍

(3)　周期は振幅によらないから
　　　A：1倍　　B：1倍

(4)　エレベーター内の見かけの重力加速度の
大きさは $2g$ となるので，$g \to 2g$ として
　　　A：$\dfrac{1}{\sqrt{2}}$ 倍　　B：1倍

(5)　電車内の見かけの重力加速度の大きさは
$\sqrt{2}\,g$ になるので，$g \to \sqrt{2}\,g$ として
　　　A：$\sqrt{\dfrac{1}{\sqrt{2}}}$ 倍　　B：1倍

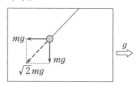

(6)　斜面方向の重力加速度の成分は $g\sin30°$
$= \dfrac{1}{2}g$ になるので，$g \to \dfrac{1}{2}g$ として
　　　A：$\sqrt{2}$ 倍　　B：1倍

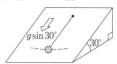

117

(1)　$\dfrac{2\pi}{T}t = \dfrac{\pi}{4}$ のとき，$y = A$ であるから
$$\dfrac{\pi}{4} + \theta_0 = \dfrac{\pi}{2}　　\therefore　\theta_0 = \dfrac{\pi}{2} - \dfrac{\pi}{4} = \dfrac{\pi}{4}$$

よって　　$y = A\sin\left(\dfrac{2\pi}{T}t + \dfrac{\pi}{4}\right)$

(1)のグラフは，$y = A\sin\dfrac{2\pi}{T}t$ より位相が $\dfrac{1}{8}$

周期分，すなわち $2\pi \times \dfrac{1}{8} = \dfrac{\pi}{4}$ 進んでいる

（グラフは左へずれる）。

(2) $\dfrac{2\pi}{T}t = \dfrac{3}{4}\pi$ のとき，$y = A$ であるから

$$\dfrac{3}{4}\pi + \theta_0 = \dfrac{\pi}{2} \qquad \therefore \quad \theta_0 = \dfrac{\pi}{2} - \dfrac{3}{4}\pi = -\dfrac{\pi}{4}$$

よって $\quad y = A\sin\left(\dfrac{2\pi}{T}t - \dfrac{\pi}{4}\right)$

(2)のグラフは，$y = A\sin\dfrac{2\pi}{T}t$ より位相が $\dfrac{1}{8}$

周期分，すなわち $2\pi \times \dfrac{1}{8} = \dfrac{\pi}{4}$ 遅れている

（グラフは右へずれる）。

118

(1) 上のばねは自然長から x 伸び，下のばねは自然長から x 縮んでいるから，ばねの弾性力は上向きに $(k_1 + k_2)x$ となる。よって，運動方程式は

$$ma = mg - (k_1 + k_2)x$$
$$= -(k_1 + k_2)\left(x - \dfrac{mg}{k_1 + k_2}\right)$$

$$\therefore \quad a = -\dfrac{k_1 + k_2}{m}\left(x - \dfrac{mg}{k_1 + k_2}\right)$$

(2) 加速度 a が 0 になる位置が振動の中心 x_c だから

$$x_c = \dfrac{mg}{k_1 + k_2}$$

角振動数を ω とすれば

$$a = -\dfrac{k_1 + k_2}{m}\left(x - \dfrac{mg}{k_1 + k_2}\right)$$
$$= -\omega^2\left(x - \dfrac{mg}{k_1 + k_2}\right)$$

$$\omega^2 = \dfrac{k_1 + k_2}{m} \qquad \therefore \quad \omega = \sqrt{\dfrac{k_1 + k_2}{m}}$$

$$T = \dfrac{2\pi}{\omega} = 2\pi\sqrt{\dfrac{m}{k_1 + k_2}}$$

Point つりあいの位置からの変位を x とすれば，$ma = -(k_1 + k_2)x$ となり，重力はつり

あいの位置での弾性力と相殺される。

119

(1) おもりの位置が x のとき，A，B それぞれのばねの伸びを x_1，x_2 とすれば，このとき A，B にかかる力の大きさは，ばねの弾性力の大きさ S に等しいので

$$\begin{cases} A について & S = k_1 x_1 \quad \cdots\cdots① \\ B について & S = k_2 x_2 \quad \cdots\cdots② \end{cases}$$

また，それぞれの伸びの和が全体の伸びだから

$$x = x_1 + x_2 \quad \cdots\cdots③$$

①，②より求めた x_1，x_2 の値を③へ代入して

$$x = \left(\dfrac{1}{k_1} + \dfrac{1}{k_2}\right)S$$

$$\therefore \quad S = \dfrac{1}{\dfrac{1}{k_1} + \dfrac{1}{k_2}}x = \dfrac{k_1 k_2}{k_1 + k_2}x$$

Point 合成ばね定数 $K = \dfrac{k_1 k_2}{k_1 + k_2}$ を用いる

と，$S = Kx$ となる。

(2) おもりの位置が x のときの加速度を a とすれば，運動方程式は

$$ma = mg - S$$
$$= mg - \dfrac{k_1 k_2}{k_1 + k_2}x$$
$$= -\dfrac{k_1 k_2}{k_1 + k_2}\left(x - \dfrac{k_1 + k_2}{k_1 k_2}mg\right)$$

$$\therefore \quad a = -\dfrac{k_1 k_2}{m(k_1 + k_2)}\left(x - \dfrac{k_1 + k_2}{k_1 k_2}mg\right)$$

振動の中心 x_c は力がつりあう位置であるから，加速度が 0 である。よって，$a = 0$ のとき

$$x_c = \dfrac{k_1 + k_2}{k_1 k_2}mg$$

角振動数を ω とすれば，$a = -\omega^2(x - x_c)$ より

$$\omega^2 = \dfrac{k_1 k_2}{m(k_1 + k_2)}$$

$\therefore \quad \omega = \sqrt{\dfrac{k_1 k_2}{m(k_1 + k_2)}}$

よって，振動数 f は

$$f = \frac{\omega}{2\pi} = \frac{1}{2\pi} \sqrt{\frac{k_1 k_2}{m(k_1 + k_2)}}$$

120

(ア) $\sin^2 \omega t + \cos^2 \omega t = 1$ を用いると

$$E = \frac{1}{2} m \omega^2 A^2 (\sin^2 \omega t + \cos^2 \omega t)$$

$$= \frac{1}{2} m \omega^2 A^2$$

(イ) $E = \dfrac{1}{2} m v^2 + \dfrac{1}{2} k x^2$ で，$v = V$ のとき，$x = 0$

であるから

$$E = \frac{1}{2} m V^2$$

(ウ) $v = 0$ のとき，$x = \pm A$ であるから

$$E = \frac{1}{2} k A^2$$

121

(1) 人工衛星の質量を m とすると，万有引力を受けて半径 $R + h$，速さ v の等速円運動をするから，円運動の運動方程式より

$$\frac{mv^2}{R+h} = G \frac{mM}{(R+h)^2} \qquad v^2 = \frac{GM}{R+h}$$

$v > 0$ より $\quad v = \sqrt{\dfrac{GM}{R+h}}$

Point 地表すれすれをまわるときの速さは，$h = 0$ とおいて

$$v = \sqrt{\frac{GM}{R}}$$

これを第 1 宇宙速度という。

(2) 質量 m の物体が地表面にあるとき，重力 mg が万有引力によって生じているので

$$mg = G \frac{mM}{R^2} \qquad \therefore \quad GM = gR^2$$

(3) (1)・(2)より

$$v = \sqrt{\frac{gR^2}{R+h}} = R \sqrt{\frac{g}{R+h}}$$

Point $h = 0$ とおくと，第 1 宇宙速度 $v = \sqrt{gR}$ となる。$g = 9.8 \mathrm{m/s^2}$，$R = 6.4 \times 10^6$ m を代入すると

$$v = \sqrt{9.8 \times 6.4 \times 10^6}$$

$$= \sqrt{2 \times 49 \times 64 \times 10^4}$$

$$= 7 \times 8 \times \sqrt{2} \times 10^2$$

$$= 78.9 \times 10^2$$

$$\fallingdotseq 7.9 \times 10^3 \mathrm{m/s}$$

$$= 7.9 \mathrm{km/s}$$

となる。

122

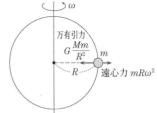

(1) 重力は万有引力と遠心力の合力であるから

$$mg = G \frac{Mm}{R^2} - mR\omega^2$$

(2) $\omega \to x\omega$ のとき，$mg = 0$ であるから

$$G \frac{Mm}{R^2} = mR(x\omega)^2$$

Point x の値は約 17 である。

$x\omega = \sqrt{\dfrac{GM}{R^3}} = \sqrt{\dfrac{g}{R}}$ より

$$x = \frac{1}{\omega} \sqrt{\frac{g}{R}} = \frac{T}{2\pi} \sqrt{\frac{g}{R}}$$

$g = 9.8 \mathrm{m/s^2}$，$T = 24 \times 60 \times 60 \mathrm{s}$，$R = 6.4 \times 10^6$ m より

$$x = \frac{24 \times 60 \times 60}{2 \times 3.14} \times \sqrt{\frac{9.8}{6.4 \times 10^6}}$$

$$= \frac{2.4 \times 36}{6.28} \times \frac{7}{8} \times \sqrt{2}$$

$$= 16.9 \fallingdotseq 17$$

123

(ア) 円運動の加速度は $a = r\omega^2$ であるから

$$G\frac{Mm}{r^2} = ma = mr\omega^2$$

(イ) $\omega = \dfrac{2\pi}{T}$ であるから

$$mr\omega^2 = mr\cdot\left(\frac{2\pi}{T}\right)^2 = \frac{4\pi^2 mr}{T^2}$$

(ウ) $G\dfrac{Mm}{r^2} = \dfrac{4\pi^2 mr}{T^2}$ より

$$\frac{T^2}{r^3} = \frac{4\pi^2}{GM} = 一定$$

124

(ア) 2点間の U の差は2点の位置で決まり，①途中の経路によらず一定である。

(イ) 2点間を物体を運ぶのに必要な仕事が，途中の経路によらず2点の位置のみで決まる力を保存力という。万有引力は保存力である。

(ウ) 保存力

(エ) $U = \displaystyle\int_r^{基準点} (万有引力)\cdot dx$

$$= \int_r^\infty \left(-G\frac{Mm}{x^2}\right)dx$$

$$= \left[G\frac{Mm}{x}\right]_r^\infty = -G\frac{Mm}{r}$$

125

(1) 無限遠方を基準とすると，P点，Q点での万有引力による位置エネルギー U_P, U_Q は

$$\begin{cases} U_P = -G\dfrac{Mm}{R+h} \\[2mm] U_Q = -G\dfrac{Mm}{R} \end{cases}$$

よって，Qを基準としたPの位置エネルギーは

$$U_P - U_Q = -G\frac{Mm}{R+h} - \left(-G\frac{Mm}{R}\right)$$

$$= GMm\left(\frac{1}{R} - \frac{1}{R+h}\right)$$

(2) $U_P - U_Q = GMm\left(\dfrac{1}{R} - \dfrac{1}{R+h}\right)$

$$= \frac{GMm}{R}\left\{1 - \left(1+\frac{h}{R}\right)^{-1}\right\}$$

$$\fallingdotseq \frac{GMm}{R}\left\{1 - \left(1-\frac{h}{R}\right)\right\}$$

$$= \frac{GMm}{R^2}h = mgh \quad \left(\because\ g = \frac{GM}{R^2}\right)$$

126

(ア) 円運動の角速度を ω とすると，$\omega = \dfrac{2\pi}{T}$ であるから，円運動の加速度 a は

$$a = r\omega^2 = r\left(\frac{2\pi}{T}\right)^2$$

よって，運動方程式より

$$f = ma = mr\left(\frac{2\pi}{T}\right)^2$$

(イ) $T^2 = kr^3$ を代入して

$$f = mr\cdot\frac{4\pi^2}{kr^3} = \frac{4\pi^2}{k}\cdot\frac{m}{r^2}$$

(ウ) $f' = \dfrac{4\pi^2}{k'}\cdot\dfrac{M}{r^2}$

127

(1) 地表で速さ v_0 の物体が，地表から h の高さまで上がったとすると，力学的エネルギー保存則より

$$\frac{1}{2}mv_0^2 - G\frac{Mm}{R} = -G\frac{Mm}{R+h} \quad \cdots\cdots①$$

これより

$$\frac{GMm}{R+h} = \frac{GMm}{R} - \frac{1}{2}mv_0^2$$

$$\frac{1}{R+h} = \frac{1}{R} - \frac{v_0^2}{2GM}$$

$$= \frac{2GM - v_0^2 R}{2GMR}$$

$$R + h = \frac{2GMR}{2GM - v_0^2 R}$$

$$h = \frac{2GMR}{2GM - v_0^2 R} - R$$

$$= \frac{v_0^2 R^2}{2GM - v_0^2 R}$$

(2) 無限遠での速さを v' とすると，力学的

エネルギー保存則より

$$\frac{1}{2}mv_0{}^2 - G\frac{Mm}{R} = \frac{1}{2}mv'^2$$

飛び去るためには，$v' \geqq 0$ であればよいから

$$\frac{1}{2}mv'^2 \geqq 0$$

$$\frac{1}{2}mv_0{}^2 - G\frac{Mm}{R} \geqq 0$$

$$\therefore \quad v_0 \geqq \sqrt{\frac{2GM}{R}}$$

Point 地表での重力加速度の大きさを g とすると，$g = \dfrac{GM}{R^2}$ すなわち $GM = gR^2$ であるから

$$v_0 \geqq \sqrt{\frac{2gR^2}{R}} = \sqrt{2gR}$$

$g = 9.8\,\mathrm{m/s^2}$，$R = 6.4 \times 10^6\,\mathrm{m}$ を代入すると

$$\begin{aligned} v_0 &\geqq \sqrt{2 \times 9.8 \times 6.4 \times 10^6} \\ &= \sqrt{4 \times 49 \times 64 \times 10^4} \\ &= 2 \times 7 \times 8 \times 10^2 \\ &= 11.2 \times 10^3\,\mathrm{m/s} \\ &= 11.2\,\mathrm{km/s} \end{aligned}$$

となる。地球の引力圏を脱出するのに必要な速さを，第2宇宙速度という。

128

(ア) ケプラーの第2法則より，惑星と太陽とを結ぶ動径が単位時間に掃く面積は一定であるから

$$\frac{1}{2}rv = \frac{1}{2}RV$$

(イ) 近日点と遠日点で運動エネルギーと万有引力による位置エネルギーの和が等しいから

$$\frac{1}{2}mv^2 - G\frac{Mm}{r} = \frac{1}{2}mV^2 - G\frac{Mm}{R}$$

Point ケプラーの惑星の運動に関する第2法則は，面積速度が一定になる法則であり，中心力がはたらくときに成立する。中心力とは，質点に作用する力が，定点と質点とを結ぶ直線に沿ってはたらき，その大きさが両者の距離で決まるときの力をいう。

(ア)より $\quad V = \dfrac{r}{R}v$

(イ)に代入して

$$\frac{v^2}{2} - \frac{GM}{r} = \frac{1}{2}\left(\frac{r}{R}v\right)^2 - \frac{GM}{R}$$

$$\frac{v^2}{2}\left(1 - \frac{r^2}{R^2}\right) = \frac{GM}{r}\left(1 - \frac{r}{R}\right)$$

$$\frac{v^2}{2}\left(1 + \frac{r}{R}\right)\left(1 - \frac{r}{R}\right) = \frac{GM}{r}\left(1 - \frac{r}{R}\right)$$

$R \neq r$ より

$$\frac{v^2}{2}\left(1 + \frac{r}{R}\right) = \frac{GM}{r}$$

$$1 + \frac{r}{R} = \frac{2GM}{rv^2}$$

$$\frac{r}{R} = \frac{2GM}{rv^2} - 1 = \frac{2GM - rv^2}{rv^2}$$

$$\therefore \quad R = \frac{r^2v^2}{2GM - rv^2}$$

$$\begin{aligned} V &= \frac{r}{R}v \\ &= \frac{2GM - rv^2}{rv} \\ &= \frac{2GM}{rv} - v \end{aligned}$$

が求められる。

発展問題

129

(1) おもりがRに到達した瞬間の糸の張力は0であり，おもりには重力だけがはたらく。重力の点O方向の成分の大きさは $mg\cos\varphi$ であるから，円運動の運動方程式は

$$m\frac{V^2}{r}=mg\cos\varphi \qquad \therefore \quad V=\sqrt{gr\cos\varphi}$$

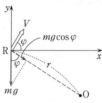

(2) 水平方向は速度 $V\cos\varphi$ の等速度運動であるから

$$x=(V\cos\varphi)\,t$$

鉛直方向は初速度 $V\sin\varphi$，加速度 $-g$ の等加速度運動であるから

$$y=(V\sin\varphi)\,t-\frac{1}{2}gt^2$$

$t=\dfrac{x}{V\cos\varphi}$ より

$$y=V\sin\varphi\cdot\frac{x}{V\cos\varphi}-\frac{g}{2}\left(\frac{x}{V\cos\varphi}\right)^2$$

$$y=(\tan\varphi)\,x-\frac{g}{2V^2\cos^2\varphi}x^2$$

(3) (2)の軌道の式 $y=(\tan\varphi)\,x-\dfrac{g}{2V^2\cos^2\varphi}x^2$ に，点Oを通る条件

$$x=r\sin\varphi, \quad y=-r\cos\varphi$$

および(1)で求めた V を代入すると

$$-r\cos\varphi=r\tan\varphi\sin\varphi-\frac{gr^2\sin^2\varphi}{2gr\cos\varphi\cos^2\varphi}$$

$$-\cos\varphi=\frac{\sin^2\varphi}{\cos\varphi}-\frac{\sin^2\varphi}{2\cos^3\varphi}$$

$$-\cos^2\varphi=\sin^2\varphi-\frac{\sin^2\varphi}{2\cos^2\varphi}$$

$$\frac{\sin^2\varphi}{2\cos^2\varphi}=\sin^2\varphi+\cos^2\varphi=1$$

$$\frac{1}{2}\tan^2\varphi=1 \qquad \therefore \quad \tan\varphi=\sqrt{2}$$

これより，$\cos\varphi=\dfrac{1}{\sqrt{3}}$ となるので

$$V=\sqrt{gr\frac{1}{\sqrt{3}}}=\sqrt{\frac{\sqrt{3}}{3}gr}$$

130

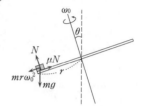

最もすべりやすいのは，小物体が最下点にきた，上図の位置である。垂直抗力の大きさを N とすれば，円板上から見てすべり出す直前の力のつりあいの式より

$$\begin{cases} mg\sin\theta+mr\omega_0^2=\mu N \\ N=mg\cos\theta \end{cases}$$

N を消去して

$$mg\sin\theta+mr\omega_0^2=\mu mg\cos\theta$$

$$r\omega_0^2=g(\mu\cos\theta-\sin\theta)$$

$$\therefore \quad \omega_0=\sqrt{\frac{g(\mu\cos\theta-\sin\theta)}{r}}$$

131

小球とともに回転する座標系から見ると，小球には軸から水平外向きに遠心力 $mr\omega^2$ がはたらいて見える。棒 AB 方向と，垂直方向とについて，それぞれすべる直前のつりあいを考える。

(1) 小球が上方にすべり出す直前には，AB 方向下向きに最大摩擦力がはたらく。垂直抗力の大きさを N とすると，最大摩擦力は μN であるから

$$\begin{cases} mg\cos\theta+\mu N=mr\omega_1^2\sin\theta \\ N=mg\sin\theta+mr\omega_1^2\cos\theta \end{cases}$$

N を消去して

$$mg\cos\theta + \mu\,(mg\sin\theta + mr\omega_1{}^2\cos\theta)$$
$$= mr\omega_1{}^2\sin\theta$$
$$r\omega_1{}^2\,(\sin\theta - \mu\cos\theta) = g\,(\cos\theta + \mu\sin\theta)$$
$$\therefore\quad \omega_1 = \sqrt{\frac{g\,(\cos\theta + \mu\sin\theta)}{r\,(\sin\theta - \mu\cos\theta)}}$$

(2) 小球が下方にすべり出
す直前には，AB 方向上向
きに最大摩擦力がはたらく
から，(1)と同様にして

$$\begin{cases} mg\cos\theta = mr\omega_2{}^2\sin\theta + \mu N \\ N = mg\sin\theta + mr\omega_2{}^2\cos\theta \end{cases}$$
$$\therefore\quad \omega_2 = \sqrt{\frac{g\,(\cos\theta - \mu\sin\theta)}{r\,(\sin\theta + \mu\cos\theta)}}$$

Point ω_1 で $\mu \to -\mu$ とすればよい。

132

(1) A から見ると，B は半径 l，速さ V_0 で
左向きに円運動を始めるから，棒が B を引
く力を T とすると

$$T = m\frac{V_0{}^2}{l}$$

(2) 衝突する直前の A, B, C の x 方向の速
さは等しいから，求める速さを V とおくと，
x 方向の運動量保存則より

$$MV_0 = (M + 2m)\,V$$
$$\therefore\quad V = \frac{M}{M + 2m}V_0$$

(3) 衝突する直前の B, C の y 方向の速さを
v とおくと，力学的エネルギー保存則より

$$\frac{1}{2}MV_0{}^2 = \frac{1}{2}(M + 2m)\,V^2 + \frac{1}{2}mv^2 \times 2$$

V を代入して

$$\frac{1}{2}MV_0{}^2 = \frac{1}{2} \cdot \frac{M^2}{M + 2m}V_0{}^2 + mv^2$$
$$mv^2 = \frac{1}{2} \cdot \frac{2Mm}{M + 2m}V_0{}^2$$
$$v^2 = \frac{M}{M + 2m}V_0{}^2 \quad \therefore\quad v = \sqrt{\frac{M}{M + 2m}}V_0$$

(4) 棒が A, B, C を引く力の大きさを T'
とすると，A には $2T'$ の力がかかるから，

A に生じる加速度を x の負方向に a とする
と

$$Ma = 2T' \quad \therefore\quad a = \frac{2T'}{M}$$

よって，A から見ると B は T' と慣性力 ma
を受けて円運動するから

$$m\frac{v^2}{l} = T' + ma = \frac{M + 2m}{M}T'$$
$$\therefore\quad T' = \frac{M^2mV_0{}^2}{(M + 2m)^2\,l}$$

(5)・(6) A の速さを V'' とし，B, C の速さ
を v'' とすると，運動量保存則より

$$MV_0 = MV'' + 2mv''$$
$$\therefore\quad v'' = \frac{M}{2m}(V_0 - V'')$$

力学的エネルギー保存則より

$$\frac{1}{2}MV_0{}^2 = \frac{1}{2}MV''^2 + \frac{1}{2}mv''^2 \times 2$$
$$\therefore\quad MV_0{}^2 = MV''^2 + 2mv''^2$$

2 式より v'' を消去して

$$MV_0{}^2 = MV''^2 + \frac{M^2}{2m}(V_0 - V'')^2$$
$$V_0{}^2 - V''^2 = \frac{M}{2m}(V_0 - V'')^2$$
$$(V_0 + V'')\,(V_0 - V'') = \frac{M}{2m}(V_0 - V'')^2$$

$V_0 \neq V''$ より

$$V_0 + V'' = \frac{M}{2m}(V_0 - V'')$$
$$(M + 2m)\,V'' = (M - 2m)\,V_0$$
$$\therefore\quad V'' = \frac{M - 2m}{M + 2m}V_0$$
$$v'' = \frac{M}{2m}\left(V_0 - \frac{M - 2m}{M + 2m}V_0\right)$$
$$= \frac{M}{2m} \cdot \frac{4m}{M + 2m}V_0 = \frac{2M}{M + 2m}V_0$$

(7) A から見た B の速さは

$$v'' - V'' = V_0$$

よって，棒が引く力を T'' とすると

$$T'' = m\frac{V_0{}^2}{l}$$

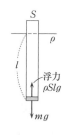

133

(1)

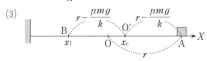

左へすべるとき，おもりには右向きに動摩擦力 μmg，左向きに弾性力 kx がはたらくから，運動方程式は

$$ma = \mu mg - kx = -k\left(x - \frac{\mu mg}{k}\right)$$

$$\therefore\quad a = -\frac{k}{m}\left(x - \frac{\mu mg}{k}\right) \text{[m/s}^2\text{]} \quad \cdots\cdots\text{①}$$

(2) 単振動の振動中心 O′ は力がつりあう位置であるから，加速度が 0 である。よって，(1)より，$a = 0$ のとき

$$x = x_c = \frac{\mu mg}{k} \text{[m]}$$

(3)

手を放した位置から振動中心 O′ までの距離は $r - \dfrac{\mu mg}{k}$ であるから，これが左向きに運動するときの振幅となる。O′ からさらにこの振幅だけ左へ行って，はじめて速さが 0 になるから，B の座標 x_1 は

$$x_1 = r - 2\left(r - \frac{\mu mg}{k}\right) = -\left(r - \frac{2\mu mg}{k}\right) \text{[m]}$$

(4) 角振動数を ω とすれば

$$a = -\omega^2\left(x - \frac{\mu mg}{k}\right)$$

①と比べて

$$\omega^2 = \frac{k}{m} \quad \therefore\quad \omega = \sqrt{\frac{k}{m}}$$

よって，周期は

$$T = \frac{2\pi}{\omega} = 2\pi\sqrt{\frac{m}{k}}$$

求める時間 t_1 は，単振動の右端から左端までなので半周期である。よって

$$t_1 = \frac{T}{2} = \pi\sqrt{\frac{m}{k}} \text{[s]}$$

(5) 左向きに運動するときの振幅は

$A = r - \dfrac{\mu mg}{k}$ であるから，最大の速さは

$$V = A\omega = \left(r - \frac{\mu mg}{k}\right)\sqrt{\frac{k}{m}} \text{[m/s]}$$

(6)

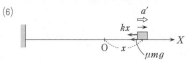

右へすべるとき，おもりには左向きに動摩擦力 μmg，弾性力 kx がはたらくから，おもりが右向きに運動するときの加速度を a' [m/s^2] とすれば，運動方程式は

$$ma' = -kx - \mu mg = -k\left(x + \frac{\mu mg}{k}\right)$$

$$\therefore\quad a' = -\frac{k}{m}\left(x + \frac{\mu mg}{k}\right)$$

振動中心は，$a' = 0$ のときだから

$$x = x'_c = -\frac{\mu mg}{k} \text{[m]}$$

角振動数を ω'，周期を T' として

$$a' = -\omega'^2\left(x + \frac{\mu mg}{k}\right)$$

$$\omega'^2 = \frac{k}{m} \quad \therefore\quad \omega' = \sqrt{\frac{k}{m}} = \omega$$

よって

$$T' = \frac{2\pi}{\omega'} = 2\pi\sqrt{\frac{m}{k}} = T$$

$$t_2 = \frac{T'}{2} = \pi\sqrt{\frac{m}{k}} \text{[s]}$$

Point 動摩擦力があると振幅が変化するが，周期は変化しない。

134

つりあうときの，液面下の円柱の長さを l とする。このとき，液中の体積は Sl であるから，円柱が排除した液体の質量は ρSl となり，円柱には浮力 ρSlg が上向きにはたらく。

よって，力のつりあいより

$$mg = \rho Slg \quad \cdots\cdots ①$$

つりあいの位置から x だけ下向きに変位したときの合力は

$$F = mg - \rho Sg(l+x) = -\rho Sgx \quad (①より)$$

加速度を a とすると

$$ma = -\rho Sgx \qquad \therefore \quad a = -\frac{\rho Sg}{m}x$$

これは角振動数 $\omega = \sqrt{\dfrac{\rho Sg}{m}}$ の単振動である。

よって，周期 T は

$$T = \frac{2\pi}{\omega} = 2\pi\sqrt{\frac{m}{\rho Sg}}$$

135

(1) 求める運動エネルギーを K_0 として，P点とA点で力学的エネルギー保存則より

$$K_0 - G\frac{Mm}{R} = \frac{1}{2}mv_1{}^2 - G\frac{Mm}{r_1}$$

$$\therefore \quad K_0 = \frac{1}{2}mv_1{}^2 + GMm\left(\frac{1}{R} - \frac{1}{r_1}\right)$$

(2) (a) $\dfrac{1}{2}r_1 v_1 = \dfrac{1}{2}r_2 v_2 \quad \cdots\cdots ①$

(b) $\dfrac{1}{2}mv_1{}^2 - G\dfrac{Mm}{r_1} = \dfrac{1}{2}mv_2{}^2 - G\dfrac{Mm}{r_2}$

$$\cdots\cdots ②$$

(3) ①より $\qquad v_1 = \dfrac{r_2}{r_1}v_2$

②へ代入して

$$\frac{1}{2}m\frac{r_2{}^2}{r_1{}^2}v_2{}^2 - G\frac{Mm}{r_1} = \frac{1}{2}mv_2{}^2 - G\frac{Mm}{r_2}$$

$$\frac{1}{2}mv_2{}^2\left(\frac{r_2{}^2}{r_1{}^2} - 1\right) = GMm\left(\frac{1}{r_1} - \frac{1}{r_2}\right)$$

$$\frac{1}{2}mv_2{}^2\left(\frac{r_2}{r_1} + 1\right)\left(\frac{r_2}{r_1} - 1\right) = \frac{GMm}{r_2}\left(\frac{r_2}{r_1} - 1\right)$$

$r_1 \neq r_2$ より

$$\frac{1}{2}mv_2{}^2\left(\frac{r_2}{r_1} + 1\right) = \frac{GMm}{r_2}$$

$$\frac{\dfrac{1}{2}mv_2{}^2}{\dfrac{GMm}{r_2}} = \frac{1}{\dfrac{r_2}{r_1} + 1} = \frac{r_1}{r_1 + r_2} 倍 \quad \cdots\cdots ③$$

(4) 円軌道に移った後の円運動の運動方程式は

$$m\frac{V^2}{r_2} = G\frac{Mm}{r_2{}^2}$$

$$\therefore \quad \frac{1}{2}mV^2 = \frac{1}{2}\cdot\frac{GMm}{r_2} \quad \cdots\cdots ④$$

③より

$$\frac{1}{2}mv_2{}^2 = \frac{r_1}{r_1 + r_2}\cdot\frac{GMm}{r_2} \quad \cdots\cdots ⑤$$

④，⑤より

$$\frac{V^2}{v_2{}^2} = \frac{1}{2}\cdot\frac{r_1 + r_2}{r_1}$$

$$\therefore \quad \frac{V}{v_2} = \sqrt{\frac{r_1 + r_2}{2r_1}} 倍$$

(5) ケプラーの第3法則を用いると，楕円軌道の半長軸の長さが $\dfrac{r_1 + r_2}{2}$ であるから

$$\frac{T_0{}^2}{r_2{}^3} = \frac{T^2}{\left(\dfrac{r_1 + r_2}{2}\right)^3}$$

$$\therefore \quad \frac{T_0}{T} = \left(\frac{2r_2}{r_1 + r_2}\right)^{\frac{3}{2}} 倍$$

136

(1) 地球の半径が R，密度が ρ であるから，地球の質量 M は

$$M = \rho\cdot\frac{4}{3}\pi R^3$$

である。地表面Bでは重力 mg を万有引力に等しいとおいて

$$mg = G\frac{Mm}{R^2} = G\frac{\rho\cdot\dfrac{4}{3}\pi R^3 m}{R^2}$$

$$= \frac{4}{3}\pi G\rho Rm$$

(2) (a) 半径 r の球の質量は $\rho\cdot\dfrac{4}{3}\pi r^3$ であるから

$$f = G\frac{\rho\cdot\dfrac{4}{3}\pi r^3 m}{r^2} = \frac{4}{3}\pi G\rho rm$$

(b) 上の2つの式を辺々割り算して

$$\frac{f}{mg} = \frac{r}{R} \qquad \therefore \quad f = mg\frac{r}{R}$$

(3)

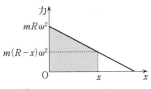

$\angle \mathrm{OPH} = \theta$ とおくと，(2)の(b)と $\cos\theta = \dfrac{x}{r}$ より

$$F = -f\cos\theta = -mg\dfrac{r}{R}\cdot\dfrac{x}{r}$$

$$= -\dfrac{mg}{R}x$$

(4) $k = \dfrac{mg}{R}$ は正の定数であるから，この運動は H を中心とした単振動であり，周期を T とすると

$$T = 2\pi\sqrt{\dfrac{m}{k}} = 2\pi\sqrt{\dfrac{R}{g}}$$

よって，求める時間は $\qquad t = \dfrac{T}{2} = \pi\sqrt{\dfrac{R}{g}}$

Point 地表面に沿って回る速さ（第 1 宇宙速度）は $v = \sqrt{gR}$ であるから，1 周する時間は $\dfrac{2\pi R}{v} = 2\pi\sqrt{\dfrac{R}{g}}$ となり，T と同じである。

137

(ア) 遠心力が見かけの重力のはたらきをする。回転半径は $R-x$，角速度は ω であるから

$$m(R-x)\omega^2$$

(イ) 遠心力に逆らう力は図のようになるから，求める仕事 W は図の赤色部分の面積で表される。

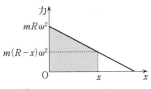

$$W = \dfrac{1}{2}\{mR\omega^2 + m(R-x)\omega^2\}\cdot x$$

$$= \dfrac{1}{2}m(2R-x)x\omega^2$$

(ウ) $x = R$ のとき $\qquad W = \dfrac{1}{2}mR^2\omega^2$

よって

$$\dfrac{1}{2}mv_0{}^2 = \dfrac{1}{2}mR^2\omega^2 \quad \therefore \quad v_0 = R\omega$$

(エ) 宇宙ステーションの外から見ると，図のように小球を P から O の向きに速さ $R\omega$ で，それと垂直な方向（回転の接線方向）に速さ $R\omega$ で投げたことになるから，$\angle \mathrm{POS} = 90°$ となる内壁上の点 S に落ちる。よって，宇宙ステーション内から見たときの，内壁からの最高の高さ h は，図より

$$h = R - \dfrac{R}{\sqrt{2}} = \dfrac{2-\sqrt{2}}{2}R$$

(オ) 小球は，速さ $\sqrt{2}R\omega$ で P から S へ向かうから，求める時間 t は

$$t = \dfrac{\mathrm{PS}}{\sqrt{2}R\omega} = \dfrac{\sqrt{2}R}{\sqrt{2}R\omega} = \dfrac{1}{\omega}$$

(カ) 時間 t の間に宇宙ステーションは ωt 回転するから，P が P′ まで来たとすると

$$\overset{\frown}{\mathrm{PP'}} = R\cdot\omega t = R \quad (\because \quad \omega t = 1)$$

$$\overset{\frown}{\mathrm{PS}} = \dfrac{2\pi R}{4} = \dfrac{\pi}{2}R > R \quad \left(\because \quad \angle \mathrm{POS} = \dfrac{\pi}{2}\right)$$

これより $\qquad \overset{\frown}{\mathrm{PS}} - \overset{\frown}{\mathrm{PP'}} = \left(\dfrac{\pi}{2}-1\right)R$

(キ) $\overset{\frown}{\mathrm{PS}} > \overset{\frown}{\mathrm{PP'}}$ より，前方に落ちるように見える。

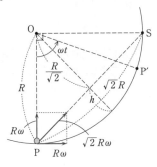

第2章
熱力学

SECTION **1** 熱と理想気体, 分子運動論

標準問題

138

(1) (ア) 比熱 (イ) 熱容量

(ウ) A の熱容量は m_1c_1 で,温度は t_1 から t に下がったから,失った熱量は

$$m_1c_1(t_1-t)〔J〕$$

(エ) B の熱容量は m_2c_2 で,温度は t_2 から t に上がったから,得た熱量は

$$m_2c_2(t-t_2)〔J〕$$

(オ) A が失った熱量と B が得た熱量は等しいから

$$m_1c_1(t_1-t)=m_2c_2(t-t_2)$$
$$(m_1c_1+m_2c_2)t=m_1c_1t_1+m_2c_2t_2$$

$$∴ \quad t=\frac{m_1c_1t_1+m_2c_2t_2}{m_1c_1+m_2c_2}〔℃〕$$

(2) (カ) $mc(t_1-t)=C(t-t_2)$ より

$$c=\frac{C(t-t_2)}{m(t_1-t)}〔J/(g・K)〕$$

(キ) $c=\dfrac{C(t-t_2)}{m(t_1-t)}$ で物体の比熱 c は一定であるから,液体が少しこぼれて液体の熱容量が $C'<C$ になったとき,c が同じになるには,$\dfrac{t-t_2}{t_1-t}$ が大きくならなければならない。よって,t が t' になったとすると

$$\frac{t'-t_2}{t_1-t'}>\frac{t-t_2}{t_1-t}$$
$$(t'-t_2)(t_1-t)>(t-t_2)(t_1-t')$$
$$t'\{(t_1-t)+(t-t_2)\}>t_1(t-t_2)+t_2(t_1-t)$$
$$(t_1-t_2)t'>(t_1-t_2)t$$

$t_1>t_2$ であるから

$$t'>t$$

(ク) 測定した比熱を c' とすると

$$c'=\frac{C(t'-t_2)}{m(t_1-t')}$$

$t'>t$ であるから

$$t'-t_2>t-t_2$$
$$t_1-t'<t_1-t$$

よって　$\dfrac{t'-t_2}{t_1-t'}>\dfrac{t-t_2}{t_1-t}$

$$\frac{C(t'-t_2)}{m(t_1-t')}>\frac{C(t-t_2)}{m(t_1-t)}$$
$$c'>c$$

となり,c' は c より大きくなる。

139

(1) 熱量計と外部との間に熱の出入りがないときは,高温の金属球から出た熱量は,低温の熱量計がもらった熱量に等しい。
金属球の熱容量は mc,水と熱量計の熱容量の和は Mc_0+C であるから

$$mc(t_1-t_3)=(Mc_0+C)(t_3-t_2)$$

$$∴ \quad c=\frac{(Mc_0+C)(t_3-t_2)}{m(t_1-t_3)}〔J/(g・K)〕$$

$$……①$$

(2) 小さい

理由:実験中,外部へ熱量が逃げたので,よくかくはんした後の温度 t_3 が真の値より小さく測定されている。したがって,①式の分子の t_3-t_2 が小さく,分母の t_1-t_3 が大きくなり,この測定値は真の値より小さくなる。

140

固体の状態の物質が同温度の液体に変わるために必要な熱量を融解熱という。その大きさは,液体が固体に変わるとき放出される凝固熱に等しい。
とけた氷の質量を $x〔g〕$ とする。弾丸の運動エネルギーの減少分と,弾丸の温度が $0℃$ まで下がるときに放出する熱量の和が氷をとかすのに使われるので,単位に注意して

$$\frac{1}{2}mv^2+(m×10^3)×c(t-0)=xL$$

$$\therefore \quad x = \frac{m}{L}\left(\frac{1}{2}v^2 + 10^3 ct\right)〔g〕$$

141

(ｱ) $1\,\mathrm{mol}$ の理想気体の状態方程式 $pV = RT$ で，$p \to p + \Delta p$，$V \to V + \Delta V$，$T \to T + \Delta T$ として

$$(p + \Delta p)(V + \Delta V) = R(T + \Delta T)$$

(ｲ) (ｱ)の式を展開して

$$pV + p\Delta V + \Delta pV + \Delta p\Delta V = RT + R\Delta T$$

ここで，$pV = RT$ を用いて，$\Delta p\Delta V$ を無視すると

$$\Delta pV + p\Delta V = R\Delta T$$

(ｳ) $pV = RT$ より $\quad R = \dfrac{pV}{T}$

(ｲ)の式に代入して

$$\Delta pV + p\Delta V = \frac{pV}{T}\cdot \Delta T$$

$$\therefore \quad \frac{\Delta p}{p} + \frac{\Delta V}{V} = \frac{\Delta T}{T}$$

(ｴ) $\dfrac{\Delta V}{V} = \dfrac{1}{100}$，$\dfrac{\Delta T}{T} = \dfrac{0.5}{100}$ より

$$\frac{\Delta p}{p} = \frac{0.5}{100} - \frac{1}{100} = -\frac{0.5}{100}$$

よって，0.5 % 減少する。

142

(1) (ｱ)

分子の運動量変化は

$$-mv_{ix} - (mv_{ix}) = -2mv_{ix}$$

(2) (ｲ) 分子が X 面から受ける力積が $-2mv_{ix}$ であるから，X 面に与える力積はその反作用で $\quad 2mv_{ix}$

(3) (ｳ) 時間 t の間に分子は $v_{ix}t$ だけ進む。$2l$ 進むごとに分子は X 面に 1 回衝突するから，衝突する回数は $\quad \dfrac{v_{ix}t}{2l}$ 回

(4) (ｴ) 1 回の衝突で与える力積は $2mv_{ix}$ で

あるから

$$2mv_{ix} \times \frac{v_{ix}t}{2l} = \frac{mv_{ix}^2}{l}t$$

(5) (ｵ) 全分子の和をとると

$$\sum_{i=1}^{N} \frac{mv_{ix}^2}{l}t = \frac{mt}{l}\sum_{i=1}^{N} v_{ix}^2$$

(6) (ｶ) $\displaystyle\sum_{i=1}^{N} v_{ix}^2 = N\overline{v_x^2}$ より

$$\frac{mt}{l}\sum_{i=1}^{N} v_{ix}^2 = \frac{mt}{l}N\overline{v_x^2}$$

(7) (ｷ) 単位時間に与える力積が力であるから

$$F = \frac{\dfrac{mt}{l}N\overline{v_x^2}}{t} = \frac{m}{l}N\overline{v_x^2}$$

(8) (ｸ) 圧力は単位面積あたりの力であるから

$$p = \frac{F}{l^2} = \frac{m}{l^3}N\overline{v_x^2}$$

ここで，$\overline{v_x^2} = \dfrac{1}{3}\overline{v^2}$，$l^3 = V$ を用いると

$$p = \frac{Nm}{3V}\overline{v^2} = \frac{2N}{3V}\cdot\frac{1}{2}m\overline{v^2}$$

143

(1) (ｱ) $\overline{v^2} = 3\overline{v_x^2}$ であるから

$$\frac{1}{2}m\overline{v^2} = \frac{3}{2}kT〔\mathrm{J}〕$$

(ｲ) $\overline{v^2} = \dfrac{3kT}{m}$ より

$$\sqrt{\overline{v^2}} = \sqrt{\frac{3kT}{m}}\ 〔\mathrm{m/s}〕$$

(ｳ) $k = \dfrac{R}{N_A}$ より

$$\sqrt{\overline{v^2}} = \sqrt{\frac{3RT}{mN_A}}\ 〔\mathrm{m/s}〕$$

(ｴ) m は 1 個の質量で，$1\,\mathrm{mol}$ は N_A 個であるから

$$mN_A = M$$

よって $\quad \sqrt{\overline{v^2}} = \sqrt{\dfrac{3RT}{M}}\ 〔\mathrm{m/s}〕$

(2) (ｵ) 水素ガス $1\,\mathrm{mol}$ の質量は $2\times 10^{-3}\,\mathrm{kg}$

であるから

$$\sqrt{\overline{v^2}} = \sqrt{\frac{3RT}{M}} = \sqrt{\frac{3 \times 8.3 \times (273+27)}{2 \times 10^{-3}}}$$

$$= \sqrt{\frac{7470 \times 10^3}{2}} = \sqrt{\frac{7.47}{2}} \times 10^3$$

$$= \sqrt{3.735} \times 10^3 \fallingdotseq 1.9 \times 10^3 \, \text{m/s}$$

(3) (カ) (1)の(エ)より

$$\sqrt{\overline{v^2}} = \sqrt{\frac{3RT}{M}}$$

混合気体では T が等しいので

$$\sqrt{\overline{v^2}} \propto \sqrt{\frac{1}{M}}$$

よって $\dfrac{\sqrt{\overline{v_{\text{H}_2}^2}}}{\sqrt{\overline{v_{\text{O}_2}^2}}} = \sqrt{\dfrac{M_{\text{O}_2}}{M_{\text{H}_2}}} = \sqrt{\dfrac{32}{2}} = 4$ 倍

(キ) $\sqrt{\overline{v_{\text{H}_2}^2}} = 4\sqrt{\overline{v_{\text{O}_2}^2}}$

$$= 4 \times 4.8 \times 10^2$$

$$\fallingdotseq 1.9 \times 10^3 \, \text{m/s}$$

144

(ア) 圧力の式 $p = \dfrac{Nm\overline{v^2}}{3V}$ より

$$p = \frac{2N}{3V} \cdot \frac{1}{2} m\overline{v^2} \quad \cdots\cdots①$$

(イ) 温度 T のとき，自由度 1 あたり $\dfrac{1}{2}kT$ のエネルギーが分配されることを，エネルギー等分配則という。運動の自由度は x, y, z 方向の 3 であるから，$3 \times \dfrac{1}{2}kT = \dfrac{3}{2}kT$ のエネルギーが分配される。よって

$$\frac{1}{2}m\overline{v^2} = \frac{3}{2}kT \quad \cdots\cdots②$$

(ウ) ①，②より

$$p = \frac{2N}{3V} \cdot \frac{1}{2} m\overline{v^2} = \frac{2N}{3V} \cdot \frac{3}{2}kT = \frac{NkT}{V}$$

(エ) $pV = NkT = nN_{\text{A}} \dfrac{R}{N_{\text{A}}} T = nRT \quad \cdots\cdots③$

Point ①と③を用いて，②の関係式を導くこともできる。

$$\begin{cases} p = \dfrac{2N}{3V} \cdot \dfrac{1}{2} m\overline{v^2} \quad \cdots\cdots① \\ pV = nRT \quad \cdots\cdots③ \end{cases}$$

より

$$\frac{2N}{3} \cdot \frac{1}{2} m\overline{v^2} = nRT$$

$$\frac{1}{2} m\overline{v^2} = \frac{3}{2} \cdot \frac{nR}{N} T$$

$n = \dfrac{N}{N_{\text{A}}}$, $k = \dfrac{R}{N_{\text{A}}}$ より

$$\frac{nR}{N} = \frac{R}{N_{\text{A}}} = k$$

よって $\dfrac{1}{2} m\overline{v^2} = \dfrac{3}{2}kT$

💡 発展問題

145

気体定数を R として，圧力 p，体積 V，温度 T，物質量 n の空気の状態方程式

$$pV = nRT$$

において，空気の 1 mol あたりの質量を μ とすれば，体積 V，密度 ρ の質量は ρV であるから

$$n = \frac{\rho V}{\mu}$$

状態方程式に代入すると

$$pV = \frac{\rho V}{\mu} RT$$

$$p = \frac{\rho}{\mu} RT \qquad \frac{p}{\rho T} = \frac{R}{\mu} = 一定$$

よって，ふもとと頂上で

$$\frac{p_1}{\rho_1 T_1} = \frac{p_2}{\rho_2 T_2} \qquad \therefore \quad \rho_2 = \frac{p_2 T_1}{p_1 T_2} \rho_1$$

別解 一定の物質量 n の空気が体積 V_1 から V_2 になったとすると

$$p_1 V_1 = nRT_1, \qquad p_2 V_2 = nRT_2$$

$$\therefore \quad \frac{V_1}{V_2} = \frac{p_2 T_1}{p_1 T_2}$$

密度は体積に反比例するから

$$\frac{\rho_2}{\rho_1} = \frac{V_1}{V_2} = \frac{p_2 T_1}{p_1 T_2} \qquad \therefore \quad \rho_2 = \frac{p_2 T_1}{p_1 T_2} \rho_1$$

146

(ア) 厚さ Δz の大気層の上部は $P(z+\Delta z)S$ の力で下へ，下部は $P(z)S$ の力で上へ押されている。大気層の重さは $\rho(z)S\Delta zg$ であるから，力のつりあいより

$$P(z+\Delta z)S+\rho(z)S\Delta zg=P(z)S$$
$$\therefore\ P(z+\Delta z)S-P(z)S=-\rho(z)Sg\Delta z$$

(イ) $P(z)S\Delta z=\dfrac{\rho(z)S\Delta z}{m}RT$ より

$$P(z)=\dfrac{RT}{m}\rho(z)$$

(ウ) (ア)，(イ)より

$$\dfrac{RTS}{m}\{\rho(z+\Delta z)-\rho(z)\}=-\rho(z)Sg\Delta z$$

$$\Delta\rho(z)=-\dfrac{mg}{RT}\rho(z)\Delta z$$

$$\therefore\ \dfrac{\Delta\rho(z)}{\Delta z}=-\dfrac{mg}{RT}\rho(z)$$

Point この式より

$$\dfrac{\Delta\rho(z)}{\rho(z)}=-\dfrac{mg}{RT}\Delta z$$

積分して

$$\log\rho(z)=-\dfrac{mg}{RT}z+C \quad (C\text{は積分定数})$$

$$\therefore\ \rho(z)=\rho_0e^{-\frac{mg}{RT}z}$$

$\qquad\qquad (\rho_0\text{は}z=0\text{のときの密度})$

よって，密度 $\rho(z)$ は z が増加すると指数関数的に減少する。

147

(ア)

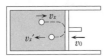

衝突後の速さを v_x' とすると，互いに近づく速さは v_x+v_0，互いに遠ざかる速さは $v_x'-v_0$ である。弾性衝突であるから，はねかえり係数は1より

$$1=\dfrac{v_x'-v_0}{v_x+v_0} \quad \therefore\ v_x'=v_x+2v_0$$

(イ) (ア)より

$$v_x'^2-v_x^2=(v_x+2v_0)^2-v_x^2$$

$$=4v_xv_0+4v_0^2$$

ここで，v_0^2 の項を省略すると

$$v_x'^2-v_x^2\fallingdotseq 4v_xv_0$$

(ウ) ピストンが Δl 移動するのにかかる時間を Δt とすると

$$\Delta t=\dfrac{\Delta l}{v_0}$$

この間に分子が動く距離は

$$v_x\Delta t=\dfrac{v_x\Delta l}{v_0}$$

分子は $2l$ 動くごとにピストンに1回衝突するから，この間に分子が衝突する回数は

$$\dfrac{v_x\Delta t}{2l}=\dfrac{v_x\Delta l}{2lv_0}\ \text{回}$$

(エ) (イ)，(ウ)の結果より，v_x^2 の増加 Δv_x^2 は

$$\Delta v_x^2=4v_xv_0\times\dfrac{v_x\Delta l}{2lv_0}=\dfrac{2v_x^2\Delta l}{l}$$

(オ) (エ)の増加のうちの $\dfrac{1}{3}$ が $\overline{v_x^2}$ の増加に寄与するから，$\overline{v_x^2}$ の増加 $\Delta(\overline{v_x^2})$ は

$$\Delta(\overline{v_x^2})=\dfrac{2\overline{v_x^2}\Delta l}{l}\times\dfrac{1}{3}=\dfrac{2\overline{v_x^2}\Delta l}{3l}$$

(カ) $\Delta(\overline{v_x^2})=\dfrac{k}{m}\Delta T$ より

$$\Delta T=\dfrac{m}{k}\Delta(\overline{v_x^2})=\dfrac{m}{k}\cdot\dfrac{2\overline{v_x^2}\Delta l}{3l}$$

$$=\dfrac{2kT\Delta l}{3kl} \quad (\because\ m\overline{v_x^2}=kT)$$

$$=\dfrac{2\Delta l}{3l}T$$

Point 運動エネルギーの平均値 $\dfrac{1}{2}m\overline{v^2}$ に $\dfrac{3}{2}kT$ のエネルギーが分配され，$\overline{v^2}=\overline{v_x^2}+\overline{v_y^2}+\overline{v_z^2}$ で，$\overline{v_x^2}=\overline{v_y^2}=\overline{v_z^2}$ より

$$\overline{v_x^2}=\dfrac{1}{3}\overline{v^2}$$

よって $\dfrac{1}{2}m\overline{v_x^2}=\dfrac{1}{2}kT$

したがって，$\Delta(\overline{v_x^2})=\dfrac{k}{m}\Delta T$ となる。

🖊 **標準問題**

148

(1) (ア) 温度が高くなると気体分子の熱運動がはげしくなるので，内部エネルギーは増加する。

(2) (イ)・(ウ)

$$W = -W'$$
$$= -(気体に加えた仕事)$$
$$= (外系に) 気体がした仕事$$

149

圧力 p〔Pa〕，体積 V〔m³〕，温度 T〔K〕，物質量 n〔mol〕の単原子分子理想気体の内部エネルギー U〔J〕は，$U = \frac{3}{2}nRT$ である。

状態方程式より

$$pV = nRT$$

よって

$$U = \frac{3}{2}pV 〔J〕$$

となる。

A，B，C での内部エネルギー U_A〔J〕，U_B〔J〕，U_C〔J〕は

$$U_A = \frac{3}{2}p_0V_0 〔J〕, \quad U_B = \frac{3}{2}\alpha p_0V_0 〔J〕,$$
$$U_C = \frac{3}{2}\alpha\beta p_0V_0 〔J〕$$

(ア) $Q_1 = U_B - U_A = \frac{3}{2}(\alpha-1)p_0V_0 〔J〕$

(イ) $U_C - U_B = \frac{3}{2}\alpha(\beta-1)p_0V_0 〔J〕$

(ウ) B→C のとき，圧力 αp_0 で体積が V_0 から βV_0 に変化するから，気体が外部にした仕事は

$$\alpha p_0 \cdot (\beta V_0 - V_0) = \alpha(\beta-1)p_0V_0 〔J〕$$

(エ) $Q_2 = \frac{3}{2}\alpha(\beta-1)p_0V_0 + \alpha(\beta-1)p_0V_0$

$$= \frac{5}{2}\alpha(\beta-1)p_0V_0 〔J〕$$

(オ) $W = (\alpha p_0 - p_0) \cdot (\beta V_0 - V_0)$
$$= (\alpha-1)(\beta-1)p_0V_0 〔J〕$$

(カ) 1 サイクルで気体が吸収した熱量は $Q_1 + Q_2$，気体が外部にした仕事は W であるから，熱効率 e は

$$e = \frac{W}{Q_1 + Q_2} = \frac{(\alpha-1)(\beta-1)}{\frac{3}{2}(\alpha-1) + \frac{5}{2}\alpha(\beta-1)}$$

$$= \frac{2(\alpha-1)(\beta-1)}{3(\alpha-1) + 5\alpha(\beta-1)}$$

150

熱力学第1法則

$$Q = \Delta U + W$$

(吸収した熱量) = (内部エネルギーの増加)
$\qquad\qquad\qquad\qquad$ + (気体がした仕事)

$\begin{cases} 温度上昇 \longleftrightarrow 内部エネルギー増加 \\ 膨張 \longleftrightarrow 気体が仕事をする \end{cases}$

(1) A→B は定積変化

(ア) ΔU：ボイル・シャルルの法則より，体積一定で圧力が増加すると，温度が上昇するので，内部エネルギーは増加する。

(イ) W：体積一定だから，気体は仕事をしもされもしない。

(ウ) $Q = \Delta U + W$ で，$\Delta U > 0$，$W = 0$ より
Q：内部エネルギーの増加分だけ熱量を吸収する。

(2) B→C は等温変化

(エ) ΔU：等温変化だから，内部エネルギーは変化しない。

(オ) W：気体は膨張するので，気体は仕事をする。

(カ) $Q = \Delta U + W$ で，$\Delta U = 0$，$W > 0$ より
Q：気体がする仕事分だけ熱量を吸収する。

(3) C→A は定圧変化

(キ) ΔU：温度が降下するので，内部エネルギーは減少する。

(ク) W：気体は収縮するので，気体は仕事

をされる。

(ケ) $Q = \Delta U + W$ で，$\Delta U < 0$，$W < 0$ より

Q：内部エネルギーの減少分と，された仕事の和だけ熱量を放出する。

(4) ①の過程

理由：$Q = \Delta U + W$ より考える。A → B → C のときも，A → C のときも最終状態 C の温度は同じであるから，内部エネルギーの増加は等しい。ところが，気体がする仕事は A → B → C のほうが A → C のとき より ABC で囲まれた面積分だけ大きいので，熱力学第1法則より，①の過程のほうが，ABC の面積に等しい仕事分だけ多くの熱量を吸収する。

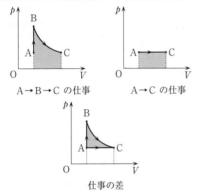

A→B→C の仕事　　A→C の仕事

仕事の差

(1) B → C （内部エネルギーは増加し，気体は仕事をするので）

(2) D → A （内部エネルギーは減少し，気体は仕事をされるので）

(3) $Q = \Delta U + W$

（気体が吸収する正味の熱量）

＝（内部エネルギーの変化）

＋（気体がする正味の仕事）

上式で

$Q = Q_1 - Q_2$

＝（吸収する熱量）－（放出する熱量）

はじめの A の状態と 1 サイクル後の A の状態では，圧力，体積が等しいので，温度も等

しくなるから，$\Delta U = 0$ となるので

$Q_1 - Q_2 = W$

(4) 1 サイクルで吸収した熱量は Q_1，した仕事は W であるから，熱効率 e は

$$e = \frac{W}{Q_1} = \frac{Q_1 - Q_2}{Q_1} = 1 - \frac{Q_2}{Q_1}$$

152

(ア) エネルギー等分配則より，平均の運動エネルギーに $\frac{3}{2}kT$ が分配されるから

$$\frac{1}{2}m\overline{v^2} = \frac{3}{2}kT$$

(イ) U は(ア)に全分子数 N をかければよいから

$$U = \frac{3}{2}NkT$$

(ウ) 全分子数は $N = nN_A$，ボルツマン定数は $k = \dfrac{R}{N_A}$ であるから

$$\frac{3}{2}NkT = \frac{3}{2}nN_A\frac{R}{N_A}T = \frac{3}{2}nRT$$

153

(1) 熱力学第1法則 $Q = \Delta U + W$ で，ピストンを固定しているので，定積変化であるから

$W = 0$

よって，$\Delta U = Q$〔J〕である。

(2) (a) 理想気体の内部エネルギーは温度に比例するから，$U = KT$ とおくと，温度 T_0，T_1，T_2 のときの内部エネルギー U_0，U_1，U_2 は $U_0 = KT_0$，$U_1 = KT_1$，$U_2 = KT_2$ で，定積変化であるから

$Q = U_1 - U_0 = K(T_1 - T_0)$

$\therefore \quad K = \dfrac{Q}{T_1 - T_0}$

よって，T_0 から T_2 になるときの内部エネルギーの変化 ΔU は

$\Delta U = U_2 - U_0 = K(T_2 - T_0)$

$= \dfrac{T_2 - T_0}{T_1 - T_0}Q$〔J〕

力学
熱力学
波動
電磁気
原子

(b)

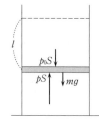

内部の気体の圧力を p〔N/m²〕とすると，ピストンにはたらく力のつりあいより

$$pS = p_0S + mg$$

気体は pS の力でピストンを l だけ動かしたから，気体がした仕事 W〔J〕は

$$W = pSl = p_0Sl + mgl〔J〕$$

(c) 熱力学第1法則より

$$\frac{T_2 - T_0}{T_1 - T_0}Q + p_0Sl + mgl〔J〕$$

(1) (ア) A で理想気体の状態方程式より

$$pV = RT_A \quad \therefore \quad T_A = \frac{pV}{R}〔K〕$$

(イ) B で理想気体の状態方程式より

$$2p \cdot 2V = RT_B \quad \therefore \quad T_B = \frac{4pV}{R}〔K〕$$

(2) (ウ) 単原子分子理想気体の内部エネルギーの変化より

$$\Delta U = \frac{3}{2}R(T_B - T_A) = \frac{9}{2}pV〔J〕$$

(エ) 気体がした仕事 W は，p-V グラフと V 軸で囲まれた面積で表されるから

$$W = \frac{p + 2p}{2}(2V - V) = \frac{3}{2}pV〔J〕$$

(オ) 熱力学第1法則より

$$Q = \Delta U + W = \frac{9}{2}pV + \frac{3}{2}pV = 6pV〔J〕$$

(3) (カ) 1mol の気体が熱量 Q を吸収して，温度が T_A から T_B になったから，モル比熱を C とすると

$$Q = C(T_B - T_A)$$

よって

$$C = \frac{Q}{T_B - T_A} = 6pV \cdot \frac{R}{3pV}$$
$$= 2R〔J/(mol \cdot K)〕$$

(ア) 定圧変化であるから，n〔mol〕の気体の温度を T から T' にするときに吸収した熱量 Q は

$$Q = nC_p(T' - T)$$

内部エネルギーの式より，内部エネルギーの変化 ΔU は

$$\Delta U = nC_V(T' - T)$$

気体の圧力は p で，体積が V から V' になるから，気体がした仕事 W は

$$W = p(V' - V)$$

よって，熱力学第1法則 $Q = \Delta U + W$ より

$$nC_p(T' - T) = nC_V(T' - T) + p(V' - V)$$

(イ) $pV = nRT$，$pV' = nRT'$ より

$$p(V' - V) = nR(T' - T)$$

(ウ) (ア)・(イ)より

$$C_p = C_V + R$$

(1) ボルツマン定数 $k = \dfrac{R}{N_A}$〔J/K〕を用いると，温度 T〔K〕における分子1個の平均運動エネルギー $\overline{K}$ は

$$\overline{K} = \frac{3}{2}kT = \frac{3RT}{2N_A}〔J〕$$

(2) $\dfrac{3RT}{2N_A}N_A = \dfrac{3RT}{2}〔J〕$

(3) 一定の体積のもとで，1mol の気体の温度を 1K 高めるのに要する熱量なので

$$C_V = \frac{3R(T + 1)}{2} - \frac{3RT}{2}$$
$$= \frac{3}{2}R〔J/(mol \cdot K)〕$$

(4) $C_p = \dfrac{3}{2}R + R = \dfrac{5}{2}R〔J/(mol \cdot K)〕$

(5) $\gamma = \dfrac{C_p}{C_V} = \dfrac{5}{3}$

発展問題

157

(1) (ア) 求める圧力を p〔N/m²〕とすると，ボイル・シャルルの法則より，体積が一定のとき

$$\frac{p_0}{T_0} = \frac{p}{T}$$

$$\therefore \quad p = p_0 \cdot \frac{T}{T_0} \text{〔N/m²〕}$$

(イ) 気体が外へ仕事をしないので，吸収した熱量がすべて内部エネルギーの増加 ΔU〔J〕になる。

よって $\Delta U = Q$〔J〕

(2) (ウ) 一定量の理想気体の内部エネルギーの変化は温度差に比例するので

$$\frac{T_1 - T_0}{T - T_0} Q \text{〔J〕}$$

(エ) ピストンが l 動く間に気体の圧力は p_0 から $p_0 + \dfrac{kl}{S}$ まで直線的に増加するから，p-V グラフは図のようになる。よって，気体がした仕事 W〔J〕は，図の赤色部分の面積となり

$$W = \frac{1}{2}\left(p_0 + p_0 + \frac{kl}{S}\right)Sl$$

$$= p_0 Sl + \frac{1}{2}kl^2 \text{〔J〕}$$

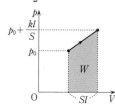

別解 ピストンが右へ x だけ動いたとき，内部の気体がピストンを押す力は $p_0 S + kx$ となるので

$$\int_0^l (p_0 S + kx)\, dx = \left[p_0 Sx + \frac{1}{2}kx^2\right]_0^l$$

$$= p_0 Sl + \frac{1}{2}kl^2 \text{〔J〕}$$

(オ) 熱力学第1法則より，気体に与えた熱量は

$$\frac{T_1 - T_0}{T - T_0} Q + p_0 Sl + \frac{1}{2}kl^2 \text{〔J〕}$$

158

(1) (a) 圧力を p〔N/m²〕とすると，状態方程式より

$$p \cdot 2V = nRT$$

$$\therefore \quad p = \frac{nRT}{2V} \text{〔N/m²〕}$$

(b) 内部エネルギーを U〔J〕とすると，単原子分子理想気体 n〔mol〕の内部エネルギーより

$$U = \frac{3}{2}nRT \text{〔J〕}$$

(2) (c) 求める圧力を p'〔N/m²〕，A，B両球内の気体の物質量を n_1，n_2〔mol〕とする。

$$\begin{cases} p'V = n_1 RT & \cdots\cdots① \\ p'V = n_2 R \cdot 2T & \cdots\cdots② \\ n = n_1 + n_2 & \cdots\cdots③ \end{cases}$$

上式より，n_1，n_2 を消去して

$$n = \frac{p'V}{RT} + \frac{p'V}{2RT} = \frac{3p'V}{2RT}$$

$$\therefore \quad p' = \frac{2nRT}{3V} \text{〔N/m²〕}$$

(d) 気体の全体積は変化していないので，気体がした仕事は0で，吸収した熱量 Q〔J〕はすべて内部エネルギーの増加 ΔU に使われる。よって

$$Q = \Delta U = \frac{3}{2}n_1 RT + \frac{3}{2}n_2 R \cdot 2T - \frac{3}{2}nRT$$

一方，①，②より $\dfrac{n_1}{n_2} = 2$

これと③より $n_1 = \dfrac{2}{3}n$，$n_2 = \dfrac{1}{3}n$

$$\therefore \quad Q = \frac{3}{2} \cdot \frac{2}{3}n \cdot RT + \frac{3}{2} \cdot \frac{1}{3}n \cdot 2RT - \frac{3}{2}nRT$$

$$= nRT + nRT - \frac{3}{2}nRT$$

$$= \frac{1}{2}nRT \text{〔J〕}$$

(3) 最初と最後を比べると，全過程で Q $=\dfrac{1}{2}nRT$〔J〕の熱量を吸収しただけなので，求める温度を T'〔K〕とすると

$$\dfrac{3}{2}nRT' = U + Q$$

$$= \dfrac{3}{2}nRT + \dfrac{1}{2}nRT = 2nRT$$

$$\therefore \quad T' = \dfrac{4}{3}T\text{〔K〕}$$

159

(1) (ア) 左側の圧力は p_1 に保たれているから，ピストンAを静かに動かすときの圧力は p_1 である。よって，体積を V_1 だけ縮めるとき，気体が外部からされた仕事は

$$p_1V_1$$

(イ) 右側の圧力は p_2 に保たれているから，ピストンBを静かに動かすときの圧力は p_2 である。よって，体積を V_2 だけ増すとき，気体がした仕事は

$$p_2V_2$$

(ウ) 気体は外部に p_2V_2 の仕事をし，外部から p_1V_1 の仕事をされたから，全体として気体がした仕事は

$$p_2V_2 - p_1V_1$$

(2) (エ) 断熱変化であるから，熱力学第1法則 $Q = \Delta U + W$ で，$Q = 0$，$\Delta U = U_2 - U_1$，$W = p_2V_2 - p_1V_1$ より

$$0 = (U_2 - U_1) + (p_2V_2 - p_1V_1)$$

(オ) (エ)より $\quad U_2 - U_1 = p_1V_1 - p_2V_2$

(カ) 状態方程式を用いて

$$p_1V_1 = nRT_1, \quad p_2V_2 = nRT_2$$

(オ)より

$$U_2 - U_1 = nR(T_1 - T_2)$$

(3) (キ) $U = \dfrac{3}{2}nRT$ より

$$U_2 - U_1 = \dfrac{3}{2}nR(T_2 - T_1)$$

(4) (ク) (カ)・(キ)より

$$nR(T_1 - T_2) = \dfrac{3}{2}nR(T_2 - T_1)$$

$$\dfrac{5}{2}nR(T_1 - T_2) = 0$$

よって $\quad T_1 = T_2$

Point (オ)より，$U_1 + p_1V_1 = U_2 + p_2V_2$ が成り立つ。$H = U + pV$ をエンタルピーといい，定圧かつ断熱変化では H が保存される。(ク)より，理想気体の場合は細孔せんを通して気体を移しても温度は変化しない。実際の気体では温度は変化する。

160

(ア) 等温変化であるから，気体が吸収した熱量 Q_1 はすべて気体が外部にした仕事 W_1 に使われる。よって

$$Q_1 = W_1$$

(イ)・(ウ) 接触前のシリンダー内の気体の内部エネルギーは $\dfrac{3}{2}RT_1$，容器内の気体の内部エネルギーは $\dfrac{3}{2}RT_0$，接触後のシリンダー内と容器内の気体の温度は等しく T_0' になるから，内部エネルギーの和は，

$$\dfrac{3}{2} \times 2 \times RT_0' = 3RT_0' \text{ である。内部エネルギーの和は}$$

保存するから

$$\dfrac{3}{2}RT_0 + \dfrac{3}{2}RT_1$$

$$= 3RT_0'$$

$$\therefore \quad T_0' = \dfrac{1}{2} \times T_0 + \dfrac{1}{2} \times T_1$$

(エ) 等温変化であるから，外部からされた仕事 W_2 だけ熱量を放出する。よって

$$Q_2 = W_2$$

(オ)・(カ) (イ)・(ウ)と同様，内部エネルギーの保

存より

$$\frac{3}{2}RT_0' + \frac{3}{2}RT_2 = 3RT_0$$

$$T_0' + T_2 = 2T_0$$

(イ)・(ウ)の T_0' を代入して

$$\frac{1}{2}T_0 + \frac{1}{2}T_1 + T_2 = 2T_0$$

$$T_0 + T_1 + 2T_2 = 4T_0$$

∴ $T_0 = \frac{1}{3} \times T_1 + \frac{2}{3} \times T_2$

(キ) $q_2 = C_V(T_1 - T_0)$, $W_1 = Q_1$, $W_2 = Q_2$ より

$$e = \frac{W_1 - W_2}{Q_1 + q_2}$$

$$= \frac{Q_1 - Q_2}{Q_1 + C_V(T_1 - T_0)}$$

(オ)・(カ)の T_0 を代入して

$$e = \frac{Q_1 - Q_2}{Q_1 + C_V\left(T_1 - \frac{1}{3}T_1 - \frac{2}{3}T_2\right)}$$

$$= \frac{Q_1 - Q_2}{Q_1 + \frac{2}{3}C_V(T_1 - T_2)}$$

SECTION 3 気体の断熱変化と自由膨張

🏠 **標準問題**

161

(1) (ア) 断熱で真空中への膨張であるから，気体がする仕事は 0 で，理想気体の内部エネルギーは変わらない。したがって，温度も不変。よって

$$T = T_1$$

(イ) 温度一定なので，ボイルの法則より

$$p_1 V_1 = p(V_1 + V_2)$$

∴ $p = \dfrac{V_1}{V_1 + V_2}p_1$

(2) (ウ) 気体が仕事をするので，内部エネルギーが減少し，温度がわずかに下がる。

Point この問題では $pV^\gamma =$ 一定 というポアソンの公式は適用できない。この式は，断熱で，しかも可逆的な変化に対してのみ成り立つ（真空中の膨張は不可逆変化である）。

162

(ア) 気体定数を R，アボガドロ定数を N_A とすると，ボルツマン定数 k は

$$k = \frac{R}{N_A}$$

よって，物質量 n は

$$n = \frac{N}{N_A} = \frac{Nk}{R}$$

したがって，内部エネルギー U_0 は

$$U_0 = \frac{3}{2}nRT_1 = \frac{3}{2}NkT_1$$

(イ) 圧力 p_1 で体積が V_1 から 0 に変化するから，気体に対してなされた仕事は

$$p_1(V_1 - 0) = p_1 V_1$$

(ウ) 断熱で，真空中への膨張だから，気体に対してなされた仕事の分だけ内部エネルギーが増加する。移動後の内部エネルギー U_1 は，$p_1 V_1 = nRT_1 = NkT_1$ より

$$U_1 = \frac{3}{2}NkT_1 + p_1V_1$$

$$= \frac{3}{2}NkT_1 + NkT_1$$

$$= \frac{5}{2}NkT_1$$

(エ) 内部エネルギーは $U_1 = \frac{3}{2}NkT_2$ であるから，(ウ)より

$$\frac{5}{2}NkT_1 = \frac{3}{2}NkT_2 \qquad \therefore \quad T_2 = \frac{5}{3}T_1$$

(オ) 内部エネルギーの増加は

$$U_1 - U_0 = \frac{5}{2}NkT_1 - \frac{3}{2}NkT_1$$

$$= NkT_1$$

これは N 個の分子の平均運動エネルギーの増加であるから，1個あたりでは

$$\frac{NkT_1}{N} = kT_1 .$$

163

(ア) $\dfrac{C_p}{C_V} = \dfrac{C_V + R}{C_V} = 1 + \dfrac{R}{C_V}$

(イ) $\gamma = 1 + \dfrac{R}{C_V}$ より

$$\frac{R}{C_V} = \gamma - 1$$

(ウ)～(オ) ①式に(イ)を代入して

$$\log T = -(\gamma - 1)\log V + C$$

よって

$$\log T + (\gamma - 1)\log V = 一定$$

$$\log TV^{\gamma-1} = 一定$$

$$\therefore \quad TV^{\gamma-1} = 一定$$

164

(ア) 熱力学第1法則より，物質量を n として，A → B は定積変化であるから，Q は内部エネルギーの変化に等しい。よって

$$Q_{A \to B} = \frac{3}{2}nR(T_B - T_A)$$

状態方程式より，$nRT_B = p_BV_A$，$nRT_A = p_AV_A$ であるから

$$Q_{A \to B} = \frac{3}{2}(p_B - p_A)V_A$$

(イ) B → C は断熱変化であるから

$$Q_{B \to C} = 0$$

(ウ) C → A は定圧変化であるから，Q は内部エネルギーの変化と気体がした仕事の和になる。よって，$nRT_A = p_AV_A$，$nRT_C = p_AV_C$ より

$$Q_{C \to A} = \frac{3}{2}nR(T_A - T_C) + p_A(V_A - V_C)$$

$$= \frac{3}{2}p_A(V_A - V_C) + p_A(V_A - V_C)$$

$$= -\frac{5}{2}p_A(V_C - V_A)$$

(エ) 1サイクルで気体は $Q_{A \to B}$ を吸収して仕事 W をし，$Q_{C \to A}(<0)$ を吸収，すなわち $-Q_{C \to A}$ を放出するので

$$W = Q_{A \to B} - (-Q_{C \to A})$$

$$= Q_{A \to B} + Q_{C \to A}$$

よって，熱効率 e は

$$e = \frac{W}{Q_{A \to B}} = \frac{Q_{A \to B} + Q_{C \to A}}{Q_{A \to B}}$$

$$= 1 + \frac{Q_{C \to A}}{Q_{A \to B}}$$

$$= 1 + \frac{-\dfrac{5}{2}p_A(V_C - V_A)}{\dfrac{3}{2}(p_B - p_A)V_A}$$

$$= 1 - \frac{5}{3} \cdot \frac{p_A(V_C - V_A)}{(p_B - p_A)V_A}$$

💡 発展問題

165

(1)

衝突前の分子の壁に垂直な速さは $v\cos\theta$ であり，衝突後の分子の壁に垂直な速さを v' とすると，弾性衝突であるから

$$1 = \frac{v' + u}{v\cos\theta - u}$$

$$\therefore \quad v' = v\cos\theta - 2u \ (m/s)$$

(2) 衝突前後の運動エネルギーの変化は，壁に垂直な速さの変化を考えて

$$\frac{1}{2}mv'^2 - \frac{1}{2}m(v\cos\theta)^2$$

$$= \frac{1}{2}m(v\cos\theta - 2u)^2 - \frac{1}{2}mv^2\cos^2\theta$$

$$= -2muv\cos\theta + 2mu^2$$

$$\doteqdot -2muv\cos\theta \ (J)$$

(3) 半径が Δr だけ増加するのにかかる時間は

$$t = \frac{\Delta r}{u}$$

この間に分子は $vt = \frac{v\Delta r}{u}$ 動き，$2r\cos\theta$ 進むごとに壁と1回衝突するから，衝突回数は

$$\frac{\dfrac{v\Delta r}{u}}{2r\cos\theta} = \frac{v\Delta r}{2ur\cos\theta} \ \boxed{回}$$

(4) (2)・(3)より

$$\Delta K = -2muv\cos\theta \times \frac{v\Delta r}{2ur\cos\theta}$$

$$= -\frac{mv^2\Delta r}{r} \ (J)$$

(5) $\Delta V = \dfrac{4}{3}\pi r^3\left(1+\dfrac{\Delta r}{r}\right)^3 - \dfrac{4}{3}\pi r^3$

$$\doteqdot \frac{4}{3}\pi r^3\left(1+\frac{3\Delta r}{r}\right) - \frac{4}{3}\pi r^3$$

$$= 4\pi r^2\Delta r$$

別解　$V = \dfrac{4}{3}\pi r^3$ の微分をとって

$$\Delta V = \frac{4}{3}\pi \cdot 3r^2\Delta r = 4\pi r^2\Delta r$$

としてもよい。

(6) アボガドロ定数を N_A とすると

$$U = N_A \times \frac{1}{2}mv^2$$

また，(4)より

$$\Delta U = N_A \times \Delta K = N_A \times \left(-\frac{mv^2}{r}\Delta r\right)$$

よって

$$\frac{\Delta U}{U} = \frac{-\dfrac{mv^2}{r}\Delta r}{\dfrac{1}{2}mv^2} = -\frac{2\Delta r}{r}$$

(7) $\dfrac{\Delta V}{V} = \dfrac{4\pi r^2\Delta r}{\dfrac{4}{3}\pi r^3} = \dfrac{3\Delta r}{r}$

$$\therefore \quad \frac{\Delta r}{r} = \frac{1}{3}\cdot\frac{\Delta V}{V}$$

よって，(6)より

$$\frac{\Delta U}{U} = -2\cdot\frac{1}{3}\cdot\frac{\Delta V}{V} = -\frac{2}{3}\cdot\frac{\Delta V}{V}$$

(8) $\dfrac{\Delta U}{U} = \dfrac{p\cdot\Delta V + \Delta p\cdot V}{pV}$

$$= \frac{\Delta V}{V} + \frac{\Delta p}{p}$$

ここで，(7)より

$$\frac{\Delta V}{V} + \frac{\Delta p}{p} = -\frac{2}{3}\cdot\frac{\Delta V}{V}$$

よって　$\dfrac{\Delta p}{p} = -\dfrac{5}{3}\cdot\dfrac{\Delta V}{V}$

166

(1) 金属球にはたらく力のつりあい

$PS = P_0S + mg$ より

$$P = P_0 + \frac{mg}{S}$$

(2) (a) 断熱変化であるから

$$P'(V - Sy)^\gamma = PV^\gamma$$

$$\therefore \quad P' = \left(\frac{V}{V-Sy}\right)^\gamma P$$

$$= \left(\frac{1}{1-\dfrac{Sy}{V}}\right)^\gamma P$$

$$= \left(1-\frac{Sy}{V}\right)^{-\gamma}P$$

$$\doteqdot \left(1+\gamma\frac{Sy}{V}\right)P$$

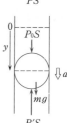

(b) 運動方程式より

$$ma = (P - P')S$$

$$= -\gamma\frac{PS^2}{V}y$$

$$\therefore \quad a = -\frac{\gamma P S^2}{mV}y$$

(c) 単振動の角振動数を ω とすれば

$$a = -\omega^2 y$$

よって，(b)より $\quad \omega^2 = \dfrac{\gamma P S^2}{mV}$

$$\therefore \quad \omega = \sqrt{\frac{\gamma P S^2}{mV}}$$

よって $\quad T = \dfrac{2\pi}{\omega} = 2\pi\sqrt{\dfrac{mV}{\gamma P S^2}}$

(d) 両辺を2乗して

$$T^2 = \frac{4\pi^2 mV}{\gamma P S^2} \quad \therefore \quad \gamma = \frac{4\pi^2 mV}{P S^2 T^2}$$

167

(1) この間に気体がした仕事を考えるときは，$\varDelta V$ が小さいので p は一定とみてよい。

よって $\quad \varDelta W = p\varDelta V$

ここで，$pV = RT$ より $\quad p = \dfrac{RT}{V}$

よって $\quad \varDelta W = \dfrac{RT}{V}\varDelta V = RT\dfrac{\varDelta V}{V}$

(2) 内部エネルギーの変化を $\varDelta U$ とすると

$$\varDelta U = Q - \varDelta W$$

（Q：吸収した熱量，$\varDelta W$：気体がした仕事）

において $\quad Q = 0$ （断熱）

よって $\quad \varDelta U = -\varDelta W$

ここで，$U = \dfrac{3}{2}RT$ より $\quad \varDelta U = \dfrac{3}{2}R\varDelta T$

$\varDelta W = RT\dfrac{\varDelta V}{V}$，$\varDelta U = -\varDelta W$ より

$$\frac{3}{2}R\varDelta T = -RT\frac{\varDelta V}{V}$$

$$\therefore \quad \frac{\varDelta T}{T} = -\frac{2}{3}\cdot\frac{\varDelta V}{V}$$

(3) $(p + \varDelta p)(V + \varDelta V) = R(T + \varDelta T)$

$\quad pV + \varDelta pV + p\varDelta V + \varDelta p\varDelta V = RT + R\varDelta T$

ここで，$pV = RT$ であり，$\varDelta p\varDelta V$ は無視できるので

$$\varDelta pV + p\varDelta V = R\varDelta T$$

pV で割ると

$$\frac{\varDelta p}{p} + \frac{\varDelta V}{V} = \frac{R}{pV}\varDelta T = \frac{\varDelta T}{T}$$

よって，(2)を用いて

$$\frac{\varDelta p}{p} = \frac{\varDelta T}{T} - \frac{\varDelta V}{V} = -\frac{2}{3}\cdot\frac{\varDelta V}{V} - \frac{\varDelta V}{V}$$

$$= -\frac{5}{3}\cdot\frac{\varDelta V}{V}$$

168

(1) (ア) $T_1 V_A{}^{\gamma-1} = T_2 V_B{}^{\gamma-1}$

(イ) $T_1 V_D{}^{\gamma-1} = T_2 V_C{}^{\gamma-1}$

(2) (ウ) B→C は等温圧縮だから，内部エネルギーの変化はなく，気体が放出する熱量 $Q_{B\to C}$ は，この間に気体になされた仕事 $nRT_2\log\dfrac{V_B}{V_C}$ に等しい。

(エ) $e = \dfrac{Q_{D\to A} - Q_{B\to C}}{Q_{D\to A}} = 1 - \dfrac{Q_{B\to C}}{Q_{D\to A}}$

$$= 1 - \frac{nRT_2\log\dfrac{V_B}{V_C}}{nRT_1\log\dfrac{V_A}{V_D}} = 1 - \frac{T_2\log\dfrac{V_B}{V_C}}{T_1\log\dfrac{V_A}{V_D}}$$

(オ) ここで，(1)の結果より，$\dfrac{V_A}{V_D} = \dfrac{V_B}{V_C}$ を用いると $\quad e = 1 - \dfrac{T_2}{T_1}$

Point 物質量 n の理想気体を温度 T に保ったまま，体積を V から V' まで変化させるとき，内部の気体がする仕事が

$$W = nRT\log\frac{V'}{V}$$

で表されることの証明：

状態方程式 $PV = nRT$ より

$$P = \frac{nRT}{V}$$

$$W = \int_V^{V'} P\,dV = \int_V^{V'} \frac{nRT}{V}\,dV$$

$$= nRT\int_V^{V'}\frac{dV}{V} = nRT\Big[\log V\Big]_V^{V'}$$

$$= nRT\log\frac{V'}{V}$$

第3章

波　動

SECTION **1 波の性質**

🏠 **標準問題**

169

(ア)　波面

(イ)　C→B まで波が伝わる時間を t とすれば，

$t = \dfrac{CB}{v_1}$ となるので，A から出た素元波は

$v_2 t = v_2 \dfrac{CB}{v_1} = CB \times \dfrac{v_2}{v_1}$ の円周上まで広がる。

(ウ)　$\dfrac{CB}{AD} = \dfrac{CB}{CB \times \dfrac{v_2}{v_1}} = \dfrac{v_1}{v_2}$

(エ)　波の振動数 f は波源の振動数によって決まるので，屈折によって振動数は変わらない。よって

$$\dfrac{v_1}{v_2} = \dfrac{f\lambda_1}{f\lambda_2} = \dfrac{\lambda_1}{\lambda_2}$$

170

波源と観測者を結ぶ方向に射影して考える。
観測者が静止しているときと，速さ v で $60°$ の方向に動くときの舟から見た波の周期をそれぞれ T_0，T とし，波の速さを V，波長を λ とすれば

$\begin{cases} T_0 = \dfrac{\lambda}{V} \\ T = \dfrac{\lambda}{V + v\cos 60°} \end{cases}$

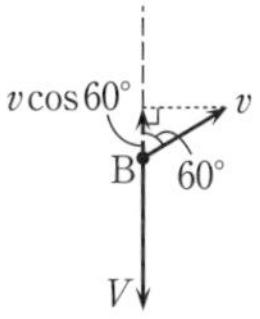

数値を代入すると

$5 = \dfrac{\lambda}{15}$　∴　$\lambda = 75\,\mathrm{m}$

$T = \dfrac{75}{15 + 10 \times \dfrac{1}{2}} = \dfrac{75}{20} = \dfrac{15}{4}\,\mathrm{s}$

171

図1
理由：波動が伝わるには必ず時間がかかり，波源から少し離れた点の媒質は，波源より少し遅れて同じ振動を始める。つまり，少し遅れて同じ y 変位になる。したがって，1 振動を終了した時刻には，波源の振動の少しずつ前（過去）の y 変位が x 軸上に現れるから。

Point　ある瞬間の波形では，波の進行方向に波源から離れた媒質ほど振動の位相が遅れる。すなわち，$y = A\sin 2\pi\left(\dfrac{t}{T} - \dfrac{x}{\lambda}\right)$ で，x が大きくなるほど位相 $2\pi\left(\dfrac{t}{T} - \dfrac{x}{\lambda}\right)$ が小さくなる。ある点の媒質の振動の位相は，時間 t がたつと進む $\left(2\pi\left(\dfrac{t}{T} - \dfrac{x}{\lambda}\right)$ が大きくなる$\right)$。

172

(1)　振幅 A は $y = 0$ からの最大の変位であるから

$A = 5\,\mathrm{cm}$

波長 λ は波形 1 つ分の長さであるから

$\lambda = 16\,\mathrm{cm}$

$\dfrac{1}{4}$ s 間に 2 cm 進むから

$v = \dfrac{2}{\dfrac{1}{4}} = 8\,\mathrm{cm/s}$

波の式 $v = f\lambda$ より

$f = \dfrac{v}{\lambda} = \dfrac{8}{16} = \dfrac{1}{2}\,\mathrm{Hz}$

周期 T は f の逆数であるから

$T = \dfrac{1}{f} = \dfrac{1}{\dfrac{1}{2}} = 2\,\mathrm{s}$

(2)　時刻 3 s は $\dfrac{t}{T} = \dfrac{3}{2}$ より 1 周期半後であるから，半周期後の波形と同じに見える。よって，時刻 0 s の波形を $\dfrac{\lambda}{2} = 8\,\mathrm{cm}$ だけ $+x$ 方向に平行移動した波形になる。

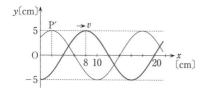

173

(ア) $y(x, t)$ は，原点の変位 $y(0, t)$ の t に $t - \dfrac{x}{v}$ を代入して

$$y(x, t) = y\left(0, \ t - \frac{x}{v}\right)$$

$$= A \sin \frac{2\pi}{T}\left(t - \frac{x}{v}\right)$$

(イ) $\lambda = vT$ より

$$y(x, t) = A \sin 2\pi\left(\frac{t}{T} - \frac{x}{\lambda}\right)$$

(ウ) $T = \dfrac{\lambda}{v}$ より

$$y(x, t) = A \sin 2\pi\left(\frac{vt - x}{\lambda}\right)$$

174

(1) 位置 x，時刻 t における変位 $y(x, t)$ は，それより $\dfrac{x}{v}$（v は波の伝わる速さ）以前における原点の媒質の変位 $y\left(0, \ t - \dfrac{x}{v}\right)$ に等しいので

$$y(x, t) = y\left(0, \ t - \frac{x}{v}\right)$$

$$= A \sin\left\{\frac{2\pi}{T}\left(t - \frac{x}{v}\right) + \frac{\pi}{4}\right\}$$

$$= A \sin\left\{2\pi\left(\frac{t}{T} - \frac{x}{Tv}\right) + \frac{\pi}{4}\right\}$$

$\lambda = Tv$ より

$$y(x, t) = A \sin\left\{2\pi\left(\frac{t}{T} - \frac{x}{\lambda}\right) + \frac{\pi}{4}\right\}$$

(2) 上式で $t = 0$ とおいて

$$y(x, 0) = A \sin\left\{2\pi\left(-\frac{x}{\lambda}\right) + \frac{\pi}{4}\right\}$$

$$= -A \sin\left(2\pi\frac{x}{\lambda} - \frac{\pi}{4}\right)$$

$$y(x, 0) = -A \sin\frac{2\pi}{\lambda}\left(x - \frac{\lambda}{8}\right)$$

$y = -A \sin 2\pi\dfrac{x}{\lambda}$ の図のグラフの位相を $\dfrac{\pi}{4}$ だけ遅らせる．1 波長 λ で位相は 2π 遅れるから，波形を $\dfrac{\lambda}{8}$ だけ右へ平行移動させるとよい。

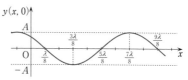

175

(1) 時刻 t，位置 x における変位は，時刻 $t = 0$，位置 $x - vt$ における変位であるから，時刻 0 の波形を $+x$ 方向に vt だけ平行移動すればよいので

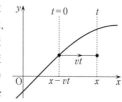

$$y(x, t) = y(x - vt, 0)$$

$$y(x, t) = A \sin\left(2\pi\frac{x - vt}{\lambda} - \frac{\pi}{4}\right)$$

(2) 上式で $x = 0$ とおくと

$$y(0, t) = A \sin\left(-2\pi\frac{v}{\lambda}t - \frac{\pi}{4}\right)$$

$\lambda = vT$ より

$$y(0, t) = -A \sin\left(2\pi\frac{t}{T} + \frac{\pi}{4}\right)$$

$$y(0, t) = -A \sin\frac{2\pi}{T}\left(t + \frac{T}{8}\right)$$

$y = -A \sin\left(2\pi\dfrac{t}{T}\right)$ のグラフの位相を $\dfrac{\pi}{4}$ だけ進める．つまり波形を左へ $\dfrac{T}{8}$ だけ移動すればよい。

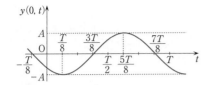

176

(1)・(2) $y(x, t) = 3.0\sin\pi(4.0x - 50t)$

において，$x = 0$ とすれば，原点の媒質の振動の式

$$y(0, t) = 3.0\sin\pi(-50t)$$
$$= 3.0\sin(-50\pi t)$$
$$= -3.0\sin(50\pi t)$$

が得られる。よって，振幅は

$$A = 3.0\,\text{m}$$

位相 $(50\pi t)$ において，これが 2π 変化するときの t の変化の大きさが 1 周期 T だから

$$50\pi(t + T) - 50\pi t = 2\pi$$

$$\therefore \quad 50\pi T = 2\pi$$

これより

$$T = \frac{1}{25} = 0.040\,\text{s}$$

(3) 与式で $t = 0$（一定）とすれば，時刻 0 の波形の式

$$y(x, 0) = 3.0\sin(4.0\pi x)$$

が得られる。

位相 $4.0\pi x$ において，これが 2π 変化するときの x の変化の大きさが 1 波長 λ だから

$$4.0\pi(x + \lambda) - 4.0\pi x = 2\pi$$

$$4.0\pi\lambda = 2\pi$$

$$\therefore \quad \lambda = 0.50\,\text{m}$$

(4) 1 波長 λ 進むのにかかる時間が 1 周期 T であるから，波の進む速さ v は

$$v = \frac{\lambda}{T} = \frac{0.50}{0.040} = 12.5\,\text{m/s}$$

177

(1) 媒質の各点は y 軸方向に変位しているが，変位が最大のところ C，G では媒質の速さは 0，変位が 0 のところ A，E，I では，速さ

が最大となる。媒質の速度の向きは，今と今より少し前および少し後の波形を描いて，媒質の位置から判断すればよい。

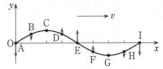

(2) 逆向き

178

(1)

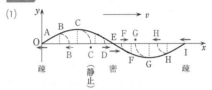

横波で媒質の上向きの速度は，縦波では右向きの速度に，下向きの速度は左向きの速度に対応する。

(2) (ア) 正 (イ) 負

Point 縦波の横波への変換は，縦波の進む向きによらない。

179

(1) AB 間に波が 4 個あるから，波長を λ〔m〕とすると

$$l = 4\lambda \qquad \therefore \quad \lambda = \frac{l}{4}\,\text{〔m〕}$$

$$v = \frac{\lambda}{T} = \frac{l}{4T}\,\text{〔m/s〕}$$

(2) P_1 は A からの波の山と，B からの波の山とが重なるので，山

P_2 は A からの波の谷と，B からの波の谷とが重なるので，谷

P_3 は A からの波の谷と，B からの波の山とが重なり弱めあうので，節

(3) 波源 A，B が同位相で振動しているから

(ア) $|AP - BP| = m\lambda$ のとき，P 点は強めあう。

(イ) $|AP - BP| = \left(m + \dfrac{1}{2}\right)\lambda$ のとき，P 点は弱

めあう。

(4)

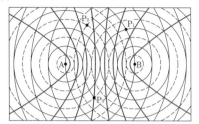

Point 2点からの距離の差が一定の点の軌跡は双曲線となる。

180

媒質の端が自由に動ける場合を自由端反射，端が固定されている場合を固定端反射という。自由端では，合成波が腹になるので入射波と反射波の位相はつねに等しい。固定端では，合成波が節になるので入射波と反射波の位相はつねに逆位相（πだけずれる）になる。

(1)・(2)

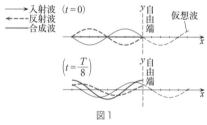

図1

〔図1〕 自由端反射のときの反射波の作図。仮想波（端がないとしてそのまま進んだ波）の破線の波形をy軸に対称に折り返すと，反射波の波形（破線---）になる。

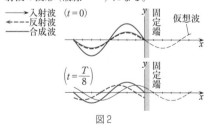

図2

〔図2〕 固定端反射のときの反射波の作図。

仮想波の破線の波形をx軸に対称に折り返し，それをさらにy軸対称に折り返すと，反射波の波形（破線---）になる。

(3) 自由端：腹 固定端：節

181

(1) 入射波の山が壁に衝突するのは，図4によって示され，このとき，同時に谷が反射しているので，山は谷として反射する。
入射波の疎が壁に衝突するのは，図1によって示され，このとき，同時に疎が反射しているので，疎は疎として反射する。

(2) 入射波，反射波が逆位相で振動する点が節，同一位相で振動する点が腹だから，固定端Aは節である。

$$\begin{cases} \text{節の位置：A，C，E} \\ \text{腹の位置：B，D} \end{cases}$$

💡 発展問題

182

合成波 $y = 2A\cos\left(2\pi\dfrac{x}{\lambda}\right)\cdot\sin\left(2\pi ft + \dfrac{\pi}{4}\right)$ において，時刻 t を含まない $2A\cos\left(2\pi\dfrac{x}{\lambda}\right)$ を振幅項，位置 x を含まない $\sin\left(2\pi ft + \dfrac{\pi}{4}\right)$ を振動項という。振幅項 $y = 2A\cos\left(2\pi\dfrac{x}{\lambda}\right)$ を図示すると，次図の赤線のようになるが，これは振動項の値が1になる時刻，つまり

$$2\pi ft + \frac{\pi}{4} = \frac{\pi}{2} \quad \text{すなわち} \quad t = \frac{1}{8f} = \frac{T}{8}$$

における波形を表す。

時間が経過すると，$\sin\left(2\pi ft + \dfrac{\pi}{4}\right)$ の値は ±1 の間で変化し，合成波は振幅項×振動項なので，赤線の波が破線の波のように変化していく。これは時間がたってもどちらにも進まない波なので定在波を表す。

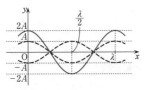

(1) 節の位置は，時間によらず全く振動しない位置であるから，振幅項は

$$2A \cos\left(2\pi \frac{x}{\lambda}\right) = 0 \quad \therefore \quad \cos\left(2\pi \frac{x}{\lambda}\right) = 0$$

よって $\quad 2\pi \dfrac{x}{\lambda} = (2m+1)\dfrac{\pi}{2}$

$$\therefore \quad x = \frac{2m+1}{4}\lambda \quad (m = 0, \ \pm1, \ \pm2, \ \cdots)$$

(2) 腹の位置は，振幅項の絶対値が最大になる位置であるから

$$\cos\left(2\pi \frac{x}{\lambda}\right) = \pm1$$

よって $\quad 2\pi \dfrac{x}{\lambda} = m\pi$

$$\therefore \quad x = \frac{m}{2}\lambda \quad (m = 0, \ \pm1, \ \pm2, \ \cdots)$$

183

入射波と反射波の変位 y を $y_入$，$y_反$ とする。

$$y_入(x, \ t) = A \sin \frac{2\pi}{T}\left(t - \frac{x}{v}\right)$$

となるが，入射波の $x = l$ の点 O′ の変位は

$$y_入(l, \ t) = A \sin \frac{2\pi}{T}\left(t - \frac{l}{v}\right)$$

となる。

反射波の点 O′ の変位は，位相が π ずれるので（固定端）

$$y_反(l, \ t) = -A \sin \frac{2\pi}{T}\left(t - \frac{l}{v}\right)$$

反射波が O′ から P まで伝わるのに $\dfrac{l-x_1}{v}$ だけ時間がかかるので，P 点の時刻 t における変位 y は時刻 $t - \dfrac{l-x_1}{v}$ における O′ の変位 y に等しく

$$y_反(x_1, \ t) = -A \sin \frac{2\pi}{T}\left\{\left(t - \frac{l-x_1}{v}\right) - \frac{l}{v}\right\}$$

$$= -A \sin \frac{2\pi}{T}\left(t + \frac{x_1 - 2l}{v}\right)$$

別解 壁に対して P と対称な点 P′ を考えて，P′ 点の入射波の振動の式を作り（位相はずれたとして），この位相を π ずらしても同じ結果になる。

184

(1) (ア) $k(x+\lambda) + \omega t - (kx + \omega t) = 2\pi$ より

$$k\lambda = 2\pi \quad \therefore \quad k = \frac{2\pi}{\lambda}$$

(2) (イ) $kx + \omega(t+T) - (kx + \omega t) = 2\pi$ より

$$\omega T = 2\pi \quad \therefore \quad \omega = \frac{2\pi}{T}$$

(3) (ウ) 時間がたっても，同じ変位 y の位相は変化しないから

$$kx_0 + \omega t_0 = k(x_0 + \Delta x) + \omega(t_0 + \Delta t)$$

$$k\Delta x + \omega \Delta t = 0 \quad \therefore \quad \frac{\Delta x}{\Delta t} = -\frac{\omega}{k}$$

(エ) 負　(オ) $\dfrac{\omega}{k}$

Point $k = \dfrac{2\pi}{\lambda}$ を波数，$\omega = \dfrac{2\pi}{T}$ を角振動数という。$\dfrac{\omega}{k}$ は波の進む速さで，位相速度という。

185

(ア) $t \to t+\Delta t$ のとき，$x \to x+\Delta x$ となったとすると，θ が一定であるから

$$\omega(t+\Delta t) - k(x+\Delta x) = \omega t - kx$$

$$\omega \Delta t - k \Delta x = 0 \quad \therefore \quad \frac{\Delta x}{\Delta t} = \frac{\omega}{k}$$

よって $\quad v_p = \dfrac{\omega}{k}$

(イ) $y = y_1 + y_2$

$$= A \sin\{(\omega + \Delta\omega)t - (k+\Delta k)x\}$$
$$\qquad + A \sin\{(\omega - \Delta\omega)t - (k-\Delta k)x\}$$
$$= A \sin\{(\omega t - kx) + (\Delta\omega \cdot t - \Delta k \cdot x)\}$$
$$\qquad + A \sin\{(\omega t - kx) - (\Delta\omega \cdot t - \Delta k \cdot x)\}$$

$\alpha = \omega t - kx$，$\beta = \Delta\omega \cdot t - \Delta k \cdot x$ として公式を用

いると
$$y = 2A \cos(\Delta\omega \cdot t - \Delta k \cdot x) \cdot \sin(\omega t - kx)$$

(ウ) (ア)と同様にして

$$\Delta\omega(t+\Delta t) - \Delta k(x+\Delta x) = \Delta\omega \cdot t - \Delta k \cdot x$$

$$\Delta\omega \cdot \Delta t = \Delta k \cdot \Delta x \qquad \therefore \quad \frac{\Delta x}{\Delta t} = \frac{\Delta\omega}{\Delta k}$$

よって $\quad v_g = \dfrac{\Delta\omega}{\Delta k}$

(エ) 位相速度 $v_p = \dfrac{\omega}{k}$ が等しいから

$$\frac{\omega_1}{k_1} = \frac{\omega_2}{k_2}$$

$k_1 = k + \Delta k$, $k_2 = k - \Delta k$, $\omega_1 = \omega + \Delta\omega$, $\omega_2 = \omega - \Delta\omega$ より

$$\frac{\omega + \Delta\omega}{k + \Delta k} = \frac{\omega - \Delta\omega}{k - \Delta k}$$

$$(\omega + \Delta\omega)(k - \Delta k) = (\omega - \Delta\omega)(k + \Delta k)$$

$$-\omega\Delta k + \Delta\omega \cdot k = \omega\Delta k - \Delta\omega \cdot k$$

$$\omega\Delta k = \Delta\omega \cdot k \qquad \therefore \quad \frac{\omega}{k} = \frac{\Delta\omega}{\Delta k}$$

よって，$v_p = \dfrac{\omega}{k}$, $v_g = \dfrac{\Delta\omega}{\Delta k}$ より

$$v_p = v_g$$

(オ) $\omega = \sqrt{gk}$ のとき

$$\omega + \Delta\omega = \sqrt{g(k + \Delta k)} = \sqrt{gk}\left(1 + \frac{\Delta k}{k}\right)^{\frac{1}{2}}$$

$\Delta k \ll k$ であるから，近似式を用いて

$$\omega + \Delta\omega \doteqdot \omega\left(1 + \frac{\Delta k}{2k}\right)$$

これより

$$\Delta\omega = \frac{\omega}{2k}\Delta k \qquad \therefore \quad \frac{\omega}{k} = 2\frac{\Delta\omega}{\Delta k}$$

よって $\quad v_p = 2v_g \qquad \therefore \quad \dfrac{v_g}{v_p} = \dfrac{1}{2}$

🏠 **標準問題**

186

(ア) π (イ) 2π (ウ) 1

187

長さ[m]の次元は[L] (Length),
時間[s]の次元は[T] (Time),
質量[kg]の次元は[M] (Mass) で表す。

(ア) 速度 v の次元　$[LT^{-1}]$

(イ) 張力 S の次元　$[MLT^{-2}]$

(ウ) 線密度 ρ の次元　$[ML^{-1}]$

(エ)・(オ) (ア)〜(ウ)より

$$[LT^{-1}] = [MLT^{-2}]^x[ML^{-1}]^y$$

L について $\qquad 1 = x - y$
T について $\qquad -1 = -2x$
M について $\qquad 0 = x + y$

$$\therefore \quad x = \frac{1}{2}, \quad y = -\frac{1}{2}$$

(カ) (エ)・(オ)より

$$v = kS^{\frac{1}{2}}\rho^{-\frac{1}{2}} = k\sqrt{\frac{S}{\rho}}$$

Point 比例定数 k は 1 で，$v = \sqrt{\dfrac{S}{\rho}}$ である。

188

A, B両端を固定した弦の固有振動のうち，
基本振動の振動数 f_1 は

$$f_1 = \frac{1}{2l}\sqrt{\frac{S}{\rho}} \quad \begin{pmatrix} l : 弦の長さ \\ S : 張力 \\ \rho : 線密度 \end{pmatrix}$$

基本振動では，l を長くすると f_1 は減少する。
音さの振動数を f_0 とすると，はじめの弦の
振動数は $f_0 + 3$ または $f_0 - 3$ となる。

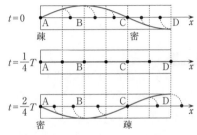

(i) $f_1 = f_0 + 3$ のとき

弦をしだいに長くすると，弦の振動数は $f_0 + 3$ からしだいに減少するので，音さとの間のうなりの数はしだいに減ってからふたたび増えて 2 Hz になりうる。このときの弦の振動数は　　$f_2 = f_0 - 2$

(ii) $f_1' = f_0 - 3$ のとき

弦の振動数が $f_0 - 3$ からしだいに減少するので，うなりが増加し続ける。これは題意に不適。

よって，(i)が題意に適するので

$$f_1 = f_0 + 3, \quad f_2 = f_0 - 2$$

$l = 40\,\mathrm{cm}$ のとき，f_1 であるから

$$f_1 = f_0 + 3 = \frac{1}{2 \times 40}\sqrt{\frac{S}{\rho}}$$

$l = 41\,\mathrm{cm}$ のとき，f_2 であるから

$$f_2 = f_0 - 2 = \frac{1}{2 \times 41}\sqrt{\frac{S}{\rho}}$$

2式の比をとって

$$\frac{f_0 + 3}{f_0 - 2} = \frac{41}{40}$$

$$40f_0 + 120 = 41f_0 - 82$$

$$\therefore \quad f_0 = 202\,\mathrm{Hz}$$

189

周期を T として，時刻 $t = 0$, $t = \dfrac{1}{4}T$,

$t = \dfrac{2}{4}T$ における振動を図示すると，次図のようになる。

(1) 変位が最も激しく変化する位置が腹であるから

　　B・D (腹)

(2) (a) 節の位置は，縦波では疎・密の変化が最も激しいから

　　A・C (節)

(b) 腹の位置は，変位の変化は激しいが，疎・密はほとんど変化しない。よって

　　B・D (腹)

190

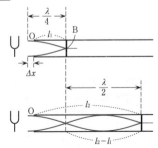

(1) 図より，$l_2 - l_1 = \dfrac{\lambda}{2}$ であるから

$$\lambda = 2(l_2 - l_1)\,[\mathrm{m}]$$

(2) $f = \dfrac{v}{\lambda} = \dfrac{331 + 0.6t}{2(l_2 - l_1)}\,[\mathrm{Hz}]$

(3) 開口端補正値を $\Delta x\,[\mathrm{m}]$ とすると，図より $l_1 + \Delta x = \dfrac{\lambda}{4}$ であるから

$$\Delta x = \frac{\lambda}{4} - l_1 = \frac{l_2 - l_1}{2} - l_1 = \frac{l_2 - 3l_1}{2}\,[\mathrm{m}]$$

(4) $\lambda = \dfrac{v}{f}$ において，気温が上昇しても f は不変で，v が大きくなるので波長 λ が大きく

なる。したがって，共鳴点の位置は，1回目，2回目とも，管口Oから遠ざかる。

(1) $\lambda_A = 2 \times (148.6 - 48.4) = 200.4\,\mathrm{cm}$

(2) 開口端の補正値を $\Delta x\,[\mathrm{cm}]$ とすれば

$$\Delta x = \frac{\lambda_A}{4} - 48.4 = 1.7\,\mathrm{cm}$$

$$\lambda_B = (148.6 + 4.1 + 1.7) \times \frac{4}{3} \fallingdotseq 205.9\,\mathrm{cm}$$

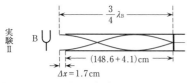

実験Ⅱ

(3) はじめの温度を $t\,[\mathrm{℃}]$ とすれば，これより $15\,\mathrm{℃}$ 低いときの音速は $v - 15\alpha$ となる。実験Ⅱと実験Ⅲの気柱の振動数は等しいので

$$\frac{v}{\lambda_B} = \frac{v - 15\alpha}{\lambda_A}$$

$$\therefore \quad \alpha = \frac{v}{15}\left(1 - \frac{\lambda_A}{\lambda_B}\right)\,[\mathrm{cm/(s \cdot K)}]$$

(ア) 単振動の最大の速さは $A\omega$ であるから，質量 Δm の微小部分がもつエネルギーは

$$\frac{1}{2} \cdot \Delta m \cdot (A\omega)^2 = \frac{1}{2}\Delta m A^2 \omega^2$$

(イ) 単位体積の質量を $\Delta m = \rho$ とおけるから，単位体積についての全エネルギーは

$$\frac{1}{2}\rho A^2 \omega^2$$

(ウ) $\dfrac{1}{2}\rho A^2 \omega^2 V$

(1) (ア) 距離 $Vt - vt$ の中に $f_0 t$ 個の音波が入るから，波長 λ は

$$\lambda = \frac{Vt - vt}{f_0 t} = \frac{V - v}{f_0}\,[\mathrm{m}]$$

(2) (イ) 観測者が聞く音の振動数を f とする

と，t の間に聞く音波は ft 個。これは距離 $Vt - ut$ の間に入っていた音波の数であるから，$\dfrac{Vt - ut}{\lambda}$ 個に等しい。よって

$$ft = \frac{Vt - ut}{\lambda} \qquad \therefore \quad f = \frac{V - u}{\lambda}\,[\mathrm{Hz}]$$

(ウ) (ア)・(イ)より

$$f = \frac{V - u}{\lambda} = \frac{V - u}{\dfrac{V - v}{f_0}} = \frac{V - u}{V - v}f_0\,[\mathrm{Hz}]$$

(1) 時間 t の間に音源から左方に出た音波の波長 λ_1 は，距離 $Vt + vt$ の中に $f_0 t$ 個の音波が入るから

$$\lambda_1 = \frac{Vt + vt}{f_0 t} = \frac{V + v}{f_0}$$

観測者の聞く直接音の振動数は，距離 $Vt - ut$ の中に波長 λ_1 の音波が $f_1 t$ 個入るから

$$f_1 t = \frac{Vt - ut}{\lambda_1}$$

$$\therefore \quad f_1 = \frac{V - u}{\lambda_1} = \frac{V - u}{V + v}f_0$$

(2) 音源から右方に出た音波の波長 λ_2 は，距離 $Vt - vt$ の中に $f_0 t$ 個の音波が入るから

$$\lambda_2 = \frac{Vt - vt}{f_0 t} = \frac{V - v}{f_0}$$

壁は静止しているので反射波の波長も λ_2 である。よって，観測者の聞く反射音の振動数は，距離 $Vt - ut$ の中に波長 λ_2 の音波が $f_2 t$ 個入るから

$$f_2 t = \frac{Vt - ut}{\lambda_2}$$

$$\therefore \quad f_2 = \frac{V - u}{\lambda_2} = \frac{V - u}{V - v}f_0$$

(3) うなりの振動数は f_1 と f_2 の差であるから

$$f = |f_1 - f_2| = \left(\frac{V - u}{V - v} - \frac{V - u}{V + v}\right)f_0$$

$$= (V - u)\frac{2v}{V^2 - v^2}f_0$$

$$= \frac{2V\left(1-\dfrac{u}{V}\right)v}{V^2\left\{1-\left(\dfrac{v}{V}\right)^2\right\}}f_0 \fallingdotseq \frac{2Vv}{V^2}f_0 = \frac{2v}{V}f_0$$

195

(1) 風が吹いているときの地面に対する音波の速度は，空気に対する音波の速度と地面に対する空気の速度をベクトル合成したものであるから，地面に対する風下に向かう音波の速さは

$V+w$ [m/s]

(2) $V+w$ の間に f 個の波が入っているので，音波の波長 λ は

$$\lambda = \frac{V+w}{f}\text{ [m]}$$

(3) 地面から見て，求める振動数 f' は

$$f' = \frac{V+w}{\lambda} = f\text{ [Hz]}$$

Point 音源と観測者の相対速度が 0 のときは，ドップラー効果は起こらない。

196

(1) 音源から左方に進む音速は $V+w$ であるから，直接音の振動数は，$f = \dfrac{V}{V+v}f_0$ で，$V \to V+w$ として

$$f_1 = \frac{V+w}{(V+w)+v}f_0$$

(2) 音源から右方に進む音速は $V-w$ であるから，壁面が毎秒受ける振動数 f_R は，$f = \dfrac{V}{V-v}f_0$ で，$V \to V-w$ として

$$f_R = \frac{V-w}{(V-w)-v}f_0$$

となる。壁面から反射する振動数はこれと等しいので，静止している人の受ける反射音の振動数は

$$f_2 = f_R = \frac{V-w}{(V-w)-v}f_0$$

197

壁が受ける振動数 f_R は

$$f_R = \frac{V+u}{V}f_0$$

壁が f_R の振動音を発しながら u で運動するものと考えると，人の受ける振動数 f は

$$f = \frac{V-v}{V-u}f_R = \frac{(V+u)(V-v)}{V(V-u)}f_0$$

198

(ア) 静止していれば距離 Vt 中の音波が届くが，反射面が wt 遠ざかるので，$Vt-wt$ 中の音波が届く。波長を λ とすると，この間に $n\lambda$ 個の音波があるから

$n\lambda = Vt - wt$

(イ) 反射波は $w \to -w$ として

$n\lambda' = Vt + wt$

199

(1) (ア) 密度 ρ, 体積 V の気体の質量は ρV であるから, $1\,\mathrm{mol}$ の質量を M とすると, 物質量 n は

$$n = \frac{\rho V}{M}$$

(イ) $PV = nRT$ に(ア)を代入して

$$PV = \frac{\rho V}{M}RT$$

これより $\quad \dfrac{P}{\rho T} = \dfrac{R}{M} = $ 一定

(2) (1)より, $\dfrac{P}{\rho T} = $ 一定 であるから

$$\frac{P}{\rho T} = \frac{P_0}{\rho_0 T_0} \quad \therefore \quad \frac{P}{\rho} = \frac{P_0}{\rho_0} \cdot \frac{T}{T_0}$$

$$v = \sqrt{\gamma \frac{P}{\rho}} = \sqrt{\gamma \frac{P_0}{\rho_0} \cdot \frac{T}{T_0}} = v_0 \sqrt{\frac{T}{T_0}}$$

$$= 331\sqrt{\frac{273+t}{273}} = 331\left(1+\frac{t}{273}\right)^{\frac{1}{2}}$$

$$\fallingdotseq 331\left(1+\frac{1}{2}\times\frac{t}{273}\right) \quad \left(\because \quad 1 \gg \frac{t}{273}\right)$$

$$= 331 + \frac{331}{546}t \fallingdotseq 331 + 0.6t\,[\mathrm{m/s}]$$

200

(1)

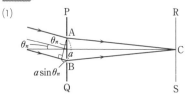

(ア) A, B を通る前の経路差は $a\sin\theta_n$, A, B を通った後の経路差は 0 であるから, C で n 回目に強めあうためには

$$a\sin\theta_n = n\lambda \quad \therefore \quad \lambda = \frac{a\sin\theta_n}{n}$$

(イ) (ア)より $\quad n = \dfrac{a\sin\theta_n}{\lambda}$

ここで, $0° < \theta_n < 90°$ より

$0 < \sin\theta_n < 1 \quad \therefore \quad 0 < n < \dfrac{a}{\lambda}$

(2)

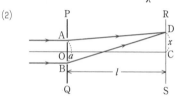

(ウ) $\lambda = \mathrm{BD} - \mathrm{AD}$

$$= \sqrt{l^2 + \left(x+\frac{a}{2}\right)^2} - \sqrt{l^2 + \left(x-\frac{a}{2}\right)^2}$$

(エ) $\mathrm{BD} = \sqrt{l^2 + \left(x+\dfrac{a}{2}\right)^2}$

$$= l\sqrt{1 + \frac{\left(x+\frac{a}{2}\right)^2}{l^2}} = l\left\{1 + \frac{\left(x+\frac{a}{2}\right)^2}{l^2}\right\}^{\frac{1}{2}}$$

$$\fallingdotseq l\left\{1 + \frac{1}{2}\cdot\frac{\left(x+\frac{a}{2}\right)^2}{l^2}\right\}$$

$$\left(\because \quad \frac{\left(x+\frac{a}{2}\right)^2}{l^2} \ll 1\right)$$

$$= l + \frac{\left(x+\frac{a}{2}\right)^2}{2l}$$

同様に $\quad \mathrm{AD} \fallingdotseq l + \dfrac{\left(x-\frac{a}{2}\right)^2}{2l}$

よって

$$\lambda = \mathrm{BD} - \mathrm{AD}$$

$$\fallingdotseq \frac{1}{2l}\left(x^2 + ax + \frac{a^2}{4}\right) - \frac{1}{2l}\left(x^2 - ax + \frac{a^2}{4}\right)$$

$$= \frac{a}{l}x$$

201

(1) S が ΔS だけ変化したために, f が Δf だけ変化したとすれば

$$f + \Delta f = \frac{1}{2l}\sqrt{\frac{S+\Delta S}{\rho}}$$

$$= \frac{1}{2l}\sqrt{\frac{S}{\rho}}\cdot\sqrt{1+\frac{\Delta S}{S}}$$

$$= f\sqrt{1 + \frac{\Delta S}{S}}$$

よって，$\frac{\Delta S}{S} \ll 1$ として近似式を用いると

$$\frac{\Delta f}{f} = \sqrt{1 + \frac{\Delta S}{S}} - 1 \doteqdot 1 + \frac{\Delta S}{2S} - 1 = \frac{\Delta S}{2S}$$

おもりの重さを2%増すと，張力も2%増すから

$$\frac{\Delta S}{S} = 0.02$$

このとき，$\frac{\Delta f}{f} = \frac{\Delta S}{2S} = 0.01$ であるから，弦の振動数は1%増加する。

(2) 音さの振動数が300Hzであるから，はじめの弦の振動数は302Hzまたは298Hzである。

張力が2%増すと弦の振動数は1%（3Hz）増すので，後の弦の振動数は305Hzまたは301Hzとなる。このとき，音さとの間のうなりが5Hzであるから，305Hzが適する。

(3) はじめの弦の振動数は　　302Hz

202

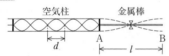

空気柱および金属棒の振動は上図のようになる。

(1) 求める波長を$\lambda_{空気}$とすると，粒子が集まる間隔は半波長であるから

$$\lambda_{空気} = 2d$$

(2) 求める振動数を$f_{空気}$とすると，空気柱を伝わる音の速さは音速であるから

$$f_{空気} = \frac{V}{2d}$$

(3) 金属棒に生じる縦波の波長を$\lambda_{棒}$とすると，ABの長さは半波長であるから

$$\lambda_{棒} = 2l$$

(4) 金属棒に生じる縦波の振動数を$\lambda_{棒}$，金

属中を伝わる縦波の速さをvとすれば

$$f_{棒} = \frac{v}{2l}$$

$f_{空気} = f_{棒}$ であるから

$$\frac{V}{2d} = \frac{v}{2l} \qquad \therefore \quad v = \frac{l}{d}V$$

203

(1) (ア)　$t = 0$ に出た音がt_1に届いたとすると，音が進んだ距離はlで，音はt_1の間出たから

$$V t_1 = l \qquad \therefore \quad t_1 = \frac{l}{V}$$

(2) (イ)　tに出た音がt_2に届いたとすると，音が進んだ距離は$l - vt$で，音は$t_2 - t$の間出たから

$$V(t_2 - t) = l - vt$$

$$\therefore \quad t_2 = t + \frac{l - vt}{V}$$

(3) (ウ)　音源は振動数f_0の音をtの間出したから，$f_0 t$個の音を出した。観測者はそれを$t_2 - t_1$の間に受け取るから，受け取る個数は$f_0 t$である。

(エ)　(ア)・(イ)より

$$t_2 - t_1 = \frac{V - v}{V}t$$

であるから，観測者の聞く音の振動数をfとすると

$$f(t_2 - t_1) = f_0 t$$

$$\therefore \quad f = \frac{t}{t_2 - t_1}f_0 = \frac{V}{V - v}f_0$$

204

(1) (ア)　$t = 0$ に出た音がt_1に届いたとすると，音が進んだ距離は$l + ut_1$で，音はt_1の間出たから

$$V t_1 = l + ut_1 \qquad \therefore \quad t_1 = \frac{l}{V - u}$$

(2) (イ)　tに出た音がt_2に届いたとすると，音が進んだ距離は$l + ut_2$で，音は$t_2 - t$の間出たから

$$V(t_2-t)=l+ut_2 \qquad \therefore \quad t_2=\frac{Vt+l}{V-u}$$

(3) (ウ) (ア)・(イ) より

$$t_2-t_1=\frac{V}{V-u}t$$

観測者が聞く振動数を f とすると

$$f(t_2-t_1)=f_0t$$

$$\therefore \quad f=\frac{t}{t_2-t_1}f_0=\frac{V-u}{V}f_0$$

(1) (ア) $t=0$ に出た音が t_1 に届いたとする
と，音が進んだ距離は $l+ut_1$ で，音は t_1 の
間出たから

$$Vt_1=l+ut_1 \qquad \therefore \quad t_1=\frac{l}{V-u}$$

(2) (イ) t に出た音が t_2 に届いたとすると，
音が進んだ距離は $l+ut_2-vt$ で，音は t_2-t
の間出たから

$$V(t_2-t)=l+ut_2-vt$$
$$(V-u)\,t_2=(V-v)\,t+l$$
$$\therefore \quad t_2=\frac{(V-v)\,t+l}{V-u}$$

(3) (ウ) (ア)・(イ) より

$$t_2-t_1=\frac{V-v}{V-u}t$$

観測者が聞く振動数を f とすると

$$f(t_2-t_1)=f_0t$$

$$\therefore \quad f=\frac{t}{t_2-t_1}f_0=\frac{V-u}{V-v}f_0$$

(1) (ア) $t=0$ に出た音が t_1 に届いたとする
と，音が進んだ距離は l で，音は t_1 の間出た
から

$$Vt_1=l \qquad \therefore \quad t_1=\frac{l}{V}$$

(2) (イ) Δt に出た音が t_2 に届いたとすると，
音が進んだ距離は近似して $l-v\Delta t\cos\theta$ で，
音は $t_2-\Delta t$ の間出たから

$$V(t_2-\Delta t)\fallingdotseq l-v\Delta t\cos\theta$$

$$\therefore \quad t_2\fallingdotseq \Delta t+\frac{l-v\Delta t\cos\theta}{V}$$

(3) (ウ) (ア)・(イ) より

$$t_2-t_1=\frac{V-v\cos\theta}{V}\Delta t$$

観測者が聞く振動数を f とすると

$$f(t_2-t_1)=f_0\Delta t$$

$$\therefore \quad f=\frac{\Delta t}{t_2-t_1}f_0=\frac{V}{V-v\cos\theta}f_0$$

(1)

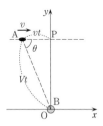

音源から時間 t だけ前に出た音が時刻 $t=0$
に B に到達したとすると，図より

$$\cos\theta=\frac{vt}{Vt}=\frac{v}{V}$$

よって，B が聞く振動数 f は，音源が $v\cos\theta$
で近づくから

$$f=\frac{V}{V-v\cos\theta}f_0=\frac{V^2}{V^2-v^2}f_0$$

(2)

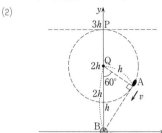

A が図の位置にきたとき観測者から見た音
源の近づく速さが最大になるから，出した音
の振動数が最大となる。P からこの点にくる
までの時間は円運動の周期の $\dfrac{1}{3}$ であるから

$$\frac{2\pi h}{3v}$$

この点で出た音がBに着くまでにかかる時間は $\dfrac{\sqrt{3}\,h}{V}$

よって，Bが聞く時刻は

$$\left(\dfrac{2\pi}{3v}+\dfrac{\sqrt{3}}{V}\right)h$$

このときの振動数は

$$\dfrac{V}{V-v}f_0$$

(3)

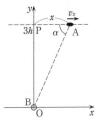

時刻 t において，P から x の位置での単振動の速度を v_x とすると

$$x=3h\sin\omega t,\quad v_x=3h\omega\cos\omega t$$

AからBまで音波が届くのにかかる時間は $\dfrac{3h\sqrt{1+\sin^2\omega t}}{V}$ であるから，Bが聞く時刻は

$$t+\dfrac{3h\sqrt{1+\sin^2\omega t}}{V}$$

また，図のように α をおくと

$$\cos\alpha=\dfrac{3h\sin\omega t}{\sqrt{(3h)^2+(3h\sin\omega t)^2}}$$

$$=\dfrac{\sin\omega t}{\sqrt{1+\sin^2\omega t}}$$

であるから，Aが発した音をBが聞くときの振動数の時間変化は

$$f=\dfrac{V}{V+v_x\cos\alpha}f_0$$

$$=\dfrac{V}{V+\dfrac{3h\omega\sin\omega t\cos\omega t}{\sqrt{1+\sin^2\omega t}}}f_0$$

🔺 **標準問題**

208

(ア) 光は速さ c で往復 $2d$ 進むから，かかった時間は

$$\dfrac{2d}{c}$$

(イ) 歯車は1s間に n 回転するから，1回転にかかる時間は $\dfrac{1}{n}$〔s〕である。歯とすき間を合わせて $2N$ 個あるから，歯車が $\dfrac{1}{2N}$ 回転すれば光は歯にさえぎられて見えなくなる。よって，かかる時間は

$$\dfrac{1}{n}\times\dfrac{1}{2N}=\dfrac{1}{2nN}$$

(ウ) (ア)，(イ)より $\dfrac{2d}{c}=\dfrac{1}{2nN}$

よって $c=4dnN$

(エ) $c=4dnN=4\times8633\times12.6\times720$

$\qquad\fallingdotseq3.13\times10^8\,\mathrm{m/s}$

209

(ア) $\dfrac{\sin\theta_1}{\sin\theta_2}$ (イ) $\dfrac{n_2}{n_1}$ (ウ) $\dfrac{v_1}{v_2}$

(エ) 振動数 f は屈折によって変化しないから

$$\dfrac{v_1}{v_2}=\dfrac{f\lambda_1}{f\lambda_2}=\dfrac{\lambda_1}{\lambda_2}$$

(オ) $\dfrac{\sin\theta_1}{\sin\theta_2}=\dfrac{n_2}{n_1}$ より

$$n_1\sin\theta_1=n_2\sin\theta_2$$

Point 屈折の法則より

$$\dfrac{\sin\theta_1}{\sin\theta_2}=\dfrac{v_1}{v_2}=\dfrac{\lambda_1}{\lambda_2}=\dfrac{n_2}{n_1}$$

この値を媒質Ⅰに対する媒質Ⅱの相対屈折率という。屈折の法則は，$n\sin\theta=$ 一定 の形のほうが覚えやすい。

力学

熱力学

波動

電磁気

原子

210 ▶

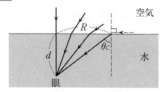

空気中の一点から水中の眼へ入射角 $90°$ で光が進むときの屈折角を θ_C とすれば，屈折の法則より

$$1 \times \sin 90° = n \times \sin \theta_C$$

$$\therefore \quad \sin \theta_C = \frac{1}{n}$$

ここで，求める半径を R とおくと，

$$\sin \theta_C = \frac{R}{\sqrt{d^2 + R^2}} \quad \text{より}$$

$$\frac{R}{\sqrt{d^2 + R^2}} = \frac{1}{n} \qquad n^2 R^2 = d^2 + R^2$$

$$(n^2 - 1) R^2 = d^2 \qquad \therefore \quad R = \frac{d}{\sqrt{n^2 - 1}}$$

Point 半径 R より遠くから入った光は眼に届かない。

211 ▶

(1) 真上近くから見るとき，物体からの屈折光が眼に入る。入射角を θ_2，屈折角を θ_1 とすれば，θ_1，θ_2 はともに小さい角とみてよい。$OA = l$ とおくと，屈折の法則より

$$n_1 \sin \theta_1 = n_2 \sin \theta_2$$

よって

$$n_{12} = \frac{n_2}{n_1} = \frac{\sin \theta_1}{\sin \theta_2} \fallingdotseq \frac{\tan \theta_1}{\tan \theta_2} \quad (\theta \text{ は小})$$

$\tan \theta_1 = \dfrac{l}{d'}$, $\tan \theta_2 = \dfrac{l}{d}$ より

$$n_{12} = \frac{\dfrac{l}{d'}}{\dfrac{l}{d}} = \frac{d}{d'} \qquad \therefore \quad d' = \frac{d}{n_{12}}$$

よって，像の浮き上がりの距離は

$$d - d' = d\left(1 - \frac{1}{n_{12}}\right)$$

(2) (ア) (1)の結果より

$$BP_1 = \frac{d_2}{n_{12}} = \frac{d_2}{\dfrac{n_2}{n_1}} = \frac{n_1}{n_2} d_2$$

(イ) $OP_1 = d_1 + BP_1 = d_1 + \dfrac{n_1}{n_2} d_2$

(ウ) $OP_2 = \dfrac{OP_1}{n_1} = \dfrac{d_1}{n_1} + \dfrac{d_2}{n_2}$

212 ▶

(ア) f (イ) $2f$ (ウ) 1 (エ) $2f$ (オ) 1
(カ) 0 (キ) 1 (ク) 0 (ケ) 1
(コ) 0 (サ) 1

213 ▶

図1：凸レンズの中心 O を通る光はそのまま直進し，レンズの手前の焦点を通る光は，レンズを通過後光軸に平行に進む。
凸レンズによる P 点の像 P′ を作図するには，P に向かう光線で像 P′ を作ればよい。レンズの中心を通って P に向かう光と，レンズの手前の焦点 F_2 を通って P に向かう光を作図し，その交点から P′ を求めることができる。よって，P に向かってレンズに入った光は，P′ を通って屈折するように作図すればよい。

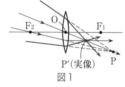

図1

図2：凹レンズの中心 O を通る光はそのまま直進し，レンズの後方の焦点に向けて入る光は，レンズを通過後光軸に平行に進む。
凹レンズの場合も同様にして，レンズの中心を通って P に向かう光と，レンズの後方の焦点 F_2 を通って P に向かう光を作図し，その交点から虚像 P′ を作図する。よって，P に向かってレンズに入った光は，P′ から出たような向きに屈折するように作図すればよい。

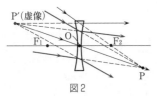

図2

Point レンズから見ると光源の位置は $a<0$ となる。このような光源を虚光源という。

214

星からの光は，星とレンズの中心を通る直線に平行にレンズ面に入射する。

(i) 凸レンズの中心を通る光は，そのまま直進する。

(ii) レンズの手前の焦点を通る光は，レンズを通過後光軸に平行に進む。

以上，2直線の交点の位置に実像ができる。

(1)
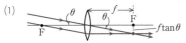

(2) (ア) 2直線の交点は後方の焦点上に実像を作るから，その位置はレンズの後方 f

(イ) 図より $f\tan\theta \fallingdotseq f\theta$ （θ は小）

Point $\dfrac{1}{a}+\dfrac{1}{b}=\dfrac{1}{f}$ で，$a\to\infty$ のとき，$b=f$

となり，遠方の物体の実像が後方の焦点上にできることがわかる。

215

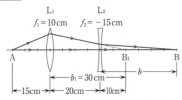

L_1 による像の位置を L_1 の後方 b_1〔cm〕とすれば，L_1 について，結像公式より

$$\frac{1}{15}+\frac{1}{b_1}=\frac{1}{10} \qquad \frac{1}{b_1}=\frac{1}{10}-\frac{1}{15}=\frac{1}{30}$$

∴ $b_1 = 30\,\mathrm{cm}$

これは L_1 の後方 $30\,\mathrm{cm}$ の点 B_1 に実像ができることを示す。

ところが L_1 の後方 $20\,\mathrm{cm}$ に L_2 があるので，L_2 については，L_2 の後方 $30-20=10\,\mathrm{cm}$ の位置に実像ができるように収束した光が入ることになる。これは，光源が $a=-10\,\mathrm{cm}$ の位置にあるのと同じ（虚光源）である。

L_2 による像の位置を L_2 の後方 b〔cm〕とすれば，凹レンズであるから，焦点距離を負として

$$\frac{1}{-10}+\frac{1}{b}=-\frac{1}{15} \qquad \frac{1}{b}=-\frac{1}{15}+\frac{1}{10}=\frac{1}{30}$$

∴ $b=30\,\mathrm{cm}$

光線を逆進させて考えると，B の像が B_1 となる。

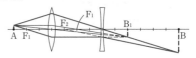

最終的な像は

位置：L_2 の後方 $30\,\mathrm{cm}$

虚実：実像

向き：倒立

倍率：

L_1 による倍率は $\dfrac{b_1}{15}=\dfrac{30}{15}=2$ 倍

L_2 による倍率は $\left|\dfrac{b}{-10}\right|=\left|\dfrac{30}{-10}\right|=3$ 倍

よって $2\times3=6$ 倍

216

(1) (ア)
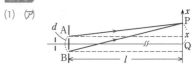

l に比べて d と $|x|$ は十分小さいので

$$BP-AP$$

$$=\sqrt{l^2+\left(x+\frac{d}{2}\right)^2}-\sqrt{l^2+\left(x-\frac{d}{2}\right)^2}$$

$$=l\sqrt{1+\frac{\left(x+\frac{d}{2}\right)^2}{l^2}}-l\sqrt{1+\frac{\left(x-\frac{d}{2}\right)^2}{l^2}}$$

$$\fallingdotseq l\left\{1+\frac{1}{2}\cdot\frac{\left(x+\frac{d}{2}\right)^2}{l^2}\right\}-l\left\{1+\frac{1}{2}\cdot\frac{\left(x-\frac{d}{2}\right)^2}{l^2}\right\}$$

$$=d\frac{x}{l}$$

別解

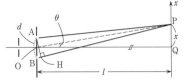

AB の中点を O とすれば，このときは AP∥BP∥OP とみてよいので，A から BP に下ろした垂線と BP の交点を H，∠POQ $=\theta$ とすれば

$$BP-AP\fallingdotseq BH=d\sin\theta$$
$$\fallingdotseq d\tan\theta \quad (|\theta| \text{は小})$$
$$=d\frac{x}{l}$$

(2) (イ)・(ウ)　A，B は同一位相の 2 光源であるから，スクリーン上に明線ができる条件は

$$d\frac{x}{l}=m\lambda \quad (m=0, \pm1, \pm2, \cdots)$$

中央の Q は $m=0$ の場合だから，明線である。

また　　$x=m\dfrac{l\lambda}{d}$

(3) (エ)　中央付近の縞の間隔 Δx は

$$\Delta x=x_{m+1}-x_m$$
$$=(m+1)\frac{l\lambda}{d}-m\frac{l\lambda}{d}=\frac{l\lambda}{d}$$

(4) (オ)　Q はあらゆる波長の光が強めあうので，白色である。

(カ)　明線の位置 $x=m\dfrac{l\lambda}{d}$ において，m が ±1

のとき　　$x=\pm\dfrac{l}{d}\lambda$

よって，λ の短い紫色が内側となる。

Point　光の波長は色によって異なり，長いほうから 赤＞黄＞緑＞青＞紫 となる。

217

(1)　屈折率 n の媒質中での波長は $\dfrac{\lambda}{n}$ であるから，AB 間に含まれている波の数は

$$\frac{l-d}{\lambda}+\frac{d}{\frac{\lambda}{n}}=\frac{l-d+nd}{\lambda}$$

(2)　屈折率 n の媒質中での光速度は $\dfrac{c}{n}$ であるから，光が A から B に達するのに要する時間は

$$\frac{l-d}{c}+\frac{d}{\frac{c}{n}}=\frac{l-d+nd}{c}$$

Point　このように，絶対屈折率 n の媒質中の距離 d は真空中では nd の距離と同等である。この nd を光路長（光学距離）という。

218

(ア)　**216** のヤングの実験の結果を用いると，S_1P と S_2P の経路差は

$$a\frac{x}{l}$$

(イ)　P 点が明線となるのは

$$a\frac{x}{l}=m\lambda$$

(ウ)　前式より　　$x=\dfrac{ml}{a}\lambda$

よって，縞の間隔は，m 番目と $m+1$ 番目の x の差をとると

$$\frac{(m+1)l}{a}\lambda-\frac{ml}{a}\lambda=\frac{l}{a}\lambda$$

(エ)　(ア)で $x\to\Delta x$ として

$$a\frac{\Delta x}{l}$$

(オ)　薄膜部分の光学距離は nd であるから，薄膜がないときの d との光路差は

$$nd-d=(n-1)d$$

(カ)　光路差が 0 になるように，点 O から移動するから，(エ)・(オ)より

$$a\frac{\Delta x}{l}+(n-1)d=0$$

(キ) (カ)より $\Delta x = -\dfrac{l}{a}(n-1)d$

(ク)・(キ) $n>1$ より, $\Delta x<0$ であり, x の負の向きに $\dfrac{l}{a}(n-1)d$ だけ移動したことになる。

219

(1) 光路差は $2n_1d$ であり, 反射による位相のずれはお互いの間にない（それぞれ π ずれる）ので, 強めあう条件は

$$2n_1d = m\lambda \quad (m=1,\ 2,\ 3,\ \cdots)$$

$$\therefore \quad d = \dfrac{m}{2n_1}\lambda$$

最小の厚さは $m=1$ として

$$d = \dfrac{\lambda}{2n_1} = \dfrac{\lambda}{2\times1.3} = \dfrac{\lambda}{2.6}\,(\text{m})$$

(2) 透過光線の場合も光路差は $2n_1d$ で, (1)と同じであるが, こちらはお互いの間に位相のずれが π 生じるので弱めあう。

220

(1) Bから膜の下面に下ろした垂線と AC の延長線との交点を B′ とすると, 図で CB ＝CB′ となるので

$$DC+CB = DC+CB' = DB' = 2d\cos r$$

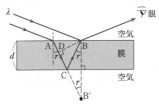

(2) 2つの光は DB までは同位相である。よって, 光路差は

$$DC+CB = DC+CB' = 2d\cos r$$

となる。石けん膜の屈折率が n であるから, 光路差は

$$n\times 2d\cos r = 2nd\cos r$$

(3) π ずれる。点Bでの表面反射では π ずれ, 点Cでの裏面反射ではずれない（屈折ではずれない）。

(4) (a) 反射による位相のずれを考慮すると, 光路差が波長の半整数倍のとき強めあう。よって

$$2nd\cos r = \left(m+\dfrac{1}{2}\right)\lambda$$

(b) 光路差が波長の整数倍のとき弱めあうから

$$2nd\cos r = m\lambda$$

(5) 屈折の法則より

$$n = \dfrac{\sin i}{\sin r} \qquad \therefore \quad \sin r = \dfrac{\sin i}{n}$$

よって

$$\begin{aligned}
2nd\cos r &= 2nd\sqrt{1-\sin^2 r}\\
&= 2nd\sqrt{1-\left(\dfrac{\sin i}{n}\right)^2}\\
&= 2d\sqrt{n^2-\sin^2 i}
\end{aligned}$$

221

この場合, 空気層の上と下とで反射する2つの光は空気層の下面での反射の際に位相が π ずれるので, お互いの間に π だけ位相のずれが生じる。

(ア)・(イ) 反射による位相のずれを考慮すると, 光路差 $2d_1$ が波長の整数倍のとき弱めあう。よって, $m=0$ を0番目とすると

m 番目のとき $\qquad 2d_1 = m\lambda$

$m+1$ 番目のとき $\qquad 2d_2 = (m+1)\lambda$

となる。

(ウ) $\theta \ll 1$ より, $\tan\theta \fallingdotseq \theta$ であるから

$$d_2-d_1 = l\tan\theta \fallingdotseq l\theta$$

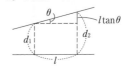

(エ) $2(d_2-d_1) = \lambda$ より

$$2l\theta = \lambda \qquad \therefore \quad l = \dfrac{\lambda}{2\theta}$$

(オ) 屈折率 n の液体中での波長 λ' は, $\lambda' = \dfrac{\lambda}{n}$

となるから, (エ)で $\lambda \to \lambda'$ として

$$l' = \frac{\lambda'}{2\theta} = \frac{\dfrac{\lambda}{n}}{2\theta} = \frac{\lambda}{2n\theta}$$

222

図1で, 水と空気の境界面で屈折の法則より

$$n_{水}\sin\theta_{C} = 1 \times \sin 90° \quad \cdots\cdots①$$

図2で, 水からガラスへ進むときの屈折角を θ とすれば, ガラスから空気への入射角も θ となり, 水とガラスの境界面で屈折の法則より

$$n_{水}\sin\theta_{C} = n_{ガ}\sin\theta \quad \cdots\cdots②$$

ガラスと空気の境界面で

$$n_{ガ}\sin\theta = 1 \times \sin\varphi \quad \cdots\cdots③$$

①, ②, ③より

$$1 \times \sin 90° = 1 \times \sin\varphi \quad \therefore \quad \varphi = 90°$$

223

(ア) 光路差が $2d$ で, 平凸レンズの上面での反射光の位相が π ずれるため, 反射による位相のずれがお互いの間に π だけ生じるので, 暗環ができる条件は

$$2d = m\lambda$$

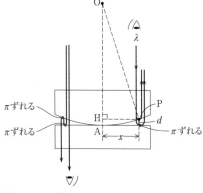

(イ) $x \ll R$ であるから

$$
\begin{aligned}
d = HA &= OA - OH \\
&= R - \sqrt{R^2 - x^2} \\
&= R - R\sqrt{1 - \left(\frac{x}{R}\right)^2}
\end{aligned}
$$

$$
\begin{aligned}
&= R - R\left\{1 - \left(\frac{x}{R}\right)^2\right\}^{\frac{1}{2}} \\
&\fallingdotseq R - R\left\{1 - \frac{1}{2}\left(\frac{x}{R}\right)^2\right\} \\
&= \frac{x^2}{2R}
\end{aligned}
$$

よって $\quad 2d = \dfrac{x^2}{R}$

別解 $\triangle$OHP で OH $= R - d$, OP $= R$, HP $= x$ であるから

$$
\begin{aligned}
R^2 &= (R - d)^2 + x^2 \\
&= R^2 - 2dR + d^2 + x^2
\end{aligned}
$$

d^2 は小さいので, 無視すると

$$2dR = x^2 \quad \therefore \quad 2d = \frac{x^2}{R}$$

(ウ) (ア), (イ)より

$$\frac{x^2}{R} = m\lambda$$

(エ)
$$
\begin{cases}
\dfrac{x_1{}^2}{R} = m\lambda \\[2mm]
\dfrac{x_2{}^2}{R} = m\dfrac{\lambda}{n}
\end{cases}
$$

これらより $\quad n = \left(\dfrac{x_1}{x_2}\right)^2$

(オ) 下方から眺めたときは, 上方から眺めたときと比べて, 光路差は等しいが, 反射による位相のずれが π だけ異なるため, 明暗が逆になる。

224

(1) 隣りあう格子で回折した光の光路差は $d\sin\theta$ であるから, 強めあって明線ができる条件は

$$d\sin\theta = m\lambda$$

(2) 一次の明線ができるときの回折角を θ とすれば, (1)で $m = 1$ として

$$d\sin\theta = \lambda \quad \therefore \quad \sin\theta = \frac{\lambda}{d}$$

スクリーン上に回折線が観測されるためには, 一次の明線の回折角 θ が $90°$ より小さくなければならないので

$$\sin\theta = \frac{\lambda}{d} < 1 \qquad \therefore \quad \lambda < d$$

(3) $\lambda = AS_1 + S_1B = d\sin\theta_1 + d\sin(\theta - \theta_1)$
$\qquad = d\{\sin\theta_1 + \sin(\theta - \theta_1)\}$
$\qquad$ (内対角で $\quad \angle AS_2B = \theta$)

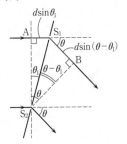

225

P点で光源が観測者に近づく速さは v である。

$v \ll c$ なので,音の場合と同様に扱う。
光源の本来の波長を λ_0,P点で光源から出て観測者に向かう波長を λ とすれば

$$\lambda = \frac{c - v}{c}\lambda_0$$

$$\therefore \quad \Delta\lambda = \lambda_0 - \lambda = \frac{v}{c}\lambda_0$$

これより

$$v = \frac{\Delta\lambda}{\lambda_0}c = \frac{0.10 \times 10^{-10}}{5000 \times 10^{-10}} \times 3.0 \times 10^8$$
$$= 6.0 \times 10^3 \,\text{m/s}$$

💡 **発展問題**

226

(ア) 明るい

$a\sin\theta = 0$ の方向については,AB上の無数の光源から出た光がスクリーン上の一点に同時に到達し,お互いの光路差が0となるので,

強めあって明るい。

(イ) 暗い

$a\sin\theta = \lambda$ の方向については,Aからその方向に引いた直線にC(ABの中点)とBから垂線CE,BDを下ろすと,$AE = ED = \dfrac{\lambda}{2}$ となる。AとCから出た光はこの方向のスクリーン上の一点までに $\dfrac{\lambda}{2}$ の光路差を生じるので打ち消しあい,AとCから同じだけ下へずらした対応点からの光もそれぞれ $\dfrac{\lambda}{2}$ の光路差を生じて打ち消しあうので,この方向では全部打ち消しあって,暗い。

(ウ) やや明るい

$a\sin\theta = \dfrac{3}{2}\lambda$ の方向については,$AD = \dfrac{3}{2}\lambda$ となるので,ABを3等分して前問と同様に考えると,そのうち2つの部分からの光はスクリーン上で打ち消しあうが,残り1つの部分は打ち消しあう相手がいないので,この方向はやや明るくなる。

Point 一般に

$$a\sin\theta = \left(m + \frac{1}{2}\right)\lambda \quad (m = 1,\ 2,\ 3,\ \cdots)$$
$\qquad\qquad$ …明るい(やや明るいを含む)

$$a\sin\theta = m\lambda \quad (m = 1,\ 2,\ 3,\ \cdots) \quad \text{…暗い}$$

ただし $\quad a\sin\theta = 0 \quad$ …明るい

227

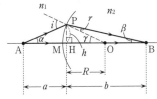

PからABに下ろした垂線とABとの交点をHとすると,近軸光線であるから,MとHは一致しているとみてよい。図で三角形の外角より

$$i = \alpha + \gamma \quad \cdots\cdots\text{①}$$

力学

熱力学

波動

電磁気

原子

$\gamma = \beta + r$ $\therefore$ $r = \gamma - \beta$ ……②

$n_1 \sin i = n_2 \sin r$ で, i, r は小さいから, $\sin i$
$\fallingdotseq i$, $\sin r \fallingdotseq r$ と近似して

$n_1 i \fallingdotseq n_2 r$ ……③

①, ②を③へ代入して

$n_1(\alpha + \gamma) \fallingdotseq n_2(\gamma - \beta)$

$\therefore$ $n_1 \alpha + n_2 \beta = (n_2 - n_1)\gamma$ ……④

ここで, α, β, γ は小さいから

$\alpha \fallingdotseq \tan\alpha \fallingdotseq \dfrac{h}{a}$

$\beta \fallingdotseq \tan\beta \fallingdotseq \dfrac{h}{b}$

$\gamma \fallingdotseq \tan\gamma \fallingdotseq \dfrac{h}{R}$

④へ代入して

$n_1 \dfrac{h}{a} + n_2 \dfrac{h}{b} = (n_2 - n_1)\dfrac{h}{R}$

$\therefore$ $\dfrac{n_1}{a} + \dfrac{n_2}{b} = (n_2 - n_1)\dfrac{1}{R}$

228

(ア) 図2で物体 A の虚像が A′(境界面は凸面)であるから, **227** の結果で $b = -a'$, $n_1 = 1$, $n_2 = n$, $R = R_1$ として

$\dfrac{1}{a} + \dfrac{n}{-a'} = (n-1)\dfrac{1}{R_1}$ ……①

(イ) 図3で物体(として扱う) A′ の実像が B (境界面は凹面)であるから, $a = a'$, $n_1 = n$, $n_2 = 1$, $R = -R_2$ として

$\dfrac{n}{a'} + \dfrac{1}{b} = (1-n)\dfrac{1}{-R_2}$ ……②

(ウ) ①, ②を辺々加えて

$\dfrac{1}{a} + \dfrac{1}{b} = (n-1)\left(\dfrac{1}{R_1} + \dfrac{1}{R_2}\right) = \dfrac{1}{f}$

229

(ア) 図2より

$\sin\theta = \dfrac{\lambda}{2l}$ $\therefore$ $l = \dfrac{\lambda}{2\sin\theta}$

(イ) d が l の整数倍であればよいから

$d = m\dfrac{\lambda}{2\sin\theta}$

(ウ) 図2より $\tan\theta = \dfrac{\frac{\lambda'}{2}}{l} = \dfrac{\lambda'}{2l}$

よって $\lambda' = 2l\tan\theta = \dfrac{\lambda}{\cos\theta}$

(エ) (イ), (ウ)より

$\sin\theta = \dfrac{m\lambda}{2d}$, $\cos\theta = \dfrac{\lambda}{\lambda'}$

よって, $\sin^2\theta + \cos^2\theta = 1$ より

$\left(\dfrac{m\lambda}{2d}\right)^2 + \left(\dfrac{\lambda}{\lambda'}\right)^2 = 1$

$\dfrac{1}{\lambda'^2} = \dfrac{1}{\lambda^2} - \dfrac{m^2}{4d^2} = \dfrac{4d^2 - m^2\lambda^2}{4d^2\lambda^2}$

$\therefore$ $\lambda' = \dfrac{2d}{\sqrt{4d^2 - m^2\lambda^2}}\lambda$

(オ) (イ)で $\sin\theta \leqq 1$ より, λ の上限 λ_{max} は,

$\sin\theta = 1$ のとき $\lambda_{max} = \dfrac{2d}{m}$

さらに $m = 1$ のときであるから

$\lambda_{max} = 2d$

230

(ア) 屈折率 n の媒質中では光速度は $\dfrac{1}{n}$ になるから

$\dfrac{c}{n}$

(イ) $x_0 < 0$ に注意すると, $FP = f - x_0$, $PQ = y_0$ より

$QF = \sqrt{(f - x_0)^2 + y_0^2}$

(ウ) 光が Q→F に進む時間と, P→O→F に進む時間が等しいから

$\dfrac{\sqrt{(f - x_0)^2 + y_0^2}}{c} = \dfrac{f}{c} - \dfrac{x_0}{\frac{c}{n}}$

$\sqrt{(f - x_0)^2 + y_0^2} = f - nx_0$

$(f - x_0)^2 + y_0^2 = f^2 - 2nfx_0 + n^2x_0^2$

$f^2 - 2fx_0 + x_0^2 + y_0^2 = f^2 - 2nfx_0 + n^2x_0^2$

凸面の式より

$x_0 = -\dfrac{1}{2R}y_0^2$ $\therefore$ $y_0^2 = -2Rx_0$

よって

$$-2fx_0 + x_0{}^2 - 2Rx_0 = -2nfx_0 + n^2x_0{}^2$$
$$-2f + x_0 - 2R = -2nf + n^2x_0$$
$$2(n-1)f = (n^2-1)x_0 + 2R$$
$$\therefore \quad f = \frac{(n^2-1)x_0 + 2R}{2(n-1)}$$

(エ) $R \gg x_0$ のとき，$(n^2-1)x_0$ を無視すると
$$f = \frac{R}{n-1}$$

231

(ア) $n = \dfrac{\sin\alpha}{\sin\beta}$

(イ) 図で三角形の外角より
$$\alpha - \beta + \frac{\theta}{2} = \beta \quad \therefore \quad \theta = 4\beta - 2\alpha$$

(ウ) $\theta_0 = 4\beta_0 - 2\alpha_0$ で，$\alpha \to \alpha_0 + \Delta\alpha$，$\beta \to \beta_0 + \Delta\beta$ のとき，$\Delta\theta_0 = 0$ として
$$0 = 4(\beta_0 + \Delta\beta) - 2(\alpha_0 + \Delta\alpha) - 4\beta_0 + 2\alpha_0$$
$$4\Delta\beta - 2\Delta\alpha = 0$$
$$\therefore \quad \Delta\alpha = 2 \times \Delta\beta$$

(エ) $n = \dfrac{\sin(\alpha_0 + \Delta\alpha)}{\sin(\beta_0 + \Delta\beta)}$
$$= \frac{\sin\alpha_0\cos\Delta\alpha + \cos\alpha_0\sin\Delta\alpha}{\sin\beta_0\cos\Delta\beta + \cos\beta_0\sin\Delta\beta}$$

$\cos\Delta\alpha \fallingdotseq 1$，$\sin\Delta\alpha \fallingdotseq \Delta\alpha$，$\cos\Delta\beta \fallingdotseq 1$，$\sin\Delta\beta \fallingdotseq \Delta\beta$ と近似して
$$n \fallingdotseq \frac{\sin\alpha_0 + \Delta\alpha\cos\alpha_0}{\sin\beta_0 + \Delta\beta\cos\beta_0}$$

$\Delta\alpha = 2\Delta\beta$ より
$$n = \frac{\sin\alpha_0 + 2\Delta\beta\cos\alpha_0}{\sin\beta_0 + \Delta\beta\cos\beta_0} = \frac{\sin\alpha_0}{\sin\beta_0}$$

よって
$$\sin\alpha_0(\sin\beta_0 + \Delta\beta\cos\beta_0)$$
$$= \sin\beta_0(\sin\alpha_0 + 2\Delta\beta\cos\alpha_0)$$
$$\sin\alpha_0\cos\beta_0 = 2\sin\beta_0\cos\alpha_0$$
$$\therefore \quad \cos\alpha_0 = \frac{\sin\alpha_0}{2\sin\beta_0} \times \cos\beta_0$$

(オ) $\dfrac{\sin\alpha_0}{\sin\beta_0} = n$ より $\sin\alpha_0 = n\sin\beta_0$

よって
$$\cos\alpha_0 = \sqrt{1 - \sin^2\alpha_0} = \sqrt{1 - n^2\sin^2\beta_0}$$

(エ) より
$$\cos\alpha_0 = \frac{n}{2}\cos\beta_0 \quad \left(n = \frac{\sin\alpha_0}{\sin\beta_0}\right)$$

であるから
$$\sqrt{1 - n^2\sin^2\beta_0} = \frac{n}{2}\cos\beta_0$$
$$1 - n^2\sin^2\beta_0 = \frac{n^2}{4}\cos^2\beta_0 = \frac{n^2}{4}(1 - \sin^2\beta_0)$$
$$\frac{3}{4}n^2\sin^2\beta_0 = 1 - \frac{n^2}{4} = \frac{4 - n^2}{4}$$
$$\sin^2\beta_0 = \frac{4 - n^2}{3n^2}$$
$$\therefore \quad \sin\beta_0 = \frac{1}{n}\sqrt{\frac{4 - n^2}{3}}$$

(カ) (オ) より
$$\sin\alpha_0 = n\sin\beta_0 = \sqrt{\frac{4 - n^2}{3}}$$

232

(1) (ア) A に屈折率 n の空気を入れると，A の部分の光学距離は nl，B の部分は l である。$n > 1$ より $nl > l$

よって，点 O の明線の光路差が 0 になるためには，S_1 からスクリーン上の移動後の点までの距離のほうが，S_2 からの距離より短くならなければならない。よって，動く方向は x の正方向でなければならない。他の点も同様の光路差が新たに生まれるので，同じように考えられる。

(2) (イ) 点 O の移動後の点を P とする。ヤングの実験の結果より，$S_2P - S_1P = d\dfrac{x}{L}$ であるが，これが $(n-1)l$ に等しくなければならないので
$$d\frac{x}{L} = (n-1)l \quad \therefore \quad x = \frac{(n-1)lL}{d}$$

(ウ) 上式より，縞の移動距離 x は $n-1$ に比例するが，n は波長が短いほど大きいので
$$n_{青色光} > n_{赤色光}$$

これより，同じ時間における x の値の変化を比べると，縞の動く速さは青い色の光のほう

が大きくなる。

(3) (エ) $(n-1)l$

(オ) $(n-1)l = \lambda$ ∴ $n = 1 + \dfrac{\lambda}{l}$

(カ) 1気圧のときの空気の屈折率は $1 + 0.000292$ である。0気圧のとき1で、1からの増加分は圧力 p に比例するから

$n = 1 + 0.000292p$

(キ) (オ), (カ) より n を消去して

$$p = \dfrac{\lambda}{2.92l} \times 10^4 \text{ 気圧}$$

233

(ア) ヤングの実験で光路差は $\mathrm{BP} - \mathrm{AP} \fallingdotseq d\dfrac{y}{l}$ より、Bからの光のP点での振動 z_2 は、z_1 より $2\pi\dfrac{\mathrm{BP}-\mathrm{AP}}{\lambda} = 2\pi\dfrac{dy}{\lambda l}$ だけ位相が遅れる。よって

$$z_2 = a\sin\left(2\pi\dfrac{c}{\lambda}t - 2\pi\dfrac{dy}{\lambda l}\right)$$
$$= a\sin 2\pi\left(\dfrac{c}{\lambda}t - \dfrac{dy}{\lambda l}\right)$$

(イ) $z = z_1 + z_2$
$$= a\sin 2\pi\left(\dfrac{c}{\lambda}t\right) + a\sin 2\pi\left(\dfrac{c}{\lambda}t - \dfrac{dy}{\lambda l}\right)$$
$$= 2a\cos 2\pi\left(\dfrac{dy}{2\lambda l}\right)\sin 2\pi\left(\dfrac{c}{\lambda}t - \dfrac{dy}{2\lambda l}\right)$$

(ウ) 上式の $2a\cos 2\pi\left(\dfrac{dy}{2\lambda l}\right)$ を振幅項といい、その絶対値を振幅という。光の強さとは、単位面積あたり、単位時間に入る光のエネルギーをいう。波動論では光の強さは振幅の2乗に比例する。

$$I \propto (2a)^2\cos^2\left\{2\pi\left(\dfrac{dy}{2\lambda l}\right)\right\}$$

234

(ア) 図3より、地球から見て $\mathrm{O} \to \mathrm{M_1}$ のときの光の速さは $c - v$、$\mathrm{M_1} \to \mathrm{O}$ のときの光の速さは $c + v$ であるから

$$t_1 = \dfrac{l}{c-v} + \dfrac{l}{c+v} = \dfrac{2c}{c^2-v^2}l$$
$$= \dfrac{2l}{c}\cdot\dfrac{1}{1-\dfrac{v^2}{c^2}}$$

(イ) 図4より、地球から見て $\mathrm{O} \to \mathrm{M_2}$、$\mathrm{M_2} \to \mathrm{O}$ のときの光の速さは

$$u = \sqrt{c^2-v^2}$$

(ウ) $t_2 = \dfrac{2l}{\sqrt{c^2-v^2}} = \dfrac{2l}{c}\cdot\dfrac{1}{\sqrt{1-\dfrac{v^2}{c^2}}}$

(エ) $t_1 = \dfrac{2l}{c}\cdot\dfrac{1}{1-\dfrac{v^2}{c^2}} = \dfrac{2l}{c}\left(1-\dfrac{v^2}{c^2}\right)^{-1} \fallingdotseq \dfrac{2l}{c}\left(1+\dfrac{v^2}{c^2}\right)$

(オ) $t_2 = \dfrac{2l}{c}\cdot\dfrac{1}{\sqrt{1-\dfrac{v^2}{c^2}}} = \dfrac{2l}{c}\left(1-\dfrac{v^2}{c^2}\right)^{-\frac{1}{2}}$
$$\fallingdotseq \dfrac{2l}{c}\left(1+\dfrac{1}{2}\cdot\dfrac{v^2}{c^2}\right)$$

(カ) (エ), (オ) より

$$t_1 - t_2 = \dfrac{2l}{c}\cdot\dfrac{v^2}{2c^2} = \dfrac{l}{c}\left(\dfrac{v}{c}\right)^2$$

(キ) $\Delta l = c(t_1 - t_2) = l\left(\dfrac{v}{c}\right)^2$

(ク) $\Delta l = m\lambda$

(ケ) (キ), (ク) より

$$l\left(\dfrac{v}{c}\right)^2 = m\lambda \quad ∴ \quad l = m\lambda\left(\dfrac{c}{v}\right)^2$$

(コ) 90°回転したときの $t_1 - t_2$ の大きさは回転前と同じであるが、正負の符号が逆になるので、$t_1 - t_2$ の変化は2倍、よって、光路差の変化も $2\Delta l$ になる。光路差が λ 変化するごとに明→暗→明が1回起こるので、この間に明暗が起こる回数 N は

$$N = \dfrac{2\Delta l}{\lambda} = \dfrac{2l\left(\dfrac{v}{c}\right)^2}{\lambda} = \dfrac{2l}{\lambda}\left(\dfrac{v}{c}\right)^2$$

第4章

電磁気

SECTION 1 電界と電位

標準問題

235

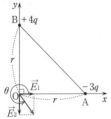

(1) 電界は +1C の電荷にはたらく力であるから，O 点に +1C の電荷を置くと，これが A にある電荷から受ける力 f_1 [N] は，x の正の向きで

$$f_1 = k\frac{3q}{r^2} \text{[N]}$$

よって，A による電界 $\overrightarrow{E_1}$ [N/C] も同じ向きで，強さは

$$E_1 = |\overrightarrow{E_1}| = k\frac{3q}{r^2} \text{[N/C]}$$

同様に，B による電界 $\overrightarrow{E_2}$ [N/C] は y の負の向きで，強さは

$$E_2 = |\overrightarrow{E_2}| = k\frac{4q}{r^2} \text{[N/C]}$$

O 点の電界の向きは $\overrightarrow{E_1}$ と $\overrightarrow{E_2}$ を合成した向きであるから

$$\tan\theta = -\left|\frac{E_2}{E_1}\right| = -\frac{4}{3}$$

(2) O 点の電界の強さ E [N/C] は

$$E = \sqrt{|\overrightarrow{E_1}|^2 + |\overrightarrow{E_2}|^2} = k\frac{5q}{r^2} \text{[N/C]}$$

(3) $\overrightarrow{E}$ [N/C] の電界がある点に Q [C] の電荷を置くと，受ける力は $\overrightarrow{F} = Q\overrightarrow{E}$ [N] である。

負電荷を置くので，受ける力は O 点の電界と逆向き。

大きさは $\quad 2qE = k\dfrac{10q^2}{r^2} \text{[N]}$

236

(1) 点電荷を中心とする半径 r [m] の球面を考える。球面上の電界は，球面に垂直で外向きであり，その強さは $k_0\dfrac{Q}{r^2}$ [N/C] であるから，その 1m^2 あたり $k_0\dfrac{Q}{r^2}$ 本の電気力線が通る。よって，球面全体の表面積は $4\pi r^2$ であるから

$$k_0\frac{Q}{r^2} \cdot 4\pi r^2 = 4\pi k_0 Q \text{ 本}$$

となり，これが Q [C] の正電荷から出る電気力線の数である。

(2) $k_0 = \dfrac{1}{4\pi\varepsilon_0}$ とおくと

$$4\pi \cdot \frac{1}{4\pi\varepsilon_0} \cdot Q = \frac{Q}{\varepsilon_0} \text{ 本}$$

237

(ア) 閉曲面内の電荷は $q_1 + q_2 - q_3$ であるから

$\dfrac{1}{\varepsilon_0}(q_1 + q_2 - q_3)$ 本

Point 閉曲面の外側の電荷については，それからの電気力線は閉曲面に入れば必ず出るので，入る方を -1 本，出る方を $+1$ 本とみると，閉曲面を貫く電気力線の総数には影響を与えない。

(イ) $4\pi r^2$ [m^2] (ウ) $4\pi r^2 E$ 本

(エ) $4\pi r^2 E = \dfrac{Q}{\varepsilon_0}$ より

$$E = \frac{1}{4\pi\varepsilon_0} \cdot \frac{Q}{r^2} \text{[N/C]}$$

(オ) $2\pi r l$ [m^2] (カ) ρl [C]

(キ) $2\pi r l E = \dfrac{\rho l}{\varepsilon_0}$ より

$$E = \frac{1}{2\pi\varepsilon_0} \cdot \frac{\rho}{r} \text{[N/C]}$$

(1) 中心から x〔m〕離れた点における電界の強さは $E = k\dfrac{Q}{x^2}$ であるから，電界が $x = r$ から基準点 $x = \infty$ までにする仕事を求めればよい。よって，点 P の電位 V は

$$V = \int_r^\infty E dx = kQ \int_r^\infty \frac{dx}{x^2}$$

$$= kQ\left[-\frac{1}{x}\right]_r^\infty = \frac{kQ}{r} \text{〔V〕}$$

Point 球外の電位は $+Q$〔C〕の点電荷による電位と同じである。

(2) $\dfrac{kQ}{r_1} - \dfrac{kQ}{r_2} = kQ\left(\dfrac{1}{r_1} - \dfrac{1}{r_2}\right)$〔V〕

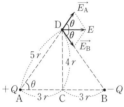

(ア) A から B の向き

(イ) $AD = 5r$ となる。D 点の電界の強さ E〔N/C〕は，A にある $+Q$〔C〕による電界 $\overrightarrow{E_A}$〔N/C〕と，B にある $-Q$〔C〕による電界 $\overrightarrow{E_B}$〔N/C〕を合成したものである。

$$|\overrightarrow{E_A}| = |\overrightarrow{E_B}| = k\frac{Q}{(5r)^2}$$

$$\therefore\ E = 2 \times |\overrightarrow{E_A}| \times \cos\theta$$

$$= 2 \times k\frac{Q}{(5r)^2} \times \frac{3}{5} = \frac{6kQ}{125r^2} \text{〔N/C〕}$$

(ウ) CD 線上の電界の向きは，どこでも CD に垂直方向となり，CD は等電位線となるので，CD 間の電位差は 0 V である。

(1) 導体球中の電界は 0 であるから

$0 \leq r \leq R$ のとき

$\quad E(r) = 0$

$R \leq r$ のとき

$\quad E(r) = k\dfrac{Q}{r^2}$

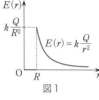

図1

(2) 導体球中の電位は一定で，表面における電位に等しいから

$0 \leq r \leq R$ のとき

$\quad V(r) = k\dfrac{Q}{R}$

$R \leq r$ のとき

$\quad V(r) = k\dfrac{Q}{r}$

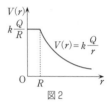

図2

(ア) 電界の向きに　(イ) qE〔N〕

(ウ) 正電荷にはたらく静電気力は A→B の向きであるから，逆らう力は B→A の向きである。よって，この力の向きに動かすとき，仕事は正となり

$\quad qE \cdot d = qEd$〔J〕

(エ) 電位差 V は $+1$ C を電気力に逆らって運ぶのに必要な仕事であるから，q〔C〕のとき

$\quad qV$〔J〕

(オ) $qEd = qV$ より

$$E = \frac{V}{d}$$

(カ) V/m

(キ) 粒子は電界から qV〔J〕の仕事をされるから

$$\frac{1}{2}mv^2 = qV \quad \therefore\ v = \sqrt{\frac{2qV}{m}}\ \text{〔m/s〕}$$

(ク) 粒子が B 板に達したとして，そのときの速さを v〔m/s〕とする。粒子は電界から $-qV$〔J〕の仕事をされるから，運動エネル

ギーの変化は $-qV$ である。よって

$$\frac{1}{2}mv^2 - \frac{1}{2}mv_0{}^2 = -qV$$

$$\therefore \quad \frac{1}{2}mv^2 = \frac{1}{2}mv_0{}^2 - qV$$

B板に達するためには，$\frac{1}{2}mv^2 \geqq 0$ でなければならないから

$$\frac{1}{2}mv_0{}^2 - qV \geqq 0 \quad \therefore \quad V \leqq \frac{mv_0{}^2}{2q}$$

よって，達しないためには $V > \dfrac{mv_0{}^2}{2q}$

求める値は $\dfrac{mv_0{}^2}{2q}$〔V〕である。

242

(1) 等電位線は電気力線に直交する。

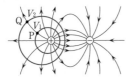

(2) 等電位線に沿って電荷を動かしても電気力は仕事をしないので　0J

(3) 点電荷は電界から $q_2(V_1 - V_2)$〔J〕の仕事をされるから

$$\frac{1}{2}mv^2 = q_2(V_1 - V_2)$$

$$\therefore \quad v = \sqrt{\frac{2q_2(V_1 - V_2)}{m}}\ 〔\text{m/s}〕$$

243

(ア) qE〔N〕　(イ) qEd〔J〕　(ウ) Ed〔V〕

発展問題

244

(1) C方向にはたらく力の大きさを f〔N〕とすると

$$f = k\frac{Qq}{(r-x)^2} - k\frac{Qq}{(r+x)^2}$$

$$= \frac{4kQqr}{(r^2 - x^2)^2}x = \frac{4kQqr}{r^4\left\{1 - \left(\dfrac{x}{r}\right)^2\right\}^2}x$$

$$\fallingdotseq \frac{4kQq}{r^3}x\ 〔\text{N}〕$$

(2) 変位 x の方向への力を F〔N〕とすると，(1)より

$$F = -f = -\frac{4kQq}{r^3}x$$

$\dfrac{4kQq}{r^3}$ は正の定数であるから，F は x に比例し，比例係数は負である。よって，単振動である。

加速度を a とすると

$$ma = -\frac{4kQq}{r^3}x \quad \therefore \quad a = -\frac{4kQq}{mr^3}x$$

これは角振動数 $\omega = \sqrt{\dfrac{4kQq}{mr^3}}$〔rad/s〕の単振動であるから

$$\text{周期 } T = \frac{2\pi}{\omega} = 2\pi\sqrt{\frac{mr^3}{4kQq}} = \pi r\sqrt{\frac{mr}{kQq}}\ 〔\text{s}〕$$

E点からC点へ達するまでは $\dfrac{1}{4}$ 周期であるから，求める時間 t〔s〕は

$$t = \frac{T}{4} = \frac{\pi r}{4}\sqrt{\frac{mr}{kQq}}\ 〔\text{s}〕$$

SECTION 2 コンデンサー

✏️ **標準問題**

245

(1) 電気力線は負電荷に入るから，図1の矢印を逆向きにして

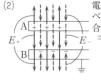

(2)

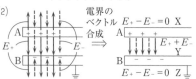

$+Q$による電界の強さ E_+ は

$$E_+ = \frac{Q}{2\varepsilon_0 S}\,[\text{V/m}]$$

$-Q$による電界の強さ E_- は

$$E_- = \frac{Q}{2\varepsilon_0 S}\,[\text{V/m}]$$

$$\begin{cases} X : E_+ と E_- は逆向き \\ Y : E_+ と E_- は同じ向き \\ Z : E_+ と E_- は逆向き \end{cases}$$

であるから

$$\begin{cases} X : 0\,\text{V/m} \\ Y : \dfrac{Q}{\varepsilon_0 S}\,[\text{V/m}]，極板に垂直にA→Bの向き \\ Z : 0\,\text{V/m} \end{cases}$$

246

(ア) 極板間では，極板 A の $+Q\,[\text{C}]$ による電界と極板 B の $-Q\,[\text{C}]$ による電界をベクトル合成して

$$\frac{Q}{2\varepsilon_0 S} \times 2 = \frac{Q}{\varepsilon_0 S}\,[\text{V/m}]$$

別解 極板 A の単位面積あたりの電荷は，$\dfrac{Q}{S}\,[\text{C/m}^2]$ となり，それを含む閉曲面内から，$\dfrac{1}{\varepsilon_0}\cdot\dfrac{Q}{S}$ 本の電気力線が極板に垂直に下向きに

出て，極板 B に入る（上方には出ない）。よって，極板間では，電界に垂直に $1\,\text{m}^2$ あたり $\dfrac{1}{\varepsilon_0}\cdot\dfrac{Q}{S}$ 本の電気力線が貫き，電界の強さは $\dfrac{1}{\varepsilon_0}\cdot\dfrac{Q}{S}\,[\text{V/m}]$ となる。

(イ) A → B

(ウ) $E = \dfrac{Q}{\varepsilon_0 S}$ より

$$V = Ed = \frac{Q}{\varepsilon_0 S}d\,[\text{V}]$$

(エ) $Q = CV$ より

$$C = \frac{Q}{V} = \frac{\varepsilon_0 S}{d}\,[\text{F}]$$

247

(1) (ア) $\dfrac{Q}{S}$　(イ) $E_1 = \dfrac{Q}{\varepsilon_0 S}$

(ウ) $V_1 = E_1 l = \dfrac{Q}{\varepsilon_0 S}l$

(エ) $C_1 = \dfrac{Q}{V_1} = \dfrac{\varepsilon_0 S}{l}$

(2) (オ) 0

(カ) 電界 E_1 がある部分の距離は $l - d$ であるから

$$V_2 = E_1(l-d) = \frac{Q}{\varepsilon_0 S}(l-d)$$

(キ) $C_2 = \dfrac{Q}{V_2} = \dfrac{\varepsilon_0 S}{l-d}$

(3) (ク) (エ)・(キ) より

$$C_2 = \frac{l}{l-d}C_1$$

(ケ) 電気容量は極板間隔に反比例するから

$$\frac{l-d}{l}\,倍$$

248

(ア) $E_0 = \dfrac{Q}{\varepsilon_0 S}$

(イ) 誘電体の誘電率を ε とすれば

$$E = \frac{Q}{\varepsilon S}$$

$\varepsilon_r = \dfrac{\varepsilon}{\varepsilon_0}$ より　　$\varepsilon = \varepsilon_r \varepsilon_0$

よって　　$E = \dfrac{Q}{\varepsilon_r \varepsilon_0 S}$

Point　比誘電率 ε_r の誘電体中の電界の強

さは真空中の $\dfrac{1}{\varepsilon_r}$ 倍になる。

(ウ)　電界 E_0 の部分の距離が $l-d$, E の部分
の距離が d であるから, 電位差 V は

$$V = E_0(l-d) + Ed$$
$$= \dfrac{Q}{\varepsilon_0 S}(l-d) + \dfrac{Q}{\varepsilon_r \varepsilon_0 S}d$$
$$= \dfrac{Q}{\varepsilon_0 S}\left(l-d+\dfrac{d}{\varepsilon_r}\right)$$

(エ)　上式より

$$Q = \dfrac{\varepsilon_0 S}{l-d+\dfrac{d}{\varepsilon_r}}V = CV$$

よって　　$C = \dfrac{\varepsilon_0 S}{l-d+\dfrac{d}{\varepsilon_r}}$

(オ)・(カ)　$\dfrac{1}{C} = \dfrac{l-d+\dfrac{d}{\varepsilon_r}}{\varepsilon_0 S} = \dfrac{l-d}{\varepsilon_0 S} + \dfrac{d}{\varepsilon_r \varepsilon_0 S}$

$$= \dfrac{1}{C_1} + \dfrac{1}{C_2}$$

より

$$C_1 = \dfrac{\varepsilon_0 S}{l-d}$$
$$C_2 = \dfrac{\varepsilon_r \varepsilon_0 S}{d}$$

249

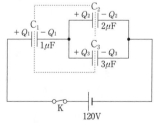

スイッチ K を閉じたとき, C_1 と C_2 の電圧
の和が 120 V であるから, 単位に注意して

$\dfrac{Q_1}{1} + \dfrac{Q_2}{2} = 120$　……①

C_2 と C_3 の電圧は等しいから

$\dfrac{Q_2}{2} = \dfrac{Q_3}{3}$　……②

点線内の電荷の和は 0 であるから

$-Q_1 + Q_2 + Q_3 = 0$　……③

②より　　$Q_3 = \dfrac{3}{2}Q_2$

①より

$2Q_1 + Q_2 = 240$　　$\therefore$　$Q_2 = 240 - 2Q_1$

よって

$$Q_3 = \dfrac{3}{2}(240 - 2Q_1) = 360 - 3Q_1$$

③に代入して

$-Q_1 + 240 - 2Q_1 + 360 - 3Q_1 = 0$

$6Q_1 = 600$　　$\therefore$　$Q_1 = 100\,\mu C$

よって

$$Q_2 = 240 - 2 \times 100 = 40\,\mu C$$
$$Q_3 = 360 - 3 \times 100 = 60\,\mu C$$

また　　$V_1 = \dfrac{Q_1}{1} = 100\,V$

$$V_2 = V_3 = \dfrac{Q_2}{2} = 20\,V$$

250

(1)　A, B, C は直列であるから, コンデン
サーに蓄えられる電気量は等しく, $q\,(\mu C)$
とすれば

$$V_1 = \dfrac{q}{1}\,(V)$$
$$V_2 = \dfrac{q}{2}\,(V)$$
$$V_3 = \dfrac{q}{3}\,(V)$$

よって

$$V_1 : V_2 : V_3 = \dfrac{1}{1} : \dfrac{1}{2} : \dfrac{1}{3} = 6 : 3 : 2$$

(2)　一番大きい電圧がかかるのは V_1 で,
V_1 が 600 V になるときの全体の電圧を考えて

$$600 \times \dfrac{6+3+2}{6} = 1100\,V$$

251

(1) 電圧の関係より
$$V_1 + V_2 = 100$$
図1で C_1, C_2 の上側極板の電荷保存より
$$-2V_1 + 3V_2 = 100 + 300$$
$V_2 = 100 - V_1$ より
$$-2V_1 + 3(100 - V_1) = 400$$
$$5V_1 = -100 \qquad \therefore \quad V_1 = -20\,\mathrm{V}$$
$$V_2 = 100 + 20 = 120\,\mathrm{V}$$
よって
$$q_1 = 2V_1 = -40\,\mu\mathrm{C}$$
$$q_2 = 3V_2 = 360\,\mu\mathrm{C}$$

Point C_1 の上の極板は下の極板より $20\,\mathrm{V}$ 電位が高く，上の極板の電荷は $+40\,\mu\mathrm{C}$ である。

(2) 図2で C_1, C_2 の上側極板の電荷保存より
$$2V + 3V = 100 + 300 \qquad \therefore \quad V = 80\,\mathrm{V}$$
よって
$$q_1 = 2V = 160\,\mu\mathrm{C}$$
$$q_2 = 3V = 240\,\mu\mathrm{C}$$

252

(1)

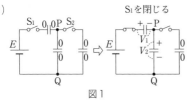

図1

図1のように，C_1, C_2 の電圧を V_1, V_2 とすると
$$\begin{cases} V_1 + V_2 = E \\ -CV_1 + CV_2 = 0 \end{cases}$$
$$\therefore \quad V_1 = \frac{E}{2}, \quad V_2 = \frac{E}{2}$$

(2) S_1 を開く　　　　　　S_2 を閉じる

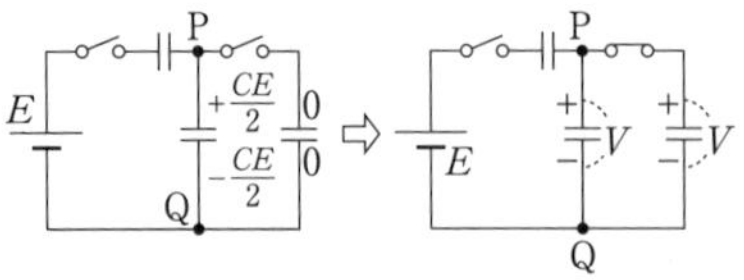

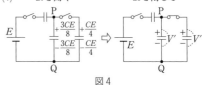

図2

図2のように，C_2, C_3 の電圧が等しく V になったとすると，C_1 に残っていた電荷 $\dfrac{CE}{2}$ が C_2, C_3 に分配され，C_2 と C_3 の電圧が等しく V になるから
$$CV + CV = \frac{CE}{2} + 0 \qquad \therefore \quad V = \frac{E}{4}$$

(3) S_2 を開く　　　　　　S_1 を閉じる

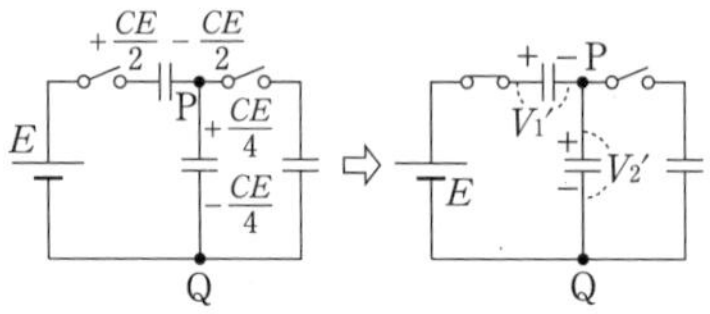

図3

図3のように，C_1, C_2 の電圧が V_1', V_2' になったとすると
$$V_1' + V_2' = E$$
C_1 の右側の極板と C_2 の上側の極板の電荷の和が保存するから
$$-CV_1' + CV_2' = -\frac{CE}{2} + \frac{CE}{4}$$
$V_2' = E - V_1'$ より
$$-CV_1' + C(E - V_1') = -\frac{CE}{4}$$
$$2CV_1' = \frac{5}{4}CE \qquad \therefore \quad V_1' = \frac{5}{8}E$$
よって　　$V_2' = E - \dfrac{5}{8}E = \dfrac{3}{8}E$

(4) S_1 を開く　　　　　　S_2 を閉じる

図4

図4のように，C_2, C_3 の電圧が等しく V' になったとすると，C_2, C_3 の上側の極板の電荷の和が保存するから
$$CV' + CV' = \frac{3}{8}CE + \frac{CE}{4}$$
$$2CV' = \frac{5}{8}CE \qquad \therefore \quad V' = \frac{5}{16}E$$

253

(ア) $\dfrac{q}{C}$〔V〕 (イ) $\Delta W = v\Delta q$〔J〕

(ウ) $U = \dfrac{Q^2}{2C}$〔J〕 (エ) $U = \dfrac{1}{2}QV$〔J〕

(オ) $U = \dfrac{1}{2}CV^2$〔J〕

254

(ア) $U = \dfrac{Q^2}{2C} = \dfrac{Q^2}{2\dfrac{\varepsilon_0 S}{d}} = \dfrac{Q^2}{2\varepsilon_0 S}d$

(イ) (ア)で $d \to d + \Delta x$ のとき，$U \to U + \Delta U$ であるから

$$U + \Delta U = \dfrac{Q^2}{2\varepsilon_0 S}(d + \Delta x)$$

(ウ) (ア)・(イ)より

$$\Delta U = \dfrac{Q^2}{2\varepsilon_0 S}\Delta x$$

(エ) 外力がした仕事だけ U は変化するから

$$\Delta U = F_{外}\Delta x$$

(オ) (ウ)・(エ)より

$$F_{外}\Delta x = \dfrac{Q^2}{2\varepsilon_0 S}\Delta x$$

$$\therefore \quad F = |F_{外}| = \dfrac{Q^2}{2\varepsilon_0 S}$$

別解 この極板間引力の大きさ F は，次のように考えても求めることができる。

単独に，左側の極板が正電荷 Q を蓄えているときの電界は，極板から外向きで，それぞれ強さが $\dfrac{Q}{2\varepsilon_0 S}$ となるが，その電界の中へ右側の極板（電荷 $-Q$）を置くのであるから，引かれる力の大きさ F は

$$F = Q\dfrac{Q}{2\varepsilon_0 S} = \dfrac{Q^2}{2\varepsilon_0 S}$$

255

(ア) $U = \dfrac{1}{2}CV^2$

(イ) S を閉じたままであるから，C にかかる電圧 V は変化しない。よって

$$U' = \dfrac{1}{2}C'V^2$$

(ウ) $U' - U = \dfrac{1}{2}C'V^2 - \dfrac{1}{2}CV^2 = \dfrac{1}{2}(C' - C)V^2$

(エ) 極板の電荷は，$Q = CV$ から $Q' = C'V$ $(Q' < Q)$ になるから，極板から電池へ $Q - Q' = (C - C')V$ の電荷が移動したことになる。電池の電圧は V であるから，このために電池がされた仕事は

$$(Q - Q')V = (C - C')V^2$$

Point 電池のエネルギーは $(C - C')V^2$ 増加し，コンデンサーのエネルギーは $\dfrac{1}{2}(C - C')V^2$ 減少するから，極板間隔を広げるために外部から与えた仕事は

$$(C - C')V^2 - \dfrac{1}{2}(C - C')V^2$$

$$= \dfrac{1}{2}(C - C')V^2$$

となる。

256

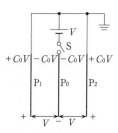

(1) P_1，P_2 に $+C_0 V$，P_0 の左右の極板に $-C_0 V$ の電荷が蓄えられるから，P_0 の電荷 Q_0 は

$$Q_0 = -C_0 V - C_0 V = -2C_0 V$$

(2) コンデンサーの容量は極板間隔に反比例するので

$$C_1(x) = \dfrac{d}{d+x}C_0, \quad C_2(x) = \dfrac{d}{d-x}C_0$$

(3) S を開いているので，極板 P_0 の電荷は不変であるから

$$Q_0(x) = Q_0 = -2C_0 V$$

このことと，P_0 を移動後の $P_0 P_1$ 間と $P_0 P_2$

間の電位差が等しいことから

$$\begin{cases} -Q_1(x) - Q_2(x) = -2C_0 V \\ \dfrac{Q_1(x)}{C_1(x)} = \dfrac{Q_2(x)}{C_2(x)} \end{cases}$$

$Q_2(x) = 2C_0 V - Q_1(x)$ より

$$C_2(x) Q_1(x) = C_1(x)\{2C_0 V - Q_1(x)\}$$

$$\{C_1(x) + C_2(x)\} Q_1(x) = 2C_0 V \cdot C_1(x)$$

$$\therefore \quad Q_1(x) = \frac{C_1(x)}{C_1(x) + C_2(x)} \cdot 2C_0 V$$

$$= \frac{\dfrac{d}{d+x}}{\dfrac{d}{d+x} + \dfrac{d}{d-x}} \cdot 2C_0 V$$

$$= \frac{d(d-x)}{d(d-x) + d(d+x)} \cdot 2C_0 V$$

$$= \frac{d(d-x)}{2d^2} \cdot 2C_0 V$$

$$= \frac{d-x}{d} C_0 V$$

$$Q_2(x) = 2C_0 V - \frac{d-x}{d} C_0 V$$

$$= \left(2 - \frac{d-x}{d}\right) C_0 V$$

$$= \frac{d+x}{d} C_0 V$$

(4) $C_1(x)$ と $C_2(x)$ はコンデンサーの並列接続とみなせるから，電気容量は $C_1(x) + C_2(x)$，電荷は $Q_1(x) + Q_2(x) = 2C_0 V$ である。よって，静電エネルギー $W(x)$ は

$$W(x) = \frac{(2C_0 V)^2}{2\{C_1(x) + C_2(x)\}}$$

$$= \frac{(2C_0 V)^2}{2\left(\dfrac{d}{d+x} + \dfrac{d}{d-x}\right) C_0}$$

$$= \frac{4C_0{}^2 V^2}{2 \cdot \dfrac{2d^2}{d^2 - x^2} C_0} = \left(1 - \frac{x^2}{d^2}\right) C_0 V^2$$

Point $W(x) = \dfrac{1}{2} \cdot \dfrac{\{Q_1(x)\}^2}{C_1(x)} + \dfrac{1}{2} \cdot \dfrac{\{Q_2(x)\}^2}{C_2(x)}$ から求めてもよい。

257

(1) C_2 に電荷がないから $\quad V_{AB} = 0$

(2)

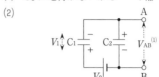

(1)の操作で C_1 の上の極板には CV_0 の電荷が蓄えられる。スイッチを右に接続したときに上図のようになり，このときの C_1 の電圧を V_1，AB 間の電圧を $V_{AB}{}^{(1)}$ とすると

$$V_1 + V_{AB}{}^{(1)} = V_0$$

また，C_1 と C_2 の上の極板に蓄えられる電荷の和は CV_0 であるから

$$-CV_1 + CV_{AB}{}^{(1)} = CV_0$$

$V_1 = V_0 - V_{AB}{}^{(1)}$ より

$$-C(V_0 - V_{AB}{}^{(1)}) + CV_{AB}{}^{(1)} = CV_0$$

$$2CV_{AB}{}^{(1)} = 2CV_0 \quad \therefore \quad V_{AB}{}^{(1)} = V_0$$

(3)

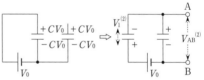

(2)の操作の後，C_2 の上の極板には CV_0 が蓄えられている。スイッチを左に接続すると C_1 の上の極板には CV_0 の電荷が蓄えられるから，(3)の終わった段階での C_1 の電圧を $V_1{}^{(2)}$，AB 間の電圧を $V_{AB}{}^{(2)}$ とすれば

$$\begin{cases} V_1{}^{(2)} + V_{AB}{}^{(2)} = V_0 \\ -CV_1{}^{(2)} + CV_{AB}{}^{(2)} = CV_0 + CV_0 \end{cases}$$

$V_1{}^{(2)}$ を消去して

$$V_{AB}{}^{(2)} = \frac{3}{2} V_0$$

(4) 同様にして，C_1 の電圧を $V_1{}^{(3)}$，AB 間の電圧を $V_{AB}{}^{(3)}$ として

$$\begin{cases} V_1{}^{(3)} + V_{AB}{}^{(3)} = V_0 \\ -CV_1{}^{(3)} + CV_{AB}{}^{(3)} = CV_0 + \dfrac{3}{2} CV_0 \end{cases}$$

$V_1^{(3)}$ を消去して

$$V_{AB}^{(3)} = \frac{7}{4} V_0$$

(5) n 回目にスイッチを右へ接続したときの C_1 の電圧を $V_1^{(n)}$, AB 間の電圧を $V_{AB}^{(n)}$, $n+1$ 回目に右に接続したときの C_1 の電圧を $V_1^{(n+1)}$, AB 間の電圧を $V_{AB}^{(n+1)}$ とすれば

$$\begin{cases} V_1^{(n+1)} + V_{AB}^{(n+1)} = V_0 \\ -CV_1^{(n+1)} + CV_{AB}^{(n+1)} = CV_0 + CV_{AB}^{(n)} \end{cases}$$

$V_1^{(n+1)}$ を消去して

$$V_{AB}^{(n+1)} = \frac{1}{2} V_{AB}^{(n)} + V_0 \quad \cdots\cdots ①$$

n が非常に大きくなったとき

$$V_{AB}^{(n+1)} \fallingdotseq V_{AB}^{(n)}$$

とみなせるから, ①より

$$V_{AB} = \frac{1}{2} V_{AB} + V_0 \qquad \therefore \quad V_{AB} = 2V_0$$

(別解) $\alpha = \frac{1}{2}\alpha + V_0 \quad \cdots\cdots ②$

を考えて, ①－②をつくると

$$V_{AB}^{(n+1)} - \alpha = \frac{1}{2}(V_{AB}^{(n)} - \alpha)$$

これは $\{V_{AB}^{(n)} - \alpha\}$ という数列が, 公比 $\frac{1}{2}$ の等比数列であることを示しているので

$$V_{AB}^{(n)} - \alpha = \left(\frac{1}{2}\right)^{n-1}(V_{AB}^{(1)} - \alpha)$$

$$\therefore \quad V_{AB}^{(n)} = \alpha + \left(\frac{1}{2}\right)^{n-1}(V_{AB}^{(1)} - \alpha)$$

②より $\alpha = 2V_0$, また $V_{AB}^{(1)} = V_0$ であるから

$$V_{AB}^{(n)} = 2V_0 + \left(\frac{1}{2}\right)^{n-1}(V_0 - 2V_0)$$

$$\therefore \quad V_{AB}^{(n)} = 2V_0 - \left(\frac{1}{2}\right)^{n-1} V_0$$

$n \to \infty$ のとき $\qquad V_{AB} = 2V_0$

258

(ア) $E_1 = \dfrac{q_1}{\varepsilon_0 \dfrac{S}{2}} = \dfrac{2q_1}{\varepsilon_0 S}$

(イ) $E_2 = \dfrac{q_2}{\varepsilon \dfrac{S}{2}} = \dfrac{2q_2}{\varepsilon S}$

(ウ)・(エ) $V = \dfrac{2q_1}{\varepsilon_0 S}d = \dfrac{2q_2}{\varepsilon S}d \quad \cdots\cdots ①$

(オ) ①より

$$\begin{cases} q_1 = \dfrac{S}{2d}\varepsilon_0 V \\ q_2 = \dfrac{S}{2d}\varepsilon V \end{cases}$$

②より

$$Q = q_1 + q_2 = (\varepsilon_0 + \varepsilon)\frac{S}{2d}V$$

(カ) 一方, $Q = CV$ であるから

$$C = (\varepsilon_0 + \varepsilon)\frac{S}{2d}$$

(キ) $C_1 = \dfrac{\varepsilon_0 \dfrac{S}{2}}{d} = \dfrac{\varepsilon_0 S}{2d}$

(ク) $C_2 = \dfrac{\varepsilon \dfrac{S}{2}}{d} = \dfrac{\varepsilon S}{2d}$

259

(1) コンデンサーのエネルギーの変化は

$$\frac{1}{2}(C' - C)V^2$$

電池は電荷の変化量 $(C' - C)V$ を電圧 V で運んだから, 電池がした仕事は

$$(C' - C)V^2$$

外力がした仕事は

$$F_{外}\Delta x$$

よって

$$\frac{1}{2}(C' - C)V^2 = (C' - C)V^2 + F_{外}\Delta x$$

これより

$$F_{外} = -\frac{1}{2}(C' - C)\frac{V^2}{\Delta x}$$

$C' > C$ だから

$$\begin{cases} 向き \quad : x\,の負の向き \\ 大きさ: \dfrac{1}{2}(C' - C)\dfrac{V^2}{\Delta x} \end{cases}$$

(2) 誘電体をゆっくり挿入するとき，$F_{外}$とFはつりあっているから

$$F + F_{外} = 0$$

$$\therefore \quad F = -F_{外} = \frac{1}{2}(C'-C)\frac{V^2}{\Delta x}$$

$$\begin{cases} \text{向き} \quad : x \text{の正の向き} \\ \text{大きさ} : \dfrac{1}{2}(C'-C)\dfrac{V^2}{\Delta x} \end{cases}$$

Point コンデンサーの極板と誘電体の表面には異符号の電荷が現れるので，誘電体は引力を受けることになる。よって，外力は誘電体を引き出す向きになる。

(3) (a) 誘電体を挿入した部分のコンデンサーと真空部分のコンデンサーの並列接続とみて

$$C = \frac{\varepsilon_r \varepsilon_0 lx}{d} + \frac{\varepsilon_0 l(l-x)}{d}$$

$$= \frac{\varepsilon_0 l}{d}(\varepsilon_r x + l - x)$$

$$= \frac{\varepsilon_0 l}{d}\{(\varepsilon_r - 1)x + l\}$$

(b) (a)で $x \to x + \Delta x$ として

$$C' = \frac{\varepsilon_0 l}{d}\{(\varepsilon_r - 1)(x + \Delta x) + l\} \text{ だから}$$

$$\Delta C = C' - C = \frac{\varepsilon_0 l}{d}(\varepsilon_r - 1)\Delta x$$

(c) (2)より

$$F = \frac{1}{2}(C'-C)\frac{V^2}{\Delta x} = \frac{1}{2}\Delta C \frac{V^2}{\Delta x}$$

$$= \frac{1}{2} \cdot \frac{\varepsilon_0 l}{d}(\varepsilon_r - 1)\Delta x \frac{V^2}{\Delta x}$$

$$= \frac{\varepsilon_0 l}{2d}(\varepsilon_r - 1)V^2 \quad (x \text{によらない})$$

260

(1) $E_0 = \dfrac{Q}{\varepsilon_0 S}$ 〔V/m〕

(2) $E_1 = \dfrac{Q}{\varepsilon S}$ 〔V/m〕

Point (2)は ε の定義とみてよい。比誘電率 ε_r の誘電体中の電界の強さは真空中の $\dfrac{1}{\varepsilon_r}$ 倍

である。

(3)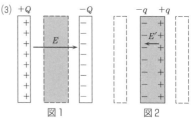

図1　　　　　図2

誘電体中の電界は，図1の極板電荷による電界 $E = \dfrac{Q}{\varepsilon_0 S}$（矢印の向き）と，図2の分極電荷による電界 $E' = \dfrac{q}{\varepsilon_0 S}$（矢印の向き）をベクトル合成したものであるから

$$E_1 = E - E' = \frac{Q-q}{\varepsilon_0 S} \text{〔V/m〕}$$

このとき，誘電体が存在する効果は分極電荷 $-q$, $+q$ によって表されているから，その他の点では極板間は真空として扱ってよい。

(4) (2)・(3)より

$$\frac{Q}{\varepsilon S} = \frac{Q-q}{\varepsilon_0 S} \quad \therefore \quad \varepsilon_r = \frac{\varepsilon}{\varepsilon_0} = \frac{Q}{Q-q}$$

SECTION 3 直流回路

✏️ **標準問題**

261

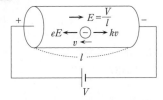

(ア) 導体内の電界は右向きで，大きさは

$$E=\frac{V}{l}$$

自由電子は電界から左向きの力 eE と右向きの抵抗力 kv がつりあって，終速度 v に落ち着くから

$$kv=eE=e\frac{V}{l} \qquad \therefore \quad v=\frac{eV}{kl}$$

(イ) 単位時間にある断面を通過する電子の個数は $n\cdot Sv$ であるから，電流の強さ I は

$$I=enSv$$

(ウ) (イ)の I の式に(ア)の v を代入して

$$I=enSv=enS\frac{eV}{kl}=\frac{e^2nSV}{kl}$$

(エ) $I=\dfrac{V}{R}$ より，(ウ)と比較して

$$R=\frac{kl}{e^2nS}$$

(オ) $R=\rho\dfrac{l}{S}$ より $\qquad \rho=\dfrac{k}{e^2n}$

(カ) 小さい (キ) 大きい

262

(1) (ア) BC 間の合成抵抗 R〔Ω〕は，並列接続の公式より

$$\frac{1}{R}=\frac{1}{2.0}+\frac{1}{3.0} \qquad \therefore \quad R=1.2\,\Omega$$

AC 間の合成抵抗は 3.8Ω と R との直列であるから

$$3.8+1.2=5.0\,\Omega$$

よって $\quad I=\dfrac{10}{5.0}=2.0\,\mathrm{A}$

(イ) キルヒホッフの第1法則より

$$I_1+I_2=2.0$$

BC 間の電圧降下が等しいから

$$2.0I_1=3.0I_2$$

よって

$$2.0I_1=3.0\times(2.0-I_1)$$

$$\therefore \quad I_1=\frac{3.0\times2.0}{2.0+3.0}=1.2\,\mathrm{A}$$

(ウ) $I_2=2.0-1.2=0.8\,\mathrm{A}$

(エ) $V_{AB}=3.8\times2.0=7.6\,\mathrm{V}$

(オ) $V_{BC}=2.0\times1.2=2.4\,\mathrm{V}$

(2) K を閉じると，B 点の電位は 0 V となるから，各点の電位が定まる（接地しないときは電位差しか定まらない）。B 点の電位が 0 V であるから，A 点の電位は B 点より V_{AB} 高い。C 点の電位は B 点より V_{BC} 低い。

(カ) $V_A=7.6\,\mathrm{V}$

(キ) $V_B=0\,\mathrm{V}$

(ク) $V_C=-2.4\,\mathrm{V}$

263

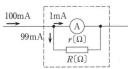

もとのメーターと並列に R〔Ω〕の抵抗をつなぎ，r に 1mA，R に 99mA の電流が流れるようにすればよい。

r と R の電圧降下が等しいから

$$1\times10^{-3}r=99\times10^{-3}R$$

$$\therefore \quad R=\frac{1}{99}r\,〔\Omega〕$$

よって，$\dfrac{1}{99}r$〔Ω〕の抵抗をもとの電流計と並列につなげばよい（これを分流器という）。

力学

熱力学

波動

電磁気

原子

264

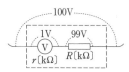

もとのメーターと直列に R〔kΩ〕の抵抗をつなぎ，r に $1\,\mathrm{V}$，R に $99\,\mathrm{V}$ の電圧がかかるようにすればよい。r と R に流れる電流は等しいから

$$\frac{1}{r}=\frac{99}{R} \qquad \therefore \quad R=99r\,〔\mathrm{k}\Omega〕$$

よって，$99r$〔kΩ〕の抵抗をもとの電圧計と直列につなげばよい（これを倍率器という）。

265

(1)

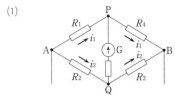

G に電流が流れないから，APB を流れる電流を i_1，AQB を流れる電流を i_2 とする。
PQ 間の電位差は 0 であるから

$$\begin{cases} i_1R_1=i_2R_2 \\ i_1R_4=i_2R_3 \end{cases} \qquad \therefore \quad R_4=\frac{R_1R_3}{R_2}$$

(2) 変化しない。
理由：P，Q の A 点からの電圧降下は，AB 間の電圧降下をそれぞれ抵抗の比に内分した値となるので，AB 間の電圧が変化しても内分点の PQ 間の電圧は 0 のままである。
(3) P → Q（R_3 に流れる電流が増す）

266

(1) 抵抗線の AQ 間の抵抗を R_3，QB 間の抵抗を R_4，抵抗率を ρ，断面積を S とすれば，ホイートストンブリッジを形成しているから

$$\frac{R_1}{R_3}=\frac{R_2}{R_4}$$

$$\therefore \quad R_2=\frac{R_4}{R_3}R_1=\frac{\rho\dfrac{l_4}{S}}{\rho\dfrac{l_3}{S}}R_1=\frac{l_4}{l_3}R_1$$

(2) 未知抵抗の大体の値を電圧降下法などで測定し，その値に近い値の標準抵抗を選べばよい。

267

(ア) キルヒホッフの第 2
(イ) 図 2 の直線で $i=0$ のとき，$V=E$ であるから

$$E=1.6\,\mathrm{V}$$

(ウ) 直線の傾きが $-r$ であるから

$$r=\frac{1.6-1.2}{0.8}=0.5\,\Omega$$

268

(1) AP_0 間および AP 間の抵抗を R_0〔Ω〕および R〔Ω〕とする。
G に流れる電流は 0 であるから，AB 間を流れる電流はいずれの場合も同じである。これを I〔A〕とする。

$$\begin{cases} E_0=R_0I \\ E=RI \end{cases} \qquad \frac{E_0}{E}=\frac{R_0}{R}$$

ここで，AB 間の抵抗は長さに比例するから

$$\frac{R_0}{R}=\frac{l_0}{l}$$

$$\therefore \quad E=E_0\frac{l}{l_0}\,〔\mathrm{V}〕$$

Point この実験では，はじめの AB 間の電圧が，E と E_0 の両方の値より大きくなるように調整しておくことが必要である。
(2) 電池 E に電流が流れていないときは，P は C より E〔V〕電位が高く，それはまた PC 間の抵抗が $\dfrac{30}{100}\times5\,\Omega$，電流が $1\,\mathrm{A}$ であるから，$\dfrac{30}{100}\times5\times1=\dfrac{3}{2}\,\mathrm{V}$ に等しいので

$$E=\frac{3}{2}=1.5\,\mathrm{V}$$

(3) S_1, S_2をともに閉じたとき，Gの電流は0であるから，R_2を流れる電流を右向きにi〔A〕とすれば

$(29.5+r)i=1.5$

また，PC間の電圧降下はR_2の電圧降下と等しいから

$$\frac{29.5}{100}\times 5\times 1=29.5i$$

これらより　　$i=0.05\,\text{A}$

$$29.5+r=\frac{1.5}{i}=\frac{1.5}{0.05}=30$$

∴　$r=0.5\,\Omega$

269

(1) E，R_1，R_2が直列であるから，電流Iは

$$I=\frac{12}{0.5+2.0+3.5}=2.0\,\text{A}$$

(2) 各点の電位をV_A，V_B，V_C，V_Dとすると，Bの電位が0Vであるから

$V_A=2.0\times 2.0=4.0\,\text{V}$

$V_B=0\,\text{V}$

$V_C=-3.5\times 2.0=-7.0\,\text{V}$

Dの電位はCと等しいから

$V_D=-7.0\,\text{V}$

(3) 電池の端子電圧をV_{AD}とする。内部抵抗による電圧降下は$0.5\times 2.0=1.0\,\text{V}$であるから

$V_{AD}=12-1.0=11\,\text{V}$

(4) 電流が流れていないので，A，B，Cは等電位であるから

$V_A=V_B=V_C=0\,\text{V}$

DはAより12V低いから

$V_D=-12\,\text{V}$

270

反時計まわりの電流をi〔A〕とすると，キルヒホッフの第2法則より

$6.0-4.0=(1.5+0.5)i$

∴　$i=1.0\,\text{A}$

PQ間の電位差をV_{PQ}〔V〕とすると，V_{PQ}は

E_1より内部抵抗による電圧降下だけ下がるから

$V_{PQ}=6.0-0.5\times 1.0=5.5\,\text{V}$

別解　$V_{PQ}=4.0+1.5\times 1.0=5.5\,\text{V}$

としてもよい。

271

(1) 大きい

PQ間に内部抵抗r_V〔kΩ〕の電圧計をつなぐと，PQ間の合成抵抗は

$$\frac{R_1 r_V}{R_1+r_V}=\frac{10r_V}{10+r_V}\,\text{〔kΩ〕}$$

となるので，電圧計の示度は

$$V=\frac{\dfrac{10r_V}{10+r_V}}{\dfrac{10r_V}{10+r_V}+10}E \quad (E：電池の起電力)$$

$$=\frac{r_V}{2r_V+10}E=\frac{1}{2+\dfrac{10}{r_V}}E$$

よって，r_Vがしだいに大きくなると，Vは単調に増加し，$r_V\to\infty$ で $V\to\dfrac{E}{2}$ になる。

(2) (1)より，電圧計をつないだときの電圧の変化は$\dfrac{E}{2}-V$であるから，変動率は

$$\frac{\dfrac{E}{2}-V}{\dfrac{E}{2}}=\frac{\dfrac{E}{2}-\dfrac{r_V}{2r_V+10}E}{\dfrac{E}{2}}\leq 0.05$$

よって

$$E-\frac{2r_V}{2r_V+10}E\leq 0.05E$$

$$\frac{2r_V}{2r_V+10}\geq 0.95$$

$2r_V\geq 1.9r_V+9.5$

$0.1r_V\geq 9.5$　　∴　$r_V\geq 95\,\text{kΩ}$

272

(1) 対称性から，各辺に流れる電流をIで表すと，次図のようになる。

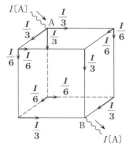

(2) A から B への 1 つの経路の電圧降下の和は 50 V であるから

$$5 \times \frac{I}{3} + 5 \times \frac{I}{6} + 5 \times \frac{I}{3} = 50$$

$$\frac{25}{6} I = 50$$

$$\therefore \quad I = 12\,\mathrm{A}$$

(3) AB 間の全抵抗は

$$\frac{50}{12} = 4.16 \fallingdotseq 4.2\,\Omega$$

273

(1) C_1, C_2 には電流は流れないので，回路を時計まわりに流れる電流の強さを $i\,[\mathrm{A}]$ とすると，キルヒホッフの第 2 法則より

$$(1+1+6+1)i = 9+9-9$$

$$\therefore \quad i = 1\,\mathrm{A}$$

(2) AB 間の電位差を $V_{\mathrm{AB}}\,[\mathrm{V}]$ とすると，E_1 に流れる電流は右向きに 1 A であるから

```
      +  -      1A
A ●────┤├──────□────● B
      9V        1Ω
```

$$V_{\mathrm{AB}} = 9 + 1 \times 1$$

$$= 10\,\mathrm{V}$$

別解　E_2, E_3 を流れる電流は左向きに 1 A であるから

$$V_{\mathrm{AB}} = 9 + 9 - (6+1+1) \times 1 = 10\,\mathrm{V}$$

(3) C_1, C_2 の電荷は等しいから，求める電荷を $Q\,[\mu\mathrm{C}]$ とする。C_1 と C_2 の電圧の和は V_{AB} であるから

$$\frac{Q}{2} + \frac{Q}{3} = 10 \qquad \frac{5}{6} Q = 10$$

$$\therefore \quad Q = 12\,\mu\mathrm{C}$$

274

(ア) 抵抗体中の電界の強さは $E = \dfrac{V}{l}\,[\mathrm{V/m}]$ であるから

$$f = eE = e\frac{V}{l}\,[\mathrm{N}]$$

(イ) 1 s 間に $v\,[\mathrm{m}]$ 動くから

$$p = fv = e\frac{V}{l}v\,[\mathrm{W}]$$

(ウ) 体積は Sl であるから

$$N = nSl\ \text{個}$$

(エ) (イ)・(ウ)より

$$P = Np = nSle\frac{V}{l}v = enSvV\,[\mathrm{W}]$$

(オ) 電流は 1 s 間にある断面を通過する電気量である。1 s 間に体積 Sv 中の電子 nSv 個が通過するから

$$I = enSv\,[\mathrm{A}]$$

(カ) (エ)・(オ)より　　　$P = IV\,[\mathrm{W}]$

275

抵抗で $t\,[\mathrm{s}]$ 間に発生する熱量 $Q\,[\mathrm{J}]$ は，抵抗値 $R\,[\Omega]$，電流 $I\,[\mathrm{A}]$，電圧 $V\,[\mathrm{V}]$ のとき，$Q = IVt = I^2 Rt = \dfrac{V^2}{R} t\,[\mathrm{J}]$ である。

(1) 直列につなぐときは，電流 I が共通であるから，発生する熱量を比較するには $I^2 Rt$ を考えて比較する。

$$\frac{Q_1}{Q_2} = \frac{I^2 R_1 t}{I^2 R_2 t} = \frac{R_1}{R_2}$$

(2) 並列につなぐときは，抵抗の両端の電圧 V が共通であるから，$\dfrac{V^2}{R} t$ を考えて比較する。

$$\frac{Q_1}{Q_2} = \frac{\dfrac{V^2}{R_1} t}{\dfrac{V^2}{R_2} t} = \frac{R_2}{R_1}$$

276

R と r が直列であるから，電流は

$$I = \frac{E}{R+r}$$

R での消費電力 P は

$$P = I^2 R = \left(\frac{E}{R+r}\right)^2 R = \frac{E^2 R}{(R+r)^2}$$

$$= \frac{E^2 R}{R^2 + 2Rr + r^2} = \frac{E^2}{R + 2r + \frac{r^2}{R}}$$

$$= \frac{E^2}{\left(\sqrt{R} - \frac{r}{\sqrt{R}}\right)^2 + 4r}$$

よって，分母の $\sqrt{R} - \dfrac{r}{\sqrt{R}} = 0$ のとき，つま
り $R = r$ のとき，P が最大となる。
したがって $R = r$

このとき $P_{\max} = \dfrac{E^2}{4r}$

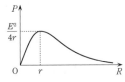

別解 相加平均 ≧ 相乗平均 より

$$R + \frac{r^2}{R} \geq 2\sqrt{R \cdot \frac{r^2}{R}} = 2r$$

等号成立は $R = \dfrac{r^2}{R}$, すなわち $R = r$ のときで，
P の最大値は

$$P_{\max} = \frac{E^2}{2r + 2r} = \frac{E^2}{4r}$$

Point r は内部抵抗であるが，可変抵抗 R
に対して直列に入っている固定抵抗と解釈す
ることができる。

277

(1) はじめ C_1 の左側の極板は右側の極板よ
り $\dfrac{200}{2} = 100\,\mathrm{V}$ だけ電位が高い。K を閉じた
直後には電流は流れるが，Δt が十分小さいの
で，$I_0 \Delta t$ は限りなく 0 に近い。つまり，
各コンデンサーの電荷は前のままとみてよい
ので，AB 間の電位差を V_{AB} とすると

$V_{AB} = 100\,\mathrm{V}$

(2) R に電流が流れなくなるので
$V_{AB} = 0\,\mathrm{V}$

(3) $V_{AD} = V_{BE} = V$ とおくと，C_1, C_2 の左側
の極板の電気量の和が保存するから

$2V + 3V = 200 + 0$ ∴ $V = 40\,\mathrm{V}$

C_2 の左側の極板の電荷は，はじめ 0 であっ
たのが，$3 \times 40 = 120\,\mu\mathrm{C}$ に変わったので，R
を通って A → B へ移動した電気量は

$120\,\mu\mathrm{C}$

(4) R での発熱量は，コンデンサーのエネル
ギーの減少に等しい。

$$\left(\frac{1}{2} \times 2 \times 10^{-6} \times 100^2 + 0\right) - \frac{1}{2}(2+3) \times 10^{-6} \times 40^2$$

$$= 1 \times 10^{-2} - 4 \times 10^{-3}$$

$$= 6 \times 10^{-3}\,\mathrm{J}$$

278

(1)

R に流れる電流は I であるから，キルヒホッ
フの第 2 法則より

$50I + V = 100$

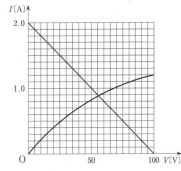

この式は，図 1 の L のところに別の可変抵
抗を入れて，その抵抗値を変えるとき，V
と I は必ず $50I + V = 100$ の直線上にくるこ
とを意味している。

(2) 可変抵抗の代わりに，図2のV-Iを満たすLを置くのであるから，図2に(1)の直線のグラフを重ねて，その交点より

$$V=56\,V, \quad I=0.88\,A$$

Point 電球のように，IとVが比例しない抵抗を非オーム抵抗という。

279

(1)

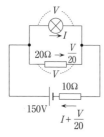

Rにかかる電圧はVであるから，Rには$\dfrac{V}{20}$〔A〕の電流が流れる。よって，電池の内部抵抗には$I+\dfrac{V}{20}$〔A〕の電流が流れる。キルヒホッフの第2法則より

$$V+10\left(I+\dfrac{V}{20}\right)=150$$

$$\therefore \quad I=15-\dfrac{3}{20}V$$

(2)

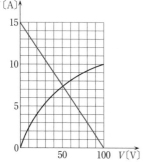

(3) 上図より，交点を読み取る。

$$V=51\,V, \quad I=7.4\,A$$

280

(1) Kを閉じた直後には，コンデンサーに

は電流は流れ込むが，蓄えられている電気量は限りなく0に近いので，PQ間の電圧は0となる。よって，$I_2=0$となり

$$I_1=I_3=\dfrac{E}{R_1}$$

$$\therefore \quad I_1=\dfrac{E}{R_1}, \quad I_2=0, \quad I_3=\dfrac{E}{R_1}$$

(2) 十分時間がたった後は，コンデンサーには電流が流れないので

$$I_1=I_2=\dfrac{E}{R_1+R_2}, \quad I_3=0$$

281

(1) (ア) E〔V〕

$E \leqq V$のとき，ダイオードに電圧がかかっていても電流が流れないので，ダイオードの抵抗は無限大，つまりその点で回路が切れているとみてよい。

(2) (イ) $E>V$のとき，iとvとの関係は

図1より $\quad i=\dfrac{1}{r}(v-V)$

図2より $\quad Ri+v=E$

両式より，iを消去して

$$R\cdot\dfrac{1}{r}(v-V)+v=E$$

$$(R+r)v=Er+VR$$

$$\therefore \quad v=\dfrac{Er+VR}{R+r}\,\text{〔V〕}$$

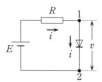

(ウ) (イ)より

$$i=\dfrac{1}{r}(v-V)=\dfrac{1}{r}\left(\dfrac{Er+VR}{R+r}-V\right)$$

$$=\dfrac{E-V}{R+r}$$

よって，電力Pは

$$P=iv=\dfrac{(Er+VR)(E-V)}{(R+r)^2}\,\text{〔W〕}$$

108 〔解答 279－281〕

💡 **発展問題**

282

(ア) 1s 間に $n \cdot S\bar{v}$ 個の電子が金属中のある断面を通過するから

$$I = e \times nS\bar{v} = enS\bar{v} \text{〔A〕}$$

(イ) 電界の強さ E は $\quad E = \dfrac{V}{l} \text{〔V/m〕}$

(ウ) $eE = \dfrac{eV}{l} \text{〔N〕}$

(1) (エ) 電子の加速度の大きさを $a \text{〔m/s}^2\text{〕}$ とすると，運動方程式より

$$ma = \frac{eV}{l} \quad \therefore \quad a = \frac{eV}{ml}$$

$d \text{〔m〕}$ 進むのに $t \text{〔s〕}$ かかったとすると

$$d = \frac{1}{2}at^2$$

$$\therefore \quad t = \sqrt{\frac{2d}{a}} = \sqrt{\frac{2mld}{eV}} \text{〔s〕}$$

(オ) $t \text{〔s〕}$ 後の速さは

$$at = \sqrt{2ad} = \sqrt{\frac{2edV}{ml}}$$

よって，平均の速さ $\bar{v} \text{〔m/s〕}$ は

$$\bar{v} = \frac{1}{2}at = \sqrt{\frac{edV}{2ml}} \text{〔m/s〕}$$

(カ) $I = enS\bar{v} = enS\sqrt{\dfrac{edV}{2ml}}$

となるから，V の $\dfrac{1}{2}$ 乗に比例する。

(2) (キ) $T \text{〔s〕}$ 後の速さは

$$aT = \frac{eTV}{ml}$$

よって，平均の速さ $\bar{v} \text{〔m/s〕}$ は

$$\bar{v} = \frac{1}{2}aT = \frac{eTV}{2ml} \text{〔m/s〕}$$

(ク) $I = enS\bar{v} = \dfrac{e^2 nST}{2ml} V \text{〔A〕}$

283

(1) (ア) 抵抗 X と電圧計に同じ $V_1 \text{〔V〕}$ がか

かるから，抵抗 X に流れる電流は $\dfrac{V_1}{X} \text{〔A〕}$，

電圧計に流れる電流は $\dfrac{V_1}{r_V} \text{〔A〕}$ である。

よって $\quad I_1 = \dfrac{V_1}{X} + \dfrac{V_1}{r_V} = \left(\dfrac{1}{X} + \dfrac{1}{r_V}\right) V_1$

(イ) $\dfrac{V_1}{I_1} = \dfrac{1}{\dfrac{1}{X} + \dfrac{1}{r_V}} = \dfrac{Xr_V}{X + r_V}$

(2) (ウ) 抵抗 X と電流計には同じ $I_2 \text{〔A〕}$ の電流が流れるから，電流計の両端の電圧は $r_A I_2 \text{〔V〕}$，抵抗 X の両端の電圧は $XI_2 \text{〔V〕}$ である。

よって $\quad V_2 = (r_A + X) I_2$

(エ) $\dfrac{V_2}{I_2} = X + r_A$

(3) (オ) $\varepsilon_1 = \dfrac{\left| \dfrac{Xr_V}{X + r_V} - X \right|}{X}$

$$= \frac{X}{X + r_V} \left(= \frac{1}{1 + \dfrac{r_V}{X}} \right)$$

(カ) $\varepsilon_2 = \dfrac{(X + r_A) - X}{X} = \dfrac{r_A}{X}$

(キ) (オ)より，r_V が大きいほど ε_1 は小さい。

(ク) (カ)より，r_A が小さいほど ε_2 は小さい。

284

(1) 図 1 では

$$R_{AP} : R_{PB} = 2 : 3$$
$$R_{AQ} : R_{QB} = 6 : 9 = 2 : 3$$

であるから，ホイートストンブリッジを構成している。よって，PQ 間の電位差は 0 である。電位差がない 2 点間に 10 kΩ の抵抗を入れても入れないのと同じであるから，合成抵抗を $R \text{〔kΩ〕}$ として

$$\frac{1}{R} = \frac{1}{2+3} + \frac{1}{6+9} = \frac{1}{5} + \frac{1}{15} = \frac{4}{15}$$

$$\therefore \quad R = \frac{15}{4} = 3.75 ≒ 3.8 \text{kΩ}$$

(2)

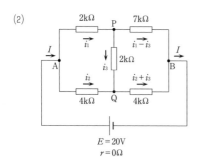

$E=20\text{V}$
$r=0\,\Omega$

キルヒホッフの第1法則より，PB間の $7\,\text{k}\Omega$ の抵抗を流れる電流は右向きに i_1-i_3，QB間の $4\,\text{k}\Omega$ の抵抗を流れる電流は右向きに i_2+i_3 とおける。

キルヒホッフの第1法則より
$$I=i_1+i_2 \quad \cdots\cdots ①$$
キルヒホッフの第2法則より，A → P → B → 電池 → A と1周して
$$2i_1+7\,(i_1-i_3)=20 \quad \cdots\cdots ②$$
$V_{\text{APQ}}=V_{\text{AQ}}$ より
$$2i_1+2i_3=4i_2 \quad \cdots\cdots ③$$
$V_{\text{PB}}=V_{\text{PQB}}$ より
$$7\,(i_1-i_3)=2i_3+4\,(i_2+i_3) \quad \cdots\cdots ④$$

(3) ②より $\quad 9i_1-7i_3=20 \quad \cdots\cdots ⑤$
③より $\quad i_1+i_3=2i_2$
$$\therefore \quad i_3=2i_2-i_1 \quad \cdots\cdots ⑥$$
④より $\quad 7i_1-4i_2=13i_3 \quad \cdots\cdots ⑦$
⑤，⑥より，i_3 を消去して
$$9i_1-7\,(2i_2-i_1)=20$$
$$16i_1-14i_2=20$$
$$\therefore \quad 8i_1-7i_2=10 \quad \cdots\cdots ⑧$$
⑥，⑦より，i_3 を消去して
$$7i_1-4i_2=13\,(2i_2-i_1)$$
$$20i_1=30i_2$$
$$\therefore \quad i_2=\frac{2}{3}i_1 \quad \cdots\cdots ⑨$$
⑧，⑨より，i_2 を消去して
$$8i_1-\frac{14}{3}i_1=10 \qquad \frac{10}{3}i_1=10$$
$$\therefore \quad i_1=3.0\,\text{mA}$$
⑨より $\quad i_2=\dfrac{2}{3}\times 3.0=2.0\,\text{mA}$

⑥より $\quad i_3=2\times 2.0-3.0=1.0\,\text{mA}$
①より $\quad I=3+2=5\,\text{mA}$

(4) $R_{\text{AB}}=\dfrac{V_{\text{AB}}}{I}=\dfrac{20}{5}=4\,\text{k}\Omega$

285

(1) (a) (ア)―⑥
AB間は R_1 と R_2 が直列で，それと R_3 が並列であるから
$$\frac{1}{R_{\text{AB}}}=\frac{1}{R_3}+\frac{1}{R_1+R_2}$$
$$=\frac{R_1+R_2+R_3}{R_3\,(R_1+R_2)}$$
$$\therefore \quad R_{\text{AB}}=\frac{R_3\,(R_1+R_2)}{R_1+R_2+R_3}$$
(イ)―④ (ウ)―⑤
同様にして
$$R_{\text{BC}}=\frac{R_1\,(R_2+R_3)}{R_1+R_2+R_3}, \quad R_{\text{CA}}=\frac{R_2\,(R_3+R_1)}{R_1+R_2+R_3}$$
(b) (エ)―② (オ)―③ (カ)―①
AB間は R_a と R_b が直列であるから
$$R_{\text{AB}}=R_a+R_b$$
同様にして
$$R_{\text{BC}}=R_b+R_c$$
$$R_{\text{CA}}=R_c+R_a$$
3式の辺々を加えて(a)の結果を用いると
$$2\,(R_a+R_b+R_c)=R_{\text{AB}}+R_{\text{BC}}+R_{\text{CA}}$$
$$=\frac{2\,(R_1R_2+R_2R_3+R_3R_1)}{R_1+R_2+R_3}$$
$$\therefore \quad R_a+R_b+R_c=\frac{R_1R_2+R_2R_3+R_3R_1}{R_1+R_2+R_3}$$
よって
$$R_a=\frac{R_1R_2+R_2R_3+R_3R_1}{R_1+R_2+R_3}-(R_b+R_c)$$
$$=\frac{R_1R_2+R_2R_3+R_3R_1}{R_1+R_2+R_3}-\frac{R_1\,(R_2+R_3)}{R_1+R_2+R_3}$$
$$=\frac{R_2R_3}{R_1+R_2+R_3}$$
同様にして
$$R_b=\frac{R_3R_1}{R_1+R_2+R_3}, \quad R_c=\frac{R_1R_2}{R_1+R_2+R_3}$$
(2) (キ) $R_1=R_2=R_3=3\,\Omega$ のとき

$$R_a = R_b = R_c = \frac{3 \times 3}{3+3+3} = 1\,\Omega$$

となるから，問題の図の ABC の部分を置き換えると，次図のようになる。

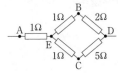

AD 間の合成抵抗を $R\,[\Omega]$ とすると，図の ED 間の合成抵抗 $R'\,[\Omega]$ は

$$\frac{1}{R'} = \frac{1}{3} + \frac{1}{6} = \frac{1}{2} \quad \therefore \quad R' = 2\,\Omega$$

よって　　$R = 1 + R' = 3\,\Omega$

(ウ)　AD 間に流れる電流 $I\,[A]$ は

$$I = \frac{9}{3} = 3\,A$$

図の EBD 間は $3\,\Omega$，ECD 間は $6\,\Omega$ であるから，BD 間に流れる電流 $I_{BD}\,[A]$ は

$$I_{BD} = I \times \frac{6}{3+6} = 2\,A$$

Point　このような変換を Δ-Y（デルタ-ワイ）変換といい，ブリッジ接続を直列，並列の接続に直すことができる。

286

(1)　コンデンサー C_1，C_2 に電流は流れず，抵抗 R_1，R_2 と電池は直列接続であるから，電流を $i\,[A]$ とすると

$$(15 + 35 + 10)i = 120 \quad \therefore \quad i = 2\,A$$

(2)　接地してあるから，P の電位 V_P は R_2 での電圧降下の分だけ高くなっているので

$$V_P = 35 \times 2 = 70\,V$$

Q の電位 V_Q は C_2 の極板間電圧に等しいので，コンデンサー C_1，C_2 は直列接続であるから，かかる電圧は電気容量に反比例する。
R_1，R_2 による電圧降下の和は

$$(15 + 35) \times 2 = 100\,V$$

よって

$$V_Q = \frac{2}{2+3} \times 100 = 40\,V$$

(3)　K を閉じると，C_1 には R_1 の電圧降下 $15 \times 2 = 30\,V$ がかかるので，C_1 に蓄えられる電気量 q_1 は

$$q_1 = 2 \times 30 = 60\,\mu C$$

C_2 には R_2 の電圧降下 $35 \times 2 = 70\,V$ がかかるので，C_2 に蓄えられる電気量 q_2 は

$$q_2 = 3 \times 70 = 210\,\mu C$$

(4)　C_1 の負極と C_2 の正極に蓄えられた電気量の和は

$$-60 + 210 = 150\,\mu C$$

はじめ 0 であったので，K を通って P → Q の向きに $150\,\mu C$ 移動する。

(5)　K を開いても，C_1，C_2 全体にかかる電圧に変化はなく，また，C_1 の負極と C_2 の正極の電気量の和も不変であるから，C_1，C_2 それぞれの電位差は開く前と同じである。

$$C_1 \cdots 15 \times 2 = 30\,V$$
$$C_2 \cdots 35 \times 2 = 70\,V$$

別解　K を開いた後の C_1，C_2 の電圧を V_1，V_2 とすると

$$V_1 + V_2 = 100$$

C_1 と C_2 の Q 側の電気量は保存するから

$$-2V_1 + 3V_2 = 150$$

$$V_1 = 100 - \left(\frac{2}{3} V_1 + 50 \right) \quad \frac{5}{3} V_1 = 50$$

$$\therefore \quad V_1 = 30\,V, \quad V_2 = 70\,V$$

287

(1)　図 1 (a)のように，D に順方向に流れる電流を I，E_1，E_2 に流れる電流を I_1，I_2 とする。D での電圧降下は 0 であるから

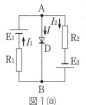

図 1 (a)

$$\begin{cases} I_1 = I + I_2 \\ R_1 I_1 = E_1 \\ R_2 I_2 = E_2 \end{cases}$$

$$\therefore \quad I = I_1 - I_2 = \frac{E_1}{R_1} - \frac{E_2}{R_2}$$

D に電流が流れるためには　　$I > 0$

$$\therefore \quad \frac{E_1}{R_1} > \frac{E_2}{R_2} \quad \cdots\cdots ①$$

(2) $R_2 I_2 = E_2$ $\therefore$ $I_2 = \dfrac{E_2}{R_2}$

(3) D に電流が流れない
ときの回路は図1(b)のよ
うになるので，R_2 を流
れる電流 I_2 は

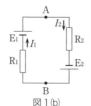

図1(b)

$$I_2 = \frac{E_1 + E_2}{R_1 + R_2}$$

(4) ①より

$$\frac{16}{4} > \frac{E_2}{1} \quad \therefore \quad E_2 < 4$$

よって，$E_2 < 4\,\mathrm{V}$ のとき，D に電流が流れ，
そのとき R_2 を流れる電流 I_2 は，(2)より

$$I_2 = \frac{E_2}{R_2} = \frac{E_2}{1} = E_2$$

$E_2 > 4\,\mathrm{V}$ のとき，D に電流は流れず，そのと
き R_2 を流れる電流 I_2 は，(3)より

$$I_2 = \frac{E_1 + E_2}{R_1 + R_2} = \frac{16 + E_2}{4 + 1} = \frac{16 + E_2}{5}$$

よって，$0 \leqq E_2 \leqq 10$ では I_2 は図2のように
なる。

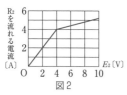

図2

🏠 **標準問題**

288

(ア) 右 (イ) $H \times 2\pi r = I$ (ウ) $H = \dfrac{I}{2\pi r}$

289

(1) 地磁気の水平分力を H_0
〔A/m〕として，磁針のN極
は磁界 H の向きに力を受け
る。電流 I のつくる磁界 H
は東向きであるから，右ねじ
の法則より，流れる向きは北
から南である。

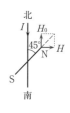

(2) 平行移動後の電流による
磁界を H_1〔A/m〕とすれば

$$\frac{H_1}{H_0} = \tan 30° = \frac{1}{\sqrt{3}}$$

$$= \frac{\sqrt{3}}{3} = \frac{1.73}{3}$$

$$\doteqdot 0.58 倍$$

(3) 求める距離を x〔cm〕，電流の強さを I
〔A〕，はじめの電流による磁界を H〔A/m〕
とすれば

$$\begin{cases} \dfrac{H}{H_0} = \tan 45° = 1 \\[2mm] \dfrac{H_1}{H_0} = \dfrac{1}{\sqrt{3}} \end{cases}$$

より $\quad \dfrac{H_1}{H} = \dfrac{1}{\sqrt{3}} \quad \cdots\cdots ①$

一方，直線電流 I が r 離れた位置につくる磁
界の大きさは $H = \dfrac{I}{2\pi r}$ であるから

$$\frac{H_1}{H} = \frac{\dfrac{I}{2\pi(20 + x) \times 10^{-2}}}{\dfrac{I}{2\pi \times 20 \times 10^{-2}}}$$

$$= \frac{20}{20+x} \quad \cdots\cdots ②$$

①，②より

$$\frac{1}{\sqrt{3}} = \frac{20}{20+x}$$

$$20+x = 20\sqrt{3}$$

$$\therefore \quad x = 20(\sqrt{3}-1) \fallingdotseq 20 \times 0.73$$

$$= 14.6\,\mathrm{cm}$$

290

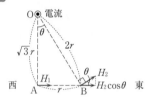

∠AOB を θ とおくと

$$\tan\theta = \frac{r}{\sqrt{3}\,r} = \frac{1}{\sqrt{3}}$$

$0° < \theta < 90°$ より $\quad \theta = 30°$

よって $\quad$ OB $= 2r\,\mathrm{[m]}$

はじめの電流を $I_1\mathrm{[A]}$，後の電流を $I_2\mathrm{[A]}$ とし，$I_1\mathrm{[A]}$ による A 点の磁界の強さを H_1 $\mathrm{[A/m]}$，$I_2\mathrm{[A]}$ による B 点の磁界の強さを $H_2\mathrm{[A/m]}$ とすれば

$$H_1 = \frac{I_1}{2\pi\sqrt{3}\,r} \quad \cdots\cdots ①$$

$$H_2 = \frac{I_2}{2\pi \cdot 2r} \quad \cdots\cdots ②$$

B 点で，前と同じだけ振れるためには，磁界の東向きの成分が同じであればよいから

$$H_2\cos 30° = H_1 \quad \cdots\cdots ③$$

①，②より $\quad \dfrac{H_2}{H_1} = \dfrac{\sqrt{3}\,I_2}{2I_1}$

③より $\quad \dfrac{H_2}{H_1} = \dfrac{2}{\sqrt{3}}$

よって $\quad \dfrac{\sqrt{3}\,I_2}{2I_1} = \dfrac{2}{\sqrt{3}}$

$$\therefore \quad \frac{I_2}{I_1} = \frac{4}{3} \text{ 倍}$$

291

(1) 右ねじの法則より，I_1 が Q の位置につくる磁界 H_1 の向きは次図。磁界の強さは

$$H_1 = \frac{I_1}{2\pi r}\,\mathrm{[A/m]}$$

(2) I_2 が H_1 から受ける力 F_2 の向きは次図。力の大きさは

$$F_2 = \mu_0 I_2 H_1 l = \mu_0 I_2 \cdot \frac{I_1}{2\pi r} l$$

$$= \frac{\mu_0 I_1 I_2}{2\pi r} l\,\mathrm{[N]}$$

(3) 力 F_1 の向きは次図。力の大きさは

$$F_1 = \mu_0 I_1 \cdot \frac{I_2}{2\pi r} l$$

$$= \frac{\mu_0 I_1 I_2}{2\pi r} l\,\mathrm{[N]}$$

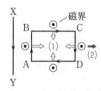

Point $\quad F_1$ と F_2 は作用反作用の関係にあるから，同じ大きさで向きが逆である。

292

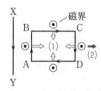

(1) XY の電流によってコイルの位置には紙面に垂直で裏から表向きの磁界を生じる。したがって，AB，BC，CD，DA にはフレミングの左手の法則により，図の⇨印の向きに力がはたらく。

(2) BC と DA の受ける力はつりあうが，磁界は XY から遠ざかるにつれて弱くなるので，AB が受ける力のほうが CD より大きい。よって，コイル全体としては図の➡印の力を受ける。

(1) CD が磁界 H より受ける
力 F の向きは水平方向で，θ が
増す向きより，右ねじの法則か
ら電流 I は D→C に流れてい
る。よって，電池の向きは次図。

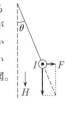

(2) 重心 G が CD から x [m] の距離にある
として，G を軸として力のモーメントのつり
あいを考えて

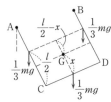

$$\frac{1}{3}mg \times \left(\frac{l}{2}-x\right) \times 2 = \frac{1}{3}mg \times x$$

$$l-2x=x \qquad \therefore \quad x=\frac{l}{3} \text{[m]}$$

(3) 直線 AB を軸として，力のモーメントの
つりあいより

$$mg\frac{2}{3}l\sin\theta = \mu_0 HIl^2\cos\theta$$

$$\therefore \quad \tan\theta = \frac{3\mu_0 HIl}{2mg}$$

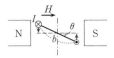

導線の受ける力の向きは，右ねじの法則より，
図の向き。片方の導線の受ける力の大きさは

$\mu_0 HIa$ [N]，偶力のうでの長さは $b\cos\theta$
[m] である。
よって，偶力のモーメントは

$$\mu_0 HIab\cos\theta \text{ [N·m]}$$

(ア) 紙面内で

(イ) 下から上

(ウ) $F=IBl$ [N]

(エ) $I=enSv$ [A]

(オ) $F=IBl=enSvBl$ [N]

(カ) 電子数は nSl であるから

$$f=\frac{F}{nSl}=evB \text{ [N]}$$

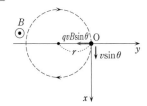

(ア) $qvB\sin\theta$ (イ) $-y$

(ウ) 粒子の運動を x–y 面に射影したときの円
の半径を r とすれば

$$m\frac{(v\sin\theta)^2}{r}=qvB\sin\theta$$

$$\therefore \quad r=\frac{mv\sin\theta}{qB}$$

(エ) 周期 $T=\dfrac{2\pi r}{v\sin\theta}=\dfrac{2\pi mv\sin\theta}{v\sin\theta \cdot qB}=\dfrac{2\pi m}{qB}$

(オ) 等速度

(カ) 1 周期 T の間に z 方向へ進む距離がピッチであるから

$$l=v\cos\theta \cdot T=v\cos\theta \cdot \frac{2\pi m}{qB}$$

$$=\frac{2\pi mv\cos\theta}{qB}$$

(ア) 電界は $+x$ 方向で，陽イオンは電界の向

きに力を受けるから，+x の向き。

(イ) 電界の強さは $E = \dfrac{V}{d}$〔V/m〕であるから，

陽イオンが電界から受ける力は

$$qE = \frac{qV}{d}\text{〔N〕}$$

(ウ) 次図より，B の向きは $-z$ の向き。

(エ) $\dfrac{qV}{d} = qvB$

(オ) (エ)より

$$v = \frac{V}{Bd}$$

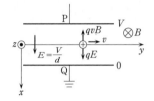

(ウ) 周期は振動数の逆数であるから

$$\frac{1}{f}$$

(エ) 求める磁束密度を B_0〔Wb/m²〕とする。

$\dfrac{1}{f} = T = \dfrac{2\pi m}{qB}$ より

$$\frac{1}{f_0} = \frac{2\pi M}{eB_0}$$

$$\therefore \quad B_0 = \frac{2\pi M}{e}f_0\text{〔Wb/m²〕}$$

(オ) 最大半径 R〔m〕のときの核の速さを v_m〔m/s〕とすれば，角周波数 $\omega = 2\pi f_0$〔rad/s〕のとき，$v_m = R\omega$ であるから

$$v_m = R \cdot 2\pi f_0$$

$$\frac{1}{2}Mv_m{}^2 = \frac{1}{2}M(R\cdot2\pi f_0)^2$$

$$= 2\pi^2 MR^2 f_0{}^2\text{〔J〕}$$

298

(ア) $-y$　(イ) evB　(ウ) 正　(エ) 負

(オ) $-y$　(カ) 低く

(キ) y 方向の電界の強さを E' とすれば

$$eE' = evB \qquad E' = vB$$

$$\therefore \quad V = E'd = vBd$$

(ク) $+x$　(ケ) $-y$　(コ) evB　(サ) 高く

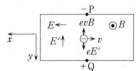

299

(ア) 粒子はローレンツ力 qvB〔N〕を受けて，半径 r〔m〕，速さ v〔m/s〕の等速円運動をするから

$$m\frac{v^2}{r} = qvB \quad \therefore \quad r = \frac{mv}{qB}\text{〔m〕}$$

(イ) 速さ v〔m/s〕で 1 周 $2\pi r$〔m〕を動く時間が T〔s〕であるから

$$T = \frac{2\pi r}{v} = \frac{2\pi}{v}\cdot\frac{mv}{qB} = \frac{2\pi m}{qB}\text{〔s〕}$$

300

求める磁束密度 B は, ビオ・サバールの法則で $\varphi = 90°$, Δl の円周に沿っての和 $\sum \Delta l = 2\pi r$ とおいて

$$B = \sum \Delta B = \frac{\mu_0}{4\pi} \cdot \frac{I \sum \Delta l \sin 90°}{r^2}$$

$$= \frac{\mu_0}{4\pi} \cdot \frac{I \cdot 2\pi r}{r^2} = \frac{\mu_0 I}{2r} \text{[Wb/m}^2\text{]}$$

向き：正

301

(1) 導体の全長は $2(a+l)$ であるから, 全抵抗は $2(a+l)r$ である。よって

$$I = \frac{E}{2(a+l)r}$$

(2) $IBl = mg$ より

$$\frac{EBl}{2(a+l)r} = mg \quad \cdots\cdots ①$$

$$\therefore \quad a = \frac{EBl}{2mgr} - l$$

(3)

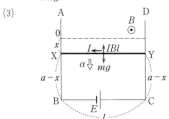

下向きを正とし, 棒の変位が x のときの加速度を α とすれば

$$m\alpha = mg - \frac{EBl}{2(a-x+l)r}$$

$$= mg - \frac{EBl}{2(a+l-x)r}$$

$$= mg - \frac{EBl}{2(a+l)\left(1 - \dfrac{x}{a+l}\right)r}$$

$$= mg - mg \cdot \frac{1}{1 - \dfrac{x}{a+l}} \quad (①より)$$

$\dfrac{x}{a+l} \ll 1$ より, 近似式を用いて

$$\frac{1}{1 - \dfrac{x}{a+l}} \fallingdotseq 1 + \frac{x}{a+l}$$

よって

$$m\alpha \fallingdotseq mg\left\{1 - \left(1 + \frac{x}{a+l}\right)\right\}$$

$$= -\frac{mg}{a+l}x$$

$$\alpha = -\frac{g}{a+l}x = -\omega^2 x \quad (\omega：角振動数)$$

よって, $\omega^2 = \dfrac{g}{a+l}$ より

$$\omega = \sqrt{\frac{g}{a+l}}$$

$$\therefore \quad T = \frac{2\pi}{\omega} = 2\pi\sqrt{\frac{a+l}{g}}$$

302

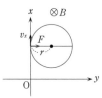

(1) (ア) 加速度を x 軸方向へ a [m/s^2] とすると, 運動方程式より

$$ma = eE$$

よって $\quad a = \dfrac{eE}{m}$ [m/s^2]

(イ) 極板を通過するまでの時間を t [s] とすると

$$t = \frac{l}{v_0}$$

よって $\quad v_x = at = \dfrac{eEl}{mv_0}$ [m/s]

(ウ)・(エ) y, z 方向へは力を受けないので，v_y, v_z は初速度のままである。よって

$$v_y = 0 \,[\mathrm{m/s}]$$

$$v_z = v_0 \,[\mathrm{m/s}]$$

(2) (オ) ローレンツ力 $F = ev_xB = \dfrac{e^2ElB}{mv_0}\,[\mathrm{N}]$

(カ) $m\dfrac{v_x{}^2}{r} = ev_xB$ より

$$r = \dfrac{mv_x}{eB} = \dfrac{m}{eB}\cdot\dfrac{eEl}{mv_0} = \dfrac{El}{v_0B}\,[\mathrm{m}]$$

(キ) $T = \dfrac{2\pi r}{v_x} = \dfrac{2\pi m}{eB}\,[\mathrm{s}]$

(ク) z 方向へは速さ v_0 の等速度運動であるから，1 周期 T の間に進んだ距離は

$$v_0T = \dfrac{2\pi m}{eB}v_0\,[\mathrm{m}]$$

(ケ) x-y 面内で等速円運動しながら z 方向へ等速度運動をするから，らせん軌道になる。

303

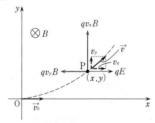

(1) (ア) 速度の x 成分は一定であるから，加速度の x 成分は 0 である。

よって $a_x = 0\,[\mathrm{m/s^2}]$

(イ) y 方向に qv_xB の力を受けるから

$$ma_y = qv_xB = qv_0B$$

∴ $a_y = \dfrac{qv_0B}{m}\,[\mathrm{m/s^2}]$

(2) (ウ) x 方向へは等速度運動であるから

$$x = v_0t\,[\mathrm{m}]$$

(エ) y 方向へは等加速度運動であるから

$$y = \dfrac{1}{2}a_yt^2 = \dfrac{qv_0B}{2m}t^2\,[\mathrm{m}]$$

(3) (オ) (ウ)，(エ)より t を消去して

$$y = \dfrac{qv_0B}{2m}\left(\dfrac{x}{v_0}\right)^2 = \dfrac{qB}{2mv_0}x^2$$

(4) (カ) $v_y = a_yt = \dfrac{qv_0B}{m}t$

$v_0t = x$ より

$$v_y = \dfrac{qB}{m}x\,[\mathrm{m/s}]$$

(5) (キ) x 方向の運動方程式は

$$m\cdot 0 = qE(x) - qv_yB$$

$$E(x) = v_yB = \dfrac{qB^2}{m}x\,[\mathrm{N/C}]$$

(6)

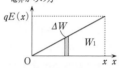

電界からの力

(ク) 電界からされた仕事 W_1 は，上図の ΔW の和になるので

$$W_1 = \dfrac{1}{2}\cdot x\cdot qE(x) = \dfrac{1}{2}\cdot x\cdot\dfrac{q^2B^2}{m}x$$

$$= \dfrac{q^2B^2}{2m}x^2\,[\mathrm{J}]$$

別解 粒子が磁界からされた仕事は 0 であるから，電界からされた仕事は，運動エネルギーの増加量となる。

$$W_1 = \dfrac{1}{2}mv^2 - \dfrac{1}{2}mv_0{}^2$$

$$= \dfrac{1}{2}m(v_x{}^2 + v_y{}^2) - \dfrac{1}{2}mv_0{}^2$$

$$= \dfrac{1}{2}m\left\{v_0{}^2 + \left(\dfrac{qv_0Bt}{m}\right)^2\right\} - \dfrac{1}{2}mv_0{}^2$$

$$= \dfrac{1}{2}m\left(\dfrac{qBx}{m}\right)^2 = \dfrac{q^2B^2}{2m}x^2\,[\mathrm{J}]$$

(ケ) 荷電粒子が磁界から受けるローレンツ力は粒子の速度に垂直な方向であるから，磁界からされた仕事 W_2 は

$$W_2 = 0\,[\mathrm{J}]$$

304▶

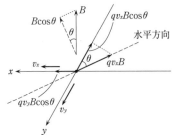

(ア) B の z 軸方向の成分が $B\cos\theta$ であるから，粒子が x 軸方向に受ける力は

$qv_yB\cos\theta$

よって　$ma_x = qv_yB\cos\theta$

(イ) 粒子が受けるローレンツ力の y 成分は $-qv_xB\cos\theta$，重力の y 成分は $mg\sin\theta$ であるから

$ma_y = mg\sin\theta - qv_xB\cos\theta$

(ウ) (イ)で $v_x = v_0$ のとき，$a_y = 0$ より

$mg\sin\theta - qv_0B\cos\theta = 0$

∴　$v_0 = \dfrac{mg\sin\theta}{qB\cos\theta}$

Point このとき，y 軸方向の初速度は 0，加速度は 0 であるから，$v_y = 0$ となる。よって，(ア)より，$a_x = 0$ となり，x 軸方向へは $v_x = v_0$ の等速度運動となる。

(エ) (ア)で $a_x = a_x{}'$，$v_y = v_y{}'$ より

$ma_x{}' = qv_y{}'B\cos\theta$

(オ) (イ)で $a_y = a_y{}'$，$v_x = v_x{}' + v_0$ より

$ma_y{}' = mg\sin\theta - q\left(v_x{}' + \dfrac{mg\sin\theta}{qB\cos\theta}\right)B\cos\theta$

$\qquad = -qv_x{}'B\cos\theta$

(カ) (エ)で $a_x{}' = A\omega\cos\omega t$，$v_y{}' = A\cos\omega t$ より

$mA\omega\cos\omega t = qA\cos\omega t\cdot B\cos\theta$

∴　$\omega = \dfrac{qB\cos\theta}{m}$

(キ) $v_0{}' = r\omega$ より

$r = \dfrac{v_0{}'}{\omega} = \dfrac{mv_0{}'}{qB\cos\theta}$

305▶

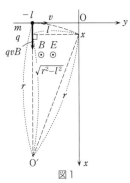

図1

(ア) 粒子の運動を x–y 面に射影すると，O′ を中心とする半径 r の等速円運動になる(図1)。

運動方程式 $m\dfrac{v^2}{r} = qvB$ より

$r = \dfrac{mv}{qB}$

よって

$x = r - \sqrt{r^2 - l^2} = r - r\sqrt{1 - \left(\dfrac{l}{r}\right)^2}$

$\left(\dfrac{l}{r}\right)^2 \ll 1$ であるから，近似式を用いて

$x \fallingdotseq r - r\left(1 - \dfrac{1}{2}\cdot\dfrac{l^2}{r^2}\right)$　$(r \gg l)$

$\quad = \dfrac{l^2}{2r} = \dfrac{qBl^2}{2mv}$

(イ) 粒子の運動を y–z 面に射影すると放物線になる(図2)。

図2

運動方程式は

$ma_z = qE$　∴　$a_z = \dfrac{qE}{m}$

到達時刻は　$t \fallingdotseq \dfrac{l}{v}$　$(\because\ r \gg l)$

よって

$$z = \frac{1}{2}a_z t^2 = \frac{qEl^2}{2mv^2}$$

(ウ) $x = \dfrac{qBl^2}{2mv}$ ……①

$z = \dfrac{qEl^2}{2mv^2}$ ……②

$\dfrac{②}{①^2}$ （辺々）より，v を消去して

$$\frac{z}{x^2} = \frac{qEl^2}{2mv^2} \cdot \frac{4m^2v^2}{q^2B^2l^4} = \frac{2mE}{qB^2l^2}$$

$$\therefore \quad z = \frac{2mE}{qB^2l^2}x^2$$

Point v にばらつきがあるとき，比電荷 $\dfrac{q}{m}$ 一定の粒子の到達点は1つの放物線上に分布する（図3）。

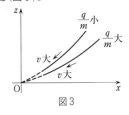

図3

🖊 **標準問題**

306

(ア) $\Phi_0 = Bla$〔Wb〕

(イ) $\Phi = Bl(a + v\Delta t)$〔Wb〕

(ウ) $\Delta\Phi = \Phi - \Phi_0 = vBl\Delta t$ より

$$V = \left|\frac{\Delta\Phi}{\Delta t}\right| = vBl \text{〔V〕}$$

(エ) APQD を上向きに貫く磁束が増加するので，レンツの法則より，下向きの磁束をつくるように誘導電流が流れる。よって

Q → P

(オ) P は Q より電位が高い。

307

左方から見ると，図のようになる。

OP$_0$ を基準とすれば，導線 OP が図の向きに一定の角速度 ω で回るとき，

扇形 OP$_0$P を貫く磁束が紙面に垂直で表→裏向きで，これが増加するので，磁束の変化を妨げる向き，つまり裏 → 表向きに磁束をつくる向きの誘導起電力が生じる。

よって，誘導起電力の向きは P → O

別解 OP 内の自由電子は O→P の向きにローレンツ力を受け，O が正，P が負となり O のほうが P より電位が高くなる。

よって，起電力の向きは P → O

単位時間に横切る面積 S〔m^2〕は，角速度を ω〔rad/s〕として

$$S = \frac{1}{2} \times l \times l\omega = \frac{1}{2}l^2\omega$$

$\left|\dfrac{\Delta\Phi}{\Delta t}\right|$ は OP が単位時間に横切る磁束に等しいので，誘導起電力の大きさ V〔V〕は

$$V = BS = \frac{1}{2}Bl^2\omega = \frac{1}{2}Bl^2(2\pi n)$$
$$= \pi Bl^2 n \text{〔V〕}$$

308

(ア) PQ 中の自由電子の，PQ に垂直方向の速度成分は右向きに v であるから，フレミングの左手の法則により（電流を左向きとみて）

P → Q の向き

(イ) evB〔N〕 (ウ) $evB = eE$

(エ) (ウ)より $E = vB$〔V/m〕

(オ) 電子が Q → P の向きに力を受けるような電界であるから P → Q

(カ) $V = El = vBl$〔V〕

(キ) Q → P (ク) 高い

Point Q → P の向きの起電力とは，Q → P の向きに正電荷を流そうとする起電力であり，図の向きに電池が入ったのと等価である。

309

(1) Q → P の電流 I から r だけ離れた点の磁束密度は $B = \dfrac{\mu_0 I}{2\pi r}$ で，向きは紙面に垂直で表から裏向き，つまり QP から離れるほどその向きの磁束密度は小さくなる。コイル ABCD を QP から遠ざけると，コイルを貫く紙面の表から裏向きの磁束がしだいに減少するので，その変化を妨げる向き，つまり紙面の表から裏の向きに磁束ができるような誘導起電力が生じる。

よって，コイルには①時計まわりの向きに電流が流れる。

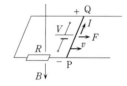

(2) B → A の電流と D → C の電流は等しいが，BA 部分より DC 部分の磁束密度が小さいので，BA の電流が磁界から受ける左向きの力のほうが，DC の電流が磁界から受ける右向きの力より大きい。また，AD 部分が受ける力と，CB 部分が受ける力は打ち消しあうので，コイル全体が PQ から受ける力は，①引力である。

310

(1) (ア) $\dfrac{E}{R}$〔A〕

(イ) (ア)の電流を I とすると，$F = IBl$ の力を右向きに受けるから，運動方程式より

$$ma = \frac{E}{R}Bl$$

(2) (ウ) vBl〔V〕

(エ) 誘導起電力 vBl は E と逆向きになるので

$$E - vBl\text{〔V〕}$$

(オ) $\dfrac{E - vBl}{R}$〔A〕

(カ) $ma' = \dfrac{E - vBl}{R}Bl$

(3) (キ) $a' = 0$ とおいて，$E - vBl = 0$ より

$$v = \frac{E}{Bl}\text{〔m/s〕}$$

311

(1) PQ 間の誘導起電力の大きさ $V〔V〕$ は
$$V = vBl$$
針金中の自由電子は $Q \to P$ の向きにローレンツ力を受け，P 側へ移動するので，$P \to Q$ の向きに電流が流れる。

電流を $P \to Q$ の向きに $I〔A〕$ とすれば，キルヒホッフの第 2 法則より
$$IR = V = vBl \quad \cdots\cdots①$$
$$\therefore \quad v = \frac{IR}{Bl} \quad \cdots\cdots②$$

針金は磁界から左向きに IBl の力を受ける。外力 F はこれとつりあうから
$$F = IBl \quad (I は P \to Q が正) \quad \cdots\cdots③$$
$$\therefore \quad I = \frac{F}{Bl}$$

②へ代入して
$$v = \frac{IR}{Bl} = \frac{1}{Bl}\left(\frac{F}{Bl}\right)R = \frac{FR}{(Bl)^2} 〔m/s〕$$

(2) ①より $\quad vBl = RI$

両辺を I 倍して $\quad vIBl = RI^2$

③より $\quad Fv = RI^2$

よって，外力の単位時間にする仕事が，抵抗で単位時間に発生するジュール熱に等しくなる。

312

(ア)

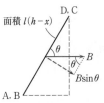

面積 $l(h-x)$
D, C
A, B
$B\sin\theta$
B
θ
θ

面に垂直な B の成分は $B\sin\theta$ であり，$A'B = h - x$ より，面の面積は $l(h-x)$ であるから
$$\Phi = B\sin\theta \times l(h-x) = Bl(h-x)\sin\theta$$

(イ) $\dfrac{dx}{dt} = v$ より
$$|V| = \left|\frac{d\Phi}{dt}\right| = Bl\frac{dx}{dt}\sin\theta = Blv\sin\theta$$

(ウ) $\quad I = \dfrac{|V|}{R} = \dfrac{Blv}{R}\sin\theta$

(エ) $\quad ma = mg - IBl\sin\theta$ に (ウ) の I を代入して
$$ma = mg - \frac{B^2l^2v}{R}\sin^2\theta$$

(オ) 速さが一定，すなわち $a = 0$ のとき，$v = v'$ とすると，(エ) より
$$v' = \frac{mgR}{(Bl\sin\theta)^2}$$

313

終速度を $v〔m/s〕$，そのときの電流を $Q \to P$ の向きに $I〔A〕$ $(I>0)$ とする。

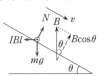

N
B
v
IBl
$B\cos\theta$
θ
mg
θ

誘導起電力の大きさは $vBl\cos\theta〔V〕$ だから
$$RI = vBl\cos\theta \quad \cdots\cdots①$$

一方，このとき，金属棒の斜面に沿った力のつりあいより
$$0 = mg\sin\theta - IBl\cos\theta \quad \cdots\cdots②$$

②より $\quad I = \dfrac{mg\sin\theta}{Bl\cos\theta}$

①へ代入して
$$v = \frac{mgR\sin\theta}{B^2l^2\cos^2\theta} 〔m/s〕$$

①より，両辺を I 倍すると
$$RI^2 = IBlv\cos\theta$$

ここで，②より
$$IBl\cos\theta = mg\sin\theta$$
$$\therefore \quad RI^2 = mgv\sin\theta$$

よって，抵抗での消費電力と重力の仕事率とが等しくなる。

314

(ア) 閉回路の電気抵抗は $2R$，L_1，L_2 に生じる起電力の大きさは v_1Bl，v_2Bl で向きは逆であるから，キルヒホッフの第 2 法則より
$$I\cdot 2R = v_1Bl - v_2Bl$$

$$\therefore \quad I = \frac{(v_1 - v_2)\,Bl}{2R}$$

(イ)・(ウ)　力の向きに注意して

$$F_1 = -IBl = -\frac{(v_1 - v_2)\,B^2 l^2}{2R}$$

$$F_2 = IBl = \frac{(v_1 - v_2)\,B^2 l^2}{2R}$$

Point　F_1 と F_2 は作用反作用の関係にある。

(エ)　$F_1 = F_2 = 0$ より，$v_1 = v_2$ となるが，これを v とすると，運動量保存則より

$$m_1 v_0 = m_1 v + m_2 v$$

$$\therefore \quad v = \frac{m_1}{m_1 + m_2} v_0$$

(オ)　$\Delta Q = i \Delta t$

(カ)　運動量の変化は，力 iBl から受ける力積に等しいから

$$\Delta P = iBl\Delta t$$

(キ)　(オ)・(カ)より

$$\frac{\Delta P}{\Delta Q} = Bl$$

(ク)　L_2 の運動量は 0 から $m_2 v$ に変化するので

$$\Delta P = m_2 v = iBl\Delta t$$

この間に通過した電気量 Q は，$Q = i\Delta t$ より

$$m_2 v = QBl$$

$$\therefore \quad Q = \frac{m_2 v}{Bl} = \frac{m_1 m_2 v_0}{(m_1 + m_2)\,Bl}$$

315

(1)　(ア)　OP_1 中の自由電子が受けるローレンツ力の向きは $P_1 \to O$ であるから，O が $-$，P が $+$ となる。よって，誘導起電力の向きは $O \to P_1$

自由電子の移動方向

(イ)　OP_1 が単位時間に横切る面積 S は，半径 l，中心角 ω の扇形の面積であるから

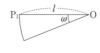

$$S = \pi l^2 \times \frac{\omega}{2\pi} = \frac{1}{2} l^2 \omega$$

よって，OP_1 が単位時間に横切る磁束は

$$\frac{1}{2} Bl^2 \omega$$

したがって，誘導起電力の大きさ $V\,(\mathrm{V})$ は

$$V = \frac{1}{2} Bl^2 \omega \ (\mathrm{V})$$

(2)　(ウ)　4 本の針金には，それぞれ中心から外側向きに $V = \frac{1}{2} Bl^2 \omega \ (\mathrm{V})$ の起電力が生じるが，これらの正極は正極で，負極は負極で一括してつないであり，並列連結になっているので，全起電力も

$$\frac{1}{2} Bl^2 \omega \ (\mathrm{V})$$

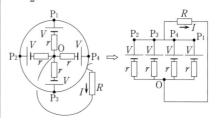

(エ)　R に流れる電流を $I\,(\mathrm{A})$ とすれば，OP_1 には $\dfrac{I}{4}$ の電流が流れるので，キルヒホッフの第 2 法則より

$$RI + r\frac{I}{4} = \frac{1}{2} Bl^2 \omega$$

$$\therefore \quad I = \frac{\dfrac{1}{2} Bl^2 \omega}{R + \dfrac{r}{4}} = \frac{2Bl^2 \omega}{4R + r} \ (\mathrm{A})$$

(3)　(オ)　この回路全体では，毎秒ジュール熱として

$$\begin{aligned}
Q &= I^2 R \times 1 + \left(\frac{I}{4}\right)^2 r \times 4 \times 1 \\
&= I^2\left(R + \frac{r}{4}\right) = \left(\frac{2Bl^2 \omega}{4R + r}\right)^2\left(R + \frac{r}{4}\right) \\
&= \frac{B^2 l^4 \omega^2}{4R + r} \ (\mathrm{J})
\end{aligned}$$

が発生するので，外から毎秒これだけのエネ

ルギーを与え続けなければならない。

(カ) 円輪に加える力を F 〔N〕，円輪の速さを v 〔m/s〕とすれば，$Q=Fv\times1$ より

$$F=\frac{Q}{v}=\frac{1}{l\omega}\cdot\frac{B^2l^4\omega^2}{4R+r}=\frac{B^2l^3\omega}{4R+r}\,\text{〔N〕}$$

316

図1　銅板を回すとき　図2　磁石を回すとき

いずれも磁束の変化を妨げる向きにうず電流が流れる。

(a)の部分　下向きの磁束が増加するので，上向きの磁束をつくるようにうず電流が流れる。

(b)の部分　下向きの磁束が減少するので，下向きの磁束をつくるようにうず電流が流れる。

317

(1)

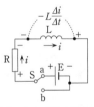

S を a 側に入れ，L に流れる電流が右向きで，Δt 間に Δi（$\Delta i>0$ とする）増加するとき，

$-L\dfrac{\Delta i}{\Delta t}$ の誘導起電力が生じるので，そのとき，抵抗の両端には $E-L\dfrac{\Delta i}{\Delta t}$ の電圧がかかる。よって

$$E-L\frac{\Delta i}{\Delta t}=Ri$$

Point　コイルに流れる電流が増加する（$\Delta i>0$）として式をつくれば，その式は $\Delta i<0$ の場合にもそのまま成立する。

(2) S を b 側に切り換えた後は，この回路にあった起電力 E がなくなっただけであるか

ら

$$-L\frac{\Delta i}{\Delta t}=Ri$$

318

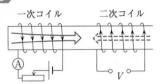

$0\leqq t\leqq0.2,\ 0.3\leqq t\leqq0.5$ のとき，一次コイルは右向きの磁束を増加させるから，二次コイルは左向きの磁束をつくろうとする。よって，起電力の向きは負である。

$V=-M\dfrac{dI}{dt}$（M は相互インダクタンス）より，

$0\leqq t\leqq0.2,\ 0.3\leqq t\leqq0.5$ では

$$V=-0.01\times\frac{10}{0.2}=-0.5\,\text{V}$$

$0.2\leqq t\leqq0.3$ では

$$V=-0.01\times\left(-\frac{10}{0.1}\right)=1.0\,\text{V}$$

よって，V は次図のようになる。

誘導起電力 V〔V〕

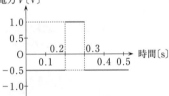

319

(1) ソレノイド P の単位長さあたりの巻数は $\dfrac{N_1}{l}$ であるから，P の内部の磁界の強さ H は

$$H=\frac{N_1}{l}I$$

磁束密度 B は

$$B=\mu H=\mu\frac{N_1}{l}I$$

(2) P の断面を貫く磁束 Φ_1 は 1 巻について

$$\Phi_1 = BA_1 = \mu \frac{N_1 A_1}{l} I$$

P の両端に生じる誘導起電力の大きさ V_1 は, 巻き数が N_1 であるから

$$V_1 = N_1 \left| \frac{\Delta \Phi_1}{\Delta t} \right| = \frac{\mu N_1{}^2 A_1}{l} \cdot \frac{\Delta I}{\Delta t}$$

(3)　$V_1 = L \left| \dfrac{\Delta I}{\Delta t} \right|$ より

$$L = \frac{\mu N_1{}^2 A_1}{l}$$

(4)　コイル S の断面を貫く磁束 Φ_2 は 1 巻について

$$\Phi_2 = BA_2 = \mu \frac{N_1 A_2}{l} I$$

S の両端に生じる誘導起電力の大きさ V_2 は

$$V_2 = N_2 \left| \frac{\Delta \Phi_2}{\Delta t} \right| = \mu \frac{N_1 N_2 A_2}{l} \cdot \frac{\Delta I}{\Delta t}$$

(5)　$V_2 = M \left| \dfrac{\Delta I}{\Delta t} \right|$ より

$$M = \frac{\mu N_1 N_2 A_2}{l}$$

320

㋐　誘導電流の向きは図1のように, 逆回転となる。

㋑　K を閉じたとき, L が受ける力 F は図1のようになるので, 合力は右向きとなり, AB から反発される。

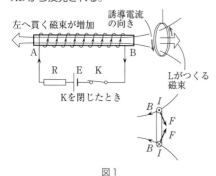

図1

㋒　K を開いたとき, L は AB に吸引される（図2）。

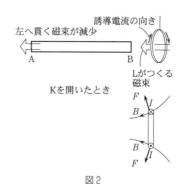

図2

💡 **発展問題**

321

(ア) $x\omega$ (イ) $O \to P$ (ウ) $ex\omega B$

(エ) $eE = ex\omega B$ より $E = B\omega x$

(オ) $V = \int_0^l E dx = \int_0^l B\omega x dx = \left[\frac{1}{2}B\omega x^2\right]_0^l$

$\qquad = \frac{1}{2}Bl^2\omega$

(カ) $P \to O$ (キ) 高

322

(1) 図2より，$0 \leqq t \leqq t_1$ のとき，B の時間変化率は $\dfrac{\Delta B}{\Delta t} = \dfrac{B_0}{t_1}$ であるから，誘導起電力の大きさ V は

$$V = \left|\frac{\Delta \Phi}{\Delta t}\right| = \left|\frac{\pi r^2 \Delta B}{\Delta t}\right| = \pi r^2 \frac{B_0}{t_1}\,[\mathrm{V}]$$

半径 r の円周の長さ $2\pi r$ に沿って電界 E ができるから

$$E = \frac{V}{2\pi r} = \frac{\pi r^2}{2\pi r}\cdot\frac{B_0}{t_1} = \frac{B_0 r}{2t_1}\,[\mathrm{V/m}]$$

(2) この電界の向きは，誘導起電力の向きと同じ向きで，上から見て左回り，つまり図1の点線と逆向きとなる。よって，$-Q\,[\mathrm{C}]$ の小球は点線の向きに電界から力を受けて加速される。加速度を $a\,[\mathrm{m/s^2}]$，$t_1\,[\mathrm{s}]$ の小球の速さを $v_1\,[\mathrm{m/s}]$ とすれば

$$ma = QE$$

$$\therefore\quad a = \frac{QE}{m} = \frac{Q}{m}\cdot\frac{B_0 r}{2t_1} = \frac{QB_0 r}{2mt_1}$$

$$v_1 = v_0 + at_1 = v_0 + \frac{QB_0 r}{2mt_1}t_1$$

$$\qquad = v_0 + \frac{QB_0 r}{2m}\,[\mathrm{m/s}]$$

別解　運動量の変化は受けた力積に等しいことを使って，$m(v_1 - v_0) = QEt_1$ から求めてもよい。

(3) $t = 0$ では $B = 0$ であるから，ローレンツ力ははたらかない。

よって

$$m\frac{v_0^2}{r} = T_0 \quad \therefore\quad T_0 = m\frac{v_0^2}{r}\,[\mathrm{N}]$$

$t = t_1$ では $B = B_0$ であり，小球が図1の点線の向きに運動すると，中心向きにローレンツ力 Qv_1B_0 を受けるので

$$m\frac{v_1^2}{r} = T_1 + Qv_1B_0$$

$$\therefore\quad T_1 = m\frac{v_1^2}{r} - Qv_1B_0\,[\mathrm{N}]$$

323

(ア) $evB = \dfrac{mv^2}{r}$

(イ) 上式より　$v = \dfrac{eBr}{m}$

$\therefore\quad p = mv = eBr$

(ウ) $V = \left|-\dfrac{\Delta \Phi}{\Delta t}\right| = \dfrac{\Delta \Phi}{\Delta t}$

(エ) $E = \dfrac{V}{2\pi r} = \dfrac{\Delta \Phi}{2\pi r \Delta t}$

(オ) 運動量の変化は加えられた力積に等しいので

$$\Delta p = eE\Delta t = \frac{e}{2\pi r}\Delta \Phi$$

(カ) $\dfrac{\Delta p}{\Delta t} = \dfrac{e}{2\pi r}\cdot\dfrac{\Delta \Phi}{\Delta t}$

$$\frac{\Delta p}{\Delta t} - \frac{e}{2\pi r}\cdot\frac{\Delta \Phi}{\Delta t} = 0$$

$\therefore\quad p - \dfrac{e}{2\pi r}\Phi = c$　（c は時間によらない定数）

$t = 0$ で $p = 0$，$\Phi = 0$ であるから　$c = 0$

$\therefore\quad p = \dfrac{e}{2\pi r}\Phi$

(キ) (イ)と(カ)より

$$eBr = \frac{e}{2\pi r}\Phi \quad \therefore\quad \Phi = 2\pi r^2 B$$

Point　この Φ と B の関係をベータトロン条件という。時刻 0 で $B = 0$，$\Phi = 0$ から出発して，どの時刻でも $\Phi = 2\pi r^2 B$ となるように，B と Φ とを変化させるという意味であるから，$\Delta \Phi = 2\pi r^2 \Delta B$ といってもよい。

$\mathcal{S}_{ECTION}$ 6 交流と電磁波

🖊 標準問題

324

(1) $\Phi_0 = BS$〔Wb〕

(2) B に直交するコイルの
面積は $S\cos\omega t$ であるから
$\Phi = BS\cos\omega t$〔Wb〕

(3) $V = -n\dfrac{d\Phi}{dt}$

$= nBS\omega\sin\omega t$〔V〕

(4) $V_0 = nBS\omega$〔V〕

Point コイルの回転数を f〔1/s〕とすれば，$\omega = 2\pi f$ であるから，発電機の電圧の最大値はコイルの回転数 f に比例することがわかる。

325

コイルの半径を r〔m〕とすれば

$2\pi r = \dfrac{l}{n}$ ∴ $r = \dfrac{l}{2\pi n}$〔m〕

よって，コイルの面積 S〔m²〕は

$S = \pi r^2 = \dfrac{l^2}{4\pi n^2}$〔m²〕

コイル面が磁界に垂直な状態を時刻 0 とすれば，時刻 t〔s〕における磁束 Φ〔Wb〕は

$\Phi = BS\cos\omega t$〔Wb〕

コイルの巻き数は n であるから

誘導起電力 $v = -n\dfrac{d\Phi}{dt}$

$= -nBS(-\omega\sin\omega t)$

$= nBS\omega\sin\omega t$〔V〕

電圧の最大値 $v_0 = nBS\omega$〔V〕

電圧の実効値 $V_e = \dfrac{v_0}{\sqrt{2}} = \dfrac{nBS\omega}{\sqrt{2}}$〔V〕

$S = \dfrac{l^2}{4\pi n^2}$ を用いて

$V_e = \dfrac{nB\omega}{\sqrt{2}} \cdot \dfrac{l^2}{4\pi n^2}$

$= \dfrac{\sqrt{2}\,Bl^2\omega}{8\pi n}$〔V〕

326

(1) (ア) $i = \dfrac{v}{R} = \dfrac{v_0}{R}\sin\omega t$

(2)

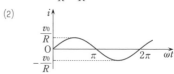

(3) (イ) 等しい

(4) (ウ) $i_0 = \dfrac{v_0}{R}$

(エ) 実効値は $I_e = \dfrac{i_0}{\sqrt{2}}$, $V_e = \dfrac{v_0}{\sqrt{2}}$ であるから

$\sqrt{2}\,I_e = \dfrac{\sqrt{2}\,V_e}{R}$ ∴ $I_e = \dfrac{V_e}{R}$

(5) (オ) 消費電力は

$P = vi = v_0\sin\omega t \cdot \dfrac{v_0}{R}\sin\omega t = \dfrac{v_0{}^2}{R}\sin^2\omega t$

平均消費電力は

$\overline{P} = \dfrac{v_0{}^2}{R}\overline{\sin^2\omega t}$

$= \dfrac{v_0{}^2}{2R}$ $\left(\because \overline{\sin^2\omega t} = \dfrac{1-\overline{\cos 2\omega t}}{2} = \dfrac{1}{2}\right)$

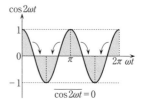

$\overline{\cos 2\omega t} = 0$

$\overline{P} = \dfrac{\left(\dfrac{v_0}{\sqrt{2}}\right)^2}{R} = \dfrac{V_e{}^2}{R} = V_e I_e$

Point これは直流と同じ形である。

327

(1) (ア) $q = Cv = Cv_0\sin\omega t$

(2) (イ) $i = \dfrac{dq}{dt} = Cv_0\omega\cos\omega t = \omega Cv_0\cos\omega t$

(3)

(4) (ウ) $\cos\omega t = \sin\left(\omega t + \dfrac{\pi}{2}\right)$ より，電流の位

相は電圧より $\dfrac{\pi}{2}$ 進んでいる。

(5) (エ) $i_0 = \omega C v_0 = \dfrac{v_0}{\dfrac{1}{\omega C}}$

(オ) $\sqrt{2}\,I_e = \dfrac{\sqrt{2}\,V_e}{\dfrac{1}{\omega C}} \qquad \therefore\quad I_e = \dfrac{V_e}{\dfrac{1}{\omega C}}$

(カ) 容量リアクタンス

(キ) $\omega : \text{(rad/s)} = \text{(1/s)}$

$\quad\ C : \text{(F)} = \text{(C/V)}$

よって，$\dfrac{1}{\omega C}$ の単位は

$$\dfrac{1}{\omega C} : \text{(V/(C/s))} = \text{(V/A)} = \text{(\Omega)}$$

(6) (ク) 消費電力は

$$\begin{aligned}
P &= vi \\
&= v_0\sin\omega t \cdot \omega C v_0 \cos\omega t \\
&= \omega C v_0{}^2 \sin\omega t \cos\omega t \\
&= \dfrac{1}{2}\omega C v_0{}^2 \sin 2\omega t
\end{aligned}$$

平均消費電力は

$$\overline{P} = \dfrac{1}{2}\omega C v_0{}^2\,\overline{\sin 2\omega t} = 0 \quad (\because\ \ \overline{\sin 2\omega t} = 0)$$

328

(1) (ア) 誘導起電力 $-L\dfrac{di}{dt}$ のマイナスは，

電流が増加するときは電流に対して負の向き，
電流が減少するときは電流に対して正の向き
であることを意味する。電流が増加するとき
の式をつくればよいので，抵抗の両端の電圧
は $v_0\sin\omega t - L\dfrac{di}{dt}$ になる。

回路の抵抗が無視できるとき，$v_0\sin\omega t$

$-L\dfrac{di}{dt} = 0$ より

$$\dfrac{di}{dt} = \dfrac{v_0}{L}\sin\omega t$$

(イ) $\dfrac{di}{dt} = \dfrac{v_0}{L}\sin\omega t$ を積分して

$$i = -\dfrac{v_0}{\omega L}\cos\omega t + C \quad (C:\text{積分定数})$$

(2)

(3) (ウ) $-\cos\omega t = \sin\left(\omega t - \dfrac{\pi}{2}\right)$ より，電流の

位相は電圧より $\dfrac{\pi}{2}$ 遅れている。

(4) (エ) $i_0 = \dfrac{v_0}{\omega L}$

(オ) $\sqrt{2}\,I_e = \dfrac{\sqrt{2}\,V_e}{\omega L} \qquad \therefore\quad I_e = \dfrac{V_e}{\omega L}$

(カ) 誘導リアクタンス　(キ) Ω

(5) (ク) 消費電力は

$$\begin{aligned}
P &= vi = v_0\sin\omega t \cdot \left(-\dfrac{v_0}{\omega L}\cos\omega t\right) \\
&= -\dfrac{v_0{}^2}{\omega L}\sin\omega t \cdot \cos\omega t \\
&= -\dfrac{v_0{}^2}{2\omega L}\sin 2\omega t
\end{aligned}$$

平均消費電力は

$$\overline{P} = -\dfrac{v_0{}^2}{2\omega L}\,\overline{\sin 2\omega t} = 0 \quad (\because\ \ \overline{\sin 2\omega t} = 0)$$

329

(1) (ア) $i = i_0\sin\omega t$ だから

$$\begin{aligned}
v_1 &= L\dfrac{di}{dt} = Li_0\omega\cos\omega t \\
&= i_0\omega L\cos\omega t
\end{aligned}$$

(イ) $v_2 = Ri = i_0 R\sin\omega t$

(2) (ウ) $v = v_1 + v_2$

$$\begin{aligned}
&= i_0 R\sin\omega t + i_0\omega L\cos\omega t \\
&= i_0\sqrt{R^2 + (\omega L)^2}\,\sin(\omega t + \alpha)
\end{aligned}$$

力学　熱力学　波動　電磁気　原子

(3) $v_1 = i_0\omega L\cos\omega t$ …図3

$v_2 = i_0 R\sin\omega t$ …図4

$v = v_1 + v_2$

$= i_0\sqrt{R^2+(\omega L)^2}\sin(\omega t+\alpha)$ …図5

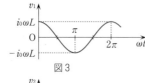

図3

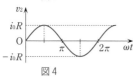

図4

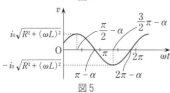

図5

(4) (エ) コイルでの消費電力は0であるから，抵抗での消費電力の実効値を考えて

$$P_e = I_e^2 R = \left(\frac{i_0}{\sqrt{2}}\right)^2 R = \frac{i_0^2}{2}R$$

Point 抵抗に流れる電流は $i = i_0\sin\omega t$ であるから，抵抗での消費電力 P は

$P = Ri^2 = Ri_0^2\sin^2\omega t$

$\overline{\sin^2\omega t} = \dfrac{1}{2}$ より $\quad\overline{P} = \dfrac{1}{2}Ri_0^2$

$I_e = \dfrac{i_0}{\sqrt{2}}$ より $\quad P = I_e^2 R$

330

(ア) $\omega L\,[\Omega]$ (イ) $\dfrac{\pi}{2}$ (ウ) 遅れる

(エ) $I_L = \dfrac{V_0}{\omega L}\sin\left(\omega t-\dfrac{\pi}{2}\right)\,[A]$

(オ) $\dfrac{1}{\omega C}\,[\Omega]$ (カ) $\dfrac{\pi}{2}$ (キ) 進む

(ク) $I_C = \omega C V_0\sin\left(\omega t+\dfrac{\pi}{2}\right)\,[A]$

331

(ア) $v_0 = i_0\sqrt{R^2+\left(\omega L-\dfrac{1}{\omega C}\right)^2}$

(イ) $i_0 = \dfrac{v_0}{\sqrt{R^2+\left(\omega L-\dfrac{1}{\omega C}\right)^2}}$

(ウ) $I_e = \dfrac{V_e}{\sqrt{R^2+\left(\omega L-\dfrac{1}{\omega C}\right)^2}}$

(エ) $Z = \sqrt{R^2+\left(\omega L-\dfrac{1}{\omega C}\right)^2}$

(オ) $P_e = I_e^2 R$

Point $V_e = ZI_e$，$\dfrac{R}{Z} = \cos\alpha$ より

$P_e = I_e V_e\cos\alpha$

となる。$\cos\alpha$ を力率という。

(カ) $\omega_0^2 LC = 1$ より $\quad\omega_0 = \dfrac{1}{\sqrt{LC}}$

(キ) $f_0 = \dfrac{\omega_0}{2\pi} = \dfrac{1}{2\pi\sqrt{LC}}$

Point $\omega_0 = \dfrac{1}{\sqrt{LC}}$ のとき，$I_e = \dfrac{V_e}{R}$ となる。

332

交流の角周波数が ω のとき，直列の合成インピーダンス Z は

$$Z = \sqrt{R^2+\left(\omega L-\dfrac{1}{\omega C}\right)^2}$$

$R = 400\,\Omega$，$\omega L = 500\,\Omega$，$\dfrac{1}{\omega C} = 200\,\Omega$ より

$Z = \sqrt{400^2+(500-200)^2}$

$= 500\,\Omega$

電流の実効値を $I_e\,[A]$ とすれば，電圧の実効値は $V_e = 100\,V$ であるから

$$I_e = \frac{V_e}{Z} = \frac{100}{500} = 0.2\,A$$

よって

$V_1 = I_e\omega L = 0.2\times500 = 100\,V$

$$V_2 = I_e \frac{1}{\omega C} = 0.2 \times 200 = 40\,\mathrm{V}$$

$$V_3 = I_e R = 0.2 \times 400 = 80\,\mathrm{V}$$

333

(ア) $P_1 - P_2 = I^2 R$

(イ) 電流 I (ウ) 電圧

(エ) $P_1 = IV_1$, $P_2 = IV_2$ より

$$I^2 R = P_1 - P_2 = I(V_1 - V_2)$$

$$\therefore \quad I = \frac{V_1 - V_2}{R}$$

よって $\quad P_1 - P_2 = \dfrac{(V_1 - V_2)^2}{R}$

(オ) $P_1 = IV_1$ より，V_1 を 2 倍にすると，I は $\dfrac{1}{2}$ 倍となるので，$I^2 R$ は $\dfrac{1}{4}$ 倍になる。

334

(ア) 電磁誘導 (イ) 横

問 電磁波は波長によって性質が異なり，次のように呼ばれている。

- 1m 程度以上：電波
- 1cm 程度：マイクロ波
- 10^{-6}m 程度：赤外線
- $3.8 \times 10^{-7} \sim 7.7 \times 10^{-7}$m 程度：可視光
- 10^{-8}m 程度：紫外線
- 10^{-10}m 程度：X線
- 10^{-12}m 程度以下：γ 線

電波→マイクロ波→赤外線→可視光→紫外線→X線

発展問題

335

(ア) コンデンサーの上の極板の電荷 q が増加すると，I が正となるので

$$I = \frac{dq}{dt}$$

(イ) I が図の向きに増加すると，コイルに生じる誘導起電力は $-L\dfrac{dI}{dt}$ となる。つまり，コイルの上側は下側より $-L\dfrac{dI}{dt}$ だけ電位が高い。このとき，コンデンサーでは上の極板が下の極板より $\dfrac{q}{C}$ だけ電位が高いので

$$-L\frac{dI}{dt} = \frac{q}{C} \qquad \therefore \quad L\frac{dI}{dt} = -\frac{1}{C}q$$

(ウ) $\dfrac{dI}{dt} = \dfrac{d^2 q}{dt^2} = -\dfrac{1}{LC}q$

(エ) $\dfrac{d^2 q}{dt^2} = -\dfrac{1}{LC}q = -\omega^2 q$ （ω：角周波数）

$$\omega^2 = \frac{1}{LC} \qquad \therefore \quad \omega = \frac{1}{\sqrt{LC}}$$

(オ) $f = \dfrac{\omega}{2\pi} = \dfrac{1}{2\pi\sqrt{LC}}$

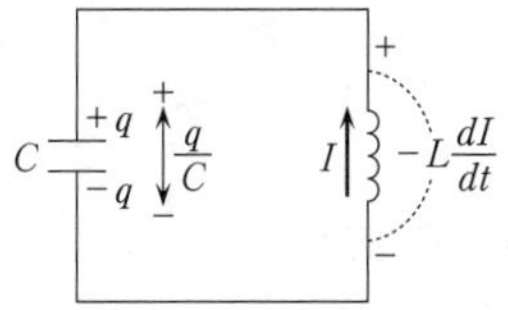

Point $q \to x$, $I \to v$, $L \to m$, $C \to \dfrac{1}{k}$ の対応関係がある。

336

(1) 周期は $T = 0.02$s であるから，周波数 f〔Hz〕は

$$f = \frac{1}{T} = \frac{1}{0.02} = 50\,\mathrm{Hz}$$

(2) 交流電圧の実効値 V_e〔V〕は

$$V_e = \frac{V_0}{\sqrt{2}} = \frac{100\sqrt{2}}{\sqrt{2}} = 100\,\mathrm{V}$$

(3) 図2より，電圧に対して電流の位相は $\frac{1}{6}$ 周期分，すなわち $\frac{\pi}{3}$ 遅れている（グラフでは時間の正方向へずれている）。

(4)・(5) 位相の遅れが ϕ のとき

$$\tan\phi = \frac{\omega L}{R} \ \text{より} \qquad \tan\frac{\pi}{3} = \frac{2\pi fL}{R}$$

$$\therefore \ 2\pi fL = \sqrt{3}\,R \quad \cdots\cdots\text{①}$$

合成インピーダンスは $\sqrt{R^2 + (2\pi fL)^2}$ であるから

$$\sqrt{R^2 + (2\pi fL)^2} = \frac{V_0}{I_0} = \frac{100\sqrt{2}}{2\sqrt{2}} = 50\,\Omega$$

$$\therefore \ R^2 + (2\pi fL)^2 = 2500 \quad \cdots\cdots\text{②}$$

①，②より

$$4R^2 = 2500 \qquad 2R = 50$$

$$\therefore \ R = 25\,\Omega$$

$$L = \frac{\sqrt{3}\,R}{2\pi f} = \frac{\sqrt{3} \times 25}{2\pi \times 50} = \frac{\sqrt{3}}{4\pi}\,\text{H}$$

(6) $P_e = I_e{}^2 R = \left(\dfrac{I_0}{\sqrt{2}}\right)^2 R = \left(\dfrac{2\sqrt{2}}{\sqrt{2}}\right)^2 \times 25$

$$= 100\,\text{W}$$

337

(1) スイッチ S を a 側につないだときの合成インピーダンス $Z\,(\Omega)$ は

$$Z = \sqrt{R^2 + (\omega L)^2} = \sqrt{4^2 + 3^2} = 5\,\Omega$$

よって，電源電圧は，$I = \sqrt{2}\,\text{A}$ より

$$V = IZ = 5\sqrt{2}\,\text{V}$$

(2) スイッチ S を b 側につないだときの合成インピーダンス $Z'\,(\Omega)$ は

$$Z' = \sqrt{R^2 + \left(\frac{1}{\omega C}\right)^2} = \sqrt{4^2 + 4^2} = 4\sqrt{2}\,\Omega$$

よって，このときの電流は

$$I = \frac{V}{Z'} = \frac{5\sqrt{2}}{4\sqrt{2}} = \frac{5}{4}\,\text{A}$$

338

(ア) 0

Point K を閉じる前のコイルの電流は 0

であり，閉じた直後の電流は直前の電流から連続的に変化する（直列に L が入っているため）。

(イ) 振動電流が 0 から最初に最大になるまでの時間は $\dfrac{T}{4}$ であるから

$$t_1 = \frac{T}{4}$$

(ウ)・(エ) コイルに最大電流が流れる瞬間には，$\dfrac{dI}{dt}$ は 0 である。よって，$L\dfrac{dI}{dt}$ も 0 である。つまり，コイルの両端 PQ 間の電圧が 0 になる。このとき，コンデンサーの両端の電圧は等しくなるので，これを図のように V とおく。C_1 の上側と C_2 の右側の極板の電荷の和は保存するから

$$C_1 V + C_2 V = C_1 V_0 + 0$$

$$\therefore \ V = \frac{C_1}{C_1 + C_2} V_0 \quad (\text{(ウ)}\cdot\text{(エ)ともに})$$

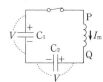

(オ) 直流抵抗がないので，コイルとコンデンサーのエネルギーの和は一定に保たれる。

$$\frac{1}{2} C_1 V_0{}^2 = \frac{1}{2} L I_m{}^2 + \frac{1}{2} (C_1 + C_2) V^2$$

これに $V = \dfrac{C_1}{C_1 + C_2} V_0$ を代入して

$$L I_m{}^2 = C_1 V_0{}^2 - (C_1 + C_2) V^2$$

$$= C_1 V_0{}^2 - \frac{C_1{}^2}{C_1 + C_2} V_0{}^2$$

$$= \frac{C_1 C_2}{C_1 + C_2} V_0{}^2$$

$$\therefore \ I_m = V_0 \sqrt{\frac{C_1 C_2}{L(C_1 + C_2)}}$$

(カ) $t_2 = \dfrac{T}{2}$

(キ) 0

(ク) コイルの両端の電圧は，$t = 0$ には P が

Q より V_0 高いが，$t=\dfrac{T}{2}$ には Q が P より V_0 高くなるので，次図のようにコンデンサー C_1，C_2 の電圧を V_1，V_2 とおけば

$$\begin{cases} V_1 + V_2 = V_0 \\ -C_2 V_2 + C_1 V_1 = -C_1 V_0 + 0 \end{cases}$$

これらより　$V_1 = \dfrac{C_2 - C_1}{C_1 + C_2} V_0$

よって　$|V_1| = \dfrac{|C_2 - C_1|}{C_1 + C_2} V_0$

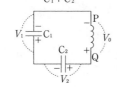

339

(1) R に流れる電流が 0 であるから，R の両端の電圧の実効値も 0 である。

(2) コンデンサーの容量リアクタンスは $\dfrac{1}{2\pi f_0 C}$〔Ω〕で，電圧より電流の位相が $\dfrac{\pi}{2}$ 進むので

$$i_C = \dfrac{v}{\dfrac{1}{2\pi f_0 C}} = 2\pi f_0 C v_0 \sin\left(2\pi f_0 t + \dfrac{\pi}{2}\right)$$

$$= 2\pi f_0 C v_0 \cos\left(2\pi f_0 t\right)\ 〔A〕$$

(3) コイルの誘導リアクタンスは $2\pi f_0 L$〔Ω〕で，電圧より電流の位相が $\dfrac{\pi}{2}$ 遅れるので

$$i_L = \dfrac{v}{2\pi f_0 L} = \dfrac{v_0}{2\pi f_0 L} \sin\left(2\pi f_0 t - \dfrac{\pi}{2}\right)$$

$$= -\dfrac{v_0}{2\pi f_0 L} \cos\left(2\pi f_0 t\right)\ 〔A〕$$

(4) bd 間を流れる電流を i_{bd}〔A〕とすると
$$i_{bd} = i_C + i_L$$

$$= \left(2\pi f_0 C - \dfrac{1}{2\pi f_0 L}\right) v_0 \cos\left(2\pi f_0 t\right)\ 〔A〕$$

(5) $i_{bd} = 0$ になるときの f_0〔Hz〕が共振周波数であるから（L，C 並列の合成インピーダ

ンス $\dfrac{1}{2\pi f_0 C - \dfrac{1}{2\pi f_0 L}}$ が無限大のとき）

$$2\pi f_0 C = \dfrac{1}{2\pi f_0 L} \qquad \therefore\quad 4\pi^2 f_0^2 LC = 1$$

$f_0 > 0$ より　　$f_0 = \dfrac{1}{2\pi\sqrt{LC}}$〔Hz〕

力学

熱力学

波動

電磁気

原子

第 5 章

原 子

342

(ア) 光電子　(イ) 加速　(ウ) よらない

(エ) 比例する　(オ) 減速　(カ) 減少

(キ) 光電子　(ク) 増大　(ケ) 個数

(コ) 比例する

(サ)～(ス) $\nu_1 = \dfrac{c}{\lambda_1} = \dfrac{3.0 \times 10^8}{2083 \times 10^{-10}}$ Hz

$\nu_2 = \dfrac{c}{\lambda_2} = \dfrac{3.0 \times 10^8}{2500 \times 10^{-10}}$ Hz

$|V_1| = 1.46$ V

$|V_2| = 0.50$ V

$e = 1.6 \times 10^{-19}$ C

より

$$h = \frac{e(|V_1| - |V_2|)}{\nu_1 - \nu_2}$$

$$= \frac{1.6 \times 10^{-19} \times (1.46 - 0.50)}{\left(\dfrac{3.0}{2.083} - \dfrac{3.0}{2.5}\right) \times 10^{15}}$$

$$= \frac{1.6 \times 0.96}{1.44 - 1.2} \times 10^{-34}$$

$$= \frac{1.53}{0.24} \times 10^{-34}$$

$$= 6.37 \times 10^{-34}$$

$$\fallingdotseq 6.4 \times 10^{-34} \text{ J} \cdot \text{s}$$

1 光の粒子性

340

(1) $1\,\text{eV} = 1.6 \times 10^{-19}\,\text{C} \times 1\,\text{V}$

$\qquad = 1.6 \times 10^{-19}\,\text{J}$

(2) $1000\,\text{eV}$

(3) α 粒子の電荷は $+2e$ であるから

$2000\,\text{eV}$

341

(1) (ア)　電子の質量を m〔kg〕，電子の電荷を $-e$〔C〕，速さの最大値を v_m〔m/s〕とすれば

$$K_{\max} = \frac{1}{2}mv_m{}^2 = eV_0 \text{〔J〕} = V_0 \text{〔eV〕}$$

(2) (イ) 光の強度…単位時間，単位面積あたりのエネルギー

(ウ) により異なる

(エ) $K_{\max} = h(\nu - \nu_0)$

(3) (オ) $h\nu$　(カ) 数　(キ) 仕事関数

SECTION 2 X線の波動性と粒子性

🏠 標準問題

343

(ア) 連続　(イ) 固有 (特性)

(ウ) 運動エネルギー

(エ) $h\dfrac{c}{\lambda_{\min}}=\dfrac{1}{2}mv^2$　∴ $\lambda_{\min}=\dfrac{2hc}{mv^2}$〔m〕

(オ) エネルギー差 E_2-E_1 に等しいエネルギーのX線光子が出るから

$h\dfrac{c}{\lambda}=E_2-E_1$　∴ $\lambda=\dfrac{hc}{E_2-E_1}$〔m〕

(カ) 短い

344

(1) 電子の電荷を $-e$〔C〕,加速電圧を V〔V〕とすると,eV〔J〕の仕事をされるから

$eV=1.6\times10^{-19}\times25\times10^3$
$=4.0\times10^{-15}$ J

(2) $h\cdot\dfrac{c}{\lambda_{\min}}=eV$ より

$\lambda_{\min}=\dfrac{hc}{eV}=\dfrac{6.6\times10^{-34}\times3.0\times10^8}{4.0\times10^{-15}}$
$=4.95\times10^{-11}$
$\fallingdotseq5.0\times10^{-11}$ m

(3) (a) A:左へ　R:不変　S:不変（最短波長が短くなるが,固有X線の波長は一定）
(b) A, R, Sいずれも不変（各波長のX線の強さが大きくなるだけ）

345

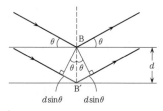

$d\sin\theta$　　$d\sin\theta$

(ア) $2d\sin\theta$

(イ) 正の整数倍

(ウ) ブラッグの反射条件 $2d\sin\theta=m\lambda$ で,$m=1$ より

$2\times3.0\times10^{-10}\times\sin6.0°=\lambda$

ここで　$6.0°=\dfrac{6\pi}{180}\fallingdotseq\dfrac{0.314}{3}$ rad

よって,$\sin6.0°\fallingdotseq\dfrac{0.314}{3}$ と近似して

$\lambda\fallingdotseq6\times10^{-10}\times\dfrac{0.314}{3}\fallingdotseq6.3\times10^{-11}$ m

346

(ア) $0\leqq\phi\leqq\pi$ では,ϕ が大きくなると,$\cos\phi$ は小さくなり,$1-\cos\phi$ は大きくなる。よって,$\Delta\lambda$ は増加する。

(イ) $\dfrac{hc}{\lambda}=\dfrac{1}{2}mv^2+\dfrac{hc}{\lambda'}$

(ウ) $\dfrac{h}{\lambda}=mv\cos\beta+\dfrac{h}{\lambda'}\cos\phi$

(エ) $0=mv\sin\beta-\dfrac{h}{\lambda'}\sin\phi$

(オ) $mv\cos\beta=\dfrac{h}{\lambda}-\dfrac{h}{\lambda'}\cos\phi$

(カ) $mv\sin\beta=\dfrac{h}{\lambda'}\sin\phi$

(キ) $m^2v^2=\left(\dfrac{h}{\lambda}\right)^2-\dfrac{2h^2\cos\phi}{\lambda\lambda'}+\left(\dfrac{h}{\lambda'}\right)^2$

(ク) $m^2v^2=2mhc\left(\dfrac{1}{\lambda}-\dfrac{1}{\lambda'}\right)$

347

(ア) 光子1個の運動量変化の大きさは $\dfrac{2h\nu}{c}$ だから,鏡に与える力積は　$\dfrac{2h\nu}{c}$〔N·s〕

$\dfrac{h\nu}{c}$ 鏡　$\dfrac{h\nu}{c}$

(イ) $\dfrac{I}{h\nu}$

(ウ) $\dfrac{2h\nu}{c}\cdot\dfrac{I}{h\nu}\cdot At=\dfrac{2IAt}{c}$〔N·s〕

(エ) $\dfrac{2IA}{c}$〔N〕

エネルギー ε の光子の運動量を $p=\dfrac{\varepsilon}{c}$, 電子の運動量を p' とすれば, 運動エネルギーは $K=\dfrac{p'^2}{2m}$, $p'=p$ であるから

$$K=\frac{p'^2}{2m}=\frac{p^2}{2m}=\frac{1}{2m}\left(\frac{\varepsilon}{c}\right)^2$$

$$=\frac{1}{2\times9.1\times10^{-31}}\left(\frac{3.0\times1.6\times10^{-19}}{3.0\times10^8}\right)^2〔J〕$$

$$=\frac{1}{2\times9.1\times10^{-31}}\left(\frac{3.0\times1.6\times10^{-19}}{3.0\times10^8}\right)^2$$
$$\times\frac{1}{1.6\times10^{-19}}〔eV〕$$

$$=\frac{1.6}{2\times9.1}\times10^{-4}$$

$$=0.0879\times10^{-4}\fallingdotseq8.8\times10^{-6}\,eV$$

衝突後の電子の運動量を p とする。

X線光子ははじき返されるので, 運動量保存則は

$$\frac{h}{\lambda_0}=-\frac{h}{\lambda_0+\varDelta\lambda}+p$$

$$\therefore\quad p=h\left(\frac{1}{\lambda_0}+\frac{1}{\lambda_0+\varDelta\lambda}\right)$$

$$=\frac{h}{\lambda_0}\left(1+\frac{1}{1+\dfrac{\varDelta\lambda}{\lambda_0}}\right)$$

$\dfrac{\varDelta\lambda}{\lambda_0}\ll1$ であるから, 近似式を用いて

$$p\fallingdotseq\frac{h}{\lambda_0}\left\{1+\left(1-\frac{\varDelta\lambda}{\lambda_0}\right)\right\}$$

$$=\frac{h}{\lambda_0}\left(2-\frac{\varDelta\lambda}{\lambda_0}\right)\fallingdotseq\frac{2h}{\lambda_0}$$

原子が固定されている状態で光子を出すとき (図1)

$$E_2-E_1=h\nu_0\quad\cdots\cdots①$$

原子が速度 v で動きながら前方に光子を出すとき (図2), 運動量保存則より

$$Mv=Mv'+\frac{h\nu'}{c}\quad\cdots\cdots②$$

エネルギー保存則より

$$E_2+\frac{1}{2}Mv^2=E_1+\frac{1}{2}Mv'^2+h\nu'\quad\cdots\cdots③$$

②より $\quad v'=v-\dfrac{h\nu'}{Mc}\qquad v'-v=-\dfrac{h\nu'}{Mc}$

これと①より, ③は

$$h\nu_0=\frac{1}{2}M(v'^2-v^2)+h\nu'$$

$$h\nu'=h\nu_0-\frac{1}{2}M(v'+v)(v'-v)$$

$$= h\nu_0 - \frac{1}{2} M (v' + v)\left(-\frac{h\nu'}{Mc}\right)$$

$$\fallingdotseq h\nu_0 + \frac{vh\nu'}{c}$$

$$\left(\because \quad v' - v \ll v \quad \text{より} \quad \frac{v' + v}{2} \fallingdotseq v\right)$$

$$\nu'\left(1 - \frac{v}{c}\right) = \nu_0$$

$$\therefore \quad \nu' = \frac{\nu_0}{1 - \dfrac{v}{c}} = \frac{c}{c - v}\nu_0$$

これは，波源が v で近づくときのドップラー効果にほかならない。

標準問題

351

(ア) $p = \dfrac{h\nu}{c}$

(イ) $\lambda = \dfrac{c}{\nu} = \dfrac{c}{\dfrac{cp}{h}} = \dfrac{h}{p}$

(ウ) $\lambda = \dfrac{h}{mv}$

352

加速された後の電子の速さを v，電子波の波長を λ とする。

$$\frac{1}{2} m v^2 = e V \qquad v = \sqrt{\frac{2eV}{m}}$$

$$\therefore \quad \lambda = \frac{h}{mv} = \frac{h}{\sqrt{2meV}} \text{〔m〕}$$

353

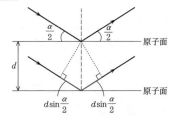

(1) 図のように α の二等分線の方向に原子面が考えられる。散乱 X 線の両原子面による経路差 l は図より

$$l = 2d \sin\frac{\alpha}{2}$$

よって

$$2d \sin\frac{\alpha}{2} = \lambda_0 \qquad \therefore \quad d = \frac{\lambda_0}{2 \sin\dfrac{\alpha}{2}}$$

(2) 加速電圧 V で加速したときの電子の速さを v とすれば

$$\frac{1}{2}mv^2 = eV$$

$$v = \sqrt{\frac{2eV}{m}}$$

$$\therefore \quad \lambda_0 = \frac{h}{mv} = \frac{h}{\sqrt{2meV}}$$

両辺を2乗して

$$2meV = \frac{h^2}{\lambda_0^2} \qquad \therefore \quad V = \frac{h^2}{2me\lambda_0^2}$$

354

ド・ブロイの式を用いると，電子波の波長 λ は

$$\lambda = \frac{h}{mv}$$

$$\therefore \quad v = \frac{h}{m\lambda} = \frac{6.6 \times 10^{-34}}{9.1 \times 10^{-31} \times 1.0 \times 10^{-10}}$$

$$\fallingdotseq 7.3 \times 10^6 \, \text{m/s}$$

355

(1) 加速された後の電子の速さを v とすれば

$$\frac{1}{2}mv^2 = eV \qquad v = \sqrt{\frac{2eV}{m}}$$

$$\therefore \quad \lambda = \frac{h}{mv} = \frac{h}{\sqrt{2meV}}$$

(2) 金属に入った後の電子の速さを v' とすれば，内部の電位は表面より V_0 高いから，電子はさらに eV_0 の仕事をされる。よって

$$\frac{1}{2}mv'^2 = e(V_0 + V)$$

$$v' = \sqrt{\frac{2e(V_0 + V)}{m}}$$

$$\therefore \quad p' = mv' = \sqrt{2me(V_0 + V)}$$

(3) $\lambda' = \dfrac{h}{mv'} = \dfrac{h}{\sqrt{2me(V_0 + V)}}$

(4) $\mu = \dfrac{\lambda}{\lambda'} = \sqrt{\dfrac{V_0 + V}{V}}$

Point μ が $\dfrac{v}{v'}$ とはならないことに注意する。v, v' は電子の速さであって，電子波の進む速さではない。

(5) 屈折角を r とすれば，経路差は $2d\cos r$ となる。

$$\mu = \frac{\sin\theta}{\sin r} \quad \text{より} \qquad \sin r = \frac{\sin\theta}{\mu}$$

$$\therefore \quad \cos r = \sqrt{1 - \sin^2 r} = \sqrt{1 - \frac{\sin^2\theta}{\mu^2}}$$

よって，経路差は

$$2d\cos r = 2d\sqrt{1 - \frac{\sin^2\theta}{\mu^2}}$$

また $\quad \lambda' = \dfrac{\lambda}{\mu}$

よって，強めあう条件は

$$2d\sqrt{1 - \frac{\sin^2\theta}{\mu^2}} = n\frac{\lambda}{\mu}$$

$$2\mu d\sqrt{1 - \frac{\sin^2\theta}{\mu^2}} = n\lambda$$

$$\therefore \quad 2d\sqrt{\mu^2 - \sin^2\theta} = n\lambda$$

SECTION 4 原子の構造

標準問題

356

(1) (ア) 電子が極板間を通過するのに要する時間 t_1 は

$$t_1 = \frac{l}{v}$$

また，電子の加速度 a は y 方向に $a = \frac{eE}{m}$ であるから

$$y_1 = \frac{1}{2}at_1^2 = \frac{eEl^2}{2mv^2}〔\text{m}〕$$

(2) (イ) x 方向へは等速度運動であるから

$$v_x = v〔\text{m/s}〕$$

(ウ) (1)の a, t_1 を用いて

$$v_y = at_1 = \frac{eEl}{mv}〔\text{m/s}〕$$

(3) (エ) 極板間を通過してからは直進するから，そのかたよりは，$\tan\theta = \dfrac{v_y}{v_x}$, $y_2 = L\tan\theta$ より

$$y_2 = L\frac{v_y}{v_x} = \frac{eElL}{mv^2}〔\text{m}〕$$

(4) (オ) $\text{O'A} = y = y_1 + y_2 = \dfrac{eEl}{mv^2}\left(\dfrac{l}{2}+L\right)〔\text{m}〕$

Point y 変位 O'A は極板間の電界の強さに比例する。これがブラウン管オシロスコープの原理である。

357

(ア) 等速になるので

(重力) − (浮力) − (抵抗力) = 0

$$\frac{4}{3}\pi r^3 dg - \frac{4}{3}\pi r^3 \rho g - 6\pi k r v_1 = 0 \quad \cdots\cdots①$$

$$\therefore \quad r = 3\sqrt{\frac{kv_1}{2g(d-\rho)}}$$

(イ) (重力) + (電気力) − (浮力) − (抵抗力) = 0

$$\frac{4}{3}\pi r^3 dg + qE - \frac{4}{3}\pi r^3 \rho g - 6\pi k r v_2 = 0$$

$$\cdots\cdots②$$

②−①より

$$qE - 6\pi k r(v_2 - v_1) = 0$$

$$\therefore \quad q = \frac{6\pi k r}{E}(v_2 - v_1)$$

358

バルマー系列は，$n=2$, $n'=3$, 4, $\cdots$ で，そのうち，最も波長の長いものは $n'=3$ なので

$$\begin{aligned}
\lambda &= \frac{1}{R\left(\dfrac{1}{n^2}-\dfrac{1}{n'^2}\right)} = \frac{1}{1.10\times10^7\times\left(\dfrac{1}{2^2}-\dfrac{1}{3^2}\right)} \\
&= \frac{1\times10^{-7}}{1.10\times\left(\dfrac{1}{4}-\dfrac{1}{9}\right)} = \frac{36}{1.10\times5}\times10^{-7} \\
&= \frac{36}{5.5}\times10^{-7} \\
&= 6.545\times10^{-7} \\
&≒ 6.55\times10^{-7}\text{m}
\end{aligned}$$

359

(ア) $m\dfrac{v^2}{a} = k\dfrac{e^2}{a^2}$ $\cdots\cdots①$

(イ) $K = \dfrac{1}{2}mv^2$

①より $mv^2 = \dfrac{ke^2}{a}$ $\quad\therefore\quad K = \dfrac{ke^2}{2a}$

(ウ) $E = K + U = \dfrac{ke^2}{2a} - k\dfrac{e^2}{a}$

$$= -\frac{ke^2}{2a} \quad\cdots\cdots②$$

(エ) $\dfrac{2\pi a}{\lambda} = n$ $\quad \dfrac{2\pi a}{\dfrac{h}{mv}} = n$

$$\therefore \quad mva = n\frac{h}{2\pi}$$

(オ) ①と(エ)より

$$\begin{cases} mv^2a = ke^2 \\ mva = n\dfrac{h}{2\pi} \end{cases}$$

a を a_n にして v を消去して

$$a_n = \frac{h^2}{4\pi^2 mke^2} n^2 \quad \cdots\cdots ③$$

(カ) ②の E を E_n, a を a_n にして，③を代入すると

$$E_n = -\frac{ke^2}{2a_n}$$

$$= -\frac{ke^2}{2} \cdot \frac{4\pi^2 mke^2}{h^2} \cdot \frac{1}{n^2}$$

$$= -\frac{2\pi^2 mk^2 e^4}{n^2 h^2}$$

(キ) $E_n{}' - E_n = h\dfrac{c}{\lambda}$

(ク) $\dfrac{hc}{\lambda} = E_n{}' - E_n$

$$= \frac{2\pi^2 mk^2 e^4}{h^2}\left(\frac{1}{n^2} - \frac{1}{n'^2}\right)$$

$$\therefore \quad \frac{1}{\lambda} = \frac{2\pi^2 mk^2 e^4}{h^3 c}\left(\frac{1}{n^2} - \frac{1}{n'^2}\right)$$

(ケ) $\dfrac{1}{\lambda} = R\left(\dfrac{1}{n^2} - \dfrac{1}{n'^2}\right)$

Point (オ)において，$n=1$ のときの半径

$$a_1 = \frac{h^2}{4\pi^2 mke^2} \times 1^2 = 5.3 \times 10^{-11}\,\mathrm{m}$$

を水素原子のボーア半径という。

360

イオン化エネルギーとは，基底状態にある電子を原子外へ引き出すのに要する仕事である。$n=1$ の軌道の電子を $n \to \infty$ へ移すのに要する仕事は

$$\Delta E = E_\infty - E_1 = 0 - \left(-\frac{hcR}{1^2}\right) = hcR$$

$$= 6.63 \times 10^{-34} \times 3.00 \times 10^8 \times 1.10 \times 10^7$$

$$\doteqdot 21.9 \times 10^{-19}\,\mathrm{J}$$

$1\,\mathrm{eV} = 1.60 \times 10^{-19}\,\mathrm{J}$ であるから

$$\Delta E = \frac{21.9 \times 10^{-19}}{1.60 \times 10^{-19}} \doteqdot 13.7\,\mathrm{eV}$$

361

水銀原子の励起エネルギーは 4.9 eV であり，励起された電子がもとの軌道へ落ちこむとき，光子を放出するので，光子の波長を λ とすれば

$$h\frac{c}{\lambda} = e \times 4.9$$

$$\therefore \quad \lambda = \frac{hc}{e \times 4.9} = \frac{6.6 \times 10^{-34} \times 3.0 \times 10^8}{1.6 \times 10^{-19} \times 4.9}$$

$$\doteqdot 2.5 \times 10^{-7}\,\mathrm{m}$$

362

(1) (ア) 電子はローレンツ力 evB〔N〕を向心力として円運動するから，半径を r〔m〕とすると

$$m\frac{v^2}{r} = evB \quad \therefore \quad r = \frac{mv}{eB}\,\text{〔m〕}$$

(イ) 周期 T〔s〕は $\quad T = \dfrac{2\pi r}{v} = \dfrac{2\pi m}{eB}$〔s〕

(ウ) 時間 T〔s〕の間に電荷が e〔C〕だけ通過するから，電流 I〔A〕は

$$I = \frac{e}{T} = \frac{e^2 B}{2\pi m}\,\text{〔A〕}$$

(エ) $B' = \dfrac{\mu_0 I}{2r} = \dfrac{\mu_0 e^3 B^2}{4\pi m^2 v}$〔T〕

(オ) 円電流の向きは電子の回転と逆向きだから，B と反対の向きの磁界をつくる。

(カ) 電磁波の波長は $\quad cT = \dfrac{2\pi mc}{eB}$〔m〕

(キ) 電子がエネルギーを失うと v が小さくなるから，(ア)の結果より r は小さくなる。

(2) (ク) 電子波の波長を λ〔m〕とすると，ド・ブロイの物質波の理論より

$$\lambda = \frac{h}{mv}\,\text{〔m〕}$$

(ケ) 円周 $2\pi r$ が λ の整数倍になるから，(ア)，(ク)より

$$2\pi \frac{mv}{eB} = n\frac{h}{mv}$$

$\therefore \quad v = \dfrac{1}{m}\sqrt{\dfrac{nheB}{2\pi}} \ [\mathrm{m/s}]$

(コ) (ケ)を(ア)に代入して

$r = \dfrac{m}{eB}\cdot\dfrac{1}{m}\sqrt{\dfrac{nheB}{2\pi}} = \sqrt{\dfrac{nh}{2\pi eB}} \ [\mathrm{m}]$

(サ) 円軌道内の面積は πr^2 だから，貫く磁束 $\Phi\,[\mathrm{Wb}]$ は

$\Phi = B\cdot\pi r^2 = \pi B\cdot\dfrac{nh}{2\pi eB} = \dfrac{nh}{2e}\ [\mathrm{Wb}]$

(シ) (サ)で $n=1$ とおいて数値を代入すると

$\dfrac{h}{2e} = \dfrac{6.6\times10^{-34}}{2\times1.6\times10^{-19}} \fallingdotseq 2.1\times10^{-15}\ [\mathrm{Wb}]$

SECTION **5 原子核の放射性崩壊**

標準問題

363

(ア) 放射性崩壊　(イ) $A-4$　(ウ) $Z-2$

(エ) A　(オ) $Z+1$

(1)―①

α 崩壊では $_2^4\mathrm{He}$ が放出されるので，質量数は 4 減少し，原子番号が 2 減少する。

β 崩壊は原子核中の中性子が陽子に変わるとき，電子が飛び出す（反ニュートリノも生じる）ので，質量数は不変で，原子番号は 1 増加する。

α 崩壊を m 回，β 崩壊を n 回行うとき，質量数は $238-4m$，原子番号は $92-2m+n$ となる。m が整数になるのは，$238-4m=206$ すなわち $m=8$ のときだけである。

(2) $82 = 92 - 2\times8 + n$ より

$\quad n = 6$

よって，α 崩壊：8 回，β 崩壊：6 回

364

(1) はじめの 2 年間で原子数は $\dfrac{1}{2}$ に，次の 2 年間で $\dfrac{1}{2}\times\dfrac{1}{2}=\dfrac{1}{4}$ に，さらに次の 2 年間で $\dfrac{1}{4}\times\dfrac{1}{2}=\dfrac{1}{8}$ 倍

(2) $\left(\dfrac{1}{2}\right)^{\frac{t}{T}}$ 倍

365

t 年前とし，t 年前の $^{14}\mathrm{C}$ の個数を N_0，現在の個数を N，半減期を T とすれば

$N = N_0\left(\dfrac{1}{2}\right)^{\frac{t}{T}} \qquad \dfrac{N}{N_0} = \left(\dfrac{1}{2}\right)^{\frac{t}{T}}$

N は N_0 の 25 ％，すなわち $\dfrac{1}{4}$ になったから

$$\frac{1}{4}=\left(\frac{1}{2}\right)^{\frac{t}{5730}} \qquad \left(\frac{1}{2}\right)^2=\left(\frac{1}{2}\right)^{\frac{t}{5730}}$$

$$\frac{t}{5730}=2$$

$\therefore \quad t=11460 \fallingdotseq 1.15\times 10^4$ 年

366

(1) α 粒子 ($_2^4$He) が原子核から出ていくので
$$\begin{cases} \text{RaA の原子番号} \quad 86-2=84 \\ \text{RaA の質量数} \quad\quad 222-4=218 \end{cases}$$

(2) α 粒子と RaA の質量を m, M とし, 正反対の向きに動き出した速さを v, V とすれば, 運動量保存則より
$$mv-MV=0$$
$$\therefore \quad \frac{v}{V}=\frac{M}{m} \quad\cdots\cdots ①$$

よって, 運動エネルギーの比 S は
$$S=\frac{\dfrac{1}{2}mv^2}{\dfrac{1}{2}MV^2}=\frac{m}{M}\left(\frac{v}{V}\right)^2$$

①を代入すると
$$S=\frac{m}{M}\left(\frac{M}{m}\right)^2=\frac{M}{m}=\frac{218}{4}=\frac{109}{2}$$

したがって $\quad 109:2$

発展問題

367

(ア) $N=N_0e^{-\lambda t}$

(イ) $\dfrac{N}{N_0}=e^{-\lambda t}$ において, $\dfrac{N}{N_0}=\dfrac{1}{2}$ のとき,
$t=T$ であるから
$$\frac{1}{2}=e^{-\lambda T}$$

(ウ) 両辺の自然対数をとって
$$-\log 2=-\lambda T$$
$$\therefore \quad T=\frac{\log 2}{\lambda}=\frac{0.693}{\lambda}$$

(エ) $I=\lambda N$

標準問題

368

(ア) Z (イ) $A-Z$

(ウ) $B=\{Zm_\text{p}+(A-Z)m_\text{n}\}c^2-Mc^2$

(エ) $\Delta M=\dfrac{B}{c^2}$

369

$$\begin{aligned} 1\,[\text{u}]\cdot c^2 &= 1.66\times 10^{-24}\times 10^{-3}\,[\text{kg}] \\ &\quad \times (3.00\times 10^8)^2\,[\text{m}^2/\text{s}^2] \\ &\fallingdotseq 1.49\times 10^{-10}\,[\text{J}] \\ &= 1.49\times 10^{-10}\,[\text{J}] \\ &\quad \times \frac{1}{1.60\times 10^{-13}\,[\text{J/MeV}]} \\ &\fallingdotseq 9.31\times 10^2\,[\text{MeV}] \end{aligned}$$

370

(ア) 陽子の質量を m_p, 中性子の質量を m_n とすれば
$$\begin{aligned} 2m_\text{p}+2m_\text{n} &= 2(m_\text{p}+m_\text{n}) \\ &= 2(1.0073+1.0087) \\ &= 4.0320\,\text{u} \end{aligned}$$

(イ) 質量欠損は
$$\Delta m=4.0320-4.0015=0.0305\,\text{u}$$

(ウ) $1\text{u}=1.66\times 10^{-27}\,\text{kg}$ であるから
$$\Delta m=1.66\times 10^{-27}\times 0.0305\,\text{kg}$$
$$\begin{aligned} \Delta E &= \Delta m\cdot c^2 \\ &= 1.66\times 10^{-27}\times 0.0305\times (3.00\times 10^8)^2 \\ &\fallingdotseq 4.56\times 10^{-12}\,\text{J} \end{aligned}$$

(エ) 安定である

Point 1u (原子質量単位):原子 $_6^{12}$C 1 個の質量の $\dfrac{1}{12}$

原子核の結合エネルギー:原子核をばらばらの核子にするために要するエネルギー。原子核の質量欠損を Δm [kg] とすれば, $\Delta m\cdot c^2$

〔J〕である。

371

$$E = \frac{M_0 c^2}{\sqrt{1 - \left(\dfrac{v}{c}\right)^2}} \fallingdotseq \frac{M_0 c^2}{1 - \dfrac{1}{2}\left(\dfrac{v}{c}\right)^2}$$

$$\fallingdotseq M_0 c^2 \left\{ 1 + \frac{1}{2}\left(\frac{v}{c}\right)^2 \right\} = M_0 c^2 + \frac{1}{2} M_0 v^2$$

Point 上式第2項は運動エネルギーである。

372

(ア) $Q = (K_C + K_D) - (K_A + K_B)$

(イ) $M_A \cdot c^2 = \{Z_A m_p + (A_A - Z_A)\,m_n\}c^2 - B_A$
$$\cdots\cdots ②$$
$M_B \cdot c^2 = \{Z_B m_p + (A_B - Z_B)\,m_n\}c^2 - B_B$
$$\cdots\cdots ③$$
$M_C \cdot c^2 = \{Z_C m_p + (A_C - Z_C)\,m_n\}c^2 - B_C$
$$\cdots\cdots ④$$
$M_D \cdot c^2 = \{Z_D m_p + (A_D - Z_D)\,m_n\}c^2 - B_D$
$$\cdots\cdots ⑤$$

$Q = (② + ③) - (④ + ⑤)$
$\quad = (-B_A - B_B) - (-B_C - B_D)$
$\quad = (B_C + B_D) - (B_A + B_B)$

373

核反応式は
$$_2^4\text{He} + {}_4^9\text{Be} \longrightarrow {}_6^{12}\text{C} + {}_0^1\text{n}\ (+Q)$$
^{4}He, ^{9}Be, ^{12}C, ^{1}n の質量をそれぞれ M_α, M_{Be}, M_C, M_n とすると，エネルギー保存則より

$(M_\alpha c^2 + E_\alpha) + (M_{\text{Be}} c^2)$
$= (M_C c^2 + E_C) + (M_n c^2 + E_n)$

$\therefore\ E_C + E_n$
$\quad = E_\alpha + \{(M_\alpha + M_{\text{Be}}) - (M_C + M_n)\}c^2$
$\quad = 5.3 + \{(4.0026 + 9.0122)$
$\qquad\qquad - (12.0000 + 1.0087)\} \times 931$
$\quad \fallingdotseq 11.0\,\text{MeV}$

374

(1) (ア) $_1^3\text{H} + {}_1^2\text{H} \longrightarrow {}_2^4\text{He} + {}^1\text{n}$

(イ) ^{3}H, ^{2}H, ^{4}He, ^{1}n の質量をそれぞれ M_t, M_d, M_α, M_n とし，^{3}H, ^{2}H, ^{4}He の結合エネルギーを B_t, B_d, B_α とすると，反応熱 Q_1 は
$Q_1 = \{(M_t + M_d) - (M_\alpha + M_n)\}c^2$
$\quad = B_\alpha - (B_t + B_d)$
$\quad = 7.1 \times 4 - (2.7 \times 3 + 1.1 \times 2)$
$\quad = 18.1$
$\quad \fallingdotseq 1.8 \times 10\,\text{MeV}$

(2) 求める反応熱を Q_2，^{235}U，$_2^{235}\text{X}$ の結合エネルギーを B_U，B_X とすると
$Q_2 = B_X \times 2 - B_U$
$\quad = 8.5 \times \dfrac{235}{2} \times 2 - 7.6 \times 235$
$\quad \fallingdotseq 211.5\,\text{MeV}$

$$\text{（答）}\quad 200\,\text{MeV}$$

Point $_1^3\text{H}$：三重水素核（トリトン）(t)
$_1^2\text{H}$：重水素核（デュートロン）(d)

375

(ア) 核融合

(イ) 陽子の質量を m_p，ヘリウム原子核の質量を m_α，光速度を c とすれば，発生するエネルギー Q は
$Q = (4 m_p - m_\alpha)\,c^2$
よって
$Q = (4 \times 1.67 \times 10^{-27} - 6.64 \times 10^{-27})$
$\qquad \times (3.00 \times 10^8)^2 \times \dfrac{1}{1.6 \times 10^{-19}} \times \dfrac{1}{10^6}$
$\quad = 22.5 \fallingdotseq 23\,\text{MeV}$

376

毎秒のウラン消費量は
$$\frac{0.36}{60 \times 60} = 1.0 \times 10^{-4}\,\text{g}$$
この原子核数は
$$6.0 \times 10^{23} \times \frac{1.0 \times 10^{-4}}{235} = \frac{6.0 \times 10^{19}}{235}\ \text{個}$$
よって，出力は

力学

熱力学

波動

電磁気

原子

$$1.6\times10^{-19}\times2.0\times10^{8}\times\frac{6.0\times10^{19}}{235}\times0.20\times10^{-3}$$
$$\fallingdotseq1.6\times10^{3}\,kW$$

377

(ア) u (イ) d (ウ) レプトン (エ) ゲージ

💡 **発展問題**

378

(1) ${}_{3}^{6}Li$, ${}_{0}^{1}n$, ${}_{2}^{4}He$, ${}_{1}^{3}H$ の質量を m_{Li}, m_{n}, m_{α}, m_{t} とし，${}_{3}^{6}Li$, ${}_{2}^{4}He$, ${}_{1}^{3}H$ の結合エネルギーをB_{Li}, B_{α}, B_{t} とすれば，反応熱は
$$Q=\{(m_{Li}+m_{n})-(m_{\alpha}+m_{t})\}c^{2}$$
$$=B_{\alpha}+B_{t}-B_{Li}$$
$$=28.3+8.5-32.0$$
$$=4.8\,MeV$$

(2) ${}_{1}^{3}H$（トリトン）と${}_{2}^{4}He$（α粒子）の反応後の速さを v_{t}, v_{α} とすれば
$$m_{t}v_{t}-m_{\alpha}v_{\alpha}=0$$
$$\frac{v_{t}}{v_{\alpha}}=\frac{m_{\alpha}}{m_{t}}=\frac{4}{3}\qquad\therefore\quad 4:3$$

(3) ${}_{1}^{3}H$ と ${}_{2}^{4}He$ の運動エネルギーをK_{t}, K_{α} とすれば
$$\frac{K_{t}}{K_{\alpha}}=\frac{\frac{1}{2}m_{t}v_{t}{}^{2}}{\frac{1}{2}m_{\alpha}v_{\alpha}{}^{2}}=\frac{m_{t}}{m_{\alpha}}\left(\frac{v_{t}}{v_{\alpha}}\right)^{2}$$
$$=\frac{m_{t}}{m_{\alpha}}\left(\frac{m_{\alpha}}{m_{t}}\right)^{2}=\frac{m_{\alpha}}{m_{t}}=\frac{4}{3}$$
$$\begin{cases}K_{t}+K_{\alpha}=4.8\\[4pt]\dfrac{K_{t}}{K_{\alpha}}=\dfrac{4}{3}\end{cases}$$
$$\therefore\quad K_{t}=4.8\times\frac{4}{4+3}\fallingdotseq2.7\,MeV$$

379

光量子仮説を用いて
(ア) 運動量保存則より
$$\frac{h\nu}{c}=-\frac{h\nu'}{c}+mv\quad\cdots\cdots\text{①}$$

(イ) エネルギー保存則より
$$h\nu=h\nu'+\frac{1}{2}mv^{2}\quad\cdots\cdots\text{②}$$

(ウ) ①より $h\nu=-h\nu'+cmv\quad\cdots\cdots\text{①}'$
①'と②を辺々加えて
$$h\nu=\frac{1}{2}\left(\frac{1}{2}mv^{2}+cmv\right)$$
$$=\frac{1}{2}\left(\frac{1}{2}mv^{2}+\sqrt{2mc^{2}\cdot\frac{1}{2}mv^{2}}\right)$$
$$E_{p}=\frac{1}{2}mv^{2}=5.6\,MeV$$
$m=1\,u$ より，$mc^{2}=931\,MeV$ であるから
$$h\nu=\frac{1}{2}(5.6+\sqrt{2\times931\times5.6})$$
$$\fallingdotseq54\,MeV$$

Point ①を $\dfrac{h\nu}{c}=\dfrac{h\nu'}{c}+mv$ と間違えると
$h\nu=h\nu'+cmv$ となり，②と比べて
$$cmv=\frac{1}{2}mv^{2}\qquad\therefore\quad v=2c$$
となり，これはありえない。

380

(ア) ν'〔Hz〕とすると，観測者が v で近づくときのドップラー効果の式より
$$\nu'=\frac{c+v}{c}\nu\ \text{〔Hz〕}$$

(イ) $\nu'=\nu_{0}$ であればよいから
$$\nu_{0}=\frac{c+v}{c}\nu\qquad\therefore\quad \nu=\frac{c}{c+v}\nu_{0}\ \text{〔Hz〕}$$

(ウ) x 軸負

(エ) 原子は v と逆向きに力積を受けるのでしだいに遅くなる。

(オ) v がしだいに小さくなるので，ν をしだいに増加させなければならない。

(カ) n 個吸収したとすると，ν は一定であるとして運動量と力積の関係より
$$Mv=n\cdot\frac{h\nu}{c}$$
$$\therefore\quad n=\frac{Mvc}{h\nu}$$

$$= \frac{8 \times 10^{-26} \times 3.3 \times 10^2 \times 3 \times 10^8}{6.6 \times 10^{-34} \times 1 \times 10^{15}}$$

$$= 12 \times 10^3 \fallingdotseq 1 \times 10^4 \text{ 個}$$

(キ) $nh\nu = Mvc$

$$= 8 \times 10^{-26} \times 3.3 \times 10^2 \times 3 \times 10^8$$

$$= 79.2 \times 10^{-16}$$

$$\fallingdotseq 8 \times 10^{-15} \text{ J}$$

(ク) 原子が静止したときの振動数 ν'〔Hz〕は，

(イ)より $\quad \nu' = \nu_0 = \dfrac{c+v}{c}\nu$

よって

$$\nu' - \nu = \left(\frac{c+v}{c} - 1\right)\nu = \frac{v}{c}\nu$$

$$= \frac{3.3 \times 10^2}{3 \times 10^8} \times 1 \times 10^{15}$$

$$= 1.1 \times 10^9 \fallingdotseq 1 \times 10^9 \text{ Hz}$$

---

381 ▶

(1) $hf_0 = E \quad \therefore \ f_0 = \dfrac{E}{h}$

(2)

励起(E_2)

〇
M

速さ　基底(E_1)　　　γ 線
v　　〇　　　　　　〜〜〜〜
　　　M　　　　　　　f_1

運動量保存則より

$$0 = \frac{hf_1}{c} - Mv \quad \cdots\cdots ①$$

エネルギー保存則より

$$E = \frac{1}{2}Mv^2 + hf_1 \quad \cdots\cdots ②$$

①より，$v = \dfrac{hf_1}{Mc}$ を②へ代入して

$$E = \frac{1}{2}M\left(\frac{hf_1}{Mc}\right)^2 + hf_1$$

$$\frac{1}{2} \cdot \frac{(hf_1)^2}{Mc^2} + hf_1 - E = 0 \quad \cdots\cdots ③$$

$$(hf_1)^2 + 2Mc^2(hf_1) - 2Mc^2E = 0$$

$f_1 > 0$ であるので

$$hf_1 = -Mc^2 + \sqrt{(Mc^2)^2 + 2Mc^2E}$$

$$= -Mc^2 + Mc^2\sqrt{1 + \frac{2E}{Mc^2}}$$

$$\fallingdotseq -Mc^2 + Mc^2\left\{1 + \frac{1}{2} \cdot \frac{2E}{Mc^2} - \frac{1}{8}\left(\frac{2E}{Mc^2}\right)^2\right\}$$

$$\left(\because \quad \frac{E}{Mc^2} \ll 1\right)$$

$$= E - \frac{E^2}{2Mc^2}$$

$$\therefore \ f_1 = \frac{E}{h}\left(1 - \frac{E}{2Mc^2}\right)$$

別解 ③より

$$hf_1 = E - \frac{1}{2} \cdot \frac{(hf_1)^2}{Mc^2}$$

上式の右辺第 2 項の補正項では，$hf_1 \fallingdotseq E$ と近似してよい（なぜなら $hf_1 \ll Mc^2$）ので

$$hf_1 \fallingdotseq E - \frac{1}{2} \cdot \frac{E^2}{Mc^2}$$

$$\therefore \ f_1 = \frac{E}{h}\left(1 - \frac{E}{2Mc^2}\right)$$

---

382 ▶

(ア) $E_e = E_g + \dfrac{1}{2}mv^2 + h\nu$ より

$$\Delta E = E_e - E_g = \frac{1}{2}mv^2 + h\nu$$

(イ) $mv = \dfrac{h\nu}{c}$

(ウ) (イ)より $\quad v = \dfrac{h\nu}{mc}$

これを(ア)に代入して

$$\Delta E = \frac{1}{2}m\left(\frac{h\nu}{mc}\right)^2 + h\nu$$

$$= \frac{h^2}{2mc^2}\nu^2 + h\nu$$

$$\therefore \ \nu^2 + \frac{2mc^2}{h}\nu - \frac{2mc^2\Delta E}{h^2} = 0$$

$\nu > 0$ であるので

$$\nu = -\frac{mc^2}{h} + \sqrt{\left(\frac{mc^2}{h}\right)^2 + \frac{2mc^2\Delta E}{h^2}}$$

$$= -\frac{mc^2}{h}\left(1 - \sqrt{1 + \frac{2\Delta E}{mc^2}}\right)$$

$\Delta E \ll mc^2$ であるから，近似式を用いて

$$\nu \fallingdotseq -\frac{mc^2}{h}\left[1 - \left\{1 + \frac{1}{2} \cdot \frac{2\Delta E}{mc^2} - \frac{1}{8}\left(\frac{2\Delta E}{mc^2}\right)^2\right\}\right]$$

$$= \frac{mc^2}{h} \cdot \frac{\Delta E}{mc^2}\left(1 - \frac{\Delta E}{2mc^2}\right)$$

$$= \frac{\Delta E}{h}\left(1 - \frac{\Delta E}{2mc^2}\right)$$

(エ) (ウ)で $m \to \infty$ とすると

$$\nu_\infty = \frac{\Delta E}{h}$$

(オ) 観測者が V で遠ざかるときのドップラー効果の式より

$$\nu_\infty = \frac{c-V}{c}\nu \qquad \therefore \quad \frac{\nu_\infty}{\nu} = \frac{c-V}{c}$$

(カ) $\dfrac{c - A\omega\cos\omega t_1}{c} = \dfrac{\nu_\infty}{\nu} = \dfrac{1}{1 - \dfrac{\Delta E}{2mc^2}}$

$$\fallingdotseq 1 + \frac{\Delta E}{2mc^2}$$

よって $\dfrac{A\omega}{c}\cos\omega t_1 = -\dfrac{\Delta E}{2mc^2}$

$$\therefore \quad \cos\omega t_1 = -\frac{\Delta E}{2A\omega mc}$$

383

(1) (a) 運動量保存則より，2つの光子の運動方向は互いに正反対の向きとなる。

(b) 2つの光子のエネルギーは等しい。

(c) プランク定数を h〔J·s〕，光子の振動数を ν〔Hz〕とすれば

$$2h\nu = 2mc^2$$

$$\therefore \quad h\nu = mc^2 \text{〔J〕}$$

$$= \frac{mc^2}{e} \times 10^{-6} \text{〔MeV〕}$$

(2) (a) 水平成分： $\sqrt{2mK} = \dfrac{h\nu_2}{c}\sin\theta$

鉛直成分： $0 = \dfrac{h\nu_1}{c} - \dfrac{h\nu_2\cos\theta}{c}$

(b) $2mc^2 + K = h\nu_1 + h\nu_2$

Point $K = \dfrac{1}{2}mv^2 = \dfrac{(mv)^2}{2m} = \dfrac{p^2}{2m}$

$$\therefore \quad p = \sqrt{2mK}$$

体系
物理

第7版

Systematic Learning
Physics

別冊解答編